石油教材出版基金资助项目

石油高等院校特色规划教材

层序地层学基础

(富媒体)

主编　胡光明

参编　胡忠贵　王雅宁

朱　锐　高　达

石 油 工 业 出 版 社

内 容 提 要

本书在明确了层序地层学学科属性的基础上，先介绍了经典层序地层学、成因层序地层学、旋回层序地层学和高分辨率层序地层学的基本理论，然后结合具体的沉积环境，系统介绍了海相碎屑岩层序地层学、海相碳酸盐岩层序地层学、陆相湖盆层序地层学和河流相层序地层学，最后简要介绍了层序地层学研究工作流程与方法。针对介绍的主要内容，书末设置了相关的习题，并附有常用词汇及短语英汉对照。

本书可供高等院校石油天然气类相关专业的本科生和研究生学习使用，也可供从事油气、煤田、矿山勘探开发工作的专业人员参考。

图书在版编目（CIP）数据

层序地层学基础：富媒体/胡光明主编. —北京：石油工业出版社，2021.10

石油高等院校特色规划教材

ISBN 978-7-5183-4904-3

Ⅰ.①层… Ⅱ.①胡… Ⅲ.①层序地层学—高等学校—教材 Ⅳ.①P539.2

中国版本图书馆 CIP 数据核字（2021）第 196973 号

出版发行：石油工业出版社

（北京市朝阳区安定门外安华里 2 区 1 号楼　100011）

网　址：www.petropub.com

编辑部：（010）64523697

图书营销中心：（010）64523633

经　　销：全国新华书店

排　　版：三河市燕郊三山科普发展有限公司

印　　刷：北京晨旭印刷厂

2021 年 10 月第 1 版　2021 年 10 月第 1 次印刷

787 毫米×1092 毫米　开本：1/16　印张：19.25

字数：493 千字

定价：49.00 元

（如发现印装质量问题，我社图书营销中心负责调换）

前 言

20世纪90年代，国内形成一股层序地层学研究热潮，特别是许多油田将经典层序地层学理论引入陆相盆地的油气勘探中。为了适应形势的发展，长江大学先后为本科生和研究生开设层序地层学课程，当时只有一两名从事地层学教学的老师承担层序地层学的教学任务。2000年以后，长江大学地球科学学院引进的沉积学方向的青年教师大多具有层序地层学研究经历。至此，层序地层学课程的教师队伍初步组建起来。

在解决了师资队伍的问题后，课程组把建设重点放在教材建设方面，为此做了大量的前期工作。2011年学校通过教研项目“资源勘查工程专业层序地层学教学内容与方法研究”（编号JY2011028）对该课程的教学内容和教学方法进行了深入探索。2017年通过研究生教育创新计划再次立项对该课程进行建设，统一了教学大纲，制作了标准化的教案和演示文稿，在教学方法、考试方式等方面取得了较好的突破。2018年学校立项的“层序地层学教学内容研究与教材建设”（编号JY2018040），正式把层序地层学建设的重点转移到教材建设上。2019年，研究生院通过研究生教育教学研究项目“基于项目教学法的研究生层序地层学课程教学改革”（编号YJY2019026），再次对该课程进行立项建设，重点放在习题等练习环节上。2021年，该教材正式成为长江大学第九批立项建设的教材之一（长大校发〔2021〕4号）。

本教材包括绪论、总论、各论、方法等。第一章为绪论，全面介绍层序地层学的学科属性、发展历史、发展前景和存在的问题；第二章到第五章为总论，介绍层序地层学的不同理论学派；第六章到第九章为各论，介绍不同环境中发育的层序地层模式；第十章介绍开展层序地层学研究的工作流程与方法。此外，教材还设置了思考题、拓展阅读资料和习题。思考题供学生课前预习、课后复习；拓展阅读资料供学有余力的同学延伸阅读、拓展知识面；习题供教师在教学过程中选用。

本教材由长江大学层序地层学课程组的老师共同编写。第一章、第二章、第六章、第八章、第九章由胡光明编写，第三章和第四章由王雅宁编写，第五章由朱锐编写，第七章由胡忠贵编写，第十章由高达编写，习题由朱锐、高达、胡光明共同编写，常用词汇及短语英汉对照由胡光明整理，全书由胡光明统稿。

在编写过程中，地球科学学院两任院长何幼斌教授和胡明毅教授给予了大力支持，中国石油大学（北京）纪友亮教授、长江大学张尚锋教授等提出了宝贵意见，课程组的其他老师也为编写工作提供了大量资料和建议，研究生范琳琳、吴帆、潘双苹、邓儒风、刘晓、李恬恬、毛爽、任婕、庞艳荣、赵韶华、朱春霞等承担了图件清绘工作，在此一并表示衷心感谢！

由于编者水平有限，且层序地层学本身还处于不断发展的过程中，因此，编写工作无法面面俱到，教材中还存在一些错误和不足之处，敬请广大读者批评指正！

编者

2021年5月

目 录

富媒体资源目录

续表

第一章 绪论

第一节　地层学及其分支学科

地层学是地质学中奠基性的基础学科（王鸿祯，1995，2006），是研究遵循 Steno 叠置法则（新地层覆盖在老地层之上）的层状岩石的学科。叠置法则区分地层单元和界面的相对时间顺序，并通过对不同位置的地层单元和界面进行对比，从而建立全球范围内地层的相对时间顺序。地层学包括对地层的物理、生物和化学性质的识别与解释，并根据这些性质的垂向变化定义一系列的地层界面和单元。

一、地层学的主要分支学科

不同的地层学分支学科根据不同的特定性质来定义、描述和解释地层单元，根据地层特定性质的垂向变化识别和划分地层界面，进而利用这些界面来确定地层单元的边界并进行地层对比。自英国地质学家 William Smith 首次根据沉积岩层中的生物化石来确定地层顺序以来，岩性地层学和生物地层学主导了地层分析。后来对地层其他特征的研究又催生了新的地层学科，包括年代地层学、磁性地层学、化学地层学和层序地层学。

岩性地层学又称岩石地层学（lithostratigraphy），是根据地层中的岩性（岩石的颜色、成分、结构、构造）及岩性组合（岩层单层厚度、各类岩性的组合关系及旋回性）进行地层的划分与对比、建立岩石地层单位的。岩石地层对比的主要方法是岩性及地层结构相似性的对比，即根据两地地层的颜色、成分、结构、构造的相似性来建立对比关系，其本质是“等特征对比”（龚一鸣等，2007）。但是横向上沉积环境往往会发生改变，一个岩石地层单位的岩性及地层结构在横向上必然会出现差异，而两个不同的地质时间段内也可能出现相似的沉积环境，从而形成相似的岩性和地层结构。因此，“等特征对比”的岩石地层学对比出的地层界线及地层单位往往会出现穿时现象（图 1-1）。

生物地层学（biostratigraphy）是运用生物进化的不可逆性和阶段性来研究地层中的化石记录，并根据地层中所含化石的特性将岩层编制成若干地层单元，确定地层的相对地质年代。生物的发展演化是地质发展史的一部分，生物的生存环境与沉积地层反映的沉积环境有密切联系，因此，地层中生物的存在和分布形式客观地反映了地层的时空结构。生物地层对比可以将生物地层单位由其原始定义的地区或参考剖面向外延伸，将地理上分离的剖面或露头点上相应的生物地层单元对应联系起来，形成一个统一的生物地层空间格架。生物地层对比不一定是时间对比，它可以与时间对比比较接近，也可能是穿时的，但总体来看，生物地层单位界线比岩石地层单位界线更接近等时面（图 1-2）。

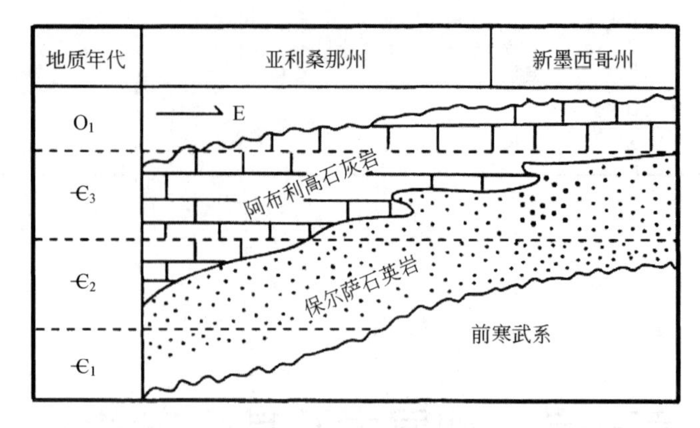

图 1-1　美国西部下古生界岩石地层单位的穿时性

（据 Weller，1950，修改；转引自张守信，1989）

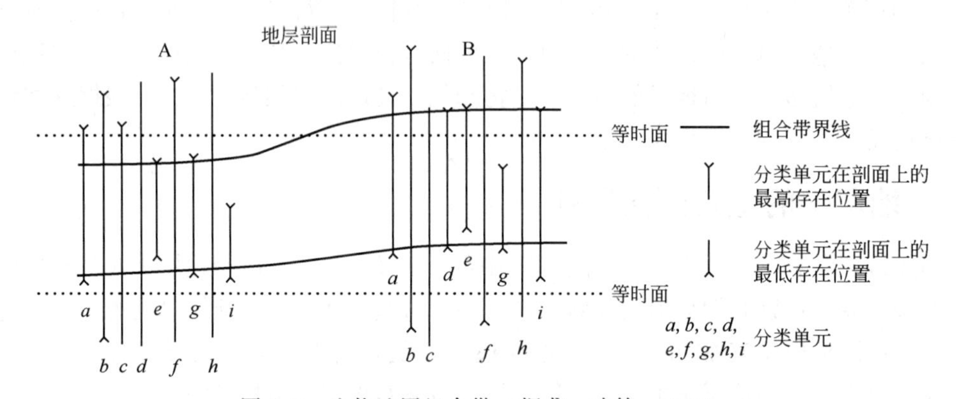

图 1-2　生物地层组合带（据龚一鸣等，2007）

年代地层学（chronostratigraphy）是研究岩石体的相对时间关系及年龄的学科。年代地层单位是指在一特定的地质时间间隔中形成的所有成层或非成层的岩石体，即根据岩石体形成的时间划分的地层单位。目前，世界通用的标准年代地层（地质年代）表（图 1-3）由国际地质科学联合会（International Union of Geological Sciences，IUGS）授权国际地层委员会（International Commission on Stratigraphy，ICS）每年修订和发布，年代地层单位可在世界范围内划分和对比地层，其界面是以测定的地质年龄来标定的，因此，同一年代地层单位在世界范围内是等时的。

磁性地层学（magnetic stratigraphy）是根据岩石的磁学特征来进行地层划分和对比的地层学分支学科。岩石的磁学特征是地球磁场极性倒转和长期变化形成的岩石剩余磁化强度，以及气候异常或火山活动、外星撞击形成的区域性磁化率异常。磁性地层学可分为三类，一是以周期为 10^2～10^4a 的磁场长期变化为依据的长期变化磁性地层学，二是以周期为 10^5～10^7a 的极性带为依据的磁极性地层学，三是以磁化率变化为依据的磁化率地层学，其中磁极性地层学应用最广。由于地磁场的倒转具有全球同时性，磁极性地层可用于全球大范围的地层对比，其单位和界线在全球范围内是等时的，这一点与年代地层学比较相似（图 1-4）。但磁极性倒转多为数十万年或数百万年，磁极性地层学无法实现更精细地层的划分和对比（龚一鸣等，2007）。

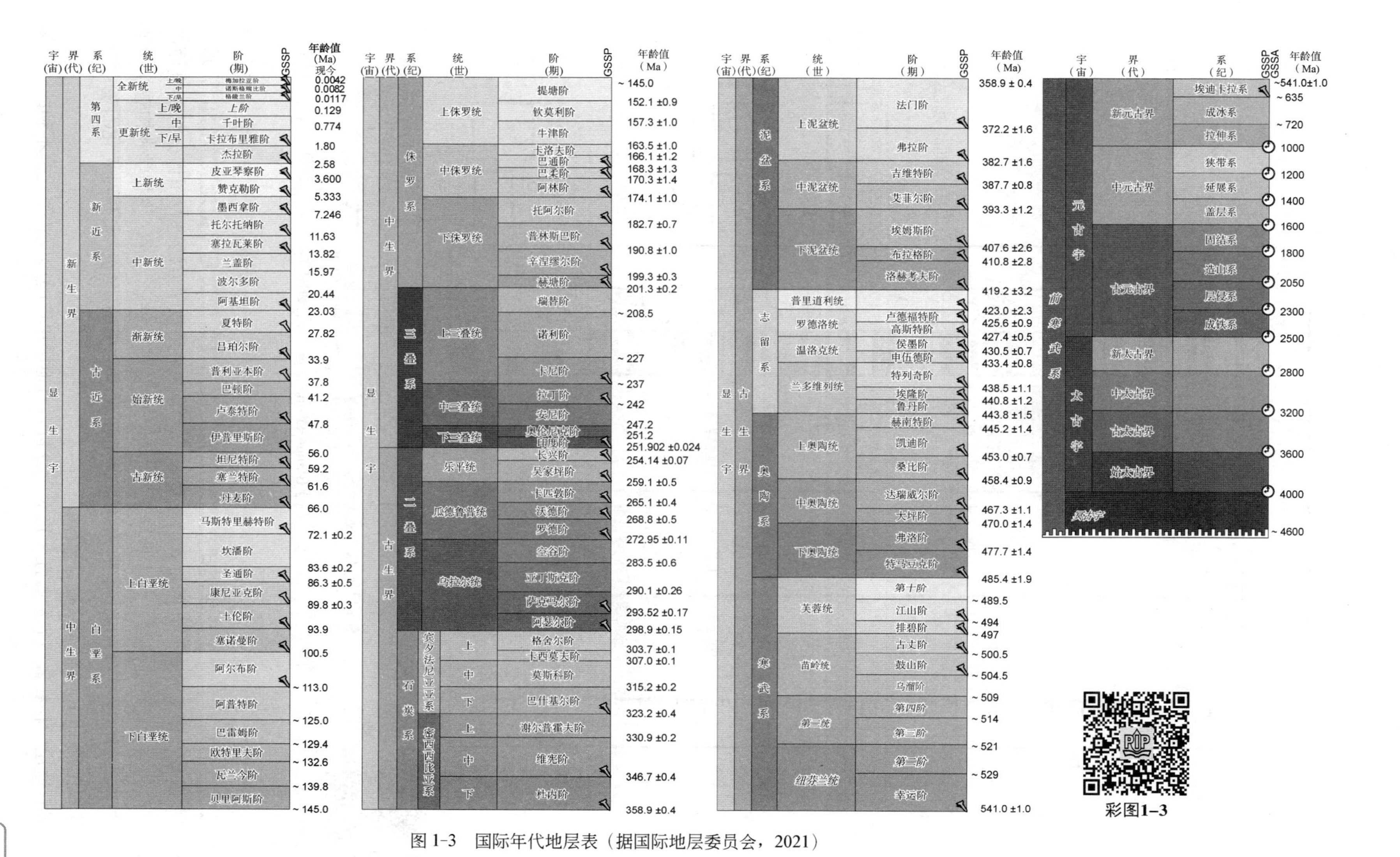

图 1-3　国际年代地层表（据国际地层委员会，2021）

彩图1-3

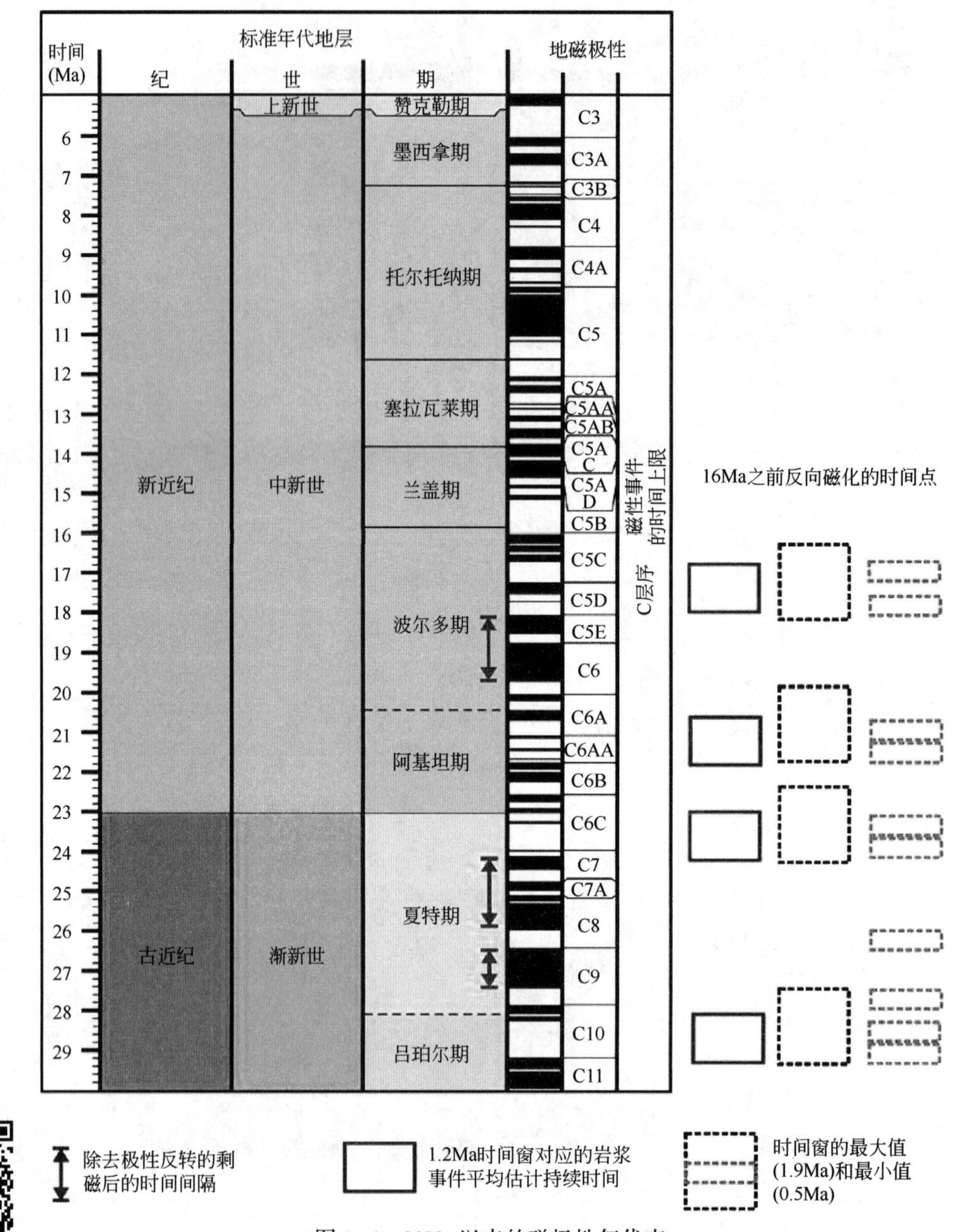

彩图 1-4

图 1-4　30Ma 以来的磁极性年代表
（据 Blanco-Montenegro 等，2018）

化学地层学（chemostratigraphy）是利用岩层中化学元素和同位素的含量分布特征，进行区域地层的划分、对比及成因研究的地层学分支。具体做法是根据地层中的化学元素（常量、微量、稀土元素）和同位素的含量或比值等，采用数学方法进行图谱分析，进而归纳出其中的变化特征或规律。化学地层学通常要与地层的岩性、岩相、生物学和构造学特征结合使用，才能很好地用于地层的划分、对比和成因方面的研究，尤其对无化石的“哑”地层作用比较突出（龚一鸣等，2007）。

岩石地层学存在普遍的穿时性，这对于分析岩石地层单位的形成和演化是不利的。生物地层学除了存在穿时问题外，只能用于划分、对比时间跨度比较大的地层，对于盆地内勘探目标区块的地层划分通常是无能为力的。在石油地质中，应用磁性地层学和化学地层学分析方法的主要问题是耗时长、费用昂贵，而且分析人员需要经过特殊训练。另外，这些方法需要取自露头或岩心的样品，而这些在绝大多数地下地质研究中常常是不具备的，年代地层学也存在同样的问题。这些因素都极大地限制了这些地层学分支学科在石油勘探中的应用，而层序地层学则没有这些缺陷和限制条件，可以用来建立近似的等时地层格架。

二、层序地层学的内涵

在层序地层学中，用来定义和划分层序地层界面的、可以识别的地层属性变化是沉积趋势变化。沉积趋势变化的实例包括：从沉积作用转变为侵蚀作用或饥饿沉积作用，或者相反；从向上变粗转变为向上变细，或者相反；从向上变浅转变为向上变深，或者相反。这些沉积趋势变化是以客观的观察和解释为基础的，是定义特定层序地层界面的主要依据。向上变粗转变为向上变细、向上变浅转变为向上变深这两种沉积趋势变化常用来解释从海退到海侵的变化趋势，反之则解释从海侵到海退的变化趋势。在层序地层学中有时也从沉积趋势变化中解读出基准面的变化，如基准面从下降转变为上升，或者相反，但是这种带有成因意义的解读在其他地层学分支中往往是难以实现的。

自然界中绝对等时的界面是不存在的，在地层对比分析中，短时间内形成的低穿时性地层界面是更为现实的选择，是我们能获得的最具等时性（即相对等时）的界面，对于构建地层横剖面和等时地层格架最有用。在层序地层学中，沉积趋势的变化被用来定义和划分某种特定类型的层序地层界面（如从沉积作用转变为陆上剥蚀作用可以用来定义和划分陆上不整合面，这种不整合面即为相对等时的界面）。反过来，沉积趋势变化所定义和划分的界面又可以用来进行地层对比和定义特定的层序地层单元，这种被相对等时界面所限定的层序地层单元也具有相对等时的意义。

因此，层序地层学的内涵包括两个方面：

（1）识别和对比反映岩石记录中沉积趋势变化的地层界面（划分和对比地层，建立等时层序地层格架）；

（2）描述和解释以这些界面为边界的相应的成因地层单元（描述层序地层格架中沉积体特征，分析其成因）。

基于以上理解，Ashton Embry 把层序地层学简单定义为：（1）识别和对比岩石记录中沉积趋势变化的地层界面；（2）对以这些界面为边界的成因地层单元进行描述和解释。因此，层序地层学本身既具有地层学属性也具有沉积学属性（梅冥相，2010）。

虽然层序地层学已经成为一门相当综合的地层学科，但还存在着对界面缺乏理论上的认识、术语过于复杂和工作方法需要改进等问题，这需要从层序地层学的历史和未来发展去进行解读。

第二节　层序地层学发展简史

层序地层学是在 20 世纪 70 年代地震地层学的基础上发展起来的，其发展历史大致分为早期孕育阶段（1788—1948）、概念萌芽阶段（1949—1976）、地震地层学阶段（1977—1987）、综合发展阶段（1988—2008）和层序地层学标准化阶段（2009 年至今）。

一、早期孕育阶段（1788—1948）

18 世纪晚期，现代地质学的创始者 James Hutton 首先认识到不整合是一种特殊类型的地层界面，代表着重大的时间间断开始，层序地层学由此开始了它的缓慢发展历程。也就是从那时起，不整合面就被作为十分有用的地层界面用于地层对比、划分地层单元和进行地史分析。因为不整合面反映了沉积趋势变化，因而成为层序地层学中最常用的界面之一。由此可以说，从 Hutton 定义不整合面时起，层序地层学就已经诞生了。

在 19 世纪就存在关于不整合面成因的争论，即不整合面是构造运动导致地表上升造成的还是海平面下降造成的。19 世纪末，研究者已经普遍认为不整合面产生于构造运动，代表着一幕地壳运动，因此是进行全球地层对比的关键。在 20 世纪最初的 20 年，人们已经认识到与不整合面有关的几种重要的地层接触关系。Grabau（1906）描述了不整合面之下地层的削截和其上地层的超覆现象。Barrell（1917）在提出基准面概念的同时，首次提出层序地层发育模式中定义的基准面是一个抽象面，它限制了地表沉积作用的最大限度，并提出基准面升降旋回在地层记录中所产生的多个不整合。值得注意的是，Barrell 还定义了沉积间断的概念，与不整合相比，沉积间断代表了地层记录中可以忽略的沉积间隔。

20 世纪 30 年代，以不整合面为界的小规模地层单元在美国中部石炭系中被识别出来，Weller 等称之为旋回层（Weller，1930；Wanless 和 Shepard，1936）。我们现在知道这些旋回的形成与冈瓦纳冰川周期性消长导致的海平面升降有关，然而当时曾对其是构造运动成因还是海平面升降成因而进行了激烈争论。

二、概念萌芽阶段（1949—1976）

当 Sloss 等（1949）用层序这个术语来命名遍布北美大陆大部分地区以大型区域不整合为界的大规模地层单元时，层序地层学就作为一个特殊的地层学科诞生了。Krumbein 和 Sloss（1951）进一步把层序定义为大型构造旋回。直到 20 世纪 60 年代早期，Sloss（1963）充分发展了层序的概念，并命名了 6 个在北美大陆发育的层序（图 1-5）。Sloss（1963）把这些以不整合面为界的层序解释为由北美大陆范围内的幕式构造隆升运动造成的。

在 Sloss 等（1949）提出了层序的概念之后，Wheeler 等发表了一系列文章（Wheeler 和 Murray，1957；Wheeler，1958，1959，1964a，1964b），阐述了不整合面发育及构成的层序的理论基础。与 Barrell（1917）相似，在 Wheeler 提出的模式中主要参数是沉积物供给与基准面上升与下降（基准面穿越旋回）。Wheeler（1958，1959）用诸多研究实例证明以不整合面为界的层序模式的正确性。在他所给出的大多数实例中，识别出的不整合面较 Sloss（1963）提出的遍布大陆范围的不整合面的规模要小，而且许多不整合面向盆地方向消失（Wheeler，1958，1959，图 1-6）。正如 Wheeler（1958）所说明的那样，以不整合面为界的层序在不整合面消失的部位将变得不可识别。因此对 Wheeler（1958）而言，层序是完全以不整合面为界的地层单元。

把层序定义为完全以不整合面为界的地层单元，其结果意味着大多数层序仅仅出现在地层间断普遍存在且易于识别的盆地边缘地带。如此定义所产生的问题是，由于不整合面沿沉积走向上分布不稳定，向盆地方向也会不发育，那么只要在不整合面出现的地方就需要识别和命名新的层序。另外，以不整合面为界的层序对于地层记录中不发育沉积间断或间断不明显的近盆地中心地层的划分几乎没有什么帮助。

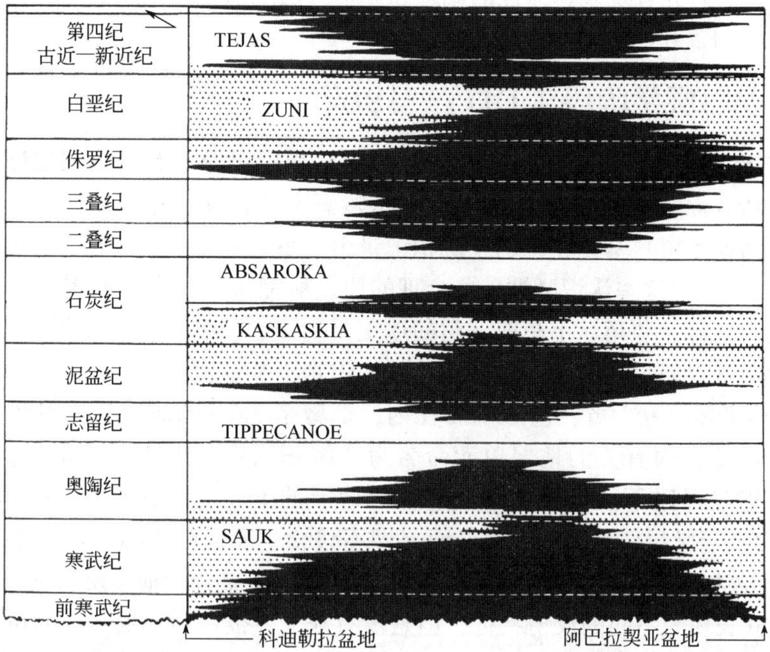

第四纪
古近—新近纪
TEJAS
白垩纪
ZUNI
侏罗纪
三叠纪
二叠纪
ABSAROKA
石炭纪
KASKASKIA
泥盆纪
志留纪
TIPPECANOE
奥陶纪
寒武纪
SAUK
前寒武纪
科迪勒拉盆地
阿巴拉契亚盆地

图 1-5　Sloss 识别出的显生宙克拉通层序与克拉通边缘上的造山幕的关系（据 Sloss 等，1963）

盆地
边缘
盆地
中心
D
C
B
A
F
E
G
不整合
A～G层序

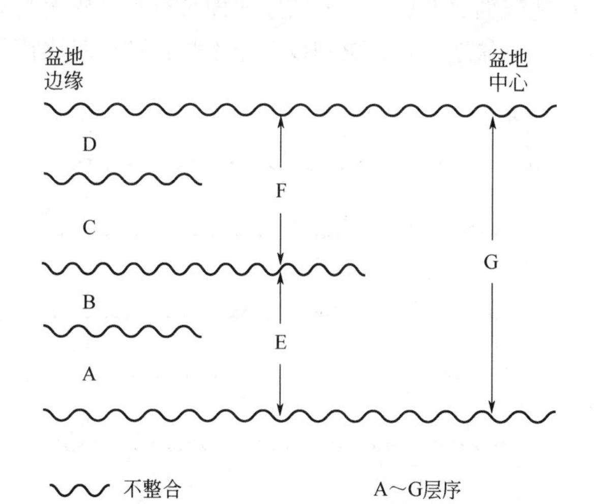

图 1-6　以不整合面为界的层序概念（据 Catuneanu，2009）

总之，到 20 世纪 60 年代中期，层序地层分析主要有两种不同的方法，即来自资料的经验法，如 Sloss（1963）的工作；另外一种则是理论推断法，如 Wheeler（1958）所使用的。很明显，这两种方法的相似之处在于都把层序定义为以基准面下降（构造隆升和海平面下降）形成的陆上不整合面为界的地层单元。

Merriam（1964）对旋回沉积作用以及不整合概念发展的总结性文章发表后，也就是 20 世纪 60 年代中期，层序地层学的前期发展告一段落。此后，由于沉积地质学研究转向过程沉积学和相模式，对层序地层学的兴趣逐渐消退。70 年代中期，又有一些新的概念出现：Frazier（1974）把以海洋饥饿作用（即现在的最大海泛面）为界的地层单元命名为沉积复合体；Chang（1976）仿照 Sloss 等（1949）的做法，把层序重新命名为“构造层”。但是，直到 Exxon 公司的研究者发表革命性的概念和分析方法之前，这些新概念没有被接受，层序地层学一直处于搁置和停滞不前状态。

三、地震地层学阶段（1977—1987）

随着 1977 年 AAPG 第 26 期关于地震地层学论文集的出版，研究者对层序地层学的兴趣才再度兴起（Payton，1977）。在这部具有分水岭意义的论文集中，Exxon 公司 Vail 等以区域地震剖面作为原始资料基础，说明了沉积记录由一系列主要以不整合面为界的地层单元组成（Vail 等，1977）。这一认识又被一些合理的假设所完善，如许多地震反射轴平行于地层面，不整合面与削截、顶超、上超或下超的地震反射重合。从本质上来说，Vail 等（1977）是通过运用地震资料所反映的地层的几何关系来识别不整合面的。

Exxon 公司诸多研究人员，包括 Vail 在内，都曾是 Sloss 的研究生，因此他们把地震资料确定的、与不整合面有关的地层单元命名为“沉积层序”就不足为奇了。在盆地边缘，层序的界面反射是以对下伏地层的削截和上覆地层的上超为特征，与 Sloss 等（1949）和 Wheeler（1958）定义层序界面的不整合面（即不整合主要是由于陆上剥蚀作用造成的）概念相似。最重要的是要注意到，在盆地边缘包络着削截不整合的地震反射轴可以被追踪到盆地中心地带，并表现为不同的反射特征，但是没有缺失，被称为与层序界面可对比的整合部分。更普遍的情况是，上述代表层序界面可对比的整合部分的地震反射轴因海相上超或下超而具不整一关系。因此，在地震剖面上划分出的层序界面具有复合界面的特征，即在盆地边缘以削截不整合为特征，在更靠近盆地中心部位则以海相不整合和可对比整合为特征（图 1-7）。

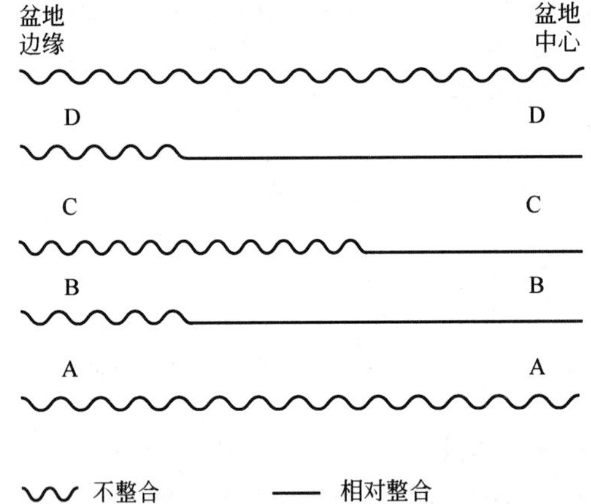

图 1-7　地震地层学和层序地层学定义的层序概念

（据 Catuneanu，2009）

以此观察为基础，Mitchum 等（1977）提出了层序的新定义，即层序是“一个顶底以不整合面或可对比整合面为界的、相对整一的地层序列组成的地层单元”（A relatively conformable succession of genetically related strata bounded by unconformities or their correlative conformities）。

这一新的层序定义对层序地层学来说是意义重大的变革。有了这个层序定义，就可以对盆地的地层序列进行层序划分，而所划分出的层序在整个盆地或盆地的绝大部分区域都是能够识别的。如此，不仅解决了 Sloss（1963）和 Wheeler（1964）“仅以不整合面为界”的层序不被接受的问题，而且也给层序地层学注入了新的生机。

总之，Exxon 公司的地震资料清楚地表明了层序界面是区域对比的关键界面，层序是描述和解释沉积史最为实用的地层细分单元。Vail 等（1977）的层序界面概念中最具创新性的一点是，层序界面是由不同类型地层界面复合而成的，而不只是由某种单一类型的界面构成。正是层序界面的这种复合特征使得层序可以在盆地的很大范围内进行对比，也是层序界面在对比中具有重要作用的关键。这种通过地震划分的复合层序界面有一个问题，就是不能确定构成复合层序界面的各个界面的特定类型。这种不确定性的主要原因是在 Vail 等的时代用来进行研究工作的地震资料垂向分辨率较低。在绝大多数情况下，单个反射轴所代表的地层厚度是 20~30m，因此地震资料不能分辨必要的细节，无法对产生地震剖面上代表层序界面的反射轴的地层界面的类型进行可靠识别。根据地震剖面中的削截/上超关系可以合理地得出一个结论，即在盆地边缘陆上不整合面构成了层序界面。然而，是何种类型的地层界面产生了地震剖面上盆地中心区域的海相不整合面及可对比整合面却是很难确定的。而且，在某些情况下，例如下超面或顶超不整合时，地震剖面上的不整合（反射轴削截）是真正的不整合，还是地震分辨率低（地层合并而不是终止）造成的假象也是很难说的。即使在今天，构成层序界面的地层的特定类型的不确定性仍然是存在的主要问题。

除了提出新的层序划分方法和定义之外，Vail 等（1977）还将在全球许多地区地震剖面中识别出的层序界面解释为主要是由于海平面变化造成的。这一解释明显与 Sloss（1963）的不同，后者强调构造运动是层序界面形成的主要控制因素。如前所述，关于不整合的成因是构造成因还是海平面变化成因的争论，从 20 世纪初开始，一直到现在从未停止过。重要的是，把层序的产生归因于海平面变化，产生了新的层序成因解释模式，即把稳定沉积物供给速率情况下海平面的正弦曲线变化与向盆地方向增加的构造沉降速率相结合起来的层序成因模式。这个模式再现了在地震剖面上观察到的诸多地层接触关系，如盆地边缘的削截不整合和盆地中心具有下超特征的凝缩层。正因为如此，Exxon 公司的科学家们推崇该模式，使其成为随后的层序地层学分水岭性质文章的核心部分（Wilgus 等，1988）。这些文章本身及其所提倡的模式和对模式做出的解释，成了层序地层学新术语与分析方法的基础，使这些新术语和方法后来能够应用到钻井、测井、露头和地震资料中。

四、综合发展阶段（1988—2008）

地震地层学理论解决了层序的形成问题，但并未明确层序内部地层的彼此关系和空间展布特征，并且地震地层学主要应用地震资料在盆地范围内进行盆地分析工作，还不能在油气藏范围内为沉积地层分析提供必要的精度。所以，Vail 等人在吸取其他地质学家建议的同时，进行了大量的露头、测井、海洋地质和地震资料的综合研究，利用层序地层、磁性地层、年代地层，以及生物地层中所反映的海平面变化和同位素年龄等资料，编制了中生代以来的年代地层和海平面旋回曲线图，厘定了不整合面、海平面变化的概念，并强调地震剖面、测井和地面露头的综合研究是识别海平面变化的重要手段。

1988 年，由 Wilgus 主编的 *Sea-Level Changes: An Integrated Approach* 正式出版，1993 年被我国的层序地层学先驱者之一徐怀大教授翻译为中文出版，更名为《层序地层学原理（海平面变化综合分析）》。1989 年 Sangree 和 Vail 等的《应用层序地层学》出版。在这两本专著中，他们以全球性海平面变化为主导因素，系统、全面地阐明了层序地层学的基本理论、关键性术语的定义、解释程序和工作步骤，标志着层序地层学进入综合发展阶段。1991

年，Vail 等又在 Einsele 等主编的《层序旋回和事件》一书中撰写了《构造运动、全球海平面升降及沉积作用的地层标志综述》，再次强调地层层序是由构造运动、全球海平面升降、沉积作用及气候变化等地质作用相互作用而产生的，同时，也突出了不同级别构造作用对地层层序的影响，提出了一整套将层序地层分析、沉降史分析和构造地层分析相互结合、互为补充的综合地层分析方法，特别将构造地层分析概括为 9 个步骤，突出构造沉降史与不整合面的研究，注意沉积充填史、构造型式与古应力条件的分析，高级别构造运动、构造条件与板块构造运动的关系等。1991 年由 D. I. Macdonald 主编的《活动边缘的沉积作用、构造运动和全球海平面变化》一书，进一步把层序地层研究扩展到活动大陆边缘。

20 世纪 90 年代以来，层序地层学进入了全面发展的时期，在理论学派、层序模式、研究方法、应用实践方面都取得了重要进展。

一是理论上出现了多种学派。

Galloway（1989）根据他本人在墨西哥湾新近系与古近系所做的大量实际工作，提出了以最易识别的最大海泛面（下超面）为界的成因地层层序，尽管最大海泛面在远源部位由于沉积物欠补偿所产生的不整合符合 Vail 等（1977）的层序定义，但 Galloway 的成因层序是与 Exxon 公司提出的沉积层序完全不同的地层单元。

由于不能客观地把 Exxon 公司提出的层序地层方法和分类体系应用到加拿大北极圈（Arctic Canada）斯沃德鲁普（Sverdrup）盆地出露很好的 9000m 厚的中生界中，Ashton Embry 提出了一种新的能够满足层序界面基本定义的界面组合，即陆上不整合面、不整合型滨岸海蚀面和最大海退面可以组合成一个能够客观识别的从盆地边缘一直延伸到盆地中心的完整的层序界面（Embry，1993；Embry 和 Johannessen，1993）。由于这个层序界面能够把海退期间形成的地层与其上的海侵地层分开，因此这个新定义的层序界面所限定的地层单元被称为 T-R 层序。

Hunt 和 Tucker（1992）对 Exxon 公司的经典层序地层模式进行了修正。他们主张将其低位体系域中的低位扇（包括盆底扇和斜坡扇）和低位楔状体分开，低位扇形成于强制性海退过程中（从海平面开始下降到最低点为止），而低位楔状体形成于海平面从最低点开始上升时期，前者称为强制性海退体系域，后者称为低位进积楔体系域或低位体系域（不同于 Vail 层序低位体系域），二者之间为层序界面。如此不仅改变了原有层序的界面，而且将三分层序修正为四分层序。

另外，科罗拉多矿业学院 T. A. Cross（1994a）教授以基准面旋回与成因层序形成的过程响应原理为理论依据，基于地层基准面原理、沉积物体积分配原理、相分异原理和基准面旋回等时对比原理，提出了高分辨率层序地层学。该理论以露头、岩心、测井和高分辨率地震剖面为研究对象，通过不同尺度的旋回划分和对比，建立盆地、油田、油藏级的等时成因地层对比格架，以提高储层、隔层、油层分布的预测和评价精度。

二是应用于不同环境中，建立了多种层序模式。

以 Exxon 公司经典层序地层学为基础，层序地层学的研究思路和方法在不同类型的盆地中得到应用，包括被动边缘盆地，也包括活动边缘盆地（如日本 BOSO 半岛上 Kazusu 群中的前弧盆地），既有伸展型盆地（如北海裂谷、Neuquen 弧后盆地），也有挠曲型盆地（如 Alberta、Denver 等前陆盆地），并证明了其有效性。除了与海相沉积盆地有关的盆地外，不少学者（包括我国的许多学者）还在近海湖盆和陆相盆地中进行了探索，提出了断陷湖盆、坳陷湖盆等的层序地层模式（朱筱敏等，2003；徐怀大等，1996；魏魁生等，1996，1997a；

纪友亮等，1996；操应长，2005）。

同时，层序地层学理论也应用到了河流环境中，典型代表有Shanely等（1992，1993，1994）根据美国犹他州南部Kaiparowits高原中河流沉积提出的近海河流层序地层模式和Wright等（1993）结合河谷阶地上古土壤识别提出的河流层序地层模式。在国内张周良（1996）基于鄂尔多斯盆地二叠系露头提出了河流层序模式；董清水等（2003）研究松辽盆地泉头组河流相地层后提出一个四分模式；董春梅（2006）提出了基于河流水位变化的河流相层序地层划分方法，以洪泛面作为等时对比的标志；李勇等（2014）在黄骅凹陷河流层序做了大量细致的工作。

Exxon公司经典层序地层学尽管是基于大西洋西岸的被动大陆边缘碎屑岩沉积而提出的，但其理论和方法也拓展到了碳酸盐岩地层中。以1991年举行的美国石油地质学家协会年会的碳酸盐岩层序地层学研讨会的论文为主，Loucks和Sarg主编了AAPG专辑57《碳酸盐岩层序地层学——近期进展及应用》。该专辑涵盖了碳酸盐岩层序地层学领域的一系列重要主题，包括：（1）用于解释的概念性模型；（2）碳酸盐台地与变化的海平面之间的沉积学过程—响应关系；（3）二级和三级层序的大尺度地层样式；（4）小尺度和高频旋回堆积样式。

三是多种方法被引入到层序地层学中。

Kauffman（1992）提出的包括物理事件、化学事件、生物事件和复合事件的高分辨率事件地层学的概念和方法，为层序地层分析的年代地层学研究提供了新的工具。与之相近的Moutanri的综合地层学（integrated stratigraphy）方法，以及古生态学和埋藏学也被引入。Kominz及Boud利用伽马方法较准确地测定了更新统及白垩系旋回沉积中的米兰科维奇旋回，进一步证实了旋回沉积中时间的相对性和旋回的周期性这一假说。Edwards（1986）提出用高精度的TIMS轴系统（$^{230}Th-^{234}U$）年龄测定方法来研究海平面的变化，Patwilde等利用贫碳酸盐的还原性岩石中全岩的铈（Ce）异常来研究海平面的变化。这些方法的引入进一步充实和完善了层序地层学的理论系统。W. Walter等（1992）明确提出，高分辨率生物地层、测井分析和地震解释是层序地层分析中相互依赖的3个组成部分，将高分辨率的生物地层资料、古水深资料、测井曲线特征和地震反射剖面结合起来，形成一种测井—地震层序地层学分析的新方法。用这种方法可以详细对比层序界面及层序内部细小的沉积单元，确定它们的空间展布特征。

四是实践应用取得了重要成就。

在石油勘探领域，应用这一新的理论体系和方法，已经为储集砂体的预测带来了战略性的变化，取得了重要的成就，特别是低位体系域底界面上深切谷充填砂体的预测和发现，为寻找发现地层岩性圈闭提供了有利靶区。如Amoco石油公司根据层序地层研究，在Beaufort海和阿拉斯加发现了新的靶区；在尼日尔三角洲地区应用墨西哥湾盆地的模式和经验，在新的地震、钻井资料的基础上完成一系列层序地层大剖面，从而发现了丰富的、有经济价值的油气圈闭；联合太平洋公司在东科罗拉多州和西堪萨斯州的工作中，应用层序地层的方法重新进行整体评价，发现了长距离延伸的深切谷充填砂体，从而在找油目标上进行了战略转变。因此，前AAPG主席P. Weimer指出，层序地层学应用以来最重要的找油新领域之一是层序界面上的谷地充填砂体。层序地层学已成为油气勘探开发各个阶段不可缺少的内容。以Exxon石油公司为例，从盆地分析到圈闭的成因解释，从油藏描述、数值模拟到后续动态模拟，从勘探开发各个阶段的软件开发到油藏管理，都直接或间接地应用了层序地层学的理论、方法或研究成果，甚至还以已知油气田与层序地层的关系为基础编制新区勘探开发的指导模式。

五、层序地层学标准化阶段（2009 年至今）

层序地层学的理论学派众多，给应用造成一定的困扰。2009 年加拿大艾伯塔大学地球与大气科学系 Catuneanu 教授联合 27 位国际著名学者在 *Earth-Science Reviews* 上发表 *Towards the standardization of sequence stratigraphy*，希望推动层序地层学标准化。

层序地层学标准化的重要成果之一是 Steel 等（2002）提出的陆架坡折迁移轨迹（shelf-edge trajectory），是指位于浅水陆架与深水陆坡分界区的陆架坡折随时间沿物源方向连续变化而形成的迁移路径。陆架坡折迁移轨迹主要包括三种类型：平坦—低角度下降型、低角度上升型和高角度上升型（Gong 等，2015a，2015b；Laugier 等，2016），分别代表相对海平面（基准面）的下降、缓慢上升和快速上升（龚承林等，2021）。陆架坡折迁移轨迹体现了沉积物供给、海平面变化、构造升降和古地貌背景的综合效应（Helland-Hansen，2009；Gong 等，2015a，2015b；Laugier 等，2016）。

考虑到不是每一个研究对象都包括陆架坡折，Exxon 公司的地质学家 Neal 等（2009）提出了可容空间序列的层序新理念，认为一个层序自下而上依次发育三个地层叠置序列：PA（进积—加积）序列、R（退积）序列和 APD（加积—进积—降积）序列。其中 APD 序列可进一步被拆分为 AP（加积—进积）序列和 PD（进积—降积）序列。

PA 序列＝平坦—上升型坡折迁移轨迹＝$\delta A/\delta S<1$ 且递增＝低位体系域（LST）

R 序列＝静止或退积型坡折迁移轨迹＝$\delta A/\delta S>1$＝海侵体系域（TST）

AP 序列＝上升—平坦型坡折迁移轨迹＝$\delta A/\delta S<1$ 且递减＝高位体系域（HST）

PD 序列＝平坦—下降型坡折迁移轨迹＝$\delta A/\delta S\leqslant 1$ 且递减＝下降体系域（FST）

可容空间序列法被认为是经典层序地层学理论的最新进展与重大突破，Exxon 公司的研究人员最终认为导致一切层序争议的根源在于：经典层序理论错误地运用海平面变化去命名体系域（龚承林等，2021）。

层序地层学标准化使层序研究回归到层序地层学的核心——“界面性与旋回性”（龚承林等，2021），但也遭到一些学者的反对。如挪威卑尔根大学（UiB）地球科学系教授 Helland-Hansen（2009）提出“地层学思潮的这一分支（指层序地层学）依然处于相对年轻活跃的发展之中，就此由标准化而‘冻结’的概念基础，在未来极有可能发生变化”。

第三节　层序地层学的挑战和发展趋势

层序地层学作为一个新兴的地层学分支学科，还存在许多不完善的地方，面临着一系列挑战。同时，该学科为解决一些其他学科难以解决的问题提供了独特的思维方式，表现出了强大的生命力和广阔的前景。

一、层序地层学面临的挑战

层序界面及层序内部构成还没有形成统一认识。Exxon 公司定义的层序的界面是地震剖面上的“整合及其对应的不整合”，其定义是以静态的地震剖面为基础，而忽视了沉积学家注重的过程响应（李绍虎，2010）。正如 Schlager（1991）所认为的，Exxon 公司基于地震地层学重新厘定了不整合的含义，而使沉积层序界面不整合与其他地质学家定义的不整合概念存在显著不同。由此引出盆缘的不整合面应该与盆内什么类型的整合面连接构成层序界面的争论，并衍生出Ⅰ型层序界面的不协调性及其存废问题，还有层序内部是三分还是四分，强制性海退体系域是放在层序的上部还是下部，等等。

全球海平面变化曲线的可靠性存在争议。Haq（1977，1987）建立了两代全球海平面变化曲线，在获得肯定的同时也存在较大的争议。Miall 等人认为，上超点法中标定层序年代的方法除了同位素测年和地震合成记录外，还用到生物地层。生物地层划分的标准处于不断修正之中，所以生物地层资料的修订必然造成层序地层年代的变化，而且生物地层年代不足以达到海平面升降曲线上所标定的时间精度。依据海岸上超来解释全球海平面变化往往忽略了不同沉积盆地构造背景的影响（例如，由于盆缘坡度，同样幅度的海平面上升，对应的上超点迁移距离也有明显差别），也未充分考虑沉积速率变化对不整合面及海岸上超的影响。因此，N. A. Morner（1992）认为，不能用 Haq 海平面升降曲线来解释陆架不整合，也不能用海平面变化来解释海相的沉积间断。

分解并区分不同级别的层序难度较大。地层记录是不同级别海平面旋回变化叠合的结果，如何分解它们，并找到与实际地层记录相符合的、地球固有的各种不同频率海平面变化周期之间的关系，找到无周期构造运动对海平面升降旋回的影响均是困难的。既然层序的属性是相似的，那么地层的高分辨率在很大程度上取决于沉积物的供给，高沉积速率的四级（0.2~0.5Ma）或五级层序可能会与低沉积速率的三级层序（周期 1~10Ma）具有相似的地震响应（外观相似），如何区分这种由三级海平面变化旋回形成的沉积层序和由更高频率海平面升降变化旋回形成的四级、五级层序？在实际工作中，不同级别的层序是无法区分的，从而给全球范围的层序精确对比造成了困难。

层序地层学在陆相环境中的应用还存在许多问题。起源于被动大陆边缘的层序地层学基本原理能够很好地应用于陆相沉积地层中，这已经是共识，但在实际工作中还存在许多困难。例如，陆相沉积层序形成的主导控制因素是什么？不同控制因素之间的关系是什么？如何厘定陆相层序的级别和精准确定形成层序的地质年代？在沉积范围远小于海相盆地，并且缺乏陆棚坡折带的陆相盆地中，如何确定层序界面及层序界面类型、体系域类型及空间展布？另外，对于冲积扇、内陆河流、沙漠等几乎不受海（湖）平面影响的陆相沉积地层来说，寻找并能在古代沉积中确定基准面就成了难题。目前倾向于应用高分辨率层序地层学原理和方法来研究陆相沉积层序，但高分辨率层序地层学的基准面是一个抽象的面而不是物理界面，应用时难以把握。

层序地层学在碳酸盐岩中的应用还有待深入。碳酸盐岩沉积过程不同于碎屑岩，它属于受盆地自身沉积背景影响较大的内源沉积物，并且受明显的成岩后生变化的影响，因此，碳酸盐岩层序的研究不能直接套用被动大陆边缘的陆源碎屑岩层序地层理论。另外，从技术角度上来讲，碳酸盐岩地层相变较慢，往往在很厚的地层中岩性没有明显变化（如上百米的泥晶灰岩），如何对其进行层序单元的识别和划分，也是一大难点。Loucks 和 Sarg 主编的《碳酸盐岩层序地层学——近期进展及应用》，以论文集而不是成体系的理论著作的形式论述碳酸盐岩层序地层学，也间接说明人们对碳酸盐岩层序地层的认识具有多样性，尚未形成统一的理论体系。

层序地层学在细粒沉积物中的应用还需要探索。细粒沉积不仅与烃源岩密切相关，而且基于细粒沉积的页岩油页岩气勘探和开发，已经成为世界能源结构的重要组成部分。但细粒沉积往往处于水体较深的环境，海（湖）平面的升降变化对其岩性变化的影响远不如浅水环境明显，因此，如何对细粒沉积地层建立层序地层格架，并对层序结构进行精细描述，成为页岩油气勘探中关注的重要议题之一。目前部分学者正尝试引入米兰科维奇旋回理论来解决这一问题。米兰科维奇旋回本身是天文周期旋回，天文周期旋回引起气候变化从而在地层中形成相应的沉积记录（吴怀春等，2011；黄春菊，2014；闫建平等，2017），但是沉积地层中记录的不仅仅是气候的影响，还有构造以及其他“噪声”，如何去掉这些“噪声”、准确提取米兰科维奇周期是关键。另外，米兰科维奇旋回的周期在中—新生代地层中相对稳定，中生代以前的地层中其周期有比现在偏小的（金之钧等，1999；Laska 等，2004；Hinno 等，2006）。

二、层序地层学的发展趋势

针对层序地层学目前存在的问题及现今油气勘探需要，层序地层学的未来发展趋势和研究重点集中在以下几个方面（姜在兴，2010，2012；吴因业等，2011）：

（1）深水层序地层学研究：充分利用新技术，如高精度地震资料反演、近海底高精度地震资料等地球物理方法，综合伽马能谱分析与地球化学元素含量的旋回分析，对不整合面相应的整合面进行准确识别，对深水泥页岩、滑塌块体沉积等科学地建立等时地层格架，包括在海相泥页岩及湖相黑色泥页岩等非常规油气勘探领域的应用。

（2）碳酸盐岩层序地层学研究：包括海相和湖相碳酸盐岩，特别是湖相碳酸盐岩，因其在地质历史中的分布比较少等原因，研究程度远远不如海相碳酸盐岩。对湖相碳酸盐岩的成因机理和分布演化规律等方面的研究相对比较薄弱，亟需一些新理论和方法。

（3）层序地层标准化：层序地层标准化将是未来层序地层学研究的一个重要方向。对我国陆相沉积盆地来说，断层活动大都比较复杂、相带变化频繁，在进行层序学研究时，同一研究区不同学者建立的层序格架会不同。虽然目前已经建立了一些陆相盆地层序地层学模式，但仍然无法在各盆地推广，原因就是缺乏统一的划分标准和规范，层序分级比较乱，很难采用统一的时间区间对层序进行分级，亟需进行层序地层标准化方面的研究。

（4）层序地层模拟研究：将会使层序的研究由定性向半定量、定量发展，揭示层序发育的主要控制因素，增强对有效储层的预测。

（5）层序地层学研究技术手段创新：除了传统的露头、岩心、测井和高精度地震资料以外，地震资料的三维可视化、古生物方法、地球化学方法、数值分析和计算机模拟等将会在层序地层学未来的研究中发挥很大的作用。

（6）岸线轨迹与体系域的识别方法研究：岸线轨迹的迁移可以暗示海平面的升降，有效指示层序界面和内部的体系域界面。结合层序地层学模拟，岸线轨迹研究可以对层序及体系域进行定量划分和识别。

思考题

1. 层序地层学的学科属性是什么？
2. 层序地层学经历了哪几个发展阶段？每个发展阶段都有哪些标志性的事件？
3. Vail 提出的层序与 Sloss 提出的层序有什么不同？
4. 层序地层学的发展面临哪些挑战？

拓展阅读资料

[1] 顾家裕，范土芝. 层序地层学回顾与展望［J］. 海相油气地质，2001，6（4）：15-25.

[2] 侯明才，陈洪德，田景春. 层序地层学的研究进展［J］. 矿物岩石，2001，21（3）：128-134.

[3] 姜在兴. 沉积体系及层序地层学研究现状及发展趋势［J］. 石油与天然气地质，2010，31（5）：535-540.

[4] 姜在兴. 层序地层学研究进展：国际层序地层学研讨会综述［J］. 地学前缘，2012，19（1）：1-9.

[5] 吴和源. 朝向层序地层学标准化：层序地层学研究的一个重要科学命题［J］. 沉积学报，2017，35（3）：425-432.

[6] 梅冥相. 从正常海退与强迫型海退的辨别进行层序界面对比：层序地层学进展之一［J］. 古地理学报，2010，12（5）：549-564.

[7] 梅冥相. 长周期层序形成机制的探索：层序地层学进展之二［J］. 古地理学报，2010，12（6）：711-725.

[8] Catuneanu O，Abreu V，Bhattacharya J P，et al. Toward the standardization of sequence stratigraphy［J］. Earth-Science Reviews，2009，92：1-33.

[9] Zecchin M. Towards the standardization of sequence stratigraphy：Is the parasequence concept to be redefined or abandoned?［J］. Earth-Science Reviews，2010，102：117-119.

[10] 龚承林，Ronald J Steel，彭旸，等. 深海碎屑岩层序地层学 50 年（1970—2020）重要进展［J］. 沉积学报，2021，DOI：10. 14027/j. issn. 1000-0550. 2021. 108.

第二章

经典层序地层学

1988 年，Exxon 公司的研究者发表了一系列文章，刊登在 SEPM 专刊第 42 期《海平面升降变化：综合分析方法》中。这些文章清晰地展示了 Exxon 公司的研究者将理论模拟和实际地震记录、测井横剖面和露头的观察相结合，从盆地边缘向盆地中心对层序界面进行识别和对比的过程，首次描述了综合的层序地层学模式，提出了 Exxon 学派的层序地层方法、模式、分类体系和术语。这些构成了经典层序地层学的理论基础。

第一节　基本概念体系

层序（sequence）是一套相对整合的、成因上有联系的、其顶和底以不整合面或者与这些不整合面可以对比的整合面为界的地层单元（Vail 等，1977）。一个层序由若干准层序组组成，一个准层序组又由若干准层序组成。体系域是一系列同期沉积体系的集合，原本属于沉积学范畴的概念，后被引入层序中，介于层序与准层序组之间。一个层序可以被划分为若干体系域，每个体系域又包含若干准层序组。

一、准层序

（一）准层序的定义及特征

准层序（parasequence）是一个以海泛面或与其相应的界面为界的有内在联系的相对整合的一组岩层或岩层组序列，在层序中有特定的位置。准层序可以以层序界面为顶界面或底界面。

一个准层序的形成时间范围为几百年至几万年，厚度范围为十米到几百米，横向分布范围为几十至几千平方千米。准层序在地震资料上难以识别出来，只能从测井、岩心和露头资料上识别（表 2-1）。

准层序几乎都是向上变浅的沉积序列。绝大多数硅质碎屑岩准层序是进积序列，形成连续的新砂岩的前缘向盆地方向进积。这一沉积模式导致一个向上变浅的相带分布，形成的新岩层组渐渐地沉积到浅水水域。少数硅质碎屑岩及大多数碳酸盐岩准层序是加积序列，但也是向上变浅的。

与向上变浅的沉积水体相对应的沉积物组合序列是有差别的。向上变浅的准层序在岩性上多数表现为向上变粗，部分表现为向上变细（图 2-1～图 2-4）。在典型的向上变粗准层序中（图 2-1、图 2-2、图 2-3），岩层组变厚，砂岩颗粒变粗，砂岩、泥岩比例向上增加。在向上变细的准层序中（图 2-4），岩层组变薄，砂岩颗粒变细（通常达到泥或煤的粒级），砂岩、泥岩比例向上减小。向上变细的准层序有河流相、潮坪相、风暴沉积、重力流沉积等。

表 2–1　不同级别层序地层单元的特征（据Wagoner等，1990）

地层单位	定义	厚度范围(ft)	横向分布范围(mile^2)	形成的时间范围(a)	技术精度
		1000　10　0.1	10000　100　1	10^6　10^4　10^2　1	
层序	一组有内在联系相对整合的地层，它以不整合面或与之相关的整合面为顶、底界面(Mitchum等，1977)				传统方法
准层序组	一组有内在联系的准层序，这组准层序形成一个明显的叠加模式，并通常以主要海(湖)泛面及与其相应的界面为界				地震勘探
准层序	一组相对整合的有内在联系的岩层或岩层组，它们以海(湖)泛面及与之对应的界面为界				
层组	一组相对整合的有内在联系的岩层层序，它以侵蚀面、不整合面或与之相关的整合面为界(叫岩层系界面)				
层	一组相对整合的有内在联系的纹层或纹层系序列，以侵蚀不整合面或与之相关的整合面为界面				测井
纹层组	一组相对整合的有内在联系的纹层序列，以侵蚀面、无沉积面或与之相关的整合面为界面(叫纹层系界面)				
纹层	最小的肉眼可识别层				岩心和露头

注：1ft=0.3048m，1mile^2=2.589988km^2。

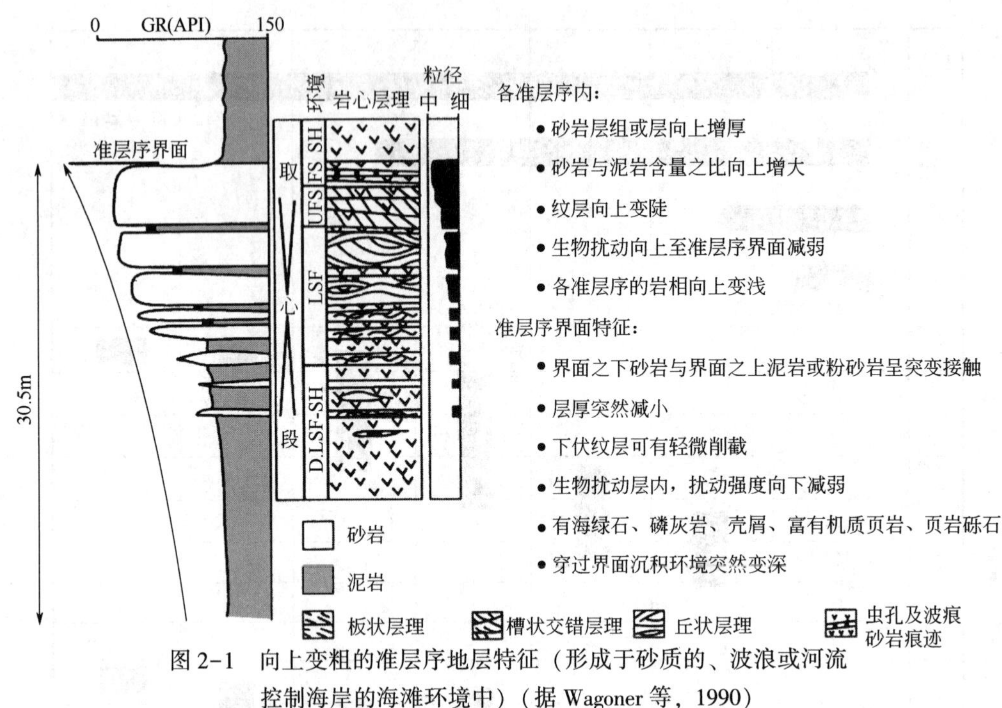

图 2-1　向上变粗的准层序地层特征（形成于砂质的、波浪或河流控制海岸的海滩环境中）（据 Wagoner 等，1990）

SH—陆架；FS—前滨；UFS—上滨面；LSF—下滨面；D. LSF—远下滨面

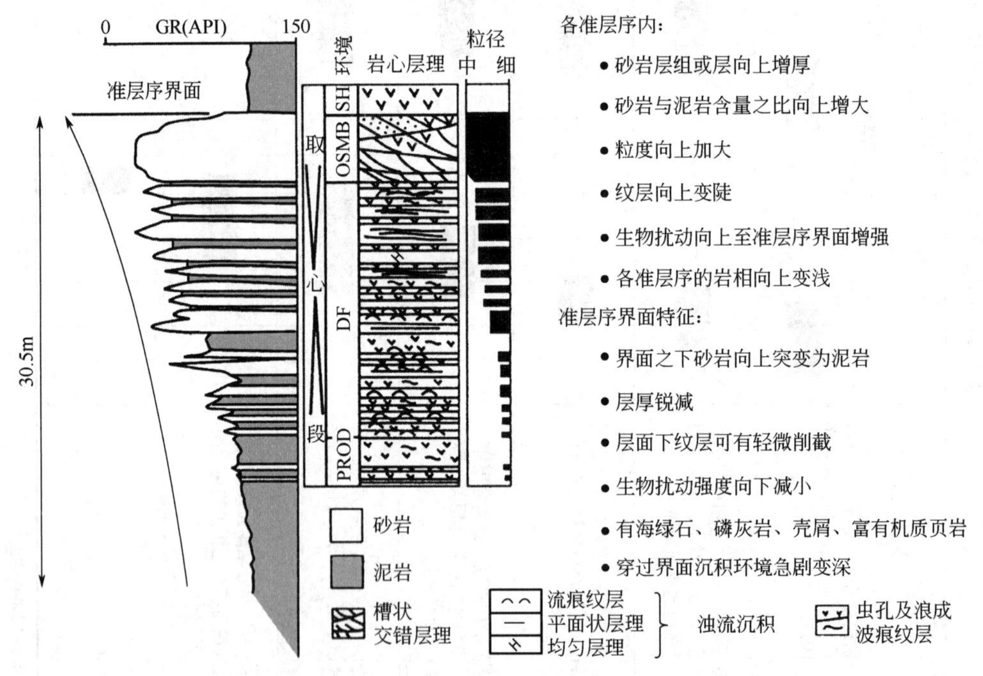

图 2-2　向上变粗的准层序地层特征（形成于砂质的、波浪或河流控制海岸的三角洲环境中）（据 Wagoner 等，1990）

OSMB—外河口沙坝；DF—三角洲前缘；PROD—前三角洲；SH—陆架

向上变粗及向上变细准层序中的垂向相带关系往往能够揭示水深逐渐变浅的历程。水深突然减小的迹象，如前滨岩层组明显位于下临滨岩层组之上，在准层序内还没有观察到。同样，指示水深逐渐增加的垂向相带关系也没有在准层序内观察到。如果独立的“向上变深”

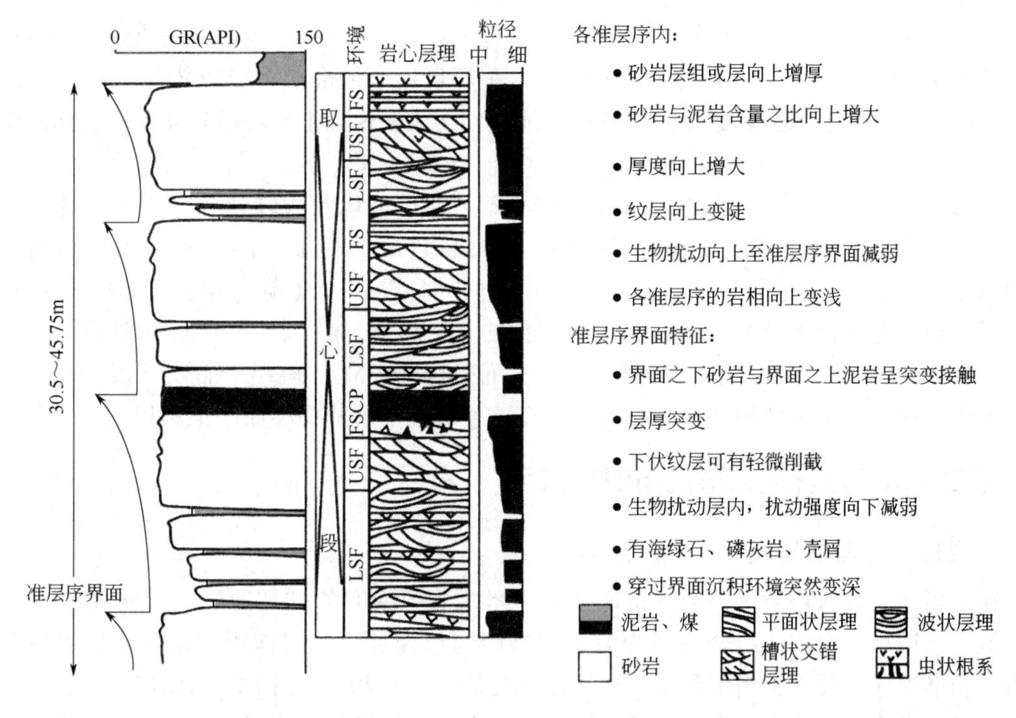

图 2-3 叠加的向上变粗的准层序地层特征（形成于砂质的、波浪或河流控制海岸的海滩环境中，该环境中沉积速率与沉降速率相等）（据 Wagoner 等，1990）

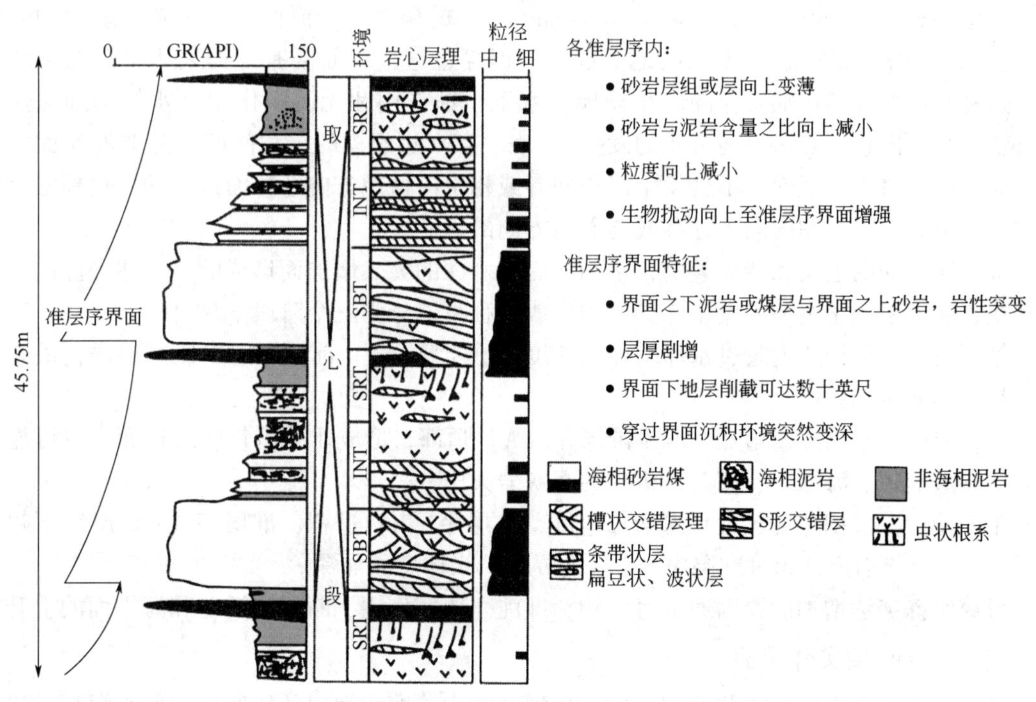

图 2-4 两个向上变细的准层序地层特征（形成于泥质的、潮汐控制海岸的潮坪到潮下环境）（据 Wagoner 等，1990）

SBT—潮下；INT—潮间；SRT—潮上

准层序确实存在，它们在岩石记录中可能是稀少的。大多数“向上变深”的相带组合可能是由一个称为退积式准层序组的向后叠加准层序产生的。在有些环境中，硅质碎屑岩沉积致密，或水体太深，岩性变化不明显，因此在这种环境形成的准层序难以辨认。在这些剖面中，地层指示向上水深逐渐加深，只有小心地观察才能发现标志准层序界面的海泛面的微弱证据。

在海（湖）岸平原、三角洲、海滩、滨浅湖、河口湾以及大陆架环境中，水体浅，水深的变化很容易对沉积物产生明显的影响。水体深度每次增加，都形成一次易识别的海（湖）泛面，因此准层序易识别。在河流沉积剖面中，没有海（湖）相和边缘海（湖）相的岩石出现，即沉积不受海（湖）水深度变化的直接影响，与海（湖）泛面对应的界面难识别。在陆架斜坡和深海盆地或深湖剖面中，沉积物位于海（湖）平面以下很深地带，因而其沉积特征不受水深增加的影响，因此，在这种环境中形成的准层序很难识别。

（二）准层序界面的形成与识别特征

1. 准层序界面的形成

在三角洲、滨海环境中，当沉积速率大于岸线可容空间的增加速率（这种增加的可容空间就是新增可容空间，综合解释为海平面升降与地壳沉降共同作用的结果）时，就会形成浅海相准层序；反之，当沉积速率小于岸线可容空间的增加速率时，则形成准层序界面。准层序界面的形成过程中，海岸线迅速后退，只有很少的海相沉积保存在地层记录中，垂向上表现为水深突然增加，即发生海泛。海泛面是新增可容空间形成速率大于沉积物供应速率的唯一标志。

这里补充一下海泛面（marine flooding surface）的概念。海泛面是一个新老地层的分界面。它们常是平整的，仅有米级的地形起伏，但穿过这个界面会有证据表明水深的突然增加。这种水深的突然增加常伴随着小规模的水下侵蚀作用和无沉积作用（水体的加深速率足够快，从而阻止了陆源碎屑沉积的发生），表明存在小规模的沉积间断。除非海泛面与层序界面重合，否则海泛面上不会发生河流回春或相带向盆地方向迁移而造成的大规模陆上侵蚀作用，也无海岸上超的向下迁移或向盆地方向的移动。

准层序界面的定义和特征表明，它们是因为水深的突然增加而形成的，水体加深的速率足够快，从而阻止了沉积的发生。具体的形成过程可以分为三个阶段（图 2-5）。

第一阶段：沉积速度超过水深增加的速度，准层序（A）前积层组组成准层序，最新的层组界面是非沉积界面。

第二阶段：水深迅速增加并淹没准层序（A）顶部，形成非硅质碎屑沉积面，也可能沉积薄层碳酸盐岩、海绿石、富含有机质的泥灰岩火山灰。

第三阶段：沉积速度超过水深增加速度，准层序（B）进积，准层序（B）层组下超到准层序（A）界面上，越过准层序（A）的界面，水体急剧加深。

形成水深突然增加的原因通常有三种，即泥岩压实作用、断层的活动和海平面的上升。

1）泥岩的压实作用

随着三角洲分支河流向前冲积，在三角洲朵体内，底积泥岩的压实作用使水深相对快速增加。朵体的水侵产生一个截然的、水平的、有轻微侵蚀的界面，其上通常只有很少或没有保留海侵滞留层。这种准层序界面在面积上与朵体本身范围相当。Frazier 和 Osamik 指出，在美国路易斯安那州东南部的圣伯纳德全新世三个最新的三角洲的分布范围为 777～7770km^2，朵体的前积速率为 800～1400 年产生一个朵体。由于每个三角洲朵体的分界面分布范围广泛且形成迅速，从而给地下相对较大范围的年代地层和岩石地层分析提供了地区性时间分界线。

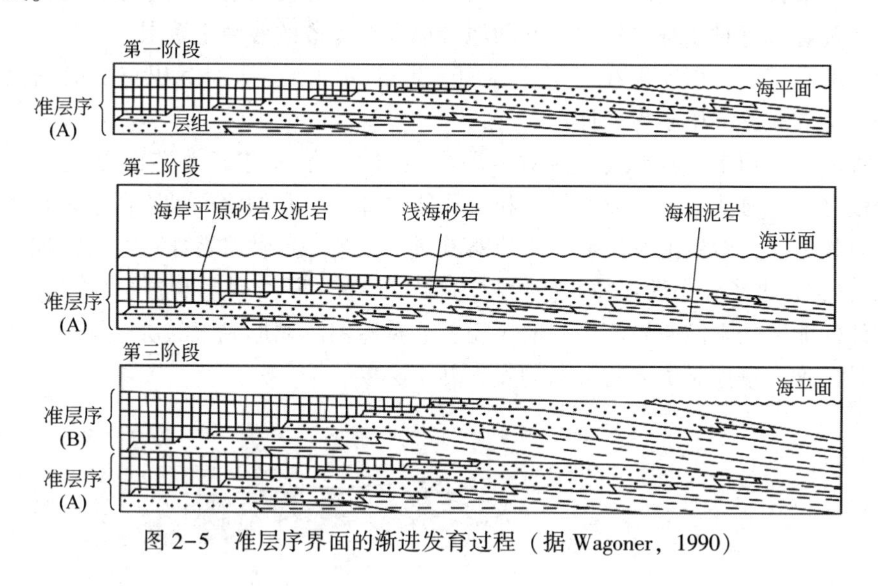

图 2-5　准层序界面的渐进发育过程（据 Wagoner，1990）

2）断层的活动

构造运动中断层的活动也能使海平面相对迅速上升，从而形成海泛面。例如，1964 年阿拉斯加地震和 1960 年智利地震，分别立刻产生了最大的海岸沉降（2m 和 3m）。Plafker 和 Savage 记录了沿智利海岸线长 963km、宽 112km 的沉降带。沿着低洼的海岸线，这样的沉降会导致快速的大面积海岸沉积，因而形成准层序界面。靠近海岸线附近的生长断层，在几千年内沉降速率的短期增加也能造成海平面地区性相对上升，进而形成海岸沉积并产生准层序界面。

3）海平面的上升

准层序界面形成的第三种机理是海平面上升。在地形平缓的海岸平原地带，小幅度的海平面上升就会导致滨岸线向岸大幅度迁移，形成海泛。这种机制中，地形平缓是关键。

2. 准层序界面的识别特征

海泛面在海岸平原和陆棚上都有一个相应的界面存在，但在深水区却难以识别。在海岸平原上的相应界面可根据由河流作用造成的局部侵蚀和暴露大气中的原地证据来鉴别，如正常情况下在海岸平原沉积中发现的土壤层或含植物根层等。陆棚上的相应界面是一个整合面，没有明显的沉积间断显示，它通过薄层的远洋或半远洋沉积来鉴别，这些沉积物包括薄层的碳酸盐岩、富含有机质的泥岩、海绿石和火山灰等，这表明由于陆源沉积物的缺乏，穿过相应界面的岩层水深的变化通常不易识别。在平静的深水环境里，如大陆坡或海盆底，沉积作用对水深变化的响应极弱，海泛面缺少明显的识别特征。

由海泛面形成的准层序界面，通常可根据海侵滞留沉积（transgressive lag）来识别。在与层序界面不一致的海泛面上，海侵滞留沉积在岩心、露头上表现为一种厚度小于 0. 61m、相对粗粒物质的层状沉积，由生物介壳、介壳碎片、黏土撕裂碎屑、钙质结核和硅质碎屑砾石或卵石组成，它们来源于下伏岩层，是海侵期间海岸带岩石受侵蚀而形成的。它们集中在海泛面形成不连续的地层，通常分布在内陆架至外陆架上。如位于海泛面上的钙质结核，它们来源于岩石暴露地表期间在土壤层中形成的钙质结砾或钙质结核，后来海侵搬运走了相对容易剥蚀的土壤，使得结核作为滞留沉积物集中形成于海侵面上。这些结核通常作为土壤层存在的唯一标志，有时在海侵陆棚的低凹地带保存有零散的残余土壤层。

更常见的是滞留沉积出现在与层序界面一致的界面上，滞留沉积与下伏沉积没有相似性。这种类型的滞留沉积分为三种。

第一种滞留沉积是由波浪或水流对准层序顶部生物钻孔进行改造而形成的（图 2-6）。风暴或海侵之后、海泛面上形成大量细粒沉积物之前，正常的两栖动物群活动在下伏地层中形成大量生物钻孔，然后由波浪或者水流对其进行改造。这种改造作用可逐渐向下进入下伏地层 1.5m，它筛去了较小的颗粒并使较粗的颗粒集中，所以剩余准层序与被改造的沉积物之间没有任何能区分它们的界面。一般来说，这种滞留沉积形成于与层序界面一致的海泛面之上，但是这种一致性对于滞留沉积的发育并不必要。

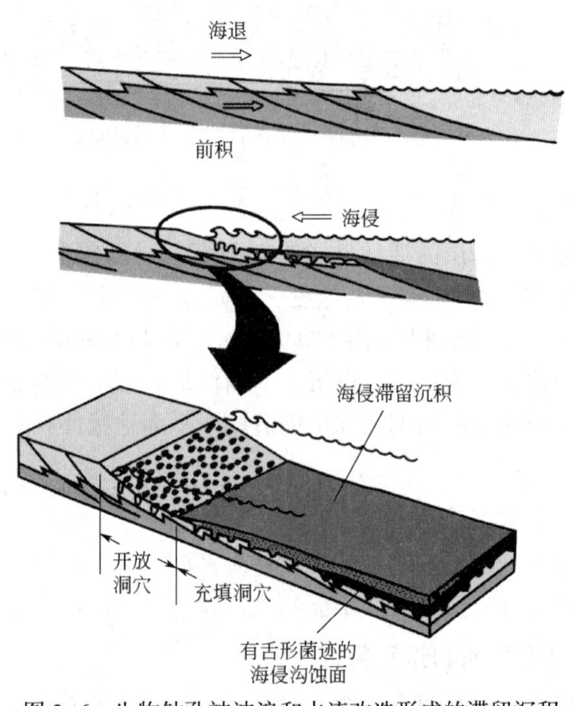

彩图 2-6

图 2-6　生物钻孔被波浪和水流改造形成的滞留沉积
（据 Posamentier 和 Allen，1999）

第二种滞留沉积通常发现于海泛面之上，形成于海平面上升之后、较细颗粒的硅质碎屑沉积物前积于陆棚之前，并伴随着有机的或无机碳酸盐岩在海泛面上聚集。有机碳酸盐岩以介壳层的形式形成在海泛面上，形成厚度可达 1.8m 的广泛分布的板粒岩层。虽然这些介壳层被风暴筛选和重新改造，但这些生物遗体说明了它们自身是陆架上固有的而不是来源于下伏岩层。无机碳酸盐岩一般以鲕粒岩或豆石滩坝的形式出现在海泛面上。在一次缓慢的海平面上升期间，海平面处在低水位期，外陆棚区硅质碎屑注入量小，并被较浅的海水覆盖，各种颗粒被波浪搅动，形成鲕粒岩或豆石。最后，当连续海平面上升使得碳酸盐岩颗粒位于波基面以下时，浅滩停止发育并且可能被风暴就地改造，以滩坝形式分布于陆棚上。这类滞留沉积通常位于海泛面之上并与层序界面一致。

第三种滞留沉积，是一种位于深切谷底部层序界面之上的河道滞留沉积。主河道滞留沉积由各种类型的颗粒组成，最常见的是滚圆的燧石、石英或石英卵石，其厚度范围从仅一个卵石厚的薄透镜体到几米厚的岩层。因为这种滞留沉积形成于海平面下降而不是海泛期间，不属于海侵滞留沉积，相关内容在层序界面特征的章节中有介绍。

（三）准层序的岩相组合

1. 准层序的纵向岩相组合

Wagoner 等（1990）对犹他州赫尔珀附近布克卜悬崖剖面上的上白垩统布莱克霍克组的准层序的纵向组合关系进行研究后发现，每个准层序的自然伽马测井曲线都呈向上减弱的趋势（图 2-7），表明准层序中砂泥岩比例向上增加。而且砂岩层或岩层组厚度向上增加。这一向上变粗变厚的垂向模式反映了准层序前积作用的特点。

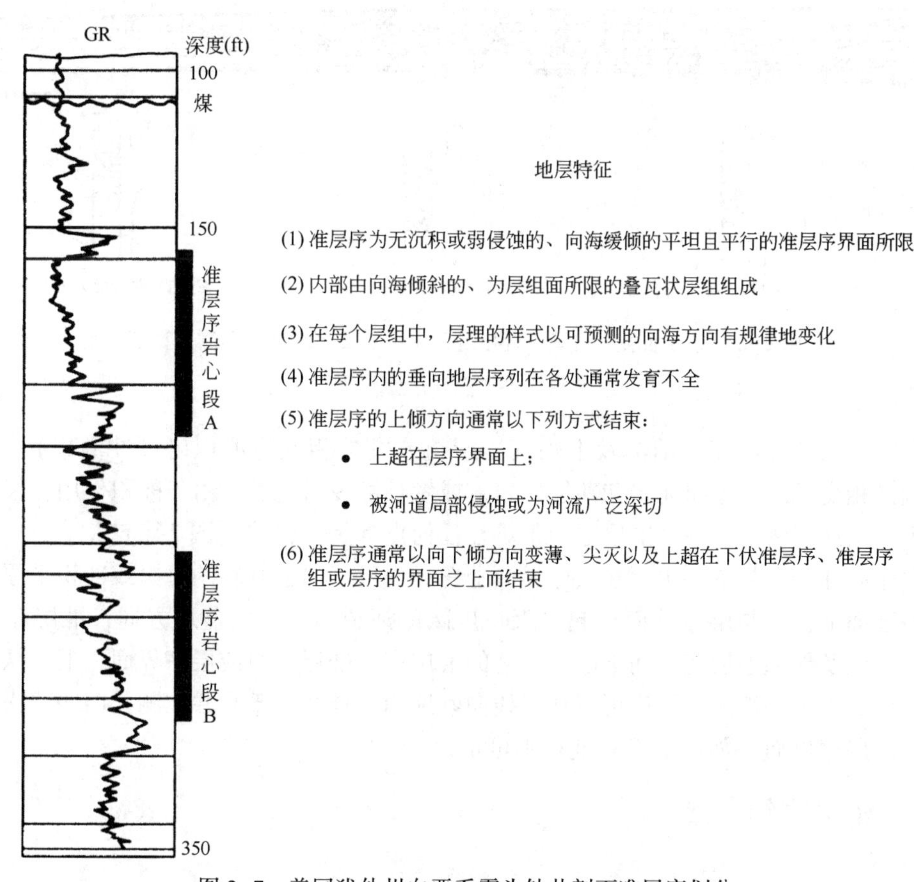

图 2-7　美国犹他州白垩系露头钻井剖面准层序划分

（据 Wagoner 等，1990）

准层序的下部为下临滨沉积，岩性为泥岩与具生物扰动和波状层理的砂岩互层，上部为上临滨与前滨沉积，由槽状和板状交错层理砂岩和水平纹层砂岩组成。准层序界面位于深水相黑色陆架泥岩与具生物扰动、低角度至水平纹层且没有海侵滞留沉积的砂层之间，界线十分清楚。准层序界面都是由水深突然增加造成的海泛面，这一水深增加可通过准层序界面上、下岩相关系有没有明显的间断来确定。

2. 准层序的横向岩相组合

在海滩环境沉积的准层序横向组合（图 2-8）中，岩层组面是贯穿整个准层序的主要分界界面。在每一个岩层组内，相变是逐层发生的。由于每个准层序中每个岩层组的相带变化类型是相似的，因此岩层组之间没有明显的年代地层间断。一个准层序被认为是由一组有内在联系的岩层或岩层组序列组成的。在海滩准层序的一个单一岩层中，前滨的向海轻微倾斜的、水平的和平行的纹层向盆地方向变为上临滨的、陡的、具槽状交错层理的前积纹层。在准层序中，这些前滨和上临滨的砂岩构成了油气储层。具交错层理的上临滨岩层向海方向逐渐变成具波状层理的下临滨岩层。在最下面的岩层组，下临滨具波状层理的岩层组向海方向逐渐变为厚度只有几英寸砂岩的岩层组。

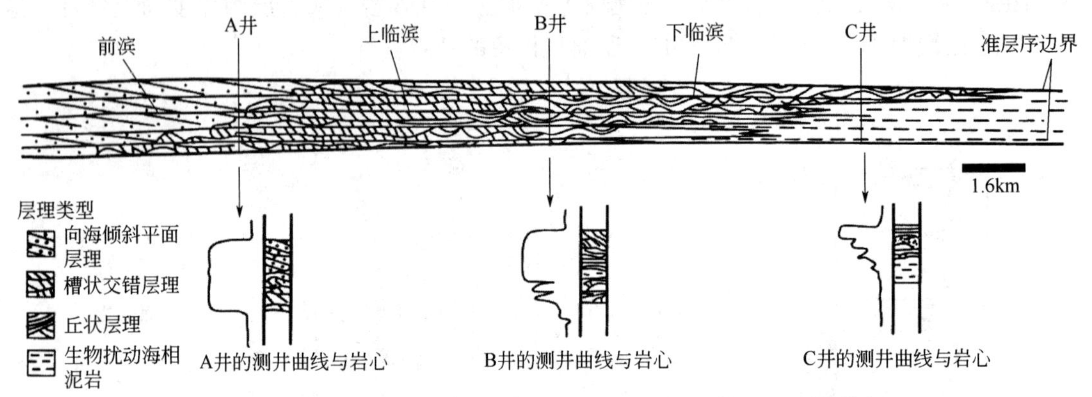

图 2-8　海滩准层序的横向岩相组合关系及重要的岩心和测井特征
（据 Wagoner 等，1990）

在向陆方向，准层序中前滨及上临滨岩层组或突然相变为浪积扇（冲溢扇）。换句话说，也就是相变成海岸平原泥岩和薄层砂岩，或者被潮汐口削蚀。由于前积作用，组成准层序的整个垂向地层序列在一个准层序中很难在任何点都是完整的（图 2-8）。

准层序向陆方向超覆并尖灭在层序界面上，或尖灭于向上倾斜的海岸或冲积平原的地区性河道侵蚀面上，或与层序界面一起尖灭在广阔的河道口上。向盆地方向，准层序逐渐变薄、尖灭，以及伴随地层变薄而下超到较老的准层序、准层序组或层序界面之上，从而逐渐失去了它们的可识别性。准层序可以从岸线向盆地内延伸数十千米并在测井曲线间横剖面对比，直至准层序界面（如海泛面）变得不可辨认。

二、准层序组

（一）准层序组的定义

准层序组（parasequence set）是具有清晰叠加模式的一组有成因联系的准层序序列，以主要海泛面及与之相对应的界面为界。准层序组界面规模明显大于准层序界面规模，形成准层序组界面的主要海泛面可以作较大区域的地层对比。准层序组界面有时与层序界面、体系域界面或上覆地层的下超面一致。

一个准层序组的厚度大约在10m至数百米之间，分布范围大约$10km^2$至数千平方千米，形成时间范围大约几千年到几十万年之间。其勘探精度可达到在地震勘探资料上识别，也可在测井、岩心和露头上识别（表2-1）。

（二）准层序组的类型

研究准层序组的类型之前，先要了解可容空间和新增可容空间的概念。

可容空间（accommodation）是指可供沉积物堆积的潜在空间（Jervey，1988），即沉积物表面与沉积基准面之间可供沉积物充填的所有空间（图2-9），包括早期未被充填遗留下来的空间和新增的空间。新增可容空间（new space added）是指在沉积期间海平面变化和构造沉降所形成的新的可容空间。构造沉降和海平面变化控制了基准面变化，因此，可容空间是海平面升降和构造沉降的函数（图2-10）。

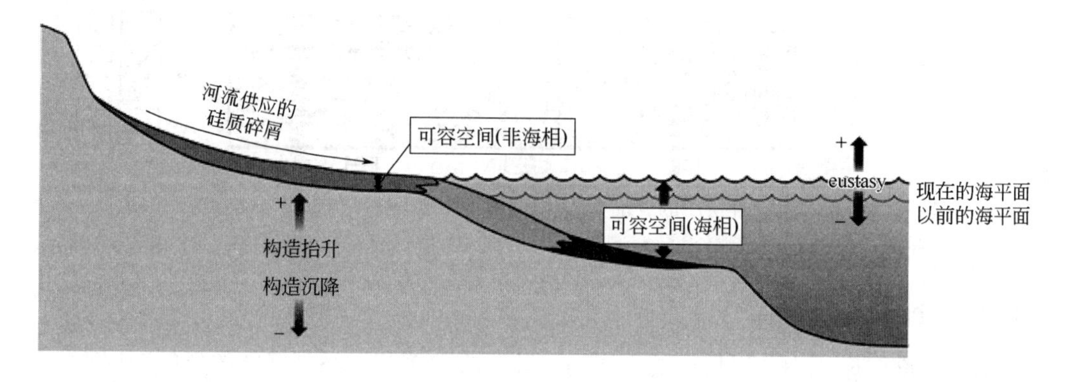

图2-9　可容空间（据Emery，1996，修改）

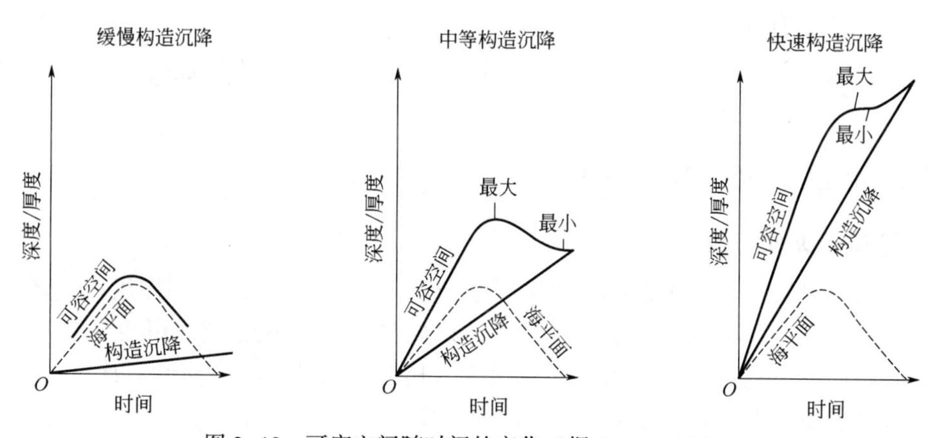

图2-10　可容空间随时间的变化（据Jervey，1988）

根据沉积速率与新增可容空间速率之比，可将准层序组中的准层序叠加模式分为进积式、退积式和加积式，这些叠加模式及它们的测井特征各有不同（图2-11）。

1. 进积式准层序组

在一个进积式准组序组中，向着盆地方向较远的地方沉积一系列连续的新的准层序。这是沉积速率大于新增空间速率造成的。

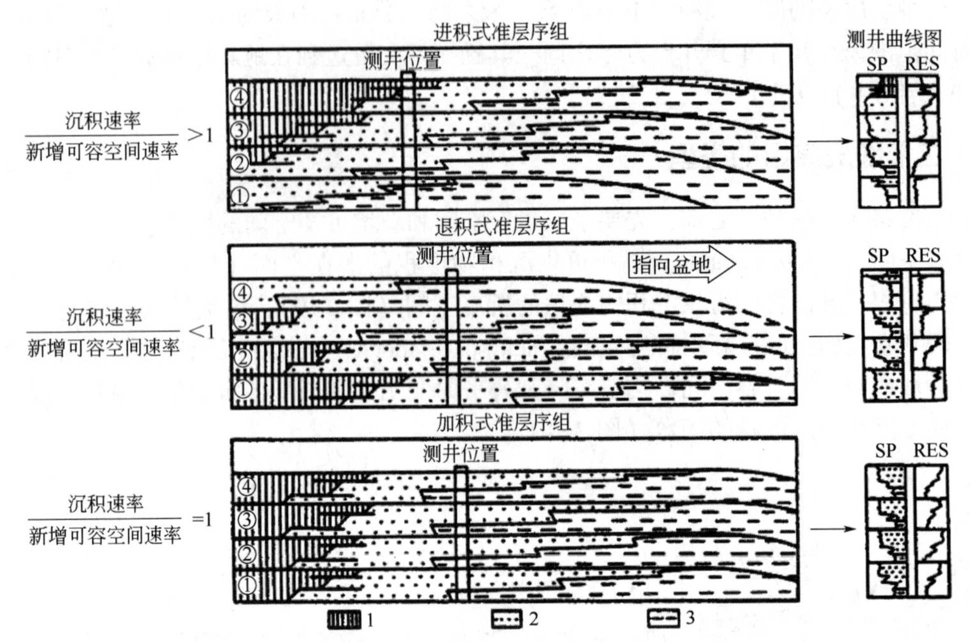

图 2-11　准层序组中准层序的叠加方式、横剖面和测井解释（据 Wagoner 等，1990）

1—海岸平原砂岩和泥岩；2—浅海砂岩；3—陆架泥岩；①~④—单个准层序；SP—自然电位；RES—电阻率

2. 退积式准层序组

在退积式准层序组中，以后退的方式向着陆地方向沉积一系列连续的新的准层序。这是沉积速率小于新增空间速率造成的。尽管退积式准层序组中的每个准层序都是向海进积的，但这种准层序组以“海侵模式”的方式向上加深，并且海岸线向陆后退。

3. 加积式准层序组

在加积式准层序组中，一系列新的准层序一个个叠加，而没有明显的横向移动，其新增空间速率大约等于沉积速率。

（三）准层序组内的岩相组合

1. 准层序组纵向岩相组合

准层序组可以从一个单井测井曲线中识别出来。在一个进积式准层序组中（图 2-12），一系列新的准层序包含着浅海至海岸平原中的砂岩沉积，最新的准层序可能全部由沉积在海岸平原环境中的岩石组成。和下伏准层序相比，其砂岩孔隙度较大，砂岩比率也较高。另外，在这种准层序组中，新的准层序一般比老的准层序厚。

在退积式准层序组中（图 2-12），一系列较新的准层序比下伏准层序含有更多沉积在深水海相环境中的页岩或泥岩。例如下临滨、三角洲前缘或陆架环境等准层序组中最新的准层序全部由陆架上沉积的泥岩构成。另外，新的准层序一般比老的准层序厚度薄一些。

在加积式准层序组中（图 2-12），岩相、岩层厚度以及砂泥比几乎没有变化。

2. 准层序组横向岩相组合

在单井测井曲线上，各种准层序组具有不同的垂向表现，在横剖面上也具有特定的横向表现方式。

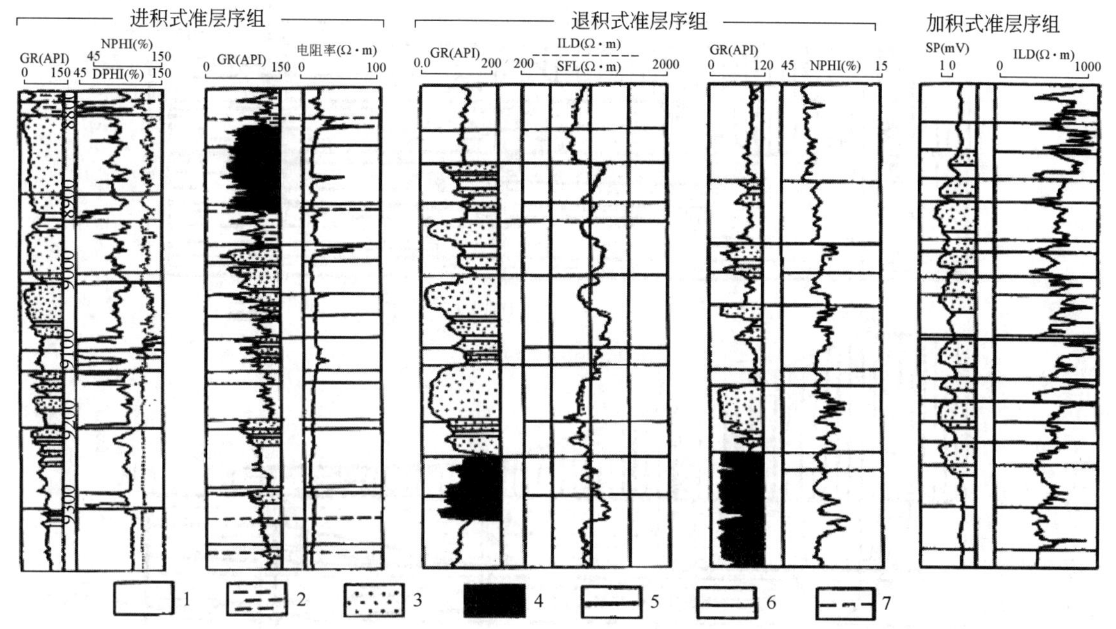

图 2-12　准层序组的测井曲线特征（据 Wagoner 等，1990）

NPHI—中子孔隙度；DPHI—密度孔隙度；GR—自然伽马；ILD—深感应；SFL—球形聚焦；
1—河流相砂岩；2—海岸平原砂岩；3—浅海砂岩；4—陆架泥岩；
5—准层序系边界；6—准层序边界；7—推测的准层序边界

准层序组不同，其沉积相的迁移方向不同。在进积式准层序组中，浅水相带逐渐向盆地方向迁移。而在退积式准层序组中，沉积相带逐渐向陆地方向迁移。在加积式准层序组中，沉积相带不发生横向变化。

（四）准层序组的对比

准层序和准层序组对比，通常可获得的结果与用传统的岩性地层学对比方法所获得的完全不同。传统的岩性地层对比是根据砂岩或泥岩段地层的“顶”。为了说明这方面的某些差别，这里将一条穿越一个进积准层序组和一个退积准层序组的示意横剖面，与典型的岩性地层对比剖面进行了对比（图 2-13 和图 2-14）。

图 2-13 中的岩性地层剖面是以浅海砂岩的顶面作为标志层建立起来的，这种界面有 3 个明显的特点：

（1）通常是煤沉积的场所，具有良好的测井曲线标志；

（2）在 SP 和 GR 测井曲线上是最明显的界线；

（3）在各种测井曲线上，如沉积相测井、孔隙度测井，均提供了类似的电阻率响应，因而每种块状、浅海砂岩中的流体也是类似的。

按常规做法，如果这种标志层一旦选定，并且通过连接砂岩顶进行岩相对比，那么储层的连通性就会被夸大了，不同的砂岩成因也就被连接起来，其结果是可能的浅海砂岩储层就会被解释为向上倾方向变为海相页岩和泥岩。

图 2-14 中的岩性地层横剖面是以每口井中最新的主要浅海砂岩顶作为标志层而建立起来的。这种分界是明显的岩性中断，由于其通常以电阻率突变为标志，因而此界面在所有井

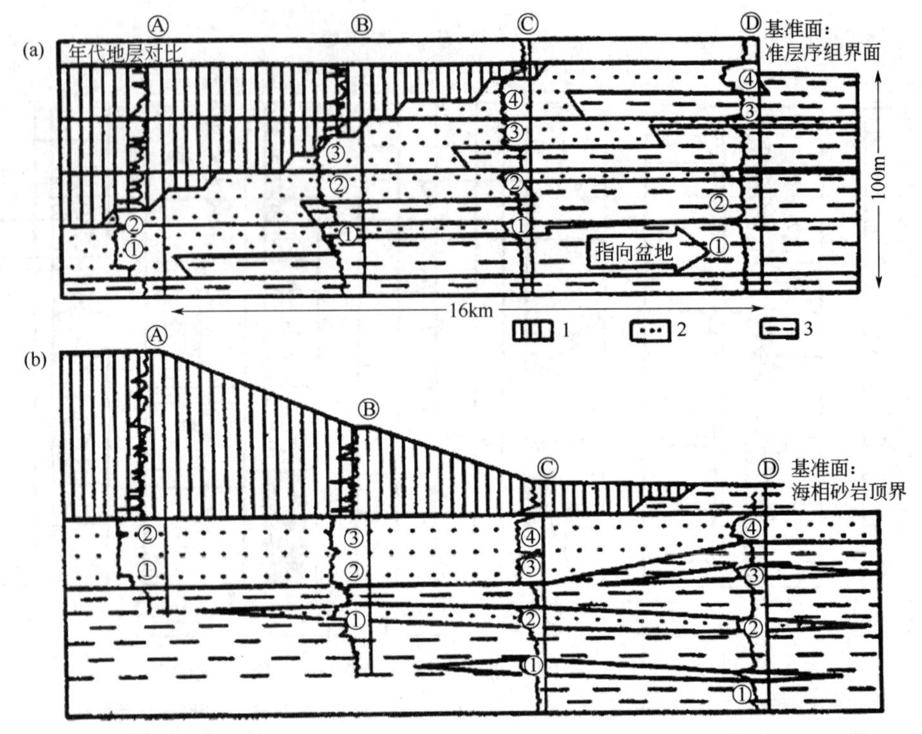

图 2-13　进积式准层序组年代地层学对比（a）与岩性地层学对比（b）（据 Wagoner 等，1990）

1—滨海平原砂岩和泥岩；2—浅海砂岩；3—陆棚泥岩；Ⓐ~Ⓓ—井位；①~④—准层序编号

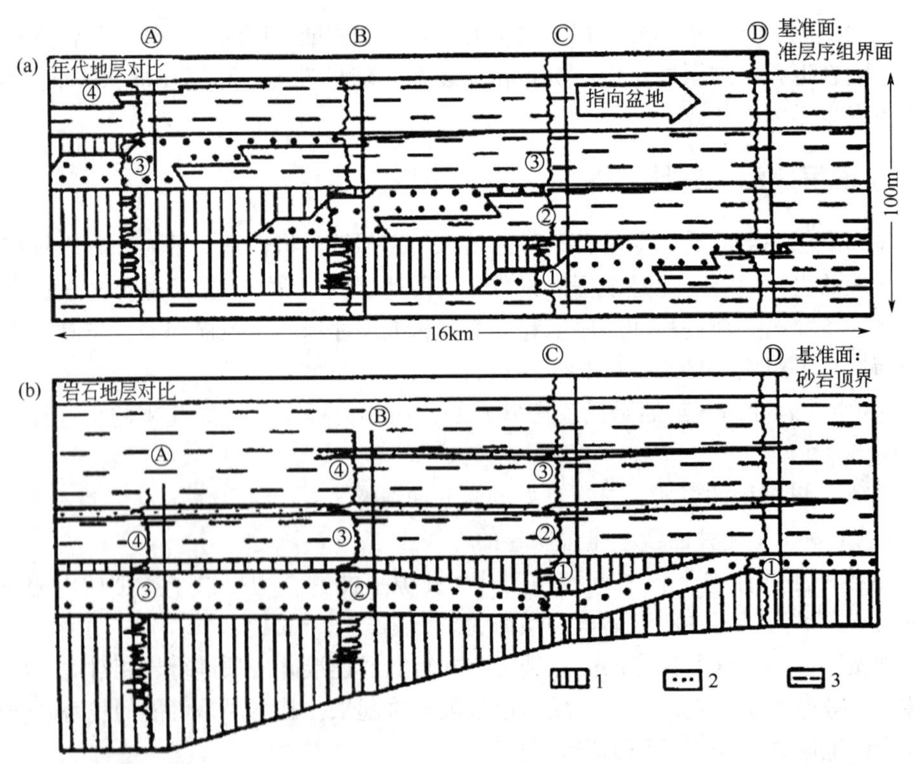

图 2-14　退积式准层序组年代地层学对比（a）与岩性地层学对比（b）（据 Wagoner 等，1990）

1—滨海平原砂岩和泥岩；2—浅海砂岩；3—陆棚泥岩；Ⓐ~Ⓓ—井位；①~④—准层序编号

中的测井曲线上均形态相似且易于识别。应用这种界面进行测井曲线对比，可能会导致一个连续的、相对较薄的、浅海砂岩的解释结果。这样，储层的连通性被夸大了，而且可能的储集砂岩被错误地连成了具有统一油水界面的同一砂体。当开发资料表明在这种储层中至少有两个油水界面的时候，地质学家通常加进一条断层，以解释开发资料和地层解释之间的矛盾差异。就在该套砂岩之上的页岩中通常保存有底栖动物群，应用初次出现的底栖有孔虫类作为对比手段，产生了与应用砂岩顶所获得的对比结论一样的对比结果，因为这些生物受制于沉积相。

图 2-14 中的进积式准层序组横剖面是以准层序组界面为标志层而建立起来的。每个较新准层序的浅海和滨岸平原岩石均向上和向盆地方向逐次发育。浅海砂岩是有利的储集岩。由于许多砂体在泥岩中上、下是孤立的，因而保证了较差的垂向连通性并有可能隔开油水接触面。由于滨岸砂岩的混合作用，在海相岩石向上倾尖灭而变为滨岸平原岩石的尖灭区附近，有些可能的储集岩仍具有较好的垂向连通性。

图 2-14 中的退积式准层序组横剖面是以准层序维组界面为标志层而建立起来的。这种界面可以向盆地追入该套页岩中具有特征的电阻率测井标志层。在连续沉积的、较新的准层序中的海相岩石，向陆地逐步发育或退积。每个准层序都是进积的，每套浅海砂岩向上倾方向相变而成为滨海平原岩石。在海相泥岩中，浅海砂岩储层上、下是孤立的，且通常具有独立的油水界面。

三、体系域

体系域（systems tract）是一系列同期沉积体系的集合体（Brown 等，1977），而沉积体系是成因上相关的沉积环境和沉积体的组合，即受同一物源和同一水动力系统控制、成因上有内在联系的沉积体或沉积相在空间上有规律的组合。根据体系域在层序内的位置，可进一步划分为低位体系域/陆棚边缘体系域、海侵体系域和高位体系域，类似于 Jervey（1988）的正弦曲线变化的基准面上升—下降旋回期间所发育的一个完整层序的若干地层单元（图 2-15）。

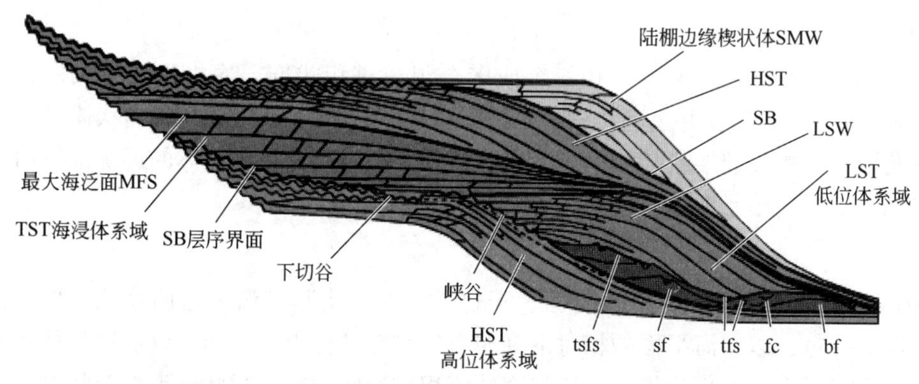

图 2-15　层序及其中的体系域分布（据 Vail 等，1997）

tsfs—斜坡扇顶面；sf—斜坡扇；tfs—扇顶面；fc—扇水道；bf—盆底扇；LSW—低位楔状体

彩图 2-15

（一）低位体系域

低位体系域（lowstand systems tract，LST）处于层序的最低位置（图 2-15），是海平面下降到最低点并开始缓慢上升时期形成的（图2-16中AB段），底界面为Ⅰ型层序界面，顶界面为初始海泛面。低位体系域由盆底扇、斜坡扇、低位楔状体和下切谷所组成。

1. 盆底扇

盆底扇（basin floor fan，bf）主要是砂，由Tab、Tac和被削蚀的Ta（Tab、Tac及Ta分别为浊积岩或浊流典型序列的a、b段，a、c段及a段）鲍马序列所组成，类似于Mutti的第Ⅰ和第Ⅱ类型的扇。盆底扇可能沉积在峡谷口处，也可能远离峡谷出口而广泛发育，峡谷也可能不明显。盆底扇在陆坡上或陆架上无同期的岩石。

2. 斜坡扇

斜坡扇（slope fan，sf）由具天然堤的浊流沟道和漫滩沉积物所组成。它们上覆于盆底扇之上，并被上覆的低位楔状体所下超（图2-15）。

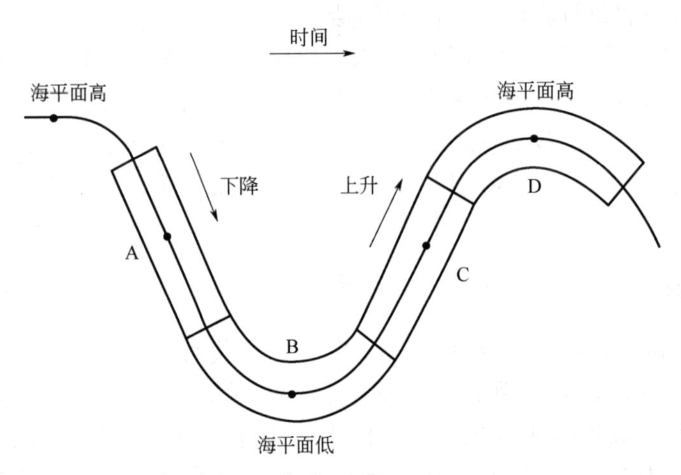

图2-16　体系域与海平面升降旋回的关系
（据Posamentier等，1988a）

3. 低位楔状体

低位楔状体（lowstand wedge，LSW）由一个或多个组成进积式准层序组组成，仅发育在陆架坡折的向海一侧（方向），并上超在先前层序的斜坡上（图2-15）。低位楔状体的近源部分由下切谷充填沉积物及陆架或陆坡上的伴生沉积物所组成。低位楔状体的远源部分由含页岩成分多的厚楔状沉积单元组成，该单元下超在斜坡扇上。

4. 下切谷

下切谷（incised valley）是下切的河流体系，通过下切作用使河（沟）道向盆地延伸并切入下伏地层（图2-15），以与海平面的相对下降相对应。在陆棚上，下切谷以层序界面为下边界，以首次主要海泛面为上部边界。下切谷充填沉积物通常解释为辫状沟道，与陆棚泥岩呈突变接触。这种沉积环境的异常垂向伴生组合即为沉积相向盆地的迁移，它是通过海平面相对下降而形成的。

区域地层分析表明，硅质碎屑岩层序中相当多的储层都发育在低位体系域中，即盆底扇、斜坡扇及前积楔状体都是很好的储层，可以通过测井曲线识别（图2-17、图2-18和图2-19）。

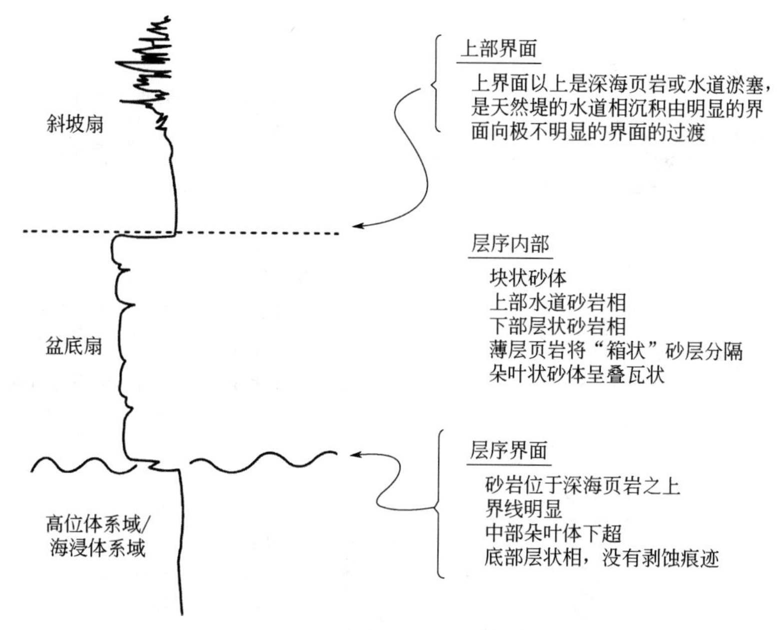

图 2-17　盆底扇的测井曲线特征

（据纪友亮等，2020）

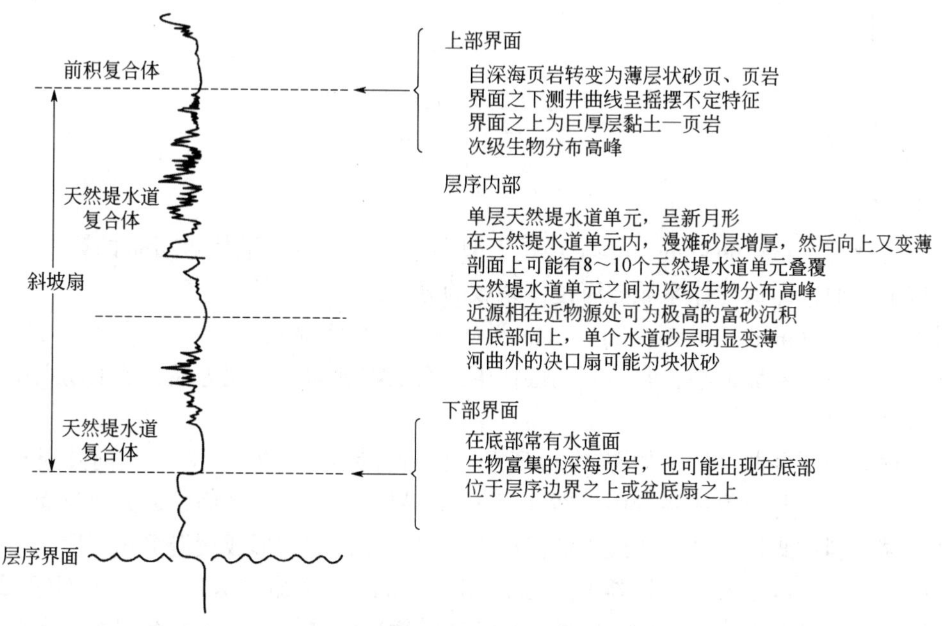

图 2-18　斜坡扇复合体的测井曲线特征

（据纪友亮等，2020）

（二）海侵体系域

海侵体系域（transgressive systems tract，TST）位于Ⅰ型和Ⅱ型层序的中部（图 2-15），是在相对海平面上升时期形成的（图 2-16 中 C 段），其下界面为初始海泛面，上界面为下

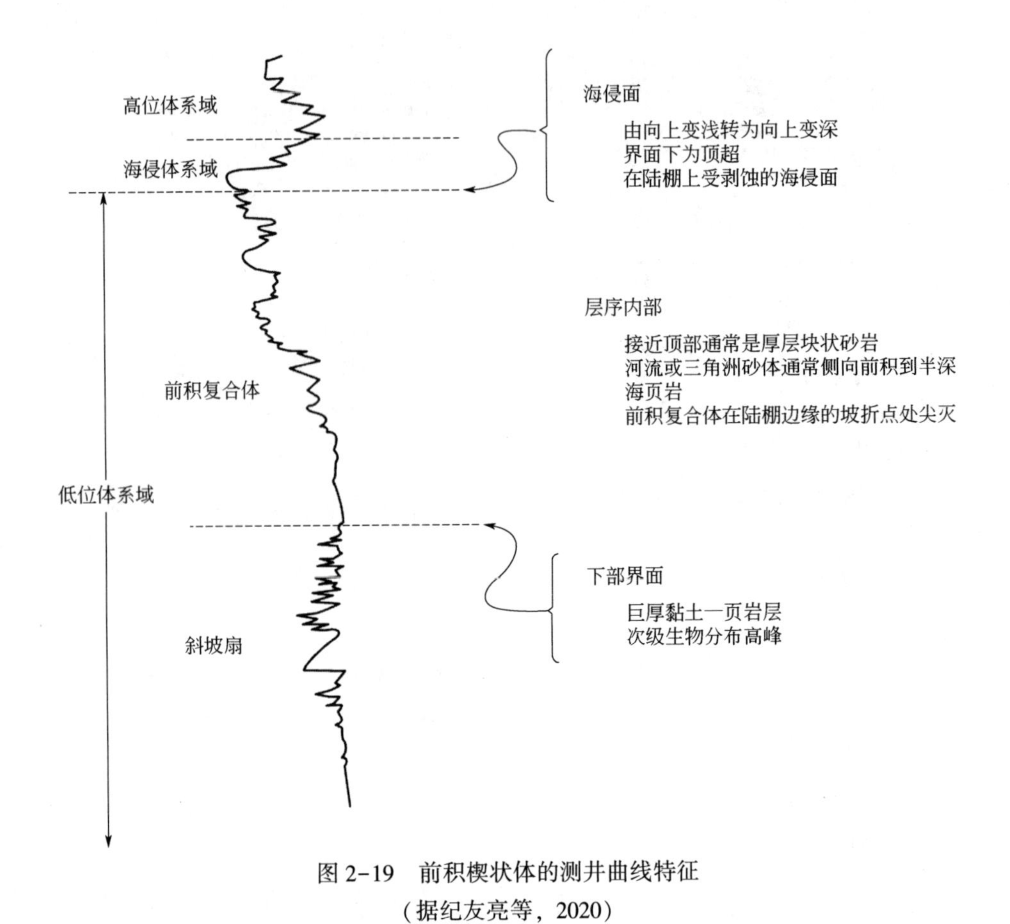

图 2-19　前积楔状体的测井曲线特征
（据纪友亮等，2020）

超面或最大海泛面。

初始海泛面（first flooding surface）是Ⅰ型层序中首次越过陆棚坡折带的第一个海岸上超所对应的界面，即低位体系域与海侵体系域的分界面。

最大海泛面（maximum flooding surface，MFS）是最大海侵时形成的界面，为海侵体系域顶部，被高位体系域下超，常与凝缩层伴生，在地震剖面上表现为最远的上超点所对应的同相轴（图 2-15）。

海侵体系域测井曲线特征如图 2-20 所示。海侵体系域内的准层序逐次向陆退积，其水体向上逐渐变深。与海侵体系域中最新准层序的上界相一致的下超面是最大海泛面，即上覆高位体系域的斜坡脚沉积合并在最大海泛面上且厚度非常薄，形成缓慢沉积层段，也叫凝缩层（condensed section，CS）、饥饿段（starved section）。凝缩层是指沉积速率很慢（1～10mm/1000a）、厚度很薄、富含有机质、缺乏陆源物质的半深海和深海沉积物，是在相对海平面最大、海侵最大时在陆棚、陆坡和盆地平原形成的。在这种缺少陆源物质的层段内，动物群的分异度和丰度是整个层序中最大的。尽管缓慢沉积层段一般很薄，沉积物聚集速率很低，且经历很长时间，但该层段内的沉积作用却是连续的。

凝缩层的这些特征对地层分析有重要意义。凝缩层很薄，在利用露头、岩心或岩屑确定生物地层年代时很容易漏掉，造成生物地层记录中出现明显的时间间断，从而导致地质学家在连续沉积的地层中解释出一个重要的不整合面。

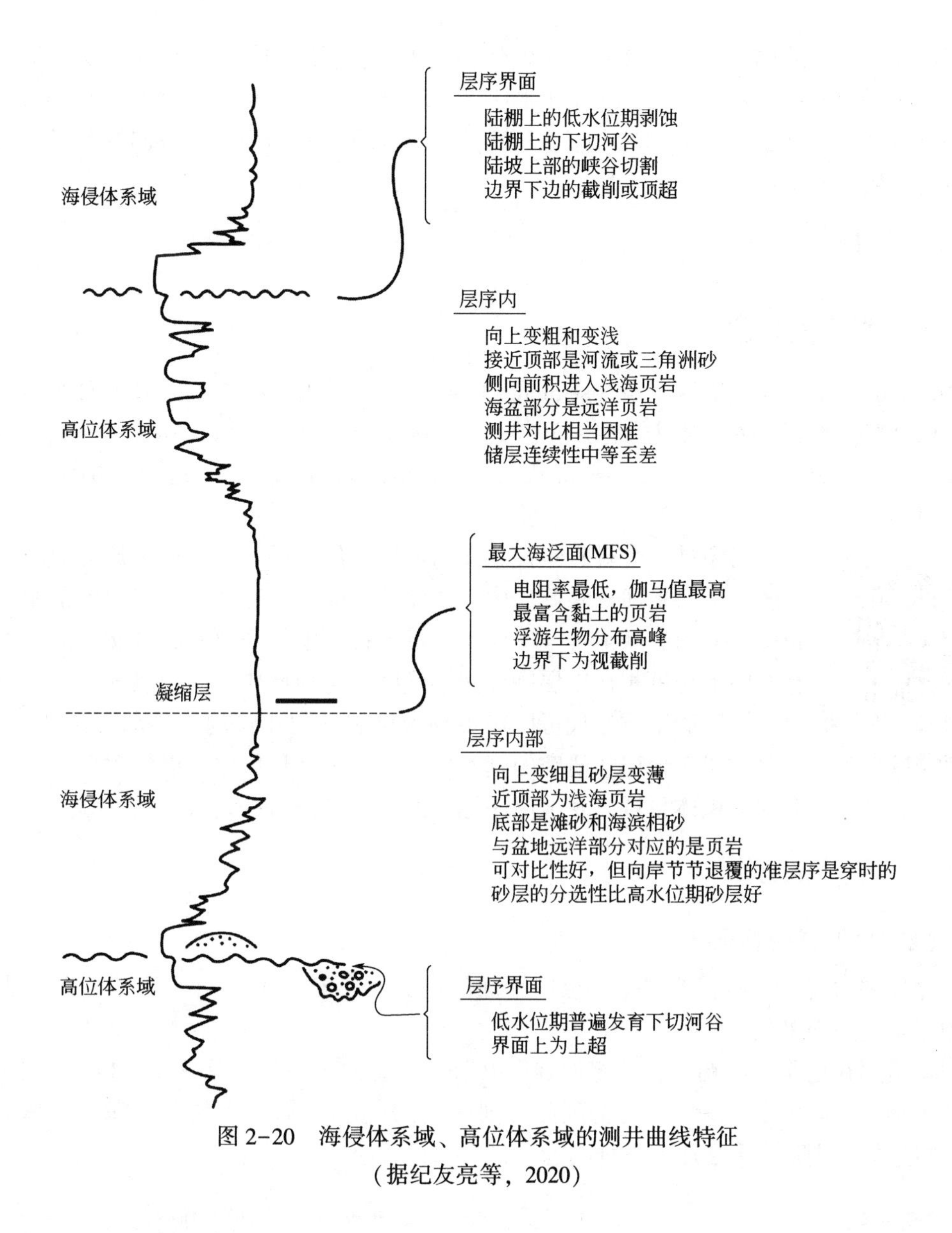

图 2-20　海侵体系域、高位体系域的测井曲线特征
（据纪友亮等，2020）

（三）高位体系域

高位体系域（highstand systems tract，HST）位于Ⅰ型和Ⅱ型层序的上部（图 2-15），是在相对海平面由相对上升转变为相对下降阶段形成的（图 2-16 中 D 段），其下界面为下超面，上界面为下一个层序界面。早期的高位体系域通常由一个加积式准层序组所组成，晚期的高位体系域由一个或多个进积式准层序组所组成。在许多硅质碎屑岩层序中，高位体系域明显地被上覆层序界面所削蚀，如果被保存下来，其厚度较薄且富含页岩。高位体系域的测井曲线特征如图 2-20 所示。

（四）陆棚边缘体系域

陆棚边缘体系域（shelf margin systems tract，SMST，有的也称 shelf margin wedge，SMW）

是Ⅱ型层序中最低的体系域（图 2-15），大致相当于Ⅰ型层序的低位体系域，形成于海平面由最低点缓慢上升过程中（图 2-16 中 B 的后半段）。陆棚边缘体系域主要沉积在陆棚上，并由一个或多个轻微进积到加积的准层序所组成，这些准层序组由上倾方向具滨岸平原沉积物的浅海准层序所组成。

四、层序

（一）层序的定义

Mitchum 等（1977）认为层序（sequence）是“一个顶底以不整合面或可对比整合面为界的、相对整一的地层序列组成的地层单元”（A relatively conformable succession of genetically related strata bounded by unconformities or their correlative conformities）。这个“层序”在级别上是三级层序。

视频 2-1　层序地层和年代地层

层序是一个具有年代意义的地层单位，层序内部相对整合的地层形成于同一个海平面升降旋回中，层序是由成因上有联系的多种沉积相在纵向和横向上的有序组合。层序本身不包括规模甚至时间的含义，但层序内所有岩层都是沉积在以层序界面年代所限定的地质时间间隔内，层序界面及内部地层的地质年代可以用生物地层和其他年代地层学的方法加以确定。层序是层序地层学研究的基本单元。一个沉积层序可以包含若干个不同类型的沉积体系域以及准层序组和准层序（图 2-15、视频 2-1）。

（二）层序的界面

1. 地震反射终端特征

层序地层学起源于地震地层学，层序界面的定义“不整合面或可对比整合面”也是从地震地层学发展而来的。

根据地层在地震上的响应，可将地震反射划分为整一（协调）关系和不整一（不协调）关系两种类型，其中不整一又可分为削截（削蚀）、顶超、上超、下超（上超和下超合称底超）、视削蚀（或阶状后退）等五种类型（图 2-21）。

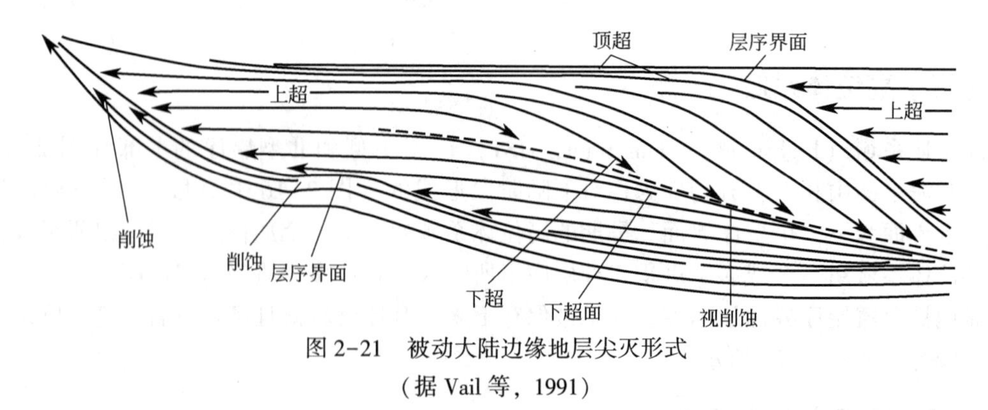

图 2-21　被动大陆边缘地层尖灭形式

（据 Vail 等，1991）

1）削截

削截（truncation）又称削蚀，是层序的顶部地震反射同相轴的反射终止（图 2-21 和

图 2-22)，既可以是下伏倾斜地层的顶部与上覆水平地层间的反射终止，也可以是水平地层的顶部与上覆地层沉积初期侵蚀河床底面间的终止。它代表一种侵蚀作用，说明下伏地层沉积之后，经过了强烈的构造运动或者强烈的切割侵蚀。削截是划分层序最可靠的标志。

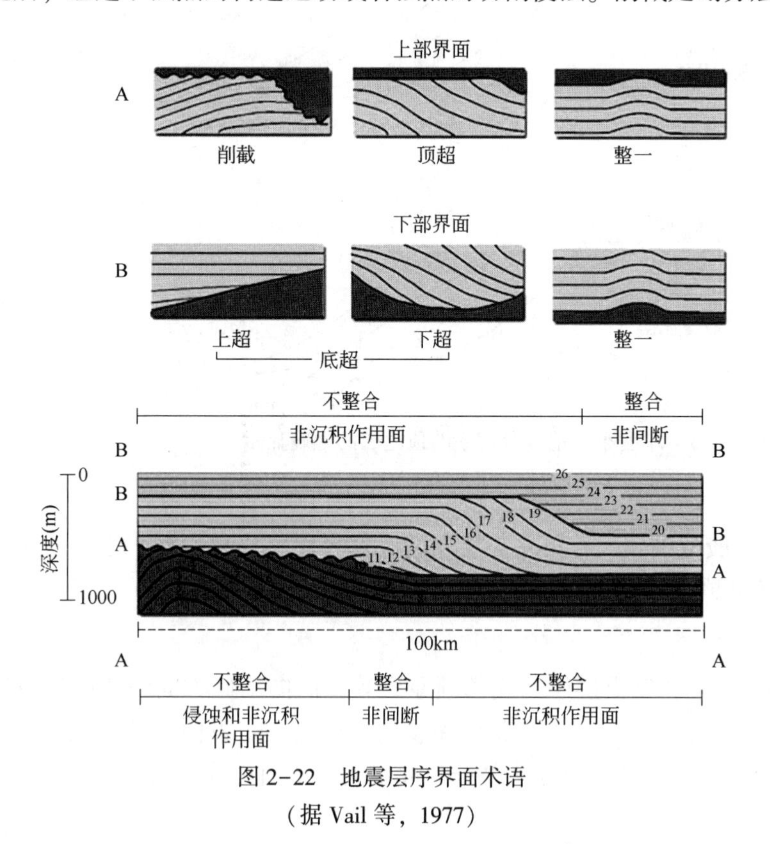

图 2-22　地震层序界面术语

（据 Vail 等，1977）

彩图 2-22

2）顶超

顶超（toplap）是下伏原始倾斜地层的无沉积顶部被新沉积层所超覆，通常表现为下伏地层以很小的角度逐步收敛于上覆层底面（图 2-21 和图 2-22）。顶超概念源于地震解释，而当时顶积层的厚度通常小于地震分辨率，顶积层通常被压缩为一个地震面，因此，顶超在很多情况下是“视顶超”（图 2-23）。浅水顶超是浅水区三角洲前积作用的产物，它有时与层序顶面一致，有时出现在层序内部，其位置受水平产状的三角洲平原顶积层发育程度的影响。深水顶超一般与浊流沉积有关，其沉积基准面受深水地形的影响，与层序界面无确定的关系。

顶超与削截的区别在于顶超通常出现在三角洲、扇三角洲沉积的顶积层发育地区。顶超与削截都属地层与层序上界面的关系。

3）上超

上超（onlap）是层序的底部逆原始倾斜面逐层终止的地震反射模式（图 2-21 和图 2-22）。它表示在水域不断扩大的情况下，新的水平沉积层逆斜坡逐层超覆的沉积现象。上超分为海（湖）岸上超和深水上超。海（湖）岸上超一般分布在盆地边缘，反映海（湖）平面的相对上升，是识别层序底界面的可靠标志；深水上超多见于盆地中心，通常是浊积扇或深水泥岩充填洼地，或深水泥岩披盖浊积扇或近岸水下扇顶面的结果。向斜坡上倾方向递变为海

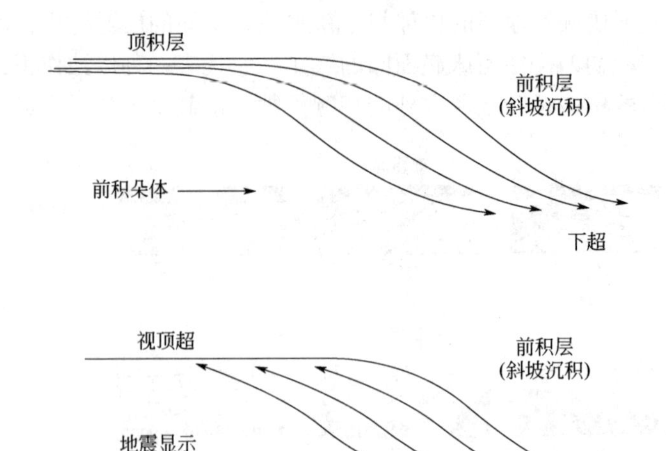

图 2-23　厚度小于地震分辨率的顶超层的地震显示

（据 Catuneanu，2006）

（湖）岸上超的深水上超一般范围较大，可作为层序的底部界面；局部的深水上超通常出现在层序内部，反映局部的冲刷或不均衡沉积作用，通常不指示层序界面。

4）下超

下超（downlap）是地震同相轴沿层序的底部顺原始倾斜面向下倾方向终止的地震反射模式（图 2-21 和图 2-22）。下超表示一股携带沉积物的水流在一定方向上的前积作用。最大海泛面在向海方向的上覆地层往往以下超为特征，故最大海泛面也称下超面。

5）视削蚀

视削蚀（apparent truncation）与阶状后退不易区分，往往共生在一起。所谓阶状后退是由（海相）进积而成。此处每个进积体向盆地（海）的伸展都不如前一个远（图 2-21 和图 2-22）。阶状后退标志着海平面相对上升很快或物源供给变小。视削蚀是因沉积物断源导致阶状后退地层单元向盆地变薄引起。视削蚀与阶状后退都标志最大海泛面（或密集段）的位置。

6）整一

整一（concordance）反映的是代表上下地层反射同相轴的平行、一致性（图 2-21 和图 2-22）。在盆地中，整一的层序界面通常分布在盆地的中心，向盆地的边缘可追溯到不整一界面。

2. 整合面与不整合面

整合面（conformity）是一个将新老地层分开的界面，沿此面没有陆上和海底侵蚀的现象，也不指示存在重大沉积间断，但包括沉积作用缓慢、在很长地质时间里仅沉积很薄沉积物的界面（饥饿段、凝缩层）。

不整合面（unconformity）是将较新和较老地层分开的面；沿此面，有地表剥蚀和削蚀的证据；在某些地区，还有相应的海底侵蚀或地表暴露的证据，并具有明显的沉积间断，在地震剖面上常表现为削蚀、顶超、上超等。

有人认为地震上的整一相当于地质上的整合接触关系，不整一相当于不整合接触关系，其实不然。不整合强调的是沉积间断（A break or gap in the geologic record，such as an interruption in the normal sequence of deposition of sedimentary rocks，or a break between eroded metamorphic rocks and younger sedimentary strata)，不整一强调的是同相轴之间的不平行、不一致(lack of parallelism between adjacent strata)。如下超面（最大海泛面）在地震上属于不整一，但在沉积记录上是连续的，只不过沉积速率非常慢，上下地层之间属于整合接触。层序是时间地层单元，作为识别层序界面的不整合其实就是沉积间断，因此，在定义层序的时候用的是不整合，而不是不整一。

3. 层序界面类型

按照不整合的类型，相应的层序界面也可以分为两种类型。

Ⅰ型不整合（type Ⅰ unconformity）即Ⅰ型层序界面，是海平面下降速率大于沉积滨线坡折处构造沉降速率，导致相对海平面下降时形成的一个区域性不整合面。该界面以河流回春作用、沉积相向盆地迁移、海岸上超点向下迁移，以及与上覆地层相伴生的陆上暴露和同时发生的陆上侵蚀作用为特征。

Ⅱ型不整合（type Ⅱ unconformity）即Ⅱ型层序界面，是海平面下降速率小于沉积滨线坡折处构造沉降速率，没有发生海平面的相对下降时形成的一个区域性界面。该界面具有自沉积滨线坡折带向陆方向的陆上暴露、上覆地层上超，以及海岸上超的向下迁移，没有河流回春与沉积相明显向盆地迁移。

（三）层序的级别

根据地层层序与界面的相对重要性，可以将层序划分级别。考虑到岩石中发育有许多不同成因和时空展布规模的层序界面，需要理清它们之间的相互嵌套关系，这就有必要进行层序级别的划分。在层序分级系统中，最重要的层序被定义为一级层序，其内部可以划分出两个或多个二级层序；同理，一个二级层序中可以划分出两个或多个三级层序，依次类推(图 2-24)。最重要的层序定义为最高级别（位于级别金字塔的最顶部），通常在地层记录中出现的频率很低。最不重要的层序为最低级别（位于金字塔的最底部），在地层中出现的概率最高（图 2-24 和图 2-25）。

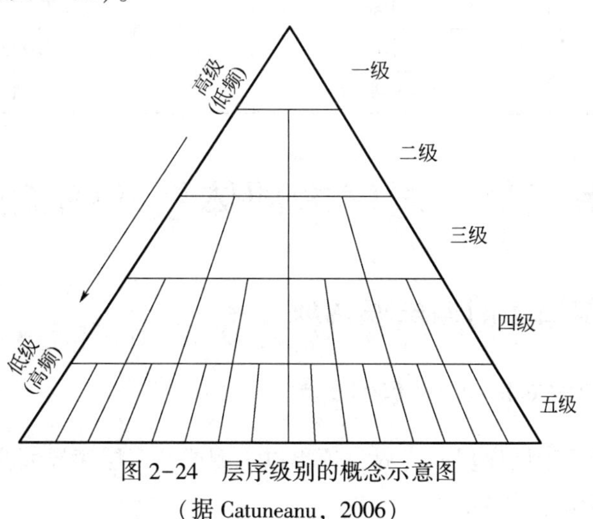

图 2-24　层序级别的概念示意图
（据 Catuneanu，2006）

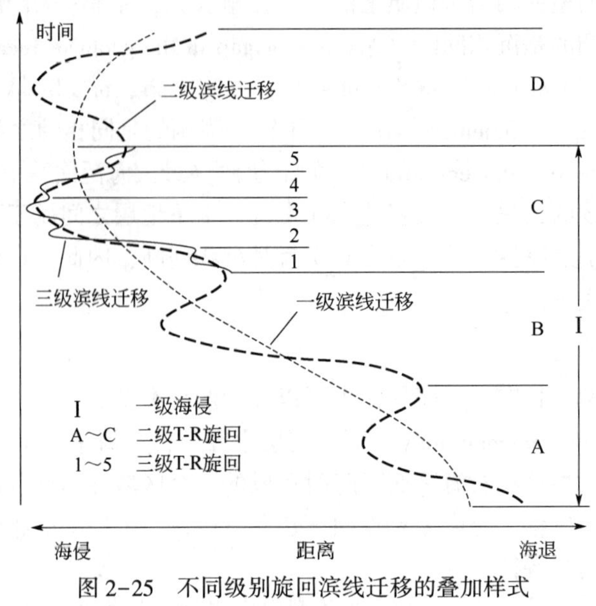

图 2-25　不同级别旋回滨线迁移的叠加样式

（据 Catuneanu，2006）

目前应用于显生宙地层研究的体系有两种：一种是基于界面频率（旋回周期）的体系；另一种是基于能形成界面的基准面的变化规模（与旋回周期无关）的体系。前一个体系在历史上出现较早，地震地层学和层序地层学最初都建议使用该体系（Vail 等，1977）。这种以时间为基础的分级系统强调海平面变化是地层旋回性的主要驱动力，而海平面反过来受板块构造和轨道力学的共同作用所控制（表 2-2）。由于海平面变化是全球性的，应用这种分级系统的基本原理可以建立全球海平面变化图（Vail 等，1977），其合理性目前正在接受各种考验（Miall，1992）。

表 2-2　构造和轨道对海平面升降的控制（据 Catuneanu，2006）

等级	持续时间（Ma）	原因
一级	200～400	超大陆的形成与解体
二级	10～100	大洋的扩张与闭合
三级	1～10	区域板块运动
四级和五级	0.01～1	轨道力

第二节　层序内部体系域的构成

一、不同类型层序的体系域构成

（一）Ⅰ型层序及其体系域的构成

Ⅰ型层序底界以Ⅰ型层序界面为界，顶界以Ⅰ型或Ⅱ型层序界面为界，内部由低位体系域、海侵体系域和高位体系域所组成。

Ⅰ型层序界面被认为是在沉积岸线坡折处，当海平面下降速率超过构造沉降速率，并在那个区域产生了相对海平面下降的时期形成的。沉积岸线坡折是陆棚上的这样一个位置：该位置向陆一侧，沉积表面处于或接近基准面，通常是海平面；该位置向海一侧，沉积表面在海平面以下，大体上与三角洲河口沙坝向海一侧或与滨岸环境的上临滨相当。

层序内的体系域分布在某种程度上取决于沉积岸线坡折和大陆架坡折之间的关系。大陆架坡折定义为由大陆架向大陆斜坡过渡的一个过渡带。大陆架坡折向陆一侧坡度小于1/1000，向海一侧坡度大于1/40。

在现今的高（海）水位期间，陆架坡折的水深变化为37～183m。许多海盆中，在相对海平面下降时期，沉积岸线坡折离陆架坡折的距离为160km或更远一点。还有一些海盆，高位体系域已进积到陆架坡折区，在海平面相对下降时期沉积岸线坡折可能位于陆架坡折处。

陆架坡折边缘型盆地和斜坡边缘型盆地的Ⅰ型层序内，海侵体系域和高位体系域类似，但低位体系域有所不同。

在陆架坡折边缘型盆地中（图2-26），海平面的相对下降足以把低水位岸线推移到沉积岸线坡折之外而达到陆架坡折，可能导致了峡谷和盆底扇的形成。在斜坡边缘型盆地中（图2-27），海平面的相对下降把低水位海岸线推移到了沉积岸线坡折之外，但没有达到陆架坡折（斜坡边缘型盆地中没有陆架坡折），结果使得低位体系域由相对较薄的楔状体所组成，而没有发育峡谷和盆底扇。

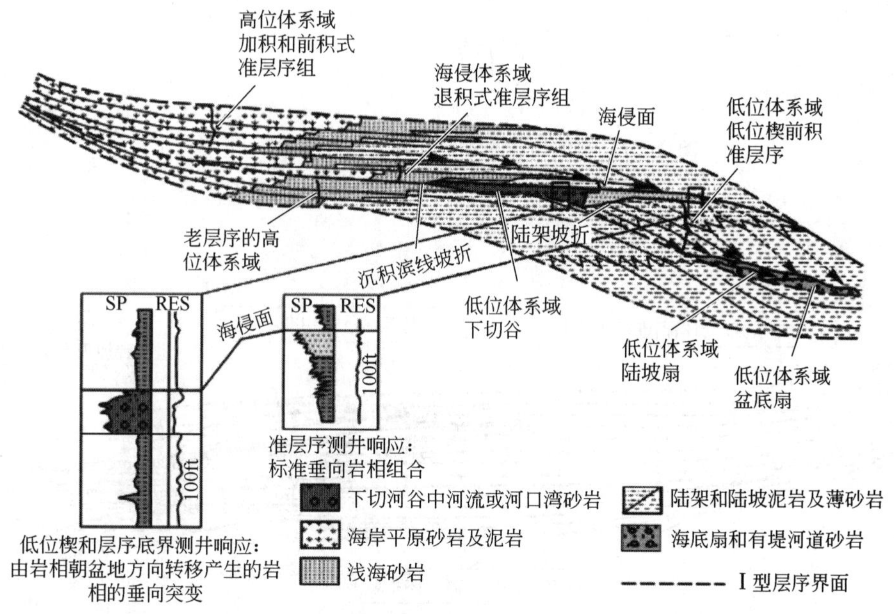

图2-26　陆架坡折边缘型盆地中的Ⅰ型层序地层格架

（据Wagoner等，1990）

（二）Ⅱ型层序及其体系域的构成

Ⅱ型层序底界以Ⅱ型层序界面为界，顶界以Ⅰ型或Ⅱ型层序界面为界，内部由陆棚边缘系域、海侵体系域和高位体系域所组成（图2-28）。

Ⅱ型层序中最低的体系域是陆棚边缘体系域。陆棚边缘体系域的底界是Ⅱ型层序界面，而其顶界是陆棚上第一个明显的海泛面。Ⅰ型层序和Ⅱ型层序的海侵体系域和高位体系域是类似的。

沉积在斜坡边缘上的Ⅱ型层序（图2-28）和Ⅰ型层序（图2-27）总体上类似，两者都缺少扇和峡谷，并且其两者初始的体系域均是在陆棚上沉积的。然而，Ⅱ型层序和沉积在斜坡边缘上的Ⅰ型层序不同，其在沉积岸线坡折处没有任何相对海平面下降。因而Ⅱ型层序也就没有下切谷，并且缺少明显的侵蚀削蚀；Ⅱ型层序的界面被认为是在现序的（当时的）沉积岸线坡折处，在海平面下降时期，在海平面下降的速率略小于或等于盆地沉降速率时形成的。这意味着对Ⅱ型层序界面来说，沉积岸线坡折处没有任何相对的海平面下降。

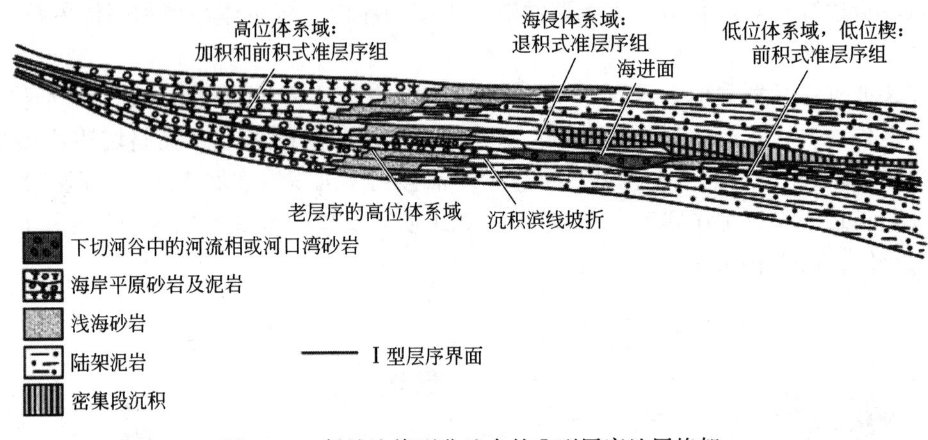

图2-27　斜坡边缘型盆地中的Ⅰ型层序地层格架
（据 Wagoner 等，1990）

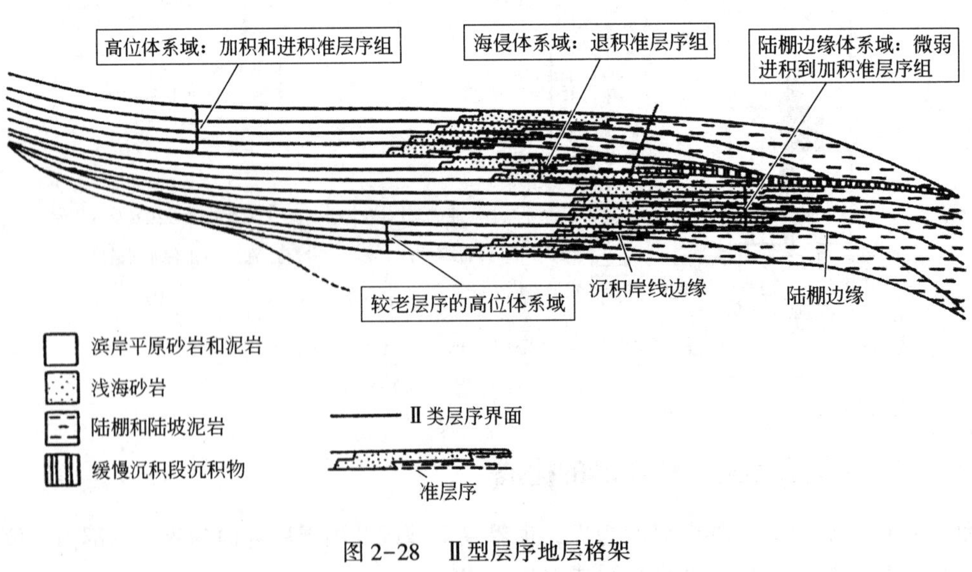

图2-28　Ⅱ型层序地层格架
（据 Wagoner 等，1990）

二、Exxon 模式的修正

1988 年 Exxon 模式中的Ⅰ型层序界面中存在一些概念体系的不协调（Posamentier 等，1988b；Wagoner 等，1988），表现在以下三个方面：

（1）在盆地边缘把基准面下降期的沉积地层置于不整合的层序边界之下，而在向盆地方向则把这套地层置于层序边界之上；

（2）Ⅰ型层序界面被定义在海平面（或基准面）下降的拐点，而Ⅱ型层序界面被定义在海平面（或基准面）变化的最低点；

（3）在运用时间为纵坐标建立海平面变化曲线时又将层序界面不自觉地置于海平面变化的最低点（图 2-29）。

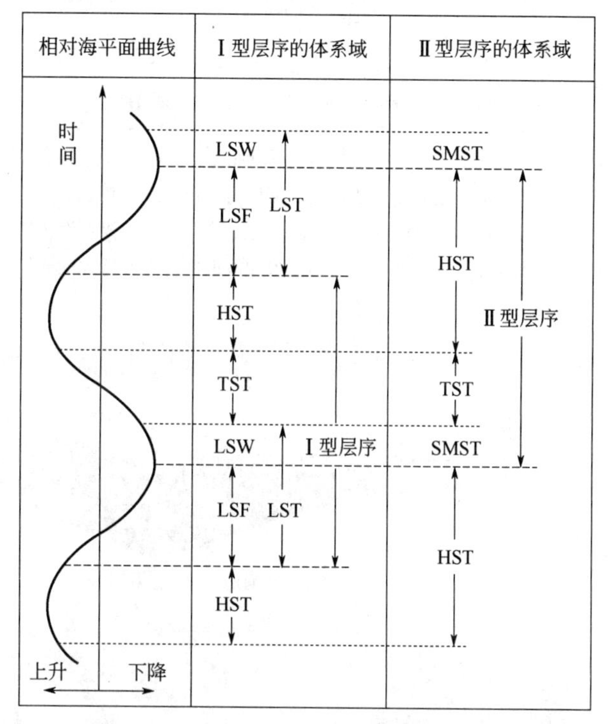

图 2-29　Ⅰ型和Ⅱ型层序体系域及时间位置对比（据吴和源，2011）

LST—低位体系域；TST—海侵体系域；HST—高位体系域；SMST—陆棚边缘体系域；LSF—低位扇；LSW—低位楔状体

为了校正这些明显的缺陷，Hunt 等（1992）建议所有类型层序的层序界面的整合部分置于代表强制海退终止、基准面上升开始的时间面上（图 2-30），即海平面变化的最低点，即盆底扇浊积岩的顶部而不是其底部，如此才能确保层序界面从盆地边缘向盆地中心方向唯一且连续贯穿。Hunt 等（1992）还进一步论述到，Exxon 模式中的Ⅱ型层序界面（Wagoner 等，1988；Posamentier 等，1988b）才是一个有效的层序界面，从而在 Exxon 模式中的Ⅰ型层序中增加一个体系域——强制海退体系域（forced regressive systems tract，FRST），早先称为强制海楔退体系域（forced regressive wedge systems tract，FRWST），后又称为充填期体系域（filling-stage systems tract，FSST）。

岸线向陆地迁移为海侵，反之，岸线向海迁移即为海退。海退分为正常海退和强制海退两种类型（图 2-31）。正常海退是指沉积物补给驱动的前积，即物源补给速率超过海平面上

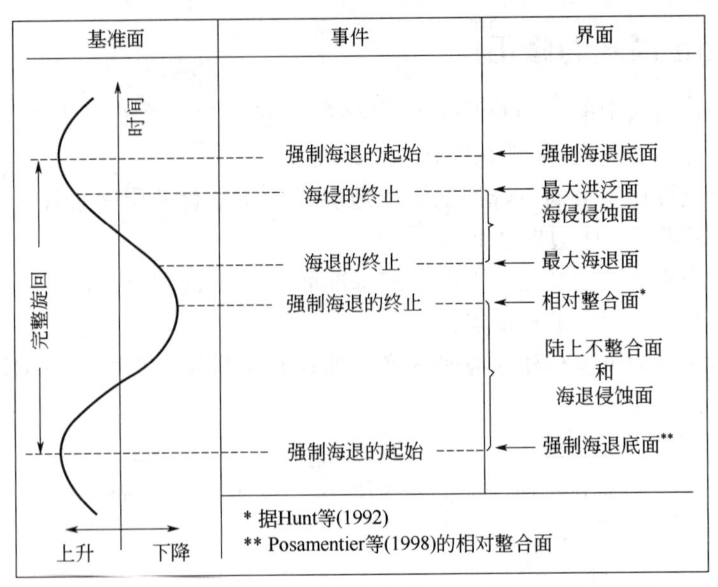

图 2-30　层序地层界面时限与基准面旋回主要事件相关图

（据 Catuneanu 等，1998；Embry，2002，有修改）

4 个主要事件包括一次强制海退、两次正常海退和一次海侵，7 个主要界面包括强制海退底面、海退侵蚀面、陆上不整合面、相对整合面、最大海退面、海侵侵蚀面和最大洪泛面

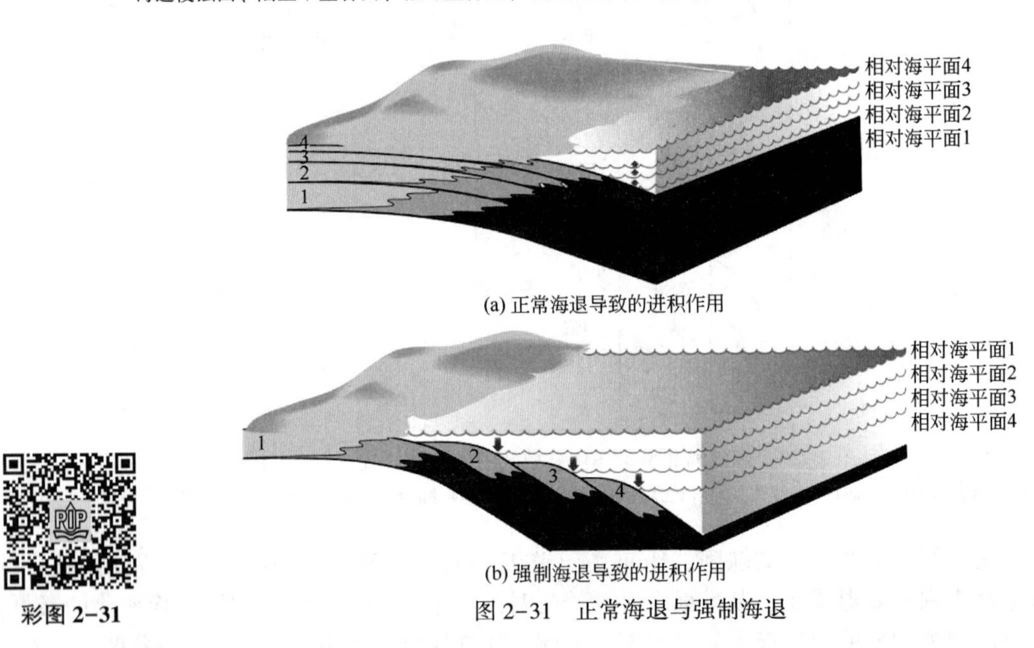

图 2-31　正常海退与强制海退

升速率，导致岸线朝海推进（Catuneanu 等，2006，2009）。正常海退是相对海平面上升期的岸线朝海推进式海退，有加速上升和减速上升之分，分别对应低位正常海退和高位正常海退。在相对海平面下降期，可容空间的增长为负，即使没有沉积物注入也会发生海退，有沉积物注入则更要发生海退，这种海退称为强制海退。

经过 Hunt 等（1992）的修正，原来 Ⅰ 型层序的“低位体系域（LST）+海侵体系域（TST）+高位体系域（HST）”序列变为一个“低位体系域（LST）+海侵体系域（TST）+高位体系域（HST）+强制海退楔体系域（FRST）”序列，将三分层序修正为四分层序

（图 2-32、图 2-33）。

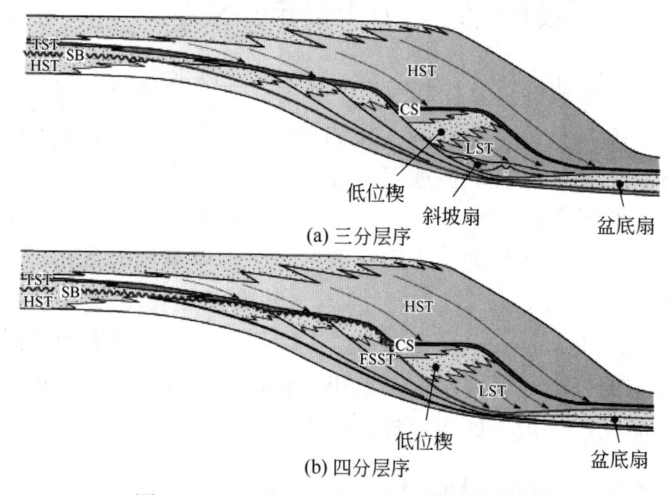

彩图 2-32

图 2-32　三分和四分层序的体系域构成

（据 Posamentier 等，1988b；Hunt 等，1992）

层序模式 / 事件	沉积层序			成因层序	T-R层序
	Haq等(1987) Posamentier等(1988)	Van Wagoner等(1988, 1990) Christie-Blick(1991)	Hunt、Tucker(1992, 1995) Plint、Nummedal(2000)	Frazier(1974) Galloway(1989)	Curray(1964) Embry(1993, 1995)
	HST	早期HST	HST	HST	RST
海侵结束	TST	TST	TST	TST	TST
海退结束	晚期LST(楔状体)	LST	LST	晚期LST(楔状体)	RST
基准面下降结束	早期LST(扇)	晚期HST(扇)	FSST	早期LST(扇)	
基准面下降开始	HST	早期HST(楔状体)	HST	HST	

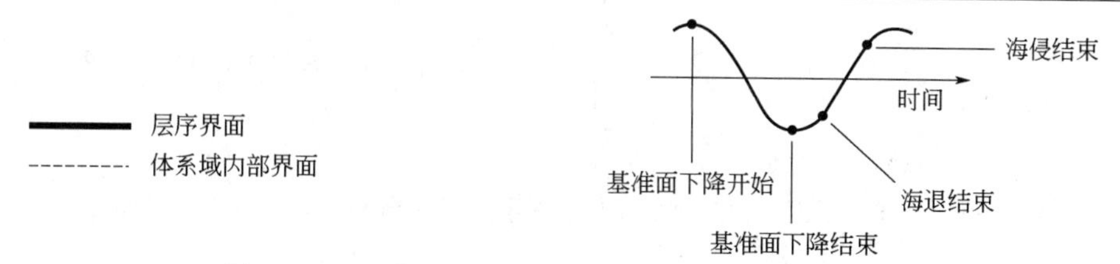

图 2-33　不同层序的体系域构成（据 Catuneanu，2006）

Hunt 等（1992）的低位体系域（也叫低位进积楔体系域，lowstand prograding wedge systems tract，LPWST），仅限于可对比整合面为底界、最大海泛面为顶界的地层，代表在 Jervey 模式中缓慢基准面上升初期沉积的进积地层单元。因此，Hunt 等（1992）的低位体系域仅相当于 Exxon 模式Ⅰ型层序的低位体系域的一部分，但完全相当于 Exxon 模式Ⅱ型层序的陆棚边缘体系域。由此Ⅰ型层序和Ⅱ型层序可统一为同一种层序。Helland-Hansen 对 Hunt 等（1992）提出的四分体系域层序模式作了进一步解释和图示说明，充分表明了这种分类体系在理论上是合理的。

第三节 层序发育的控制因素

Vail 强调了海平面升降是层序形成的主要控制因素，认为“大多数地质学家普遍见到的旋回性沉积作用基本上或完全受全球性海平面升降变化的控制”，这一点是层序地层学研究的主要对象层序可以进行全球性对比的基础。但遗憾的是，对于许多人来讲，层序地层学成了与海平面旋回（Exxon 全球海平面变化曲线）的同义词。在海相环境中，尽管由于波浪的侵蚀作用以及其他的水下事件，基准面还可能位于海平面之下，但基准面大致相当于海平面（Jervey，1988；Schumm，1993；Posamentier 等，1993a），“基准面变化”的概念则基本等同于“相对海平面变化”的概念（Posamentier 等，1988）。因此，由沉积基准面所限定的可容空间是由相对海平面变化决定的，而相对海平面又取决于构造沉降和全球海平面变化，因此，全球海平面的升降运动是海相层序形成的主要控制因素。

一、全球海平面变化及其影响因素

（一）全球海平面与全球海平面变化

全球海平面（global sea level），又称绝对海平面，是指海面相对于一个固定位置（如地心）的基准面（图 2-34）。全球海平面变化（global eustasy 或 global sea level change）是其他因素引起的海水体积和洋盆形态的变化而导致的。

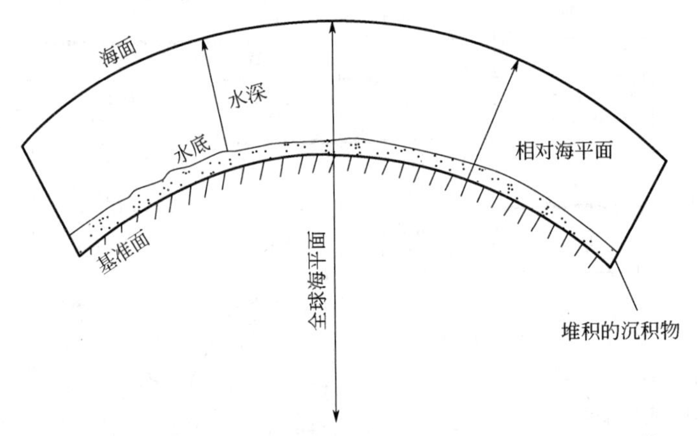

图 2-34 全球海平面、相对海平面与水深示意图（据 Posamentier 等，1988）

（二）全球海平面变化的控制因素

关于全球海平面变化的控制因素，不同的学者有不同的解释。著名海洋地质学家 R. W. Fairbridge（1961）认为，冰川的消长、洋盆形态的变化以及极地迁移是全球海平面升降和气候变化的起因。T. M. Guidish 等（1984）认为，海平面的变化起因于：（1）冰川和消冰作用；（2）海底扩张速度的变化；（3）海水被从大陆剥揭下来的沉积物所排替；（4）大型盆地的干涸或水淹；（5）局部或区域性板块运动。但目前比较公认的观点认为：海平面的变化是海水体积、海盆容积和海平面起伏的变化所导致的综合结果。

1. 海水体积的变化

1）冰川的消长

米兰科维奇地球轨道旋回，造成地球表面接受的太阳辐射量的变化而产生极地冰川消融，最后造成 2 万年、10 万年和 40 万年等级别数米至数十米的海平面升降（图 2-35）。根据地球黏弹性模式计算，大陆冰川的消融与全球海平面变化之间有一定的时间和空间差异，时间滞后约 8000 年。

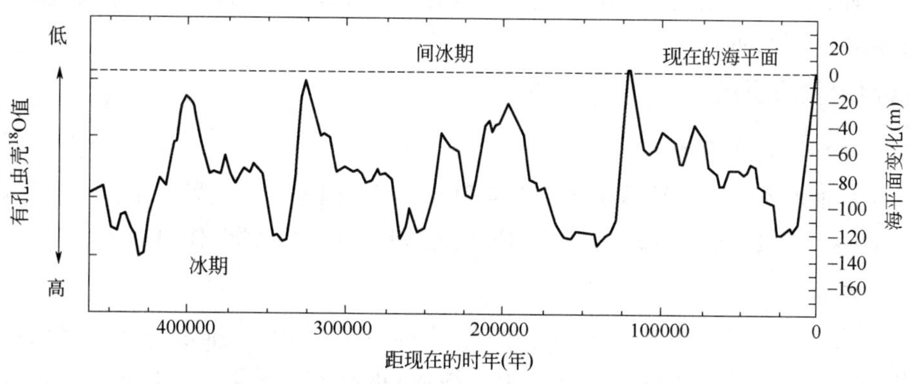

图 2-35　晚更新世到全新世海平面变化曲线

（据 John Imbrie 和 Katherine Imbrie，1979）

根据科学家计算，南极冰川全部消融能使海平面上升 60~75m；格陵兰冰盖完全融化将使全球海平面上升 5m；其他高山冰川完全融化可导致海平面上升 20~30cm。全球冰川总共可造成 65~80m 的海平面上升，考虑到地壳均衡补偿沉降，实际能使海平面上升 40~50m。

2）孤立海盆效应

海洋蒸发量和降水量的地区差异很大，这种差异性蒸发可引起海平面变化。据统计，如果里海完全蒸发可使海平面上升 20cm。500 万~600 万年前由于世界性海底扩张和造山运动加速，地中海与大洋隔绝而干枯，使全球海平面上升了 10m，在稳定大陆架发生一次世界性海侵。

此外还有原生水理论、海水密度效应、孔隙水的潜没等因素影响海水的体积。

2. 海盆容积的变化

1）海底扩张作用

洋中脊的产生和消亡基本处于平衡状态，海底扩张速率的快慢交替变化激发海平面的升降变化。海底扩张速度变化 10%，要产生 20m 的海平面变化。

2）局部地区的构造运动

海洋地区的山地隆起、盆地坳陷、断裂活动和火山喷发都可能引起海盆容积的变化，造成全球海平面变化。构造活动区的相对海平面变化幅度远远大于全球性的海平面变化幅度。

3）地壳均衡作用

与海平面变化有关的地壳均衡作用包括冰川均衡作用、水力均衡作用及沉积均衡作用。在冰川期，120~130m 厚的海水从地球表面 71%的面积集中到占地球表面积 5%的部分大陆表面上，形成约 3000m 厚的冰盖。间冰期过程相反。在结冰和消冰过程中，地壳上部物质的转移必须通过地壳下物质的补偿来完成。

在堆积速度快的地区，如大河河口和三角洲地区，沉积均衡作用引起的局部地区的相对海平面变化不可忽视。

4）海底沉积作用

大陆的侵蚀作用使陆地物质流向海洋，直接排替海水，造成海平面上升。海面上升 1m 需要 $3.62\times10^{14}m^3$ 岩石，每年搬运到海洋的大陆物质约 $2\times10^{10}t$，造成 100m 海平面上升需要 500 万年。加上往往受沉积物压实作用、沉积物俯冲带的潜没等影响，海底沉积作用引起的海平面变化没有那么明显。

3. 海面起伏的变化

1）大地水准面的变化

大地水准面的不规则是地球质量、密度和流型不规则分布的结果。作为一个引力势和旋转势的等势面，大地水准面对所有控制和影响这些势能的因素都会作出形变反应。

2）动力海平面变化

大气压力、温度、海流速度、海水盐度、蒸发作用和河流排水等因素将引起海平面分布不均匀，可以造成大地测量海平面上升约 2m 的高差，具不稳定性和持续时间不定的性质。

3）潮汐海平面变化

月球和太阳引力产生的潮汐作用，对海面起伏的影响具有明显的周期性，潮差幅度的极端值略小于 20m。

在层序地层学中，相对于海水体积变化和海盆容积变化，海面起伏变化引起的全球海平面变化较小，对沉积层序的影响有限，基本可以忽略。

除此之外，关于海面起伏成因还有许多其他的说法，如地球体积的胀缩变化（E. E. Milahofski，1989）等，但有两点是肯定的，一是地质历史中，全球性海平面确实发生过周期性变化，并伴随着周期性全球气候变化；二是能够影响到层序建造的全球海平面变化与构造（洋壳扩张与俯冲消减、局部构造运动、地壳均衡作用）、气候（冰川消长、孤立海盆效应）和沉积物的供应（海洋中沉积物的充填排替）有关。

二、相对海平面与相对海平面变化

相对海平面指的是海平面相对于海底一个基准面（例如基岩）的位置（图 2-34）。因此，沿剖面观察到的相对海平面随局部地区的沉降或上升而变化。

相对海平面的上升或下降决定了是否有可供沉积物充填的新空间的形成。相对海平面上升则增加可容空间，而相对海平面下降则减少可容空间。

相对海平面变化是全球海平面升降和构造沉降共同作用的结果（图 2-36），这里的构造主要是指盆地的沉降，属于局部构造运动，有别于全球海平面变化影响因素中的洋壳扩张与消减和地壳均衡作用等。因此，即使全球海平面停滞或全球海平面缓慢下降，由于局部沉降作用，相对海平面也可能继续上升并增加新的空间。

综合以上全球海平面变化和相对海平面变化的影响因素分析，可以认为相对海平面变化是构造、气候和沉积物供给共同作用的结果。

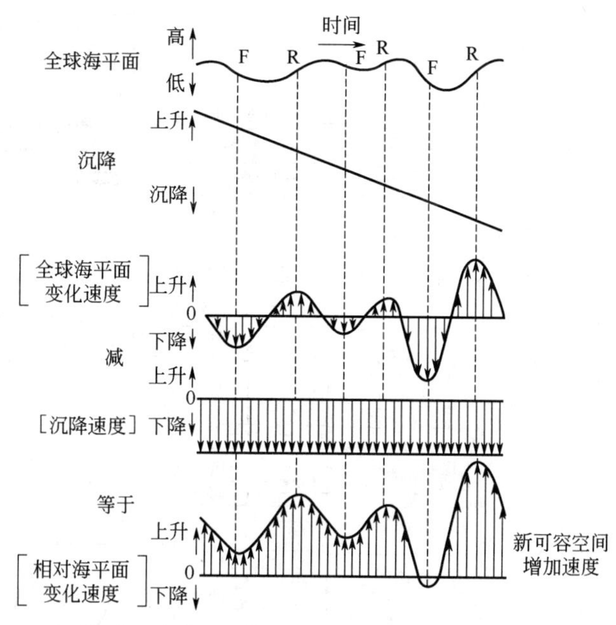

图 2-36　相对海平面变化、可容空间与全球海平面变化、构造沉降的关系
（据 Posamentier 等，1998）
F—下降；R—上升

三、相对海平面变化与层序的发育（视频 2-2）

视频 2-2　相对海平面变化与层序的形成

（一）相对海平面变化的周期性

Vail 等（1977）根据世界各地的资料（包括地震、古生物、古地磁、同位素年龄测定资料），利用“上超点法”编制出显生宙以来一、二级海平面升降周期曲线（图 2-37）和中生代以来的三级周期曲线。显生宙以来一、二级海平面升降周期曲线中，二级周期共 14 个，每个周期的持续时间为 10~80Ma；一级周期共两个，每个周期延续时间 2 亿~3 亿年。第一代全球海平面相对变化曲线公布以后，引起了地质界内一场轩然大波。许多地质学家认为，海平面的升降变化是复杂的，既有缓慢上升和下降，又有快速上升和下降，将海平面上超变化曲线等同于海平面相对变化曲线是欠妥的。

Haq 和 Vail 等人在汲取批评性意见的同时，致力于对更多的露头、测井、海洋地质及地震资料的研究，进一步完善了原有的理论与概念，于 1987 年推出了中生代海平面升降周期曲线（Haq 和 Vail 等，1987），即第二代曲线（常称为 Haq 曲线）。新的周期曲线有以下特点：

（1）曲线形状不再是锯齿状而是圆滑的波状曲线。每个升降周期中海平面上升最高的波峰处恰好是密集段所处的位置。

（2）曲线中每个周期的顶底都标明了不整合的类型，并标出周期内部的低位（或陆棚边缘楔）体系域、海侵体系域和高位体系域。曲线图中除标出层序顶底界面及密集段的地质年龄外，还按层序及各界面大小和重要性分为大、中、小三级，总的层序数目比第一代曲

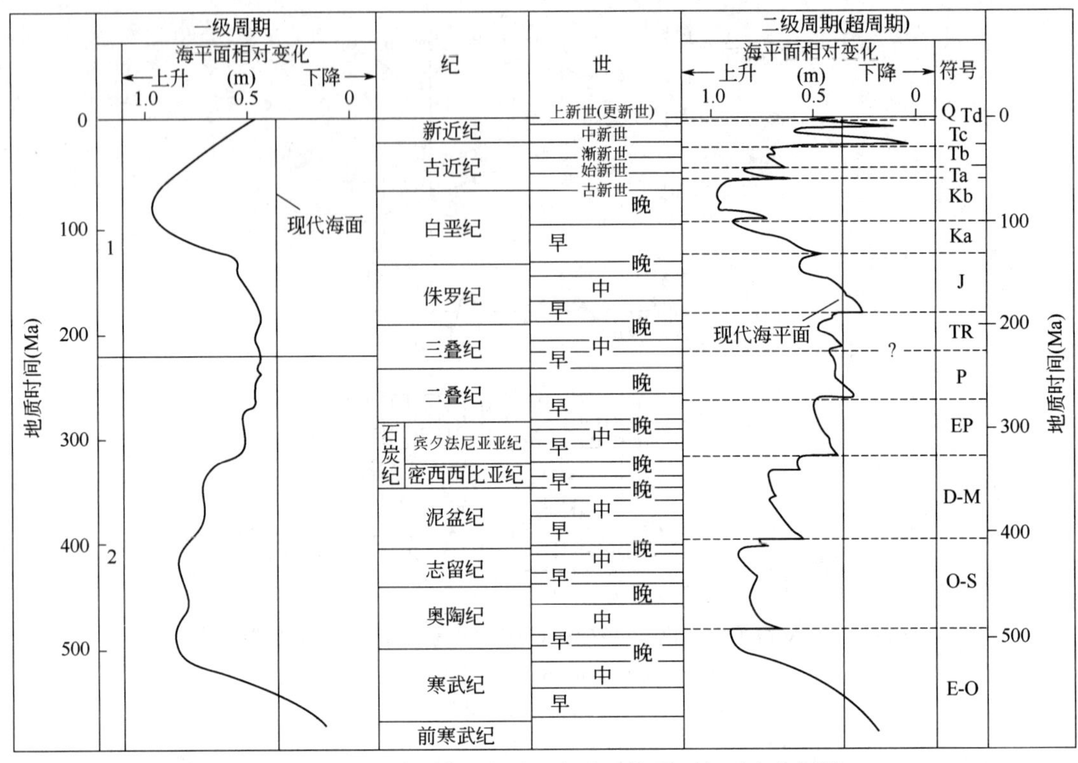

图 2-37 显生宙时期一级和二级全球海平面相对变化周期

（据 Vail 等，1977）

线多了几倍，年代测定值也作了相应的改正。

（3）将海平面升降周期划分为巨周期组（mega cycle set）、巨周期、超周期组（super cycle set）、超周期和周期五级（表 2-3），并根据 Sloss（1963）提出的术语重新定名（如 Tejas、Zunl、Absarona 等）。

表 2-3 中生代全球海平面相对变化周期的级别、频率和成因（据 Hag 和 Vail 等，1987）

Haq 和 Vail 周期	周期级别	周期频率（Ma）	成因
巨周期组	一级周期	200	控制全球海平面变化的构造运动
巨周期			
超周期组	二级周期	9~10	全球冰川引起海平面变化
超周期			
周期	三级周期	1~2	
	四级周期	0.1~0.2	
	五级周期	0.01~0.02	

（二）海平面变化周期与层序级别的关系

在大多数情况下，一个沉积层序是在一个海平面变化周期内形成的，也就是说，不同级别的海平面相对变化周期对应于相应级别的沉积层序。

全球显生宙存在两个海平面升降变化一级周期，形成了两个可全球性对比的一级层序或巨层序。早奥陶世和晚白垩世分别为两个最大海泛时期，前寒武纪晚期和早晚三叠世为最大海退期（图 2-37）。这两个一级层序均由陆棚边缘体系域、海侵体系域和高位体系域组成。实际上，这些一级层序的体系域是由一个或多个二级周期形成的二级层序组成的。

全球显生宙存在 14 个海平面升降变化二级周期，形成了 14 个可全球性对比的二级层序或超层序。每个层序都是由低位体系域（陆棚边缘体系域）、海侵体系域、高位体系域组成的。例如侏罗纪二级海平面变化周期形成的二级层序包括了早侏罗世低位体系域、中侏罗世海侵体系域和晚侏罗世高位体系域。

三级周期也是全球性海平面变化周期，中—新生代存在 120 个三级周期，古生代海平面升降曲线中存在 127 个三级周期。在一个三级海平面升降周期内形成的地层就是一个层序，它包括了由一系列准层序组组成的低位体系域（陆棚边缘体系域）、海侵体系域和高位体系域。在对三级周期形成的层序进行全球性对比时，应充分考虑区域构造运动影响。

从理论上讲，全球范围海平面升降的四级和五级周期具有对比性，但实际上由于受区域构造、沉积物供给、气候等多种因素的影响，很难进行全球性海平面变化四级和五级周期的对比。四级周期持续时间为 0.1~1Ma 或 0.2~0.5Ma，多起因于大陆冰盖生长和消亡或天文驱动力。五级周期持续时间为 0.01~0.1Ma 或 0.01~0.2Ma，主要反映了米兰科维奇冰川全球海平面变化旋回。四级周期所形成的沉积地层往往是复杂的，它既可形成一个完整的四级层序，也可形成一个或几个准层序，这主要取决于海平面升降和盆地沉降之间的关系。五级周期多表现为一个快速的海平面上升和缓慢的下降或静止，因此，五级周期很难形成一个完整的沉积层序，往往形成一个可以在区域上进行对比的准层序。

根据层序地层学原理，一个实际沉积层序的形成来自多个外力的周期性复合驱动，并且具有分级嵌套性。不同级别的层序发育与可容空间及其变化速率密切相关。因此，我们现今在地层记录中看到的不同级别的沉积层序往往是不同级别海平面升降旋回叠加的结果。

（三）海平面升降旋回与层序界面的关系

层序、准层序及其界面也与海平面上升与下降有关。Vail 等根据旋回的时间间隔把海平面旋回作了如下分类：

（1）三级旋回定义为从海平面下降到下一次海平面下降，时间间隔为 1~5Ma；

（2）四级旋回时间间隔为数十万年；

（3）五级旋回时间间隔为数万年。

海平面旋回、盆地沉降与层序和准层序沉积作用之间的关系如图 2-38 所示。在这张图中，一个三级旋回（约 120 万年）和一个五级旋回（近 5 万年）组成了一条复合海平面升降曲线。然后在复合海平面升降曲线上加上 15cm/ka 的沉降速度，就能反应海平面的变化历史。图 2-38 中线性的沉降曲线反应上升趋势，而不是下降趋势，即沉降的净效应是使海平面相对上升。

四级旋回分两类：四级旋回“A”和四级旋回“B”，代表海平面曲线的相对变化(图 2-38)。四级旋回“A”代表从海平面下降到下一次海平面下降。假定有足够的沉积物供给，这种四级旋回就能形成一个以陆上不整合为界的层序。五级旋回叠置在四级旋回之上，形成以海泛面为界的准层序。四级旋回“A”形成的地层露头和测井剖面示意图如图 2-38 所示。相对海平面曲线上阴影的位置表示因深切谷侵蚀作用保存的可能性较低的地层地质时代和地理位置，深切谷附近大部分高水位沉积物被截切。

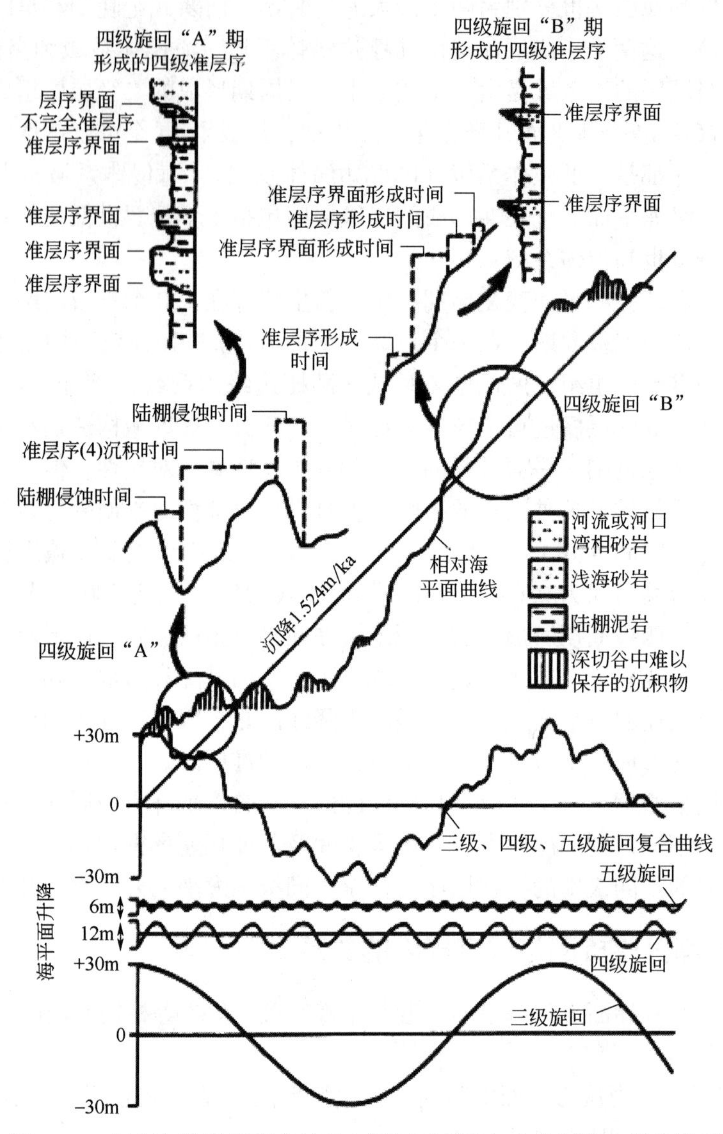

图 2-38　层序与准层序形成过程中海平面升降与盆地沉降之间的关系
（据 Wagoner，1990）

四级旋回“B”（图 2-38）代表从海平面快速上升（海侵）到海平面快速上升。假设盆地中没有差异沉降，这种四级旋回将形成以海泛面为界的准层序。四级旋回“B”形成的地层露头和测井剖面示意图见图 2-38。然而，如果从沉积岸线坡折向陆方向的构造沉降速率减小，以至于在这片向上倾斜的区域内，海平面下降速率大于构造沉降速率，从而使海岸上超形成向下倾方向移动，这样四级旋回“B”可以形成Ⅱ型层序。

在图 2-38 中，根据海平面升降速度和盆地沉降速度之间的关系，四级旋回可形成层序或准层序，五级旋回可形成准层序或无沉积作用。如果沉降速度增加到 15cm/ka，三级旋回将形成一个层序，即为三级层序；四级旋回将形成一个准层序，作为三级层序的一个组成部分。如果沉降速度减少到小于 15cm/ka，四级旋回只能形成由五级准层序组合而成的四级层序。在这种情况下，四级层序叠加形成三级层序单元，暂且叫三级复合层序，由四级层序系组成。

思考题

1.“向上变浅”的准层序能表现为“向上变细”吗？举例说明。
2. 准层序组有哪几种类型，分别有何特征，是如何形成的？
3. 论述Ⅰ型层序的体系域构成。
4. 论述Ⅱ型层序体系域的构成。
5. 层序顶、底以及内部界面在地震剖面上都有哪些反射终端类型？
6. 不整合与不整一有何区别？
7. 什么是强制性海退体系域？强制性海退与正常海退有何不同？
8. 什么是全球海平面变化？它的影响因素有哪些？
9. 什么是相对海平面变化？按照 Vail 的观点，相对海平面变化与层序有何关系？

拓展阅读资料

[1] Wagoner J C V, Mitchum R M, Campion K M, et al. Siliciclastic Sequence Stratigraphy in Well Logs, Cores, and Outcrops: Concepts for High-Resolution Correlation of Time and Facies [M]. AAPG Methods in Exploration Series, 1990, 7.
[2] 吴和源. 层序地层学研究现状及进展：模式多样化 [J]. 地质科技情报，2011，30 (6)：60-64.
[3] 李邵虎. 对国外层序地层学研究进展的几点思考及 L-H-T 层序地层学 [J]. 沉积岩石学，2010，28 (4)：735-744.
[4] 李邵虎. 浅议层序边界 [J]. 地学前缘，2012，19 (1)：20-31.

第三章

成因层序地层学

自 1949 年 Sloss 提出层序的现代概念以来，层序地层学已得到很大发展，成为一个应用前景巨大的地质学分支。1987 年，美国 Exxon 公司 Vail 研究组建立了以沉积层序为基础的层序地层学，给地学界带来了一场革命。1989 年，美国得克萨斯大学奥斯汀分校 W. E. Galloway 教授在 *AAPG Bulletin* 上发表了两篇关于成因地层层序的著名论文，代表着不同于 Exxon 公司的沉积层序分析的另一流派——成因层序地层学（genetic stratigraphic sequence）的诞生。

对于沉积盆地分析中成因地层的划分与对比，Frazier（1974）提出了沉积幕（depositional episode）的概念，并以美国墨西哥湾岸盆地西北部第四系为例进行了精辟的阐述。Galloway（1989）继承并进一步发展了沉积幕的概念，提出了与 Exxon 公司不同的成因地层划分对比方法和标准。

近年来，国内外专家还在不断地深入研究成因层序地层学，应用该理论对不同地区进行分析。Francisco Javier Pérez-Rivarés 等（2018）依据成因层序地层学分析了新生代埃布罗河盆地（the Ebro basin）中西部 4 个构造沉积单元的磁地层资料，确定了这些构造—沉积单元界面的年龄，发现了中新世构造—沉积单元三个分界，它们穿过中部埃布罗河盆地的时间小于 0. 3Ma，且均为整合分界；蔡冬梅等人（2019）综合运用岩心、测井和地震等资料，从层序地层发育成因模式分析入手，建立了沉积单元级精准等时地层格架；李倩等人（2019）对北部湾盆地涠西南凹陷南部复杂断块区通过成因地层分析，得出了涠洲组高碎屑含量来自渐新世涠西南低凸起构造抬升再遭剥蚀所提供物源；Jehova L. Darngawn（2019）依据成因层序地层学，分析了巴乔西亚加洛维统序列，得出了海侵体系域和以最大海泛面为界的高位体系域两大成因序列，明确中侏罗统同裂谷盆地边缘演替在沉积上具有旋回性，巴乔西亚巴盆演替代表着进积到退积的海岸线，而加里洛夫演替则记录着进积的海岸线。

第一节　成因地层层序及其内部构成

一、确定盆地充填成因地层学的三个基本要素

（一）沉积体系及成因相

沉积体系一般通过地层序列来反映其演化趋势。而沉积序列记录着具有地质意义的时间间隔，且以间断面（不整合面）与上、下相邻沉积体系分开。成因地层组合由若干相关沉

积体系的沉积物组成。成因相注意的焦点是各种大型沉积体之间的相互关系。

沉积体系分析和地震地层学分析既有分异，但又互相补充地强调了沉积体体积和界面，并都将确定盆地成因地层的三个关键因素结合了起来。

（二）间断面

间断面将不同的地层组分开，并记录着盆地沉积史中的主要间断事件。间断面通过有无伴生的陆上侵蚀或海底侵蚀来记录无沉积作用或非常缓慢的沉积作用的主要时期。间断面有多种成因，其本身也可以是迁移相带的组成部分。因此，间断面可能是相关等时沉积体系的组成部分，或者能将不同时期的成因地层单元隔开。

显然，不整合是间断界面，它削蚀下伏地层。不整合面有 3 种类型：(1) 陆上侵蚀面，包括下切谷体系；(2) 海侵期侵蚀形成的临滨冲刷面（Swift，1968）；(3) 海底陆架和陆坡侵蚀面，它反映沉积物的非补偿作用和由水流或块体坡移产生的侵蚀（Fisher，1974；Christie-Blick 等，1989）。

（三）层理构型及与层面（或界面）的几何关系

运用地震资料对界面及界面限定的框架内的层理几何形态进行解释，成因地层层序的宗旨是强调沉积体系与地层间断面两者作为盆地充填组成单元都具有同等重要性，其主要目的是确定实用地层单元。这种实用地层单元包括记录沉积体系常见古地理组合的所有沉积物，而且由反映盆地古地理格架中主要组合关系的地层界面来限定。必须指出，所选定的界面是沉积体系组合变化的分界面。

二、沉积事件与沉积幕

（一）沉积事件

沉积事件（depositional event）指在一个相对短的时间内发生的由初始前积、过渡加积到最终海侵（退积）过程的产物（图 3-1）。

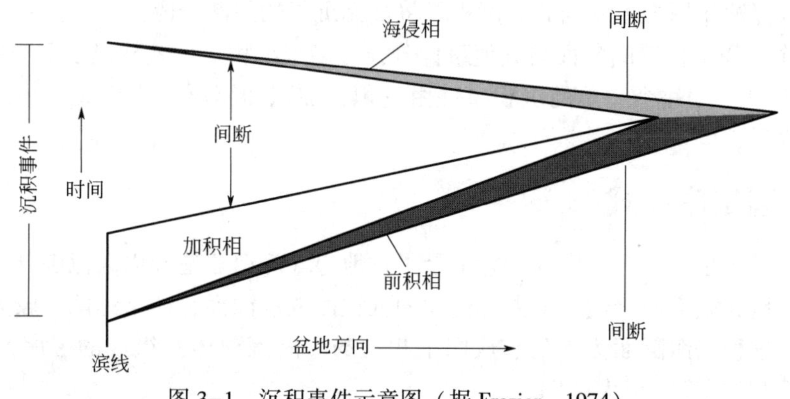

图 3-1　沉积事件示意图（据 Frazier，1974）

每个沉积事件由一个相序列记录并加以确定。每个相序列的所有沉积相在成因上均与同一个沉积物源有关（相当于 Galloway 定义的准层序）。

（二）沉积幕

沉积幕是 Frazier 提出的一个重要概念，它是一个时间单位。沉积幕被定义为两个最大洪水事件（maximum flooding event）之间的时间区间（图 3-2）。在盆地达到最大水进期时，岸线迁移到最靠近陆地方向，盆地方向处于极缓慢沉积或无沉积状态，形成沉积间断面（hiatal surface）。在这种条件下，位于沉积间断面上的所有点都是等时的，沉积间断面就是一个等时面。因此，每个沉积幕是由一个沉积复合体记录并确定的。沉积复合体由若干个相序列（准层序）组成，它是在构造、气候相对稳定时，由盆地边缘点物源所形成的若干个准层序的复合体。沉积幕记录了两次最大洪泛事件之间的一个完整的相对海平面升降周期。

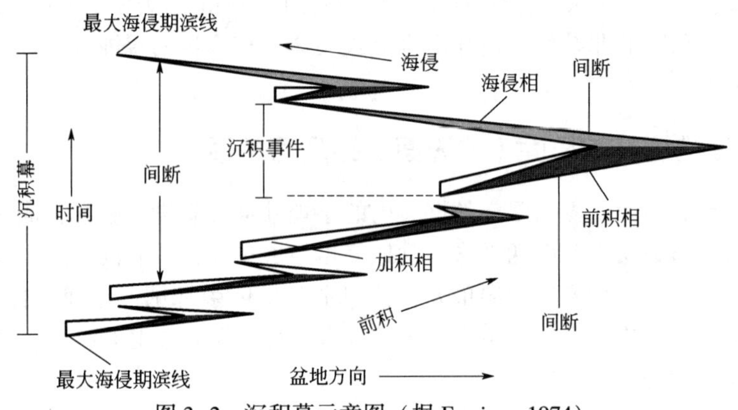

图 3-2　沉积幕示意图（据 Frazier，1974）

Frazier（1974）在对墨西哥湾岸盆地第四系沉积体系的地层研究基础上，认为成因层序地层研究的基础是：

（1）陆源碎屑物质均来源于盆地外部。

（2）盆地是被沉积期（退覆）和非沉积期（海侵）沉积物充填的。在任何一个沉积体系内，活跃的沉积作用总是集中在沉积盆地的一个区域内，在其他地区，沉积量很少或以无沉积作用或以侵蚀作用为主。因此，沉积段将被无沉积的间断分隔。

（3）每个沉积事件以间断面与其他事件分开。多个沉积事件就构成了沉积幕。

（4）“相层序”。每个简单的沉积事件由进积、加积和海泛沉积组成，并在沉积相序中有规律性地排列。

三、成因层序模式

成因地层层序是一个沉积序列，它记录了盆地边缘海退建造和以大范围分布的盆地边缘海泛为界的盆地充填事件。代表最大海泛期的沉积面或侵蚀面，通常是两个较大的三维沉积体系的界面。这种以海泛面为界的、成因上相关的、由沉积体系组成的层序，与 Vail 等人（1984）所定义的层序有很大区别。

Galloway 在沉积幕的基础上提出了成因地层层序的模式。他定义成因地层层序为沉积幕的沉积产物，由三个重要部分组成，即远超前积部分、上超海侵部分、反映最大洪泛作用的成因地层层序界面（图 3-3）。

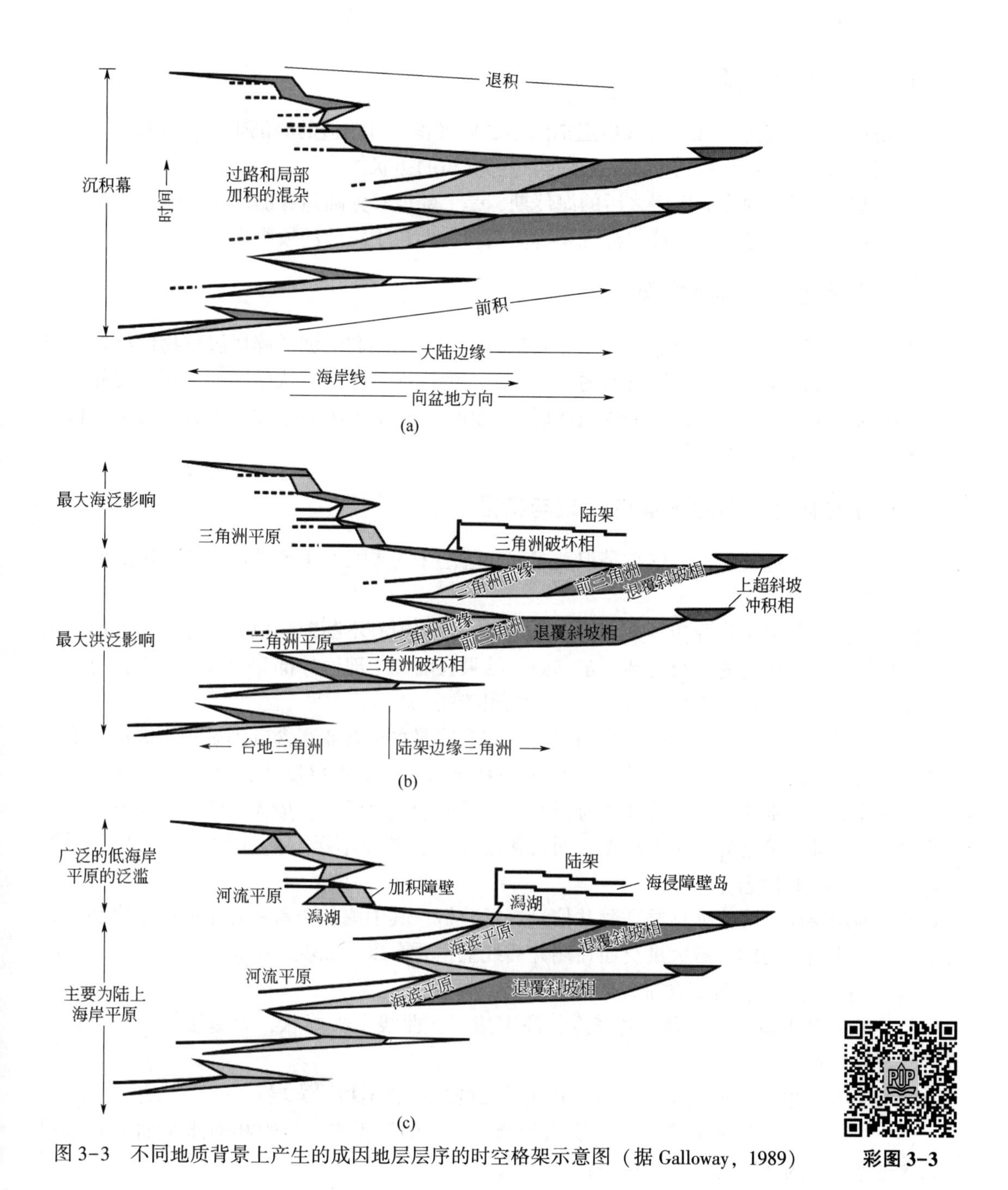

图 3-3　不同地质背景上产生的成因地层层序的时空格架示意图（据 Galloway，1989）

（一）远超前积部分

远超前积部分由 3 个次级单元组成：（1）反映海岸平原加积作用的砂质河流、三角洲平原和海湾—潟湖相；（2）海滨带的前积沉积物，向陆方向它位于先期沉积层序的海泛沉积台地之上，而向海方向则位于同期远超（退覆）的大陆坡相之上；（3）混合加积的下斜坡和进积的上斜坡相，包括斜坡下部和盆地平原的加积—低位扇和盆地扇、斜坡上部的进积—低位进积体。

（二）上超海侵部分

上超海侵部分包括：(1) 滨线后退期间和之后沉积经过改造的海滨带相和陆棚相；(2) 受重力作用在坡脚重新沉积的上陆坡和陆架边缘沉积的裙状体。

继大陆边缘活跃的建造作用之后的海侵期，是上陆坡和大陆边缘的广泛块体滑塌和再沉积的良好时期，结果是一种独特的再沉积物质裙状体上超于斜坡的坡脚之上。

（三）成因地层层序界面

成因地层层序以最大海泛面为界，它们是海侵期间陆棚和陆坡的碎屑沉积物供给处于相对饥饿状态与随之而来的最大海泛期的记录。最大海泛面分开了下伏层序的上超海侵部分与上覆层序的远超前积部分。在一个成因地层层序内部，用陆上间断侵蚀面来分开远超前积部分和上超海侵部分。

（四）成因地层层序界面的形成与特征

确定一个成因地层层序，核心是识别成因地层层序的界面，也就是识别最大洪泛面及与其对比的地层界面。

最大海泛面形成于陆棚的最大海侵期。此时，沉积中心不断向陆地方向迁移，盆地沉积范围不断扩大，沉积物的供给受到一定抑制，结果在陆棚中部、外部和向海盆中心方向的斜坡、盆地平原等沉积地区表现出极为缓慢的沉积特征。

在该沉积环境中沉积而成的沉积物主要为富含较深水化石或富含自生矿物海绿石、菱铁矿和磷酸盐矿物的半远洋—远洋泥岩。该沉积物分布广，沉积厚度薄，常被人们称为凝缩层。在凝缩层中心部位，存在着最大海泛时期形成的最大海泛面。最大海泛面沉积不仅响应于地震反射剖面上最远的沿岸上超点，而且常被若干个前积斜层下超，所以下超面常是凝缩层存在的一个良好标志。

成因地层层序主要依据钻井和测井信息进行分析，其中测井资料在确定成因层序和界面特征方面是相当重要的。最大洪泛面在测井曲线上主要有以特征：

(1) 高自然伽马，为富含铀、磷、海绿石的页岩；

(2) 低自然电位、高电阻、高密度、高声速层，曲线呈尖峰状，为薄层钙质泥、页岩或石灰岩的反映；

(3) 低自然电位、低电阻标志层，代表比较纯的海、湖相泥岩层；

(4) 向上变细的测井响应到向上变粗的测井响应的转折点，反映相对水平面上升达到最大水进期后转为下降趋势的转折段；

(5) 测井曲线特征具有区域上的可对比性，如准层序（parasequence）界面也具有低自然电位、低电阻特征，但它只是局部水进过程的产物，而不是成因地层层序界面。

四、成因地层层序的旋回性与体系域

在成因地层层序中，体系域术语采用以下几类：前积型体系域（progradational systems tract，PST）、低位体系域（lowstand systems tract，LST）、退积型体系域（retrogradational systems tract，RST）。其中低位体系域既可能是全球海平面变化引起的，也可能是构造抬升等其他因素引起的。这样，成因地层层序的术语既可用于海相盆地，也可用于湖相盆地。

（一）前积型体系域

前积型体系域是以最大洪水面及可与其对比的地层界面为底界，以不整合面及可与其对比的整合面为顶界，以准层序组的前积型叠加为特征，在测井曲线上具有向上变粗的序列特征。这种向上变粗的趋势主要强调准层序组的垂向叠加特征，而不是仅限于准层序本身简单的向上变粗响应，因为退积型体系域中的准层序同样具有向上简单变粗的特征。但需指出，虽然前积型体系域具有向上变粗的总趋势，但不排除局部地区、局部层段表现为向上变细的测井响应，因为测井响应主要取决于沉积速率与相对水平面升降变化速率之间的平衡关系。当局部地区的沉积物源迁移和关闭时，就会导致向上变细的测井响应。

（二）低位体系域

低位体系域是在相对水平面下降期形成的，表现为沉积相向盆地方向的大规模迁移。成因地层层序中的低位体系域与 Exxon 模式中的低位体系域的含义基本相似，但也有区别。低位体系域以不整合面为底界，以水进面为顶界，由陆棚环境的下切沟谷充填、陆棚边缘坡折附近的低位前积复合体、大陆斜坡扇和盆地平原扇（深海扇或深湖扇）组成。水进面为低位前积复合体之上的第一个最有意义的洪水面，此时岸线大规模向陆方向迁移。

（三）退积型体系域

退积型体系域是在相对水平面上升期形成的，表现为岸线阶段性向陆地方向迁移。这种迁移的垂向叠加结果，导致准层序向上变细。退积型体系域以水进面为底界，以最大洪水面为顶界。退积型体系域在沉积速率低的地区仅为水进事件改造过的沉积薄层，退积层序特征不明显。

五、成因地层层序与沉积物堆积速率

Galloway 在墨西哥湾西北部古近纪沉积幕、成因地层层序与沉积物堆积速率的研究中，通过该地区四个沉积次凹的代表剖面计算出沉积物堆积速率，并以此推测沉积物供应，从而发现成因地层层序是幕式的高沉积物供应的记录。成因地层层序的界面是低沉积物供应与随后的盆地边缘的海泛沉积的产物。在层序内，沉积速率随着相对于陆架边缘的位置，不同的沉积体系与不同的次凹而变。

Galloway 和 Willams 在 Galloway 1990 年工作的基础上，详细总结了河流、三角洲、海滨带和陆棚沉积体系的沉积物堆积速率随着相对于陆架边缘位置远近的变化特点，认为该区河流体系的沉积物堆积速率在 30～150m/Ma 之间，而三角洲体系变化较大，陆棚三角洲约 30～120m/Ma，陆棚边缘三角洲为 300～750m/Ma，最大可达 1400m/Ma。海滨带体系及其伴生的泥质内陆棚沉积物的堆积速率变化也较大，从小于 100m/Ma 直到大于 500m/Ma，存在着向古陆棚边缘降低的趋势。陆棚体系主要以泥质为主，进积陆棚体系的沉积物堆积速率为 600m/Ma，而海侵陆棚体系的堆积速率则较低，为 30～200m/Ma。

在 1997 年，Liu 和 Galloway 通过对北海盆地 16 个成因地层层序的层序颗粒体积（即总层序体积减去胶结物体积和孔隙体积）的定量测定，计算求出北海盆地在时间和空间上总沉积物补给的速率。他们研究发现，沉积物供给的重要变化阶段均与物源区的构造脉动相关联，而构造脉动则与北大西洋盆地的演化有关，与伴随着阿尔卑斯连续造山运动的板内应力变化有关，或者与斯堪的纳维亚新生代后期的造陆上升有关，从而推断物源区地形起伏的变化史、所形成的地形坡度及盆地内沉积量的相关变化是北海盆地新生代层序发育的主要控制因素。

第二节　成因层序与经典层序对比

经典层序地层学以海平面的相对快速下降为层序界面，并将其定位于高位体系域后的一个陆上间断暴露面；成因层序地层学则以一个广泛分布的洪泛面为层序界面，其层序界面是一套广泛分布的深水或半深水相泥岩。从地质意义上来说，两者都是以一个较广泛分布的沉积间断为层序界面，只是出于所依据的基本资料和某些定义解释上的差异，不同的层序地层学流派对两种沉积间断面的地质年代意义解释有所不同。客观地说，两种层序地层学流派的层序界面有着一定的应用对象或应用条件。

经典层序地层学出自地震地层学，来自石油勘探中最重要的反射地震资料解释之中，陆上沉积间断面上下所具有的较大的地层角度接触关系和一定规模的岩性、物性差异，可以在地震反射时间剖面中形成较明显的层序界面特征，形成易于识别的层序界面。它发扬了反射地震勘探资料区域上连续分布、能够较准确地反映出具有一定规模的等时界面的结构特点等优势，弥补了其纵向上岩性岩相鉴别分辨率较低的不足。

成因层序地层学主要依据钻井、测井等资料的沉积学特征研究（图 3-4），它们对于某些特定地点（如钻井井位）有着较高的准确性和纵向分辨率，可以较准确地划分出各个局部岩性变化层段，进而确定那些较细微的岩性和岩相变化，划分出薄层的深水或半深水泥质沉积层段，进而确定出层序界面位置。它抓住这些深水或半深水泥质沉积层段在钻井岩性和电性资料中具有典型特征、易于识别和对比这一特点，发扬了钻井资料纵向分辨率高的优势，而弥补其在层系区域结构特征识别上的不足。

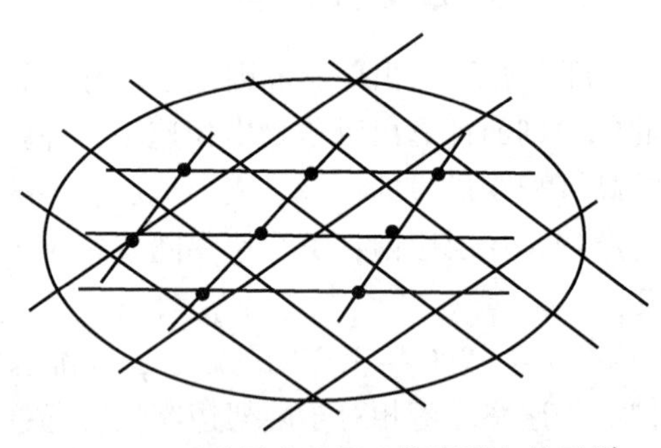

图 3-4　两种层序地层工作流程上的区别

两种层序地层学流派观点上的区别主要集中在层序主控因素、界面、沉积过程解释上的差异。

一、层序的成因

Vail 等认为，全球海平面升降变化旋回是形成沉积层序的根本因素，全球海平面变化、构造沉降、沉积物供给和气候共同控制了沉积层序的地层构型。

成因层序地层强调 Frazier（1974）的结论，即层序是沉积幕的产物。它强调两个因素，一个是盆地边缘的建造与盆地的充填过程，另一个是盆地边缘的区域性水进过程。区域性水进过程达到最大范围时，所形成的最大洪泛面就构成了成因地层层序的界面。

二、层序界面的选择

沉积层序是以不整合面或与之对应的整合面为界的一套具成因联系的、连续的沉积单元［图 3-5(a)］；成因地层层序是以最大海泛面为界的沉积幕的沉积产物，海平面变化曲线上相差 180°［图 3-5(b)］。

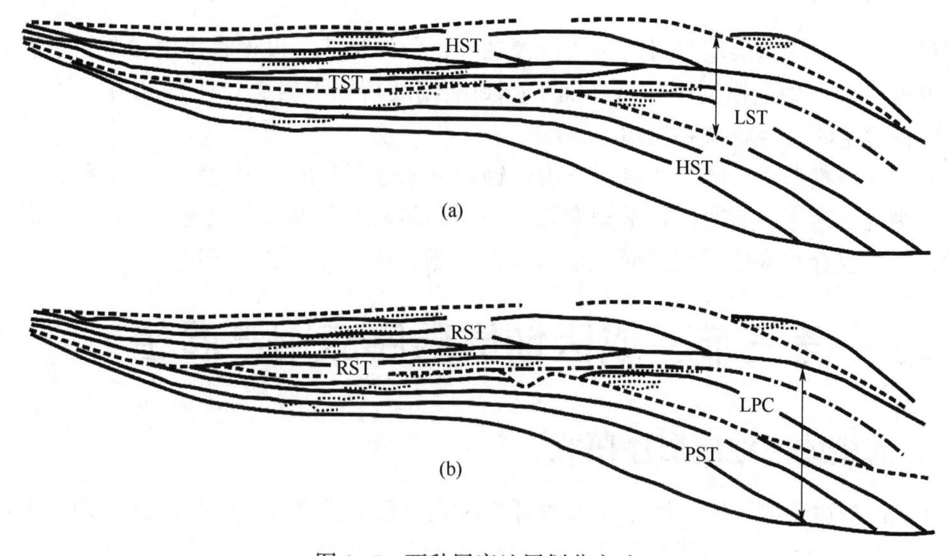

图 3-5　两种层序地层划分方法

（a）Vail 的层序模式；（b）Galloway 的层序模式

LPC—低位进积复合体；PST—进积体系域

Galloway 认为，成因地层层序可以使人们更加全面地了解沉积盆地的沉积历史、构造发育史和海平面演化史。这是因为：

（1）最大海泛面以广泛分布的海相层或海底侵蚀层为特征，易于识别和追踪对比；

（2）最大海泛面能够有效地将海相和非海相沉积体系区分开来；

（3）可依据古生物学原理和方法确定最大海泛后富含化石的密集段的地层时代，可为区域层序地层对比建立年代地层格架；

（4）海侵形成稳定的标志层，在盆地分析中，海侵和高位沉积相展布宽，易于对比。

总之，成因地层层序模型强调的是确定基本地层组合中相的相关性，认为沉积物供给和沉降速率的变化与海平面波动对层序的形成同等重要。

Vail 等人认为，以不整合面或与之对应的整合面作为沉积层序的界面要比以海泛面作为成因地层层序的界面更加合理。这是因为：

（1）层序界面是在盆地范围内将新老地层分开的唯一界面，具有年代地层学意义。

（2）层序界面不受沉积物供给的控制。当海平面相对快速下降并伴随沉积物大量供给时，便形成了以削截为标志的层序界面；当海平面相对迅速下降而沉积物供给缓慢时，将会形成以广泛出露地表为标志的层序界面。而海侵和海退受沉积物供给的明显控制，即使在一个给定的沉积盆地内，在不同部位也不可能同时发生海侵和海退。所以，沉积物供给的区域性差异造成海岸线迁移规律的差异，从而造成成因地层层序的区域穿时现象。

(3) 层序界面常以重要的区域侵蚀和上超为标志，它明显控制了沉积相带的分布。体系域在层序内周期性出现，并且与层序界面有关。

(4) 沉积层序的Ⅰ型层序界面上下存在明显的沉积间断和相带向盆地方向的迁移，这个沉积间断常位于海退沉积单元的中上部。若以成因地层层序的界面即海泛面来划分地层，那么在成因地层层序中就可能包括不整合面。

三、沉积过程解释

沉积层序和成因地层层序对陆架边缘侵蚀和退积的时期、过程和作用强调的重点不同。

在 Vail 的层序地层模型中，海平面下降到陆棚坡折以下时会产生深切谷，海平面稳定下降并保持稳定时会导致峡谷充填。

在成因地层模型中，陆架边缘、斜坡侵蚀和退积过程是由陆架边缘、上部斜坡的不稳定性和沉积物补给速率、暂时的古地理变化、海岸和陆架形态等因素控制的。在一个沉积幕的不同时代，不仅存在扇体沉积，而且也可以发生海底峡谷的冲蚀和充填。

第三节　成因地层层序应用与展望

一、海相成因地层层序研究

Galloway 描述了成因地层层序在墨西哥湾西北部新生代盆地中的应用，框架性地把该区的新生代地层划分为 9 个成因地层层序。他认为，越过成因地层层序界面到下一个成因地层层序时，盆外河流体系及其相关的沉积中心大多发生明显的迁移。在每一个成因地层层序内，古地理条件保持相对稳定，但其远超前积部分与上超海侵部分的沉积风格和形式常发生改变，因此，对这两部分分别编图是有益的。如下 Wilcox 层序的远超前积部分，河流能量的影响相对较强，三角洲体系多为河控鸟足状三角洲或波浪轻微改造的舌状三角洲；而层序的上超海侵部分，盆地能量的影响相对较强，三角洲常为浪控的弓形或尖头状。

二、非海相成因地层层序研究

（一）湖相地层的成因地层层序分析

薛良清 1993 年在 *AAPG Bulletin* 第十期发表了论文《松辽盆地上白垩统 QYN 成因层序地层格架、沉积风格与油气分布》，首次将成因地层层序的理论扩展到湖相盆地。他认为，根据海相盆地的研究发展起来的沉积幕与成因地层层序的概念同样适用于湖相盆地，并以松辽盆地上白垩统青山口组、姚家组和嫩江组（QYN）为例，进行了成因地层层序的分析，明确提出在存在明显的陆上不整合面和沉积相向盆地中心的相迁移的情况下，成因地层层序可以细分为前积体系域、低位前积复合体和水进体系域。这里提出的三类体系域，不具有全球性海平面变化的内涵。在 Exxon 模式中，每一沉积层序都由三个体系域组成，即水进体系域、高位体系域、低位体系域或陆棚边缘体系域。沉积层序模式中的体系域主要是根据地层的几何特征和物理关系来定义，因此，Swift 等人认为 Exxon 模式的体系域是几何体系域，而不是沉积体系域，因为该模式主要强调几何学特征而不是沉积相关系。Exxon 模式又把这种几何体系域与全球海平面升降联系起来，但在湖相盆地，显然这种几何体系域与全球海平面升降没有直接的联系，而构造活动与沉积物供应为主要的控制因素。为了简化和扩大几何体系域概念的应用，应用三个术语，即前积型体系域（progradational systems tract）、低位前积复合体（lowstand progradational complex）和退积型体系域（retrogradational systems tract）。其中“低位”强调相对水平面的升降，既可能是全球海平面变化引起的，也可能是构造抬升等其他因素引起的。

（二）含煤地层的成因地层层序分析

1994年，Hamilton和Tadros在*AAPG Bulletin*发表了论文《用煤层作非海相盆地中的成因地层层序边界》，提出在缺乏海泛面的情况下，需要不同的层序识别标准。区域展布的煤层具有成因地层层序界面的基本属性。它们是碎屑沉积物堆积间隔期间的生物化学沉积物，因此，它们记录了沉积物的中断。从概念上讲，煤层相当于Frazier（1974）的沉积间断面，记录了沉积事件或沉积幕的终结。局部或亚区域展布的煤是小规模间断面的例子，是限定Frazier相序或准层序的界面；相比之下，区域展布的煤层规模较大，相当于限定一个沉积幕的沉积复合体或成因地层层序的界面。另一方面，虽然区域性展布的煤层可以作为成因地层层序的界面，但它与Galloway（1989）选用最大洪泛面作为成因地层层序的界面至少存在着两点差异。第一，区域性展布的煤层不一定代表最大洪泛面，而可能是海侵面或水进体系域内物源中断事件的产物。特别是存在海相或湖相地层的情况下，选用煤层作为成因地层层序的界面应该慎重，因为海、湖相地层往往更可能是最大洪泛面的产物。第二，在冲积—河流相为主的环境中，煤层是沉积物源中断的产物，但并不代表它在相对水平面变化中的位置。因此，也就很难在这种成因地层层序内进行体系域的分析。

三、冲积—河流相地层与多物源的挑战

成因层序地层学分析在海相、湖相、含煤地层均有成功的应用实例，这些实例都具有一个共同特点，即存在反映最大海（湖）泛或缺乏沉积物源供应的“饥饿”沉积界面。只有识别出这些“饥饿”沉积界面与不整合面，才能把盆地充填的沉积体分离成若干个成因地层单元。但是，在以多个沉积物源变化为主要控制因素的湖盆或冲积—河流相地层中，应用盆地范围内分布的“饥饿”沉积界面来划分成因地层单元具有很大的难度。

在多物源向湖盆供给沉积物时，大致有两种情况。一种是多个物源沉积物供给的变化大致同步，可能存在统一的“饥饿”沉积界面或与最大洪泛面相关的沉积层段。这种情况下可以进行成因地层层序分析。但大多数情况下，常见多个沉积物源的变化不是同期的而是此起彼伏，就不存在一个盆地内统一的“饥饿”沉积界面，也就失去了应用“饥饿”沉积界面划分成因地层单元的基础。这不仅是对Galloway成因地层层序学说的挑战，而且也是对Exxon模式的挑战。

层序地层学自身具有地层学和沉积学的双重属性，从过去的野外露头和岩心观察，到现在常用的测井和地震数据分析，代表重要地质事件的地层界面一直受到地质学家的特别关注。成因地层层序的发展至今已经远离主流，但是其注重沉积的过程响应分析的思路仍然有着极为重要的意义，一些地质学家们开始建议标准化其模式，基于海陆相应用差异，层序地层学开始由经典三分模式向现行四分模式转变，目前现有的基础概念在未来很可能会发生变化。

思考题

1. 确定盆地充填成因地层学的基本要素是什么？
2. 成因层序的模式与经典层序模式主要界面有哪些差异与联系？
3. 成因层序地层学提出的理论基础有哪些？
4. 沉积事件和沉积幕的含义是什么？
5. 如何理解沉积间断面的地质意义？
6. 成因地层层序三个重要部分组成是什么？
7. 利用最大海泛面用于地层划分的优点和不足是什么？
8. 成因地层层序界面的主要识别特征是什么？

拓展阅读资料

[1] 薛良清. 成因层序地层学的回顾与展望 [J]. 沉积学报，2000 (3)：484-488.

[2] 夏文臣，周杰，雷建喜. 沉积盆地中等时性地层界面的成因类型及其在成因地层分析中的意义 [J]. 地质科技情报，1993 (1)：27-32.

[3] Gallowy W E，李培廉. 盆地分析中的成因地层层序 I：以淹没面为界的沉积单元的结构和成因 [J]. 海洋地质译丛，1990 (1)：13-22，12.

[4] 夏文臣. 中国东部中、新生代断陷盆地的成因地层格架及其与油气的关系 [J]. 地质科技情报，1991 (1)：41-48.

[5] Darngawn J L，Patel S J，Joseph J K，et al. Genetic sequence stratigraphy on the basis of ichnology for the Middle Jurassic basin margin succession of Chorar Island (eastern Kachchh Basin，western India) [J]. Geologos，2019，25 (1)：31-41.

[6] Pérez-Rivarés F J，Arenas C，Pardo G，et al. Temporal aspects of genetic stratigraphic units in continental sedimentary basins：Examples from the Ebro basin，Spain [J]. Earth-Science Reviews，2018，178：136-153.

[7] 蔡东梅，姜岩，宋保全，等. 喇萨杏油田不同类型砂体井震结合成因层序地层对比 [J]. 长江大学学报 (自然科学版)，2019，16 (10)：16-22，4.

[8] 李倩，万丽芬，侯林秀. 北部湾盆地涠西南凹陷南部复杂断块区成因地层分析 [J]. 海洋石油，2019，39 (4)：11-18.

第四章

旋回层序地层学

Galloway 提出利用最大海泛面作为层序界面，并命名该地层单元为成因地层层序。该方法解决了过度主观识别层序界面的问题，因为最大海泛面可以在科学分析中客观地分析出来。然而此种层序的问题在于不整合面出现在层序内部，并且与盆地边缘缺少成因上的一致性。为了克服在层序定义中的主要缺点，Embry 和 Johannessen 定义了新的层序类型：海侵—海退层序（transgressive-regressive sequence），又称海侵—海退旋回（transgressive-regressive cycle），是以特定的海泛面或海侵面及与之相接的不整合面为界的地层层序。

一些专家应用旋回层序地层学结合不同的资料对某些地区进行了分析。毛家仁（2005）研究了位于上扬子古陆边缘的贵阳乌当泥盆纪至石炭纪剖面，依据海侵—海退层序分析了其对各个时期的海平面上升的原因；Lu Mingsheng 等（2010）通过测井资料、地震资料、岩心、露头等综合分析，将研究目标分别解释为不同阶的海侵—海退层序，以此来研究其区域的勘探被开发潜力；Chenchen Zhang 等（2013）通过对盆地层面的钻井、测井、岩心资料和地震剖面的分析，利用层序地层学，确定了嫩江组各级层序界面，指出由 R 旋回形成的强迫退变序列是盆地优化的良好构造标志，驳斥了松辽盆地嫩江组“海侵”的观点；徐文等（2020）在旋回识别与对比的基础上，结合多曲线融合技术提取标志层，实现了单砂体级别的地层对比，在一定程度上解决了河流相储层砂体空间变换复杂、短期旋回对比困难的问题，提高了等时对比的可靠性。

第一节　海侵—海退层序理论体系

海侵—海退旋回又称 T-R 旋回（transgressive-regressive cycle），指从一个海水加深事件到另一个同等规模的加深事件开始之间的一段时间内沉积下来的岩层（图 4-1）。

一、基准线变化和沉积趋势变化

（一）基准线变化

Embry 引入了基准线周期性变化这一自然现象的概念。在地层学概念中，基准面不是一个真实的物理界面，而是一个相当抽象的界面，它反映的是侵蚀和沉积的平衡面。它是沉积的上限，即在基准面低于地表的任意地区都不会有沉积，会发生侵蚀。当它在地表以上时，在可能的地区沉积作用会发生。基准线在地表中间的部分称为平衡点，平衡点处侵蚀和沉积相等。该点定义了沉积盆地的界面。Cross 等（1998）解释过：地层基准面描述的是增加和减少可容空间同带来和搬走该地沉积物共同作用的结果。

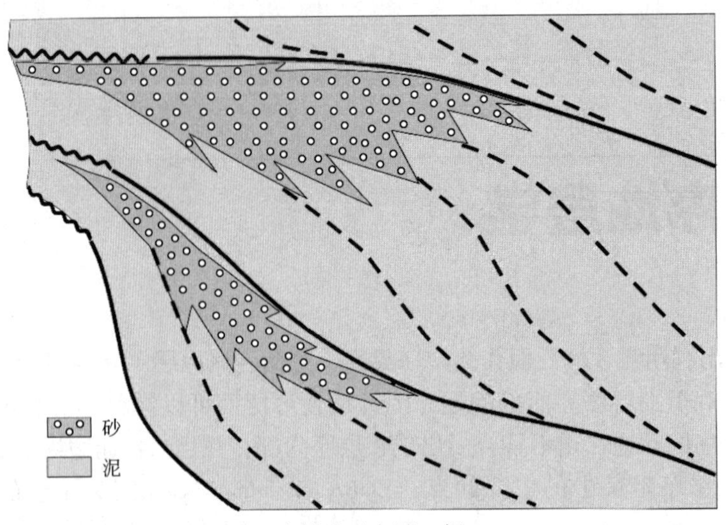

图 4-1　T-R 层序模式示意图（据 Embry，1993）

由于地球的动态变化特征，基准面很少静态地保持在给定的区域，它向上和向下的运动通常与地球表面以下的沉积基底有关。因此，基准面的变化反映的是基准线与沉积基底之间距离的变化。

基准线变化的营力主要有两种。第一种是构造运动，它导致与地球中心相关的沉积基底向上或向下运动。沉积基底向下运动表示下沉，相关的概念是基准面上升和可容空间增加。相反，沉积基底向上运动导致以上两种界面相互靠近，基准面下降，可容空间减少。

基准线运动的第二种营力是海平面的升降变化，它记录的是海平面相对于地球中心的运动。在这种营力下，沉积基底保持不变，基准线变化。因此，海平面上升等价于基准面上升，可容空间增加。而且，任何沉积量的增加和减少都是由此种现象引起的，例如，压实、岩溶或岩体侵入都将导致基准面和可容空间大小的变化。

（二）沉积趋势变化

基准线运动会形成两种主要类型的沉积趋势变化，包括：（1）沉积和聚集到侵蚀的变化，反之亦然；（2）向上变浅的趋势（海退）到向上变深趋势（海侵）的变化，反之亦然。在基准面升降变化的周期中，出现了代表两种类型、沉积趋势的 6 种重要变化。4 种发生在基准面上升时期，2 种发生在下降时期。这些变化发生在完整循环的时期中的短时间或长时间的间断。这 6 种沉积趋势如下：

基准面上升：

（1）经由暴露侵蚀面，向陆方向，非海相地层沉积和聚集的扩张；

（2）在海相地层中，海退趋势转变为海侵趋势；

（3）沿海岸线的沉积终止，开始海岸的网状侵蚀；

（4）海相地层由海侵趋势转变为海退趋势。

基准面下降：

（5）盆地边缘沉积终止，向盆地方向的暴露侵蚀逐渐扩大；

（6）内陆架上的海床侵蚀发育，非海相侵蚀面向盆地方向扩张。

上述 6 种沉积趋势的显著变化可以在沉积记录中得到许多性质不同、可以识别的界面，这些界面可以用来进行层序地层分析（图 4-2）。

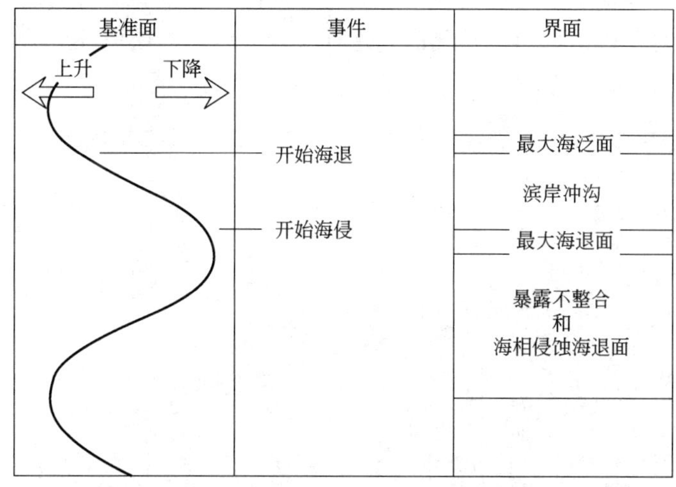

图 4-2　基准面的升降与沉积趋势变化（据 Embry，1993）

当基准面开始上升，原先下降遭受侵蚀的地方，可容空间开始增加。这导致了盆地边界向陆地方向扩张，在整个基准面上升时期，下伏遭受侵蚀的界面被非海相地层海侵上超。基准面持续上升，更少的沉积物运移到盆地的海相部分，因为沿着盆地扩张的边缘河流梯度越来越小，非海相地区沉积物储集增加。在基准面开始上升阶段，足够的沉积物仍能到达海相地区，使得海岸线向盆地方向迁移，就如同先前海平面下降一样。然而，此种迁移速率在不断减慢，直到海岸线处的基准面变化速率超过了沉积物供给速度，海岸线停止向海方向移动，转而向陆地方向移动（海侵）。此种海侵到海退导致了沉积趋势的两种主要变化。沿着海岸线，在海侵时期，发生网状侵蚀，滨岸侵蚀带向陆地方向迁移。此侵蚀称为滨岸冲沟，它发生在海侵的整个时期。此种侵蚀面可能或可能没有切穿下伏暴露不整合（滨岸冲沟—不整合或滨岸冲沟—整合）。同样，当海侵开始，在陆架任意地点沉积物变少，因为沉积物源的距离变大和整体在海相地区的物源供给减少了。这导致了由反应海退特征的向上变浅的趋势转变为向上变深的趋势。在这里，称标志着此次变化的重要界面为最大海退面。

最后，基准面上升速度变缓，海岸线处的沉积物又一次超过了波浪搬运的速率。滨岸冲沟发育停止，海岸线开始反向，向海的方向移动（海退）。这导致了海相盆地沉积物增加，经由陆架沉积物开始进积变粗，致使向上变深的趋势转变为向上变浅的趋势，标志着此次变化的平面成为最大海泛面。因此，在基准面上升时，4 种沉积界面代表了沉积趋势的变化，它们是最大海退面、滨岸冲沟—不整合、滨岸冲沟—整合和最大海泛面。同时，在基准面下降时期形成的暴露不整合，被此海侵阶段沉积物覆盖，成为真实存在的界面。

在基准面开始下降时，沉积空间减小，盆地边缘沉积终止。暴露不整合在整个基准面下降时期向盆地方向迁移，在延伸至盆地方向最大限度时，会出现暴露不整合面。岸线向海方向移动，基准线上升逐渐变缓，紧接着以更快的速率下降。当基准面开始下降时，海相陆架内部开始遭受侵蚀（Plint，1988），其原因是陆架退积以实现基准面下降的平衡。在整个基准面下降间歇期，内陆架侵蚀面向海方向迁移这种海侵式的沉积为滨岸进积沉积物所覆盖，从而形成了分布广泛的海相侵蚀海退面。

总之，在基准面上升期形成了 4 个界面：滨岸冲沟—不整合、滨岸冲沟—整合、最大海退面和最大海泛面；在基准面下降时期形成了2个界面：暴露不整合面和海相侵蚀海退面。这6种界面是层序地层的核心。因为在基准面循环期内，这些界面有明确的时间，所以它们的时间和空间排列是明确的和可以预测的。这种排列可以作为层序地层的模型，它在图4-3中给出了。

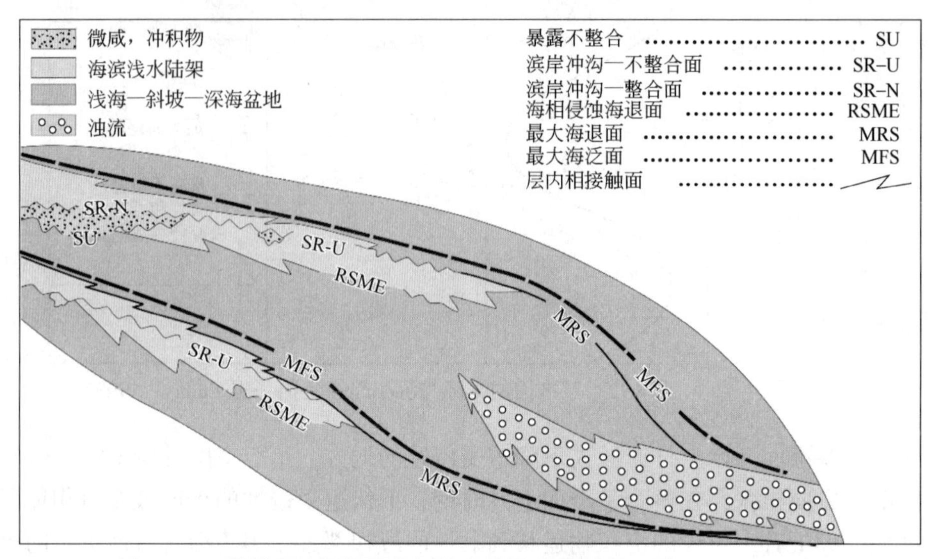

彩图4-3

图4-3　6种层序地层界面空间展布的示意横剖面（据Embry，1993）

二、层序地层界面

在基准面升降循环中，沉积趋势有很多种变化。这些趋势的变化形成了6种可识别的界面，此6种界面可以在层序地层中用来联系和定义地层单元。这6种界面是：暴露不整合、海相侵蚀海退面、滨岸冲沟—不整合、滨岸冲沟—整合、最大海退面和最大海泛面。前2种是在基准面下降时期形成的，后4种是在基准面上升时期形成的。

（一）暴露不整合

地层界面和层序地层最紧密的联系在于暴露不整合（SU）。该界面形成于基准面下降时，地表受到河流、风等作用的暴露侵蚀下而形成。在基准面下降的整个时期，它伴随着盆地边界的暴露向海方向迁移。在后来的海平面上升时期，暴露不整合为非海相沉积所上超，作为一个不连续的界面被保存下来。暴露不整合标志着沉积的终止，因此，在很多情况下具有侵蚀性的突变接触关系。下伏地层可以呈现高度多样化，有时以黏土发育的成岩作用作为标志。暴露不整合的一个主要特征是其上为一套非海相地层（即海岸线向陆方向迁移时沉积的地层）。因此，暴露不整合定义的关键是：为非海相地层覆盖，削截下伏地层的侵蚀面或固定界面。

暴露不整合和等时线有很重要的关系。它发育在基准线下降的整个时期，因此可以认为其是穿时的。然而，等时线并不像其他穿时面一样穿过该界面。其原因是，在大多数情况下，不整合面以下的地层都要比不整合面以上的地层要老。暴露不整合只削截其下的等时线，与其上的等时线呈现上超关系。因此，暴露不整合可以作为一个时间界面，它的这个特征使得暴露不整合面成为建设准年代地层格架的重要界面，并作为地层的界面。

（二）海相侵蚀海退面

海相侵蚀海退面（RSME）最早是由 Plint（1988）定义和讨论的。它是在基准面下降时期发育在内陆架上的侵蚀界面。当基准面开始下降，内陆架斜坡与水流不再平衡，使该地区发育网状侵蚀。在基准面下降的间断期内，水流缓慢搬运沉积物以建立一个新的平衡，侵蚀地区向盆地方向迁移。同时，沉积物在滨岸沉积，这些沉积物下超于滨岸沉积物向海方向进积时形成的侵蚀面。这些沉积物最终会为暴露不整合所覆盖。

鉴于上述情况，RSME 的特征是，上覆于向上变浅的海相陆架地层、下伏于向上变浅的滨岸地层的侵蚀界面。和其他界面比较起来，在这一点上，这些特征是独一无二的，使得 RSME 能够容易识别出来。RSME 发育在整个盆地下降期，因此其高度穿时。等时线以高角度穿越界面，并伴有一些偏移。RSME 高度不等时的特征使得它不适合成为地层格架的一部分，也不能用来划分层序地层单元的界面。

（三）滨岸冲沟—不整合面

另一种在基准面旋回中形成的重要不整合界面是滨岸冲沟。尽管其发育地点与暴露不整合不一样，但却经常和其混淆。虽然暴露不整合面在基准面下降、海退时期形成，滨岸冲沟形成于基准面上升、海侵的间断期内。当海侵开始，海岸线开始向陆地方向迁移时，滨岸冲沟被滨岸波浪作用切割，将沉积物主要向海方向搬运、运移。这发生的主要原因是陆架沉积平衡点向陆地方向移动。在海侵期的整个间断期内，侵蚀作用稳步向陆地方向进行，搬运走先前的岸线和非海相沉积物。这导致形成了分布广泛的侵蚀面，该界面将下伏的沉积物与其上较低的滨岸沉积分离开，成为滨外沉积。

滨岸冲沟最重要的特点是突变的侵蚀接触，在此界面之上为向上变深趋势的海相地层（海侵）。

决定海岸冲沟是否侵蚀穿过了下伏暴露不整合面是相当重要的。如果侵蚀穿了，滨岸冲沟就继承下了暴露不整合时间界面的性质，所有其下的地层都要比其上的地层要老。在这种情况下，冲沟面被称为滨岸冲沟—不整合面（SR-U）。决定滨岸冲沟是否是不整合类型的一种方法是检查下伏地层的性质。如果它们是海相地层，那么，它就非常可能是非海相地层的间断，暴露不整合被侵蚀掉了，此滨岸冲沟即为等时的界面。

（四）滨岸冲沟—整合面

如果所提到的滨岸冲沟没有侵蚀穿下伏不整合面，就称为滨岸冲沟—整合面（SR-N）。它和滨岸冲沟—不整合面的共同特征在于为突变、侵蚀界面，被向上变深的海相地层覆盖。然而，滨岸冲沟—整合面可以区分出来的特征是，其下伏地层在暴露不整合之上，并包含了海岸线向陆地方向迁移的沉积体。滨岸冲沟—整合面是高度穿时的界面，等时线穿过该界面，出现偏移和大角度。由于高度不等时，该界面在层序地层中价值有限，但在相分析中很重要。

（五）最大海退面

在基准面开始上升后不久，在海岸线处，上升速度超过沉积速度，海岸线开始向陆地方向迁移。这标志着海侵的开始，在此时，相邻海相陆架沉积物供给减少在任意海岸地带的水深开始增加。这导致了陆架地层从先前海退时发育的向上变浅的趋势转变为反映持续海侵向上变深的趋势。标志着沉积趋势变化的这个重要的、客观存在的界面，在这里被称为最大海退面（MRS）。

为了实际目的，此界面仅限于海相地层，具有从向上变浅趋势转变为向上变深趋势的特征。实际界面可能发生在相变的进积间断期内或者可以是次一级的侵蚀作用形成的。

总之，最大海退面的特征是下伏向上变浅的海相地层转变为上覆向上变深的海相地层，其间没有暴露不整合证据。该界面不能在非海相地层中识别，因为在大多数情况下，其空间被暴露不整合或滨岸冲沟—不整合所占据。在有些时候，从理论上讲，海退到海侵的变化记录出现在直接上覆于暴露不整合的非海相地层中是可能的。然而，在非海相地层中客观识别此界面是不可能的，假如出现了此种稀有的情况，很实用的解释只有是将所有在暴露不整合之上的非海相地层解释为在海侵时期形成的。暴露不整合标志着沉积趋势从下伏海退沉积转变为上覆海侵沉积。

（六）最大海泛面

最大海泛面（MFS）基本上与最大海退面正好相反，它形成于向上变浅趋势取代向上变深趋势的时期。在海侵结束，海退开始，基准面上升速度变缓，沉积物供给速率基准面上升速率时，此种变化就开始在海岸线上形成。此时，海岸线开始向盆地方向迁移（海退），最终海相地区接受了更多的沉积物供给，导致了在海侵期的海相地层中发育的向上变深的趋势转变为反映海退的向上变浅的趋势。

MFS 是经典地层中最容易识别的界面，它反映了向上变深地层和上覆向上变浅地层之间的界面。这种界面可以发生在一次进积序列中，是完全整合的，或者发育在任意的或多或少有一点侵蚀的侵蚀面上。这种侵蚀是由具有网状搬运沉积物能力的洋流造成的，这种网状搬运的原因是，在海侵期，滨外地区沉积物供应量减少。在整合接触的情况下，经常会出现反应低速沉积的凝缩段沉积物。在这些循环中，其确切的取代关系很复杂，建议将其放在第一次出现变粗间断的底部，或者直接上覆于凝缩段的间断。

不同于最大海退面，最大海泛面有时候会出现在非海相地层中。它出现在呈现离海岸线越来越近趋势（海侵）的非海相地层与上覆反映离海岸线越来越远趋势（海退）的非海相地层之间。由于识别非海相地层中海岸线的距离变化趋势要比检测海相地层水深困难，因此在非海相地层中更难鉴别出最大海泛面。

同 MRS 一样，MFS 在某种程度上形成于海侵时期的滨外沉积。然而 MFS 具有相当小的穿时性，使得 MFS 在层序相分析中有相当重要的作用。

（七）层内相接触面

它不是真正的层序界面，只是在海侵或海退地层序列中可以识别的相变面，不代表任何沉积趋势的变化。因为该相变界面可以是侵蚀界面，所以当其发生在海退序列中，将相对于高能的沉积物（比如滨岸砂体）与低能沉积物（滨外页岩）分开时，它会被错误地解释为海相侵蚀海退面。

三、层序类型

Embry 和 Johannessen（1993）定义了此类型层序，Embry（1993）对其进行了更加深一步的讨论。层序的不整合部分为暴露不整合或滨岸冲沟—不整合，但是，此 3 种层序的不整合部分向盆地方向延伸终止所对应的整合部分是不相同的（图 4-4）。

事件	类型1	类型2	T-R层序
开始海侵			层序边界
基准面开始下降	低位体系域 晚 / 早	低位体系域 层序边界 强制海退体系域	海退体系域
基准面开始升高	层序边界 高位体系域	高位体系域	
开始海退	海侵体系域	海侵体系域	海侵体系域
开始海侵			层序界面
基准面开始升高	低位体系域 晚 / 早	低位体系域 层序界面	海退体系域

图 4-4　类型 1 沉积层序、类型 2 沉积层序和 T-R 层序对比（据 Embry，1993）

T-R 层序中，不整合是时间界面，MRS 具有低的穿时性。在大多数情况下，此层序界面是由一定长度的滨岸冲沟连接起来的 MRS 和暴露不整合面所构成的连续界面。在很多情况下，滨岸冲沟—不整合形成了大多数或全部的层序界面的不整合部分。

四、体系域

Embry 强调每一个界面都应当是层序地层界面，而不是可见的等时线。此外，每个界面都应该有较低的穿时性，或者是时间界限。他认为满足这些条件的层序地层界面是暴露不整合（时间界面）、滨岸冲沟—不整合（时间界面）、最大海退面（低穿时性）和最大海泛面（低穿时性）。必须注意的是，海相侵蚀最大海退面和滨岸冲沟—整合不适合作为层序地层界面，因为它们同层内相变一样具有高度穿时界面，只留下最大海泛面（MFS）来将层序划分为体系域。

这便形成了两个体系域：界面之下的海侵体系域和界面之上的海退体系域（Embry 和 Johannessen，1993；Embry，1993）。T-R 层序将所有暴露不整合之上的地层均划分到了 TST 中。在大多数情况下，将层序划分为两个体系域，即海侵体系域和海退体系域，它们共同的界面是最大海泛面（图 4-5 和图 4-6）。

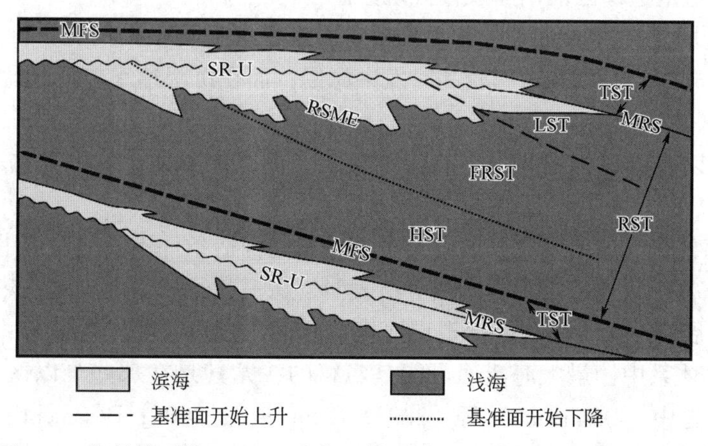

图 4-5　海侵体系域（TST）和海退体系域（RST）（据 Embry，1993）

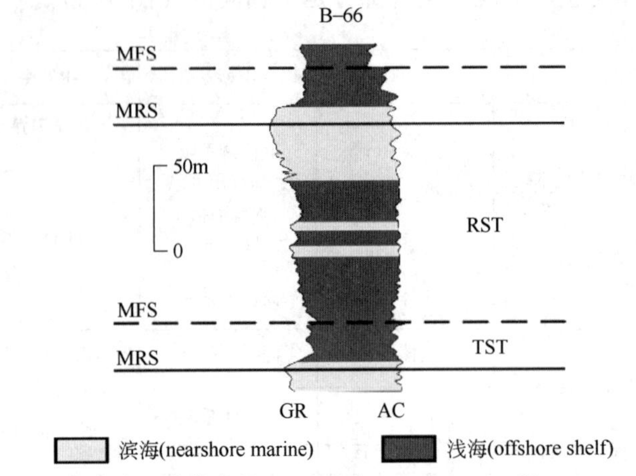

图 4-6　在滨岸—滨外中的 MRS 以及 TST 和 RST（据 Embry，1993）

第二节　海侵—海退层序应用与问题

Embry 对加拿大北极群岛斯沃德鲁普盆地 9km 厚的三叠系进行了大范围的野外工作和地下分析，共划分出了 9 个 T-R 旋回，即 T-R 层序模式（Embry 和 Johannessen，1993；Embry，1993）。这种层序利用暴露不整合作为界面的不整合部分，以最大海退面作为相应的整合部分。此种方法使得不整合面位于边界上，并提供了一种可以客观识别的相应整合面，利用最大海退面作为界面，“海侵—海退”层序可以划分为海侵体系域和上部的海退体系域（图 4-7）。

海侵单元薄，常为钙质砂岩、砂质灰岩。向盆地方向，海侵单元逐渐变薄并最终消失。

海退单元厚，进积层系，层序底部由页岩和砂岩组成，上部为砂岩。

斯沃德鲁普盆地三叠系 T-R 旋回的成因有两种解释：

（1）这些旋回是在海平面固定不变，在区域性沉降的背景上沉积速率不断变化的产物。旋回的海侵部分是在沉积物供给速率较低，沉降速率超过沉积速率的情况下发展起来的。随后的海退部分则是沉积速率增加，以致超过沉降速率时形成的。这种解释的缺点在于它无法解释在海退阶段盆地边缘区的出露及侵蚀现象。

（2）T-R 旋回是在海平面停滞不变及相对固定的沉积物供给情况下，构造隆起及构造沉降交替作用形成的。在沉降速率较高时发生海侵，而在沉降速率较低或盆地边缘隆起时发生海退。

这一假设可以解释观察到的地层旋回现象，但仍有如下两个原因使这种解释并不尽如人意：

（1）斯沃德鲁普盆地所观察到的海侵事件在其他构造条件不同的盆地中也有发生。

（2）斯沃德鲁普盆地进行顶层剥离分析表明，在三叠纪该盆地正处在热沉降作用阶段。

层序地层发展到今天，海侵—海退层序模式所存在的问题也日益明显：

（1）在深水体系中，最大海泛面可能是隐秘的，尤其是在那些难以区分的天然堤水道的低密度浊积岩之中（Posamentier 等，2003；Catuneanu，2006；Posamentier 等，2006），所以给 TST 和 RST 的划分带来困难；

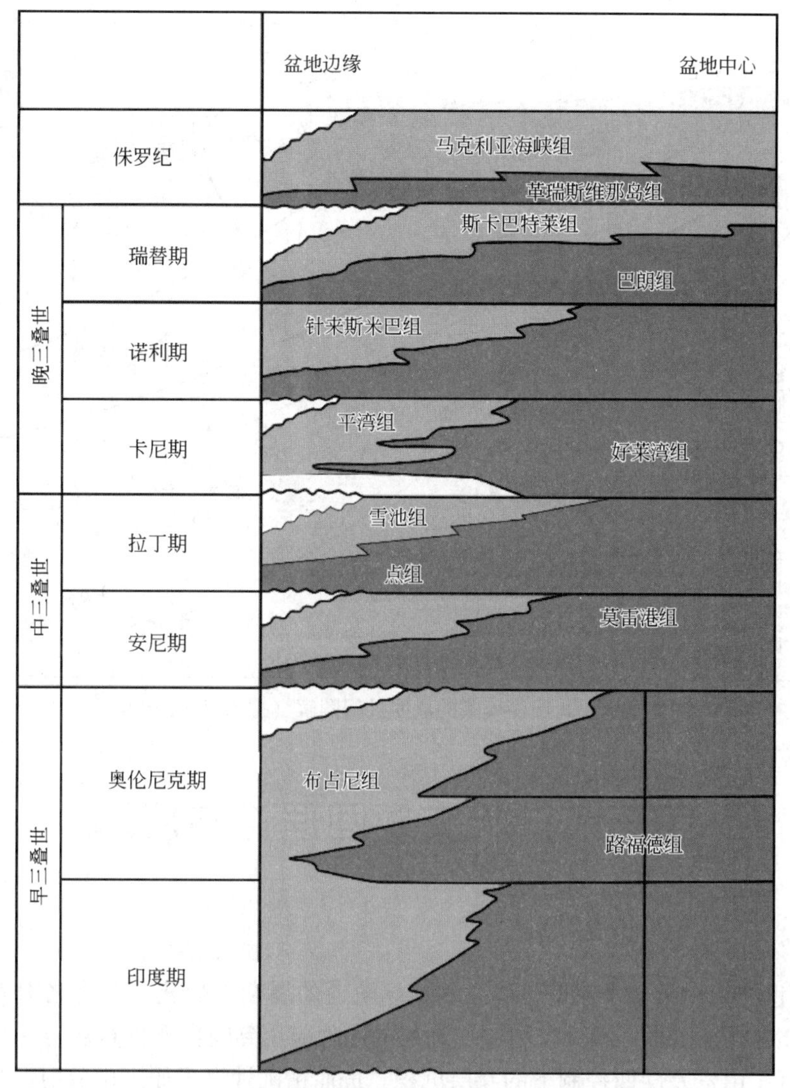

图 4-7　斯沃德鲁普盆地三叠系（据 Embry，1993）

（2）把以前的海侵面修订为最大海退面，这个面的形成取决于沉积作用，因此沿着走向它们可能是高度穿时的，一个重要的问题是把层序界面置于基准面上升的初始阶段而不是基准面变化或海平面变化的最低点；

（3）所有的“正常”和“强迫型”海退沉积均包括在一个“海退体系域”之中，所以被认为过分概括（图 4-8），因为最近关于滨线轨迹的研究结果（Steel 等，2002；Catuneanu 等，2009）表明，可将一个层序划分为低位正常海退沉积、海侵沉积、高位正常海退沉积和强迫型海退沉积。

尽管 T-R 层序模式强调了所修订的体系域即海侵体系域（TST）和海退体系域（RST）代表了明显的沉积趋势，即 TST 以向上变细为特征，HST 以向上变粗为特征，但是，将海侵面修订为最大海退面而作为层序界面，似乎意味着层序内部除了最大海泛面以外，其他的层序界面如强迫型海退沉积的顶和底界面均不能识别，而且将层序界面置于海平面上升初期又给建立海平面变化曲线带来一些困难。

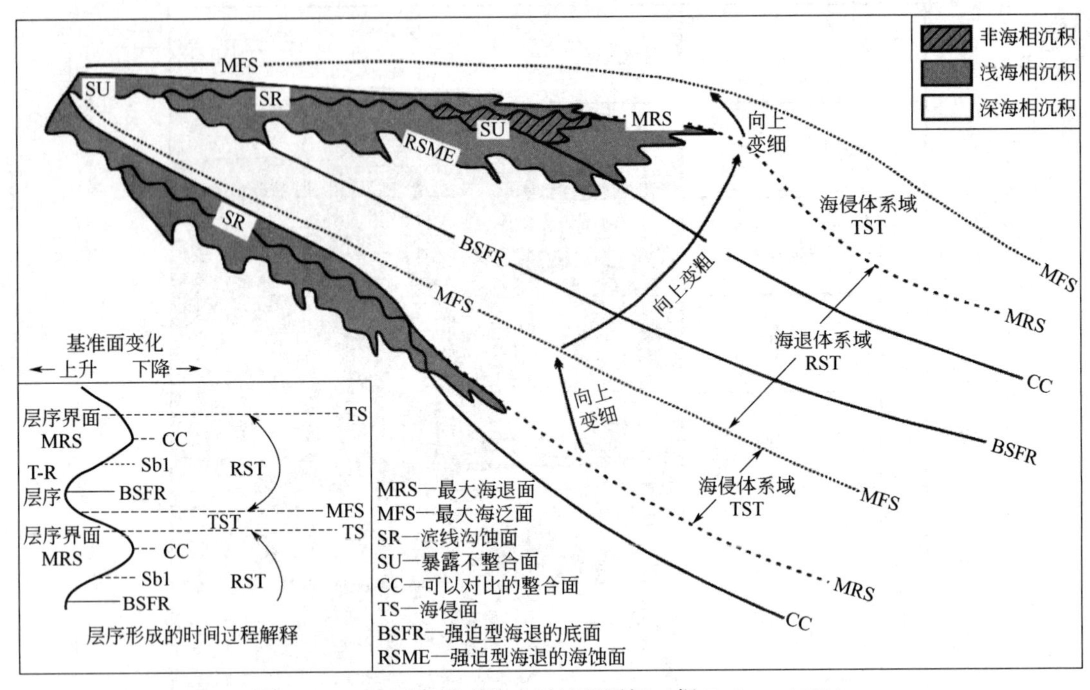

图 4-8　T-R 层序模式的成因过程图解（据 Embry，1993）

第三节　天文旋回理论与应用

一、天文旋回理论发展

早在 19 世纪初，天文学家就已经发现地球轨道的周期性变化，并将之引入到气候变化的解释中。Gilbert（1895）第一个将旋回地层的原理应用到晚白垩世石灰岩—页岩互层沉积中，正确解释了由岁差旋回控制下的互层沉积，进而精确计算了原来由放射性测年确定的部分白垩系的持续时间。Milankovitch（1920，1941）关于第四纪冰期和间冰期的地球轨道旋回解释被认为是旋回地层发展中的重要里程碑，其在定量化描述日照变量上的大量努力和对轨道气候间联系的探索使得该理论以他的名字命名，但在长达 30 年的时间内该理论并没有被广泛接受。到了 20 世纪 70 年代，针对深海沉积记录的研究证实了更多冰期旋回的存在，这些旋回与 Milankovitch 理论反演的结果一致，这才使得 Milankovitch 理论得到了公认（Hays 等，1976；Shackleton 等，1973）。此后，旋回地层学得到迅速发展，学科内的术语与基本概念得到了说明与定义，其学科任务也被明确为：研究地层中具有时间周期的沉积旋回和其他旋回变化，并且用于提高地层年代框架精度。

国际旋回地层学的兴起得到了我国学者的重视。20 世纪 60 年代，李四光已经提出“天文、地质、古生物”的命题。徐道一（1983）在其著作《天文地质学概论》中介绍了米兰科维奇旋回研究的动向。陆元法（1989）编译了《旋回地层学》一文，向国内学者系统介绍了旋回地层学。中国的旋回地层学虽然起步比国外晚，但经过几十年的发展，我国旋回地层学已经进入发展的黄金阶段。

二、天文旋回分析方法

目前天文旋回的识别方法主要分为岩性直观识别法与时间序列分析法。岩性直接识别法即通过对剖面或岩心的观察，发现岩性与岩相的变化特征，识别出各级地层的组合特征、方式及级序结构，从而判断地层中是否记录了天文周期的信号。西班牙的西北部露头上马斯特里赫特阶（upper Maastrichtian）（约 71.9Ma）剖面保存较完好，几乎没有受到外部环境的影响，从该剖面上可以明显看出砂泥互层，且研究发现每一个砂泥韵律代表一个 20ka 的岁差周期，5 个岁差周期组成一个短偏心率 100ka 周期。

时间序列分析法是利用数学方法对古环境古气候替代数据进行定量分析。目前该方法已成为天文旋回分析中的主流方法，也是旋回地层学由定性向定量发展的必然方向。相对于岩性直接识别法，该方法突破了仅依靠岩性与岩相变化识别天文旋回的限制，将旋回地层分析拓展到了更多的数据类型，包括地球化学数据（同位素、主量元素含量、微量元素含量、元素比值等）、地球物理数据（磁化率、GR 测井、电阻率测井等）、古生物数据（生物丰度，生物灭绝速度等）。

频谱分析是时间序列分析过程中的关键一步，其将时间序列在深度域/时间域转换为频率域，通过在频谱中寻找符合天文信号周期比的频谱峰，进而判断地层中是否记录了天文旋回信号。传统的频谱分析方法包括多窗谱分析法（multitaper method of spectral analysis，MTM）、周期图谱法（periodogram analysis）、最大熵谱估计法（maximum entropy spectral estimation，MESE）、自相关法（Blackman-Turkey，B-T）等（房强，2015）。为了进一步了解时间序列的频谱特征随着时间（深度）的变化，连续滑动窗口的频谱分析（evolutive harmonic analysis，EHA）与小波变换（wavelet analysis）发展起来（Thomson，1982；Torrence and Compo，1998）。虽然这些方法能够展示出时间序列中可能存在的旋回周期信号，但却无法确定这些周期与理论天文周期间的对应关系。为了提升缺少绝对年龄约束地层中米兰科维奇旋回识别的准确度，利用频谱图可以直接估算沉积速率，相关系数法（evolutionary correlation coefficient，COCO 或 ECOCO）、时间尺度优化法（time scale optimization，timeopt）等最优化方法被提出（Meyers，2015；Meyers and Sageman，2007；Meyers，2008，2018）。交叉谱分析（coherency and cross-phase analysis）能够计算两个序列间各周期的相关性与相位关系，常被用来评估天文调谐结果与相位关系分析（Huybers 等，2009）。

三、天文旋回研究应用

Hemmo A. Abels 等（2011）以高分辨率色素数据作为替代指标，对马德里盆地中新世沉积地层进行高频旋回研究发现，长偏心率周期的驱动可能在大陆盆地充填中发挥了显著的控制作用。Hinnov（2013）系统总结了旋回地层的发展历史及各地质历史时期的古气候天文旋回理论在海相、陆相及湖相沉积地层中的广泛应用，概括了能够响应天文轨道周期的沉积记录参数在不同历史时期的变化，以及天文轨道因素驱动在古气候变化、沉积环境演变、生物群落的更替与演化等方面的科学意义。J. Fred Read 等（2020）使用来自新西兰北岛陆相塔拉纳基盆地的上渐新世伽马测井曲线，使用最小调谐方法调谐去趋势伽马测井曲线，计算该区的沉积速率，结合前人研究的生物地层学、Laskar 2004 天文轨道解决方案、大西洋 ODP 站点 1264 $\delta^{18}O$ 记录，将浮动时间标尺与绝对时间标尺联系起来，该研究指导了新西兰的气候模型，并预测在未来 100 年里随着气候变暖，降水量将普遍增加。

田军等（2005a，2005b）利用$\delta^{18}O$、$\delta^{13}C$、磁化率、色率、自然伽马等古气候替代性指标对ODP184航次和1143站和1148站位岩心进行旋回地层学研究，成功地建立了南海约23Ma（早中新世）以来的天文年代标尺。赵庆乐等（2010）利用磁化率数据对华南地区陡山沱组上部地层进行旋回地层分析，识别出天文轨道周期的沉积信号，根据陡山沱组四段顶部的同位素绝对年龄（551Ma），推断出陡二段与陡三段界限的年龄约为585.2Ma；陡三段与陡四段界限的年龄约为557.2Ma。黄春菊（2014）系统介绍了天文旋回的基础理论，结合研究实例总结了中生代以来旋回地层学及天文年代学的研究现状，认为405ka的偏心率在中生代以来地层中最为稳定。黄春菊等（2010，2014，2017，2018）基于四川、贵州等地陆相地层剖面三叠纪建立高分辨率天文年代标尺，确定了须家河组年龄界限，实现了四川盆地和北美纽瓦克盆地晚三叠世高精度年代对比工作。吴怀春等（2009，2012，2013，2018）通过对中国白垩纪、二叠纪乐平世—中三叠世以及石炭纪展开系统的旋回地层学研究，认为在海湖相沉积地层中米兰科维奇旋回周期显著存在，并建立了高精度的天文年代地层格架。石巨业等（2019）通过对渤海湾盆地沙河街组高精度磁化率数据进行天文旋回计算，得到了樊页1井高精度天文年代标尺。冯斌等（2019）通过结合米兰科维奇旋回理论、天文地层学、古海洋、古气候等多门学科，分析等深流强度受米氏旋回的影响，周期约为0.1Ma。

综上所述，在旋回地层学方面，大量的米兰科维奇旋回信号已经在显生宙地层中识别出来。目前新生代的天文地质年代表已经被引入地质年代表中，中生代、古生代的天文年代标尺正在有序开展，甚至前寒武纪的天文年代标尺工作也在全球不同地区有序进行开展。

思考题

1. 旋回层序地层学与成因层序地层学的区别与联系有哪些？
2. 旋回层序地层学的提出源自哪个盆地，有何特点？
3. 基准线变化和沉积趋势变化有何内涵？
4. 6种沉积趋势的显著变化是什么？为何能在沉积记录中得到许多性质不同、可以识别的界面，进而用来进行层序地层分析？
5. 旋回层序地层学提出的层序界面有哪些类型？
6. 如何理解成因层序地层界应该有较低的穿时性，或者是时间界限？
7. 成因层序地层学理论应用中可能面临的问题有哪些？
8. 天文旋回地层学与旋回地层学的区别与联系有哪些？
9. 天文旋回地层学应用有何发展前景？
10. 目前新生代的天文地质年代表已经被引入地质年代表中，对于中生代、古生代的天文年代标尺建立有何意义？

拓展阅读资料

[1] Zhang C, Zhang S, Wei W, et al. Sedimentary filling and sequence structure dominated by T-R cycles of the Nenjiang Formation in the Songliao Basin [J]. Earth Sciences, 2014, 57 (2): 279-296.

[2] Lü M, Chen K, Xue L, et al. High-resolution transgressive-regressive sequence stratigraphy of chang 8 member of yanchang formation in southwestern Ordos Basin, Northern China [J]. Journal of Earth Science, 2010, 21 (4): 423-438.

[3] Liu Z, Yin P, Xiong Y, et al. Quaternary transgressive and regressive depositional sequences in the East China Sea [J]. Chinese Science Bulletin, 2003, 48 (1): 81-87.
[4] Wei J, Liao N, Yu Y. Triassic Transgressive-regressive sequences in Guizhou-Guangxi Region, South China [J]. Journal of China University of Geosciences, 1996 (1): 112-121.
[5] 毛家仁. 贵阳乌当上古生界的海侵—海退层序 [J]. 现代地质, 2005 (1): 119-126.
[6] 徐文, 刘鹏程, 于占海, 等. 苏里格气田召 30 区块高分辨率层序地层旋回划分与对比方法 [J]. 西安石油大学学报 (自然科学版), 2020, 35 (1): 28-33+41.
[7] 吴怀春, 张世红, 冯庆来, 等. 旋回地层学理论基础、研究进展和展望 [J]. 地球科学 (中国地质大学学报), 2011, 36 (3): 409-428.
[8] 张金川, 陈建文. 米兰柯维奇理论与地层旋回 [J]. 海洋地质动态, 1996 (8): 7-9.

第五章 高分辨率层序地层学

起源于被动大陆边缘海相盆地的经典层序地层学特别强调海平面相对周期性变化对地层层序样式的重要影响，并通过建立以不整合面为界的年代地层格架，将具有成因联系的地层单元进行进一步的细分。经典层序地层学充分考虑了全球海平面升降变化、沉积物供给、构造沉降以及气候等控制因素对地层层序的形成和分布造成的影响。然而，该方法并不能放之四海而皆准。若沉积不受海平面升降控制，或者海平面升降无法形成可识别的不整合界面，经典层序地层的应用就受到了限制和影响。同时，石油地质学、煤田地质学等相关学科的发展，要求层序地层学能够提供更为全面、更为系统、更为精确的年代地层格架。在这种背景下，高分辨率层序地层学分析理论和方法技术便应运而生了。

高分辨率层序地层学［high resolution sequence stratigraphy，有人译为高精度层序地层学（林畅松，2000a）］是层序地层学的一个重要分支，可分为“传统”高分辨率层序地层学和“现代”高分辨率层序地层学。

“传统”高分辨率层序地层学的形成始于 Jervey（1988），Posamentier 等（1993a）和 Wagoner 等（1990）的研究。他们提出“可容空间”“相对海平面变化”“强制性海退”等概念，层序地层格架的建立依赖于精细的露头、岩心和测井资料的垂向分析和横向对比，识别出高级别海（湖）平面或沉积基准面变化产生的沉积间断面、相突变面及海泛面或湖泛面。这些研究成果的出现提高了层序和沉积体系域的划分精度。如 Wangoner 等（1990）利用露头、岩心和测井资料建立的三级层序比 Vail 早期利用地震资料划分的三级层序精度更高。Brown 等（1995）和 Plint（1996）进行了四级层序的划分对比研究。所以说“传统”高分辨率层序地层学的提出，对精细层序划分及沉积体系域分析具有重要作用。近年来，此方面成果大量涌现。虽然“传统”高分辨率层序地层学对于提高层序的研究精度等具有重要作用，但其理论体系与层序地层学的理论体系大体一致，所以不能构成一个独立的理论体系，它的出现只能说是对层序地层学理论的补充完善。

“现代”高分辨率层序地层学是由科罗拉多矿业学院 Cross（1994a）提出，其核心内容为：在基准面变化过程中，由于可容空间和沉积物补给通量比值的变化，相同沉积体系域或相域中发生沉积物的体积分配作用，导致沉积物的保存程度、地层堆积样式、相序、相带类型及岩石结构和相组合类型发生变化。Cross 认为，基准面是理解地层层序成因并进行地层划分的主要控制因素。Cross 提出的高分辨率层序地层学运用全新的概念和理论体系，以地面露头、岩心、测井和高分辨率地震资料为基础，对地层进行精细层序划分和对比。所谓“高分辨率”，是指对不同层次的地层基准面旋回划分和对比的高精度时间分辨率，也就是说高分辨率的时间—地层单元既可以用于油气田勘探阶段长时间尺度的地层单元划分和等时对比，也可以用于油气田开发阶段的短时间尺度，如砂层组、砂层和单砂体等地层单元的划分和等时对比。

一般而言，高分辨率层序地层学就是指“现代”高分辨率层序地层学，其问世后立即得到学术界有识之士的高度重视。成因地层研究小组在对浅海环境沉积层序进行分析研究的基础上提出的利用*A/S*（accommodation/sediment supply）和基准面旋回进行地层对比的方法（Cross，1991，1993，1994，1997），为我们进行地层精细对比提供了新思路。

自该理论引入国内后，受到了我国石油地质工作者的重视（邓宏文，1995）。他们开展了多方面的研究工作，应用资料涉及露头、地震、岩心和测井，应用领域涵盖了石油勘探与开发（邓宏文等，1996；郑荣才等，2000a，2000b，2001）。不同学者的研究侧重点不同，但总的来看，其应用大多局限于依据该理论进行储层的精细对比，尽管也做了一些储层非均质性方面的研究工作，但还不够系统和完善，而对于该理论的基本原理和方法的研究以及据此进行剩余油预测的研究等目前才刚刚起步。

高分辨率层序地层对比技术包括两个方面。一方面是适用于盆地范围的地层对比技术，主要用于勘探阶段的地层分析和盆地模拟，利用露头、钻井、测井、地震、地层古生物、地球化学等多种资料综合分析。另一方面则是适用于油藏规模的储层对比技术，主要依靠岩心和测井资料完成开发阶段的储层表征和储层的精细对比。因为储层岩性、几何形态、连续性及岩石物理特征等是在沉积物堆积过程中产生的，精确的地层对比可以在四维空间中对这些特征有更清楚的认识，高分辨率地层对比是识别储层非均质性的有效方法。另外，具有时间意义的地层界面通常与流体流动单元的岩石物理面相一致，可通过精细地层对比，准确划分流动单元。随着时间分辨率的提高，对地层形态和规模、相的位置和岩石物理特征的预测也就更加精确。

从目前研究来看，高分辨率层序地层学的发展具有以下几个特点：

（1）由“粗放型”勘探应用向“集约型”开发应用发展，注重地层精细划分对比；

（2）由储层空间展布的预测向储层非均质性研究方向发展；

（3）由储层地层对比预测到剩余油分布预测的综合研究；

（4）由定性的地层分析到定量的地层形成过程模拟的发展（Tipper，2000）。

随着高分辨率层序地层学理论的不断发展和完善，加之其他沉积型矿产资源（如煤、河道沉积型铀矿、金矿）勘探的需要，高分辨率层序地层学研究应用范围不断扩展，关于高分辨率层序地层学煤田勘探、沉积层控金属矿产资源勘探方面的研究成果不断涌现。

第一节　高分辨率层序地层学的理论基础

层序界面是层序地层分析的基础和关键。传统层序地层学依据层序界面，关于层序的划分方案存在三种观点：第一种观点以 Exxon 公司为代表，以地表不整合或与该不整合可以对比的整合界面为层序的界面；第二种观点以 Galloway 为代表，这一观点基本上继承和发展了 Frazier 的思想，采用最大洪泛面作为层序确定的界面；Johnson 等人持第三种观点，强调以地表不整合或海侵冲刷不整合为界面的海侵—海退旋回层序。以上三种层序的共同特点是强调海平面的变化控制了层序成因和沉积相带的展布特征。科罗拉多矿业学院 Cross 领导的成因地层组倡导层序形成不只是受控于海平面变化，而是受海平面、构造沉降、沉积负荷补偿、沉积物补给、沉积地形等综合因素制约的地层基准面升降过程控制，基准面是理解地层层序成因并进行层序划分的主要格架，它是高分辨率层序地层学的核心，高分辨率层序地层学的其他原理（如体积分配、相分异等）都是以基准面原理为基础的。

一、地层基准面原理

（一）基准面的概念及其发展

在地质学领域，基准面（base level）概念已被广泛应用。所谓“基准”，有“标准”或“参照”之意，可以理解为最基本的参考面。基准面以及可容空间的概念对于理解和描述盆地形成和沉积物堆积的沉积动态响应过程非常重要。

在基准面升降过程中，产生了成因上有联系的地层单元（或叫层序），这些地层单元以具有时间意义的界面或与之相对应的地层为界面。因此，通过识别这些层序，可以提高地层对比的等时性。在地层记录中，沉积物要保存下来，需要基准面之下沉积物的积累。基准面的概念实际上揭示了地质时间是如何被以岩石或地层界面的形式记录于地层序列中，描述了可容空间是如何被充填、未填满或填满的过程。

基准面的概念在层序地层研究中广泛应用，但却一直存在着争议。基准面的概念、发展历程、应用及存在问题和发展趋势总结如下。

1. 基准面概念

基准面概念最早由 Powell（1875）提出，用于地貌学研究中，指的是陆上侵蚀作用的下限，海平面是总的基准面（或最终的基准面），但也有局部或暂时的基准面。Rice（1897）首次将基准面应用于地层学，用来代表沉积和剥蚀之间的均衡状态［Davis（1902）和 Wheeler（1964）］。Barrell（1917）保留了 Rice 的平衡状态的观点，提出基准面在地表上下波动，是控制可供沉积物堆积空间（Jervey，1988，称为可容空间）的最根本因素。Barrell 同时应用基准面穿越旋回将地层序列分为由时间界面包裹的地层单元，即现在的“层序”。

Barrell（1917）提出地层序列记录了基准面在地表上的穿越旋回。Barrell 认为在一个地理位置沉积的地层在时间上与另一地理位置的不整合面相等“一个不整合所代表的时间，在别的地方可能表现为一个地层组的沉积”。他指出基准面波动期形成的地层记录可自然地划分为基准面上升期和下降期两部分。他认为这一自然划分是应用地层的物理特征（如几何形态、接触关系等，而不是用古生物等资料）进行地层对比的基础。

Barrell 认为不整合在时间上与一些连续的地层单元相等，这些地层可与不整合相对比。Barrell 的贡献在于，他认为在基准面旋回期间，沉积剖面上有些位置的沉积物堆积没有明显的地层中断，代表基准面升降时间的地层旋回是对地层记录的自然划分，这些地层旋回可用于地层对比。

Barrell 的观点一开始影响很大，但随后明显减小。Barrell 关于基准面的定义、地层旋回是地层记录的自然划分以及基于物理标准（如形态、接触关系等）的地层对比等思想一开始被广泛接受，与他同时代的研究者吸收或共享了许多他的思想。但关于地层旋回是基准面旋回期沉积物堆积的产物的明确论述，在 Barrell 之后的年代里就没有出现现过，并且连将沉积物堆积时间同基准面或基准面旋回联系起来的陈述都很少见，直到 1959 年 D. A. Busch 重新提出这一概念。在 Barrell 之后，大多数地层对比工作是基于古生物标准进行的，而不是地层的物理标准（指地层形态、接触关系等）。只有 Wanless 和 Weller 在 1932 年提议过，基于物理标准的地层对比或许可行：“如果这一假定在一个沉积盆地内成立，各种岩性韵律层是广泛分布的，这种新的对比方法就可利用，就是利用一些关键层，不是用动物群或植物群，而是基于一系列韵律层。”实际上 Barrell 及其同时代的少数研究除在 20 世纪早期形成了一定的影响外，后来基本上影响不大。

Busch 于 1959 年重新提出地层旋回是基准面旋回期沉积物堆积的记录这一概念。他用“成因层序”这一术语定义在所有有联系的沉积环境中一个完整基准面旋回期沉积的地层单元。这是继 Barrell 之后，首次明确认识到在沉积剖面上识别整个基准面旋回期内所有沉积、无沉积和侵蚀位置的重要性。一个成因层序是一个进积/加积的地层单元，包含了可容空间增减旋回期堆积的沉积物（图 5-1）。一个成因层序的半旋回界面出现于基准面由升—降的转换点。在不同地理位置，这些转换点或表现为地层不整合界面，或表现为整合的地层，这些地层记录了可容空间增加→减少或减少→增加的单向转换过程。一个成因层序内的垂向相序服从 Walter 相律，成因层序界面与地层不整合面一致。整个基准面旋回既包含岩石记录，也包含了沉积间断面记录。通过分析记录了 A/S 这一比值增减变化的沉积学和地层学特征，基准面旋回可以客观地识别出来。

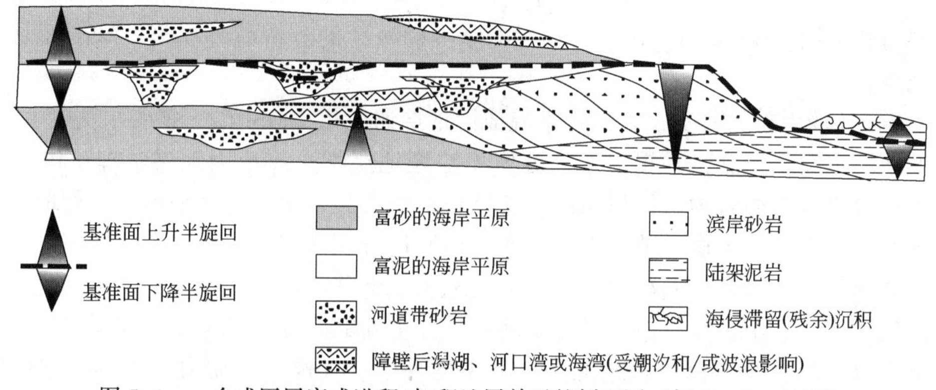

图 5-1　一个成因层序或进积/加积地层单元的剖面图（据 Busch，1959）

Barrell 关于地层可自然划分为记录了多级次基准面升降变化的地层旋回的概念，在其后近半个世纪没有受到挑战，也没有得到修改和广泛应用，除了少数地貌学研究者对基准面术语的含义、意义和应用有过一些争论。

Barrell 之后，Wheeler 首先对基准面概念作了修改，并应用于地层分析中。Wheeler（1957，1958，1959，1964a，1964b）对基准面是控制力量的观点提出异议，在总结了几个广泛应用于地貌学的基准面概念之间的差别之后，引入了一个不同于以往、更严格精确、更适合于地层分析的基准面概念，一般称为地层基准面。Wheeler 视基准面为抽象的（非物质的）、并非水平的、波动的连续面，相对于地表上升和下降，基准面描述的是在物质和能量通过时间域被保存下来的可容空间结构里，沉积物沉积和被侵蚀搬运之间的一个平衡状态。基准面可用于描述在哪里、什么时间沉积物在岩石圈表面被搬运，可用来解释调节沉积物搬运、沉积或侵蚀之间的能量平衡。而沉积物搬运、沉积或侵蚀则是由可容空间时空变化造成的。Wheeler 的基准面概念提供了一个独立于任何控制因素、规模、沉积环境和地表过程的参考格架。当基准面上升时，基准面同向海倾斜的地表的相交位置就向上游（陆）移动，基准面之下沉积物可堆积的地表面积随着增加，陆相环境中沉积物保存能力也随之增加；当基准面下降时，情况相反。

Wheeler 认为地层基准面既不是海平面，不是其向陆的水平延伸，也不是一个地貌平衡剖面。Wheeler 认为基准面是某一位置处搬运走物质需要能量和沉积保存下来需要能量间的平衡状态。地层基准面是那些生成和减少可容空间以及可容空间里带沉积物来和搬运沉积物走的各种过程之间相互作用的一个描述器（descriptor）。虽然没有明确说明，但实际上 Wheeler 定义基准面为一等势能面，这个面描述的是要使地表上下运动至一个面、沉积物供应和可容空间达到平衡的位置所需的能量。由于基准面描述的是生成可容空间的作用和在地表上分布物质的作用之间的平衡，因此可据地层中记录了 *A/S* 比值变化的一些沉积学和地层学特征来解释基准面变化。

Sloss（1962）认为基准面是一个在其上沉积物颗粒无法停留，而在其下可能发生沉积与埋藏作用的界面。Sloss（1963）和 Wheeler（1959）将基准面概念应用于区域克拉通地层对比。后来，Exxon 公司的科学家（Posamentier 等，1988a，1988b）将基准面应用于地震地层学和层序地层学研究。Sloss 和 Exxon 公司的科学家将 Barrell 的基准面概念作为可容空间变化的控制因素。Exxon 公司的科学家（Posamentier 等，1988a，1988b）所公布的观点是：基准面是一个地表上的地貌剖面，在海相环境中同波基面一致。此外，在这一观点中，地层仅将地质时间记录为沉积或无沉积。由于将海平面视为控制因素，因此这一基准面概念并不适合于非海相地层。Schumm（1993）通过对基准面概念的分析就曾提出过基准面是有效海平面的观点。

以 Cross 教授为首的科罗拉多矿物学院成因地层研究组（GSRG）继承并发展了 Wheeler 地层基准面的定义和概念，并提出了高分辨率层序地层学这一成因地层学理论体系。Cross 明确提出：可将基准面看为一等势能面，它反映了地表与力求其达到平衡的各种地质过程间的不平衡程度。要达到平衡，地表则需要不断地通过沉积或侵蚀作用改变其形态，并向靠近基准面的方向运动。因此，基准面反映了迫使地表上下移动至平衡位置的所需能量，在平衡位置处，地形梯度、沉积物供应和可容空间是相互平衡的。控制基准面的地质过程变量有沉积地形、海（湖）平面升降、盆地沉降、沉积物补给、气候、水动力条件等，它们的变化均可能导致基准面的变化。地球处于不断演化之中，各种地质因素不断变化，错综复杂。因此，基准面处于不断的运动中，当基准面位于地表之上并相对于地表不断上升时，可容空间增大，可容空间内沉积物堆积的潜在速度增加，尽管实际速度还与沉积物搬运过程有关。在基准面旋回变化过程中，由于可容空间与沉积物补给通量比值（*A/S*）的变化，相同沉积体系域或相域中发生沉积物的体积分配作用，导致沉积物的保存程度、地层堆积样式、相序、相类型及岩石结构发生变化，这些变化是在基准面旋回中所处的位置和可容空间的函数。该理论经邓宏文教授（1995）引入我国后，在我国陆相盆地储层预测研究中发挥了重要的作用，极大地提高了陆相盆地的储层预测精度。

2. 基准面的早期应用

1875 年，Powell 提出了基准面这一概念，指地貌学背景中陆地地形侵蚀的下限面。Powell 指出“我们可以将海平面看作一个总的基准面，在其下，陆地不会被剥蚀。但是出于局部或暂时目的，我们也可以有其他的基准面，如可以是主水流的河床……我所称的基准面实际上是一个假想的面，整体向主流方向下游倾斜，在不同方向由于支流所决定而倾斜有所不同”。

Davis 总结了 1902 年以前定义的基准面，有不下 10 种，例如：（1）海岸处海平面；（2）海面之上不太高处的一个水平面；（3）一个假想的发育着成熟或老年河道的倾斜表面；（4）地表能被河流所改造到的一个最低的斜坡；（5）一条河流能缓慢到达的一种状态；

（6）一种河流无法在继续侵蚀或侵蚀与沉积之间达到平衡的状态；（7）河流发育历史中的一个特定阶段，此时河流的垂向下切作用趋于停止，并且斜面大致呈抛物线状；（8）一个侵蚀平原；（9）夷平作用的最终状态；（10）一种假想的数学平面。Davis（1902）认为基准面是一个进行着正常陆上侵蚀作用的假想水平面，称成熟或老年河流的这种平衡状态为“递降（grade）”，并命名此时的地理表面为“准平原”或“均夷平原”。Davis 提出，基准面应当严格被限定于 Powell 的地貌学概念，即基准面是一个侵蚀终极面。Davis 拒绝将基准面作为沉积和侵蚀间平衡状态的观点。在 Davis 的观点中，基准面是一个控制面。如果基准面在地表之上，沉积物将堆积至基准面；如果基准面在地表之下，物质将被向下侵蚀搬运直至达到基准面。Davis 指出“递降不是一个面而是一个状态，它不能与侵蚀的下限面混淆，递降状态由此发展而来，这个面就叫基准面”。基准面是沉积和侵蚀之间平衡状态还是一个物理控制面成为争论的主题。这一争论是地层学工作者在理解地层记录时在层序地层学体系和方法上产生差异的根源。

作为地层学系统中的平衡状态（Rice，1897），基准面描述的是沉积、侵蚀和无沉积发生的时空域。而作为一个二维物理面（Davis，1902），基准面有长和宽，但是在地层记录中无时间意义。这些观点的分歧，反映了同地层系统相联系的时空参考系统的差异：一方面，基准面被视为一个状态；而另一方面，在地貌学系统中基准面被视为一个实际存在的物理面。

3. 基准面概念在地层学中的应用

基准面概念被以许多不同的方式应用于地层分析。基准面概念的差异，导致了研究如何根据岩石记录来再塑时间及如何对比岩石的地层学理论体系的差异。Rice（1897）首次将基准面概念应用于地层学，并增加了很重要的概念，即基准面是沉积和侵蚀之间的平衡状态（Davis，1902；Wheeler，1958）。对 Wheeler 来说，基准面是一个抽象的、假想的、没有固有动力的面，但可以分成不连续的空间能量状态。对 Barrell 来说，基准面是控制何时何地发生沉积的根本原因，侵蚀和沉积随时去平衡可容空间的生成和消失。相比之下，Wheeler 的基准面概念描述的是可容空间新增和减少之间的平衡以及沉积物供应或搬运的能量状况。Wheeler 认为可容空间内沉积物的特征和形态不仅取决于可容空间变化的速率，而且取决于沉积物搬运的速率，这两种过程都在一个基准面穿越旋回中记录下来。

基准面的位置和运动方向只能根据在时间域它与地表的关系来构想。基准面必须据地表上时空域内沉积和侵蚀历史以及其他指示可容空间增减的因素来定义。Wheeler 主张基准面不能等同于海平面，并且不受环境影响，这与 Barrell 的解释不同。Barrell 的基准面概念常被用于经典层序地层基准面的应用中。而 Wheeler 的基准面概念被发展并应用于 Cross 创立的高分辨率层序地层学理论中。

Wheele 认为如果将基准面放置于一个空间、物质和能量被保存下来的地层系统中，它就可被看作是一个动态的面，相对于这个面，地表则通过岩石圈表面沉积物的搬运以一定速率运动（图 5-2）。通过增加沉积物搬运速率的概念，假定基准面是能量的平衡状态，Wheele 将基准面解释为一个潜在的能量梯度，地表通过时空域搬运物质的地面过程而相对于它运动。这样，时间被以基准面升降旋回的形式记录于地层中。

在基准面升降过程中，便产生了成因上有联系的地层单元或叫层序，这些地层单元以具时间意义的面或与之相对应的地层为界面。因此通过识别这些层序，可以提高地层对比的等时性。在地层记录中沉积物要保存下来，需要基准面之下沉积物的积累。基准面的概念实际

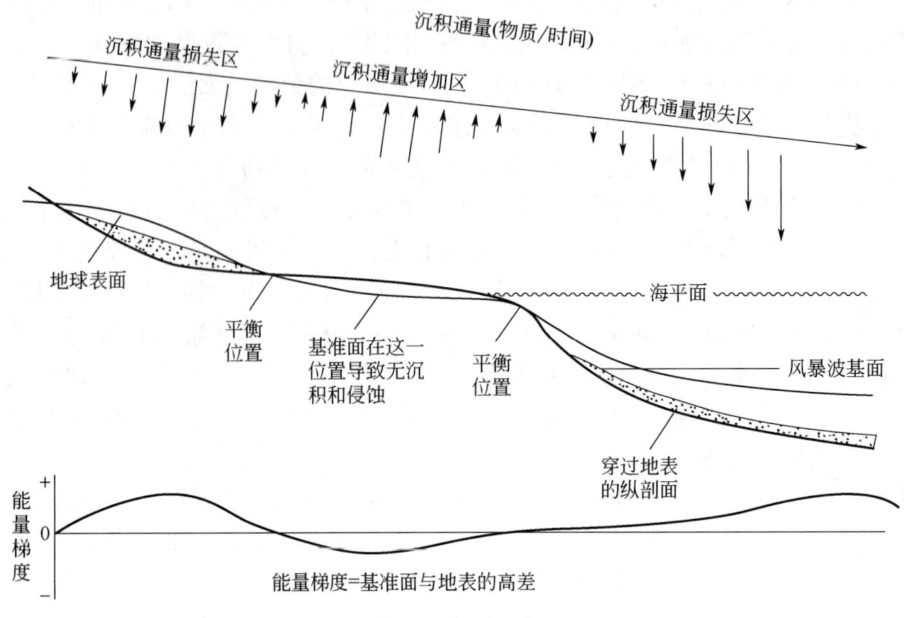

图 5-2　基准面概念示意图（据 Cross，1994b）

上揭示了地质时间是如何被以岩石或地层界面的形式记录于地层序列中，描述了可容空间是如何被充填、未填满或填满的过程。

4. 基准面概念的发展

纵观过去 100 多年间基准面发展和应用的历史，地质学中的基准面概念主要可归纳为三类，即侵蚀基准面、沉积基准面和地层基准面（图 5-3）。

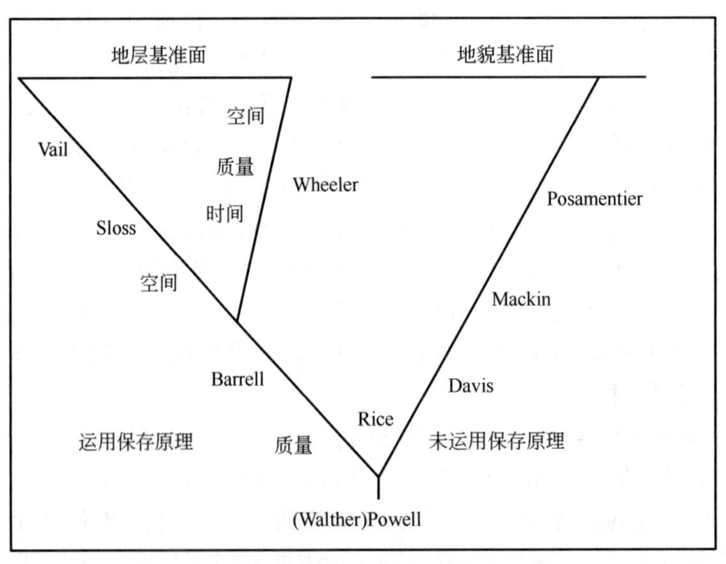

图 5-3　基准面概念演化及应用（据 Cross 等，1998）

侵蚀基准面指地貌上的平衡剖面。侵蚀基准面作为陆地上的风化剥蚀作用到达终极状态时的临界面，一般认为其相当于平均海平面及海平面在水平方向上的向陆地延伸面。理论上讲，海洋是沉积作用的最终场所，在地表营力作用下发生的削高填低地质作用，最终会达到终结状态——夷平地表填平海盆，因此海平面自然被看作是最终夷平面。

沉积基准面指沉积作用的临界面，是一个颗粒在其上无法停留，而在其下发生沉积与埋藏作用的界面（Sloss，1962）。沉积基准面作为一个抽象的动态平衡面，在此面之上，沉积物不稳定，不发生沉积作用而是发生侵蚀作用；在此面之下，沉积物会发生沉积作用；在此面附近，沉积物既不发生沉积作用，也不发生侵蚀作用。沉积基准面的变化直接导致了沉积物的堆积和剥蚀，特定的沉积岩相以及岩相组合均与基准面的变化相联系（王龙樟等，1998）。在横向上，基准面的变化导致可容空间和沉积补给通量的重新调整，其比值（*A/S*）的变化与基准面的变化相联系。当基准面下降时，原沉积物遭受剥蚀或水下沉积物表面水动力强，保存下来的是不整合界面或整一的不连续面，界面之上可能有滞留沉积或突变的沉积物保存。基准面上升时，沉积物源供给渐显不足，形成非补偿和补偿沉积，可能出现短暂而范围广泛的过境表面，并促使基准面上的沉积物开始重新分配。也就是说，沉积基准面的变化及其可容空间变化控制着地层的结构和沉积特征。

地层基准面主要应用在层序地层学研究中，主要有两种基本不同概念，一种由 Barrell 提出，另一种由 Wheeler 提出。如前所述，Barrell（1917）首次将基准面概念应用于地层学，Wheeler 后来作了重要修改。Barrell 的基准面概念被 Sloss（1963）所用，后来被 Vail 等（1977）和他在 Exxon 公司的同事普及。Barrell-Sloss-Vail 的方法最终极大地影响并指导了层序地层学中基准面的概念。然而，通过探讨发现，地层序列中地质时间的分布用 Wheeler 的基准面来解释显得更为合理和精确。

基准面为如何将地质时间记录于地层的过程（主要以基准面穿越旋回的形式）概念化提供了一个方便而必要的途径。这些基准面升降旋回是不同相和环境进行对比的基础。Wheeler 的基准面概念与 Barrell 的概念相比，更为全面和精确，他在 Barrell 基准面的概念上增加了能量平衡的概念，能量平衡记录的是基准面波动过程中侵蚀和沉积过程间、可容空间的增加和减少之间的平衡，而基准面可以在地表之上、之下和与地面相交。尽管 Wheeler 的基准面概念更完善一些，但 Barrell 的基准面概念在层序地层学中的应用仍很广泛，尤其是在经典层序地层学中。

对基准面发展过程讨论的目的在于准确掌握基准面概念，因为它是层序地层学中重要的理论基础，也是不同层序地层学流派产生差异的理论根源。相较而言，Wheeler 对基准面的定义较为科学合理。Wheeler（1964b）定义基准面为一抽象的（假想的）、非水平的、相对于地表随调整可容空间的增减的沉积物供应与搬运能量比值的变化（由构造和海平面变化造成的）而不断波动的面。基准面可在地表之上、之下或与地表相交，形成三种可能的时空域，这三种时空域概括了地表上所有可能的基准面形态。这三种形态决定了地质时间如何、在哪里被以地层或侵蚀和无沉积作用面记录下来。

从大量文献来看，关于层序地层学中基准面的概念主要存在以下几方面的争议：

（1）基准面是物理面还是非物理面。在 Powell（1875）提出基准面之初，就指出“我所称的基准面实际上是应当是一个假想中的面”。Rice（1897）认为基准面是一个沉积和侵蚀间的平衡状态（condition）。Davis（1902）认为基准面是一个物理面，有长和宽。Barrell 在海相环境中定义基准面为波基面，Sloss 和 Exxon 公司的科学家沿袭了这一观点。Schumm（1993）就曾提出过基准面是有效海平面。而 Cross 和 Wheeler 认为基准面是一个抽象的势能面，不是海平面或湖平面等真实物理面。而在实际应用当中，人们常将基准面看作是海洋环境中的海平面和陆地中的湖平面等具体的物理面。

（2）基准面是否是可容空间的根本控制因素。Barrell（1917）提出基准面是控制可供沉积物堆积空间的最根本因素。Sloss 和 Exxon 公司的科学家继承了 Barrell 的这一观点。Wheele 和 Cross 则对基准面是控制力量的观点提出异议，认为基准面是抽象的，描述的是沉积物堆积和被搬运走之间的一个平衡状态。实际上基准面不是可容空间的根本控制因素，可容空间的最根本控制应素应该是构造沉降、沉积物供给、海（湖）平面变化、气候及沉积地形等。这些因素通过影响基准面的形态位置及升降变化而控制着可容空间的大小及形态的变化。

（3）基准面是静态的还是动态的。早期地貌学研究中的基准面，指地貌学上的平衡剖面或侵蚀基准面，即基准面是侵蚀作用的终极状态，因此往往被理解为是相对静态的。而地层学研究中的基准面，不管是 Barrell、Sloss 和 Exxon 公司的科学家将基准面看作是物理面的观点，还是 Wheele 和 Cross 认为基准面是抽象面的观点，学者们比较统一的认识是：相对于地表，基准面是动态变化的。

（4）基准面是一个平面还是曲面。有的学者将基准面等同于海平面和湖平面或与之对应的波基面，实际上，就是认为基准面是一个平面。而 Wheele 和 Cross 认为基准面是相对地表上下波动起伏的曲面，应当是一个三维曲面。

基准面概念是理解如何将地层记录还原为地质历史时间的基础。实际上，基准面还反映了地层（或沉积物）的保存趋势。地层序列中，在基准面上升或下降至转换点（自然极限）过程中，地层的保存趋势被记录为渐变的单向变化趋势。基准面的运动其实反映了岩石圈表面沉积体系纵剖面（主要指沉积水动力递降方向）上产生沉积通量的能量的变化。地表沉积物的搬运受控于构造运动、地形、海平面升降、气候和沉积物供应等因素。基准面穿越地表运动形成的沉积物移动（搬运）是对各种频率和数量的主要控制因素的总的响应，即基准面是对各种因素的一个总的反映，是一个总的平衡状态。因此，基准面独立于任何变化因素（如海平面变化），因为它是一个总的响应，在时空域是唯一的。也就是说，在任意时刻，基准面只有一个，其形状是唯一的。

科罗拉多矿物学院的 Cross 教授，继承并发展了 Wheeler 的地层基准面定义和概念，提出了高分辨率层序地层学的理论体系。这一理论的提出，将层序地层学研究推向了一个新的高潮。它以 Wheeler 的地层基准面原理为核心，通过可容空间、体积分配、相分异原理和成因对比法则，最终解决地层的等时成因对比。该理论自引入中国后已得到广泛应用，取得了丰硕的成果。

（二）基准面的影响因素

自从基准面的概念和理论提出以后，关于基准面的影响因素问题一直是研究者讨论的重点。Cross（1991）提出的高分辨率层序地层学理论的核心就是基准面原理，高分辨率层序地层对比就是基准面旋回的识别划分和对比，而要识别划分基准面旋回，就必须先搞清楚造成基准面旋回性升降变化的控制因素，这样才能从根本上掌握基准面旋回识别划分与对比的精髓。此外，基准面的旋回性变化也是有级次的，如短期旋回、中期旋回、长期旋回等。不同级次的基准面旋回，其影响因素不同，在实际研究中不同级次的基准面旋回如何去区分，实际上也应该从基准面的影响因素分析入手。从大量文献来看，学者们普遍认可的基准面变化的主要影响因素有构造作用、气候、沉积物供给、海（湖）平面变化、沉积水动力及沉积地形。

1. 构造作用对基准面的影响

构造作用是陆相层序及其基本特征形成最主要的控制因素，解习农等（1996a，1996b）认为陆相盆地层序的形成主要受控于区域构造事件。构造作用对基准面的影响主要表现在两个方面。

（1）构造作用影响基准面的形态和基准面旋回层序内的沉积物特征。构造作用决定了古地理格局，因此决定了基准面的形态以及物源区和沉积区在空间上的展布。构造运动是形成盆地基本格局的最主要动力。陆相盆地具有近物源、多物源和快速充填等特征就是由构造作用决定的，而盆地内部古地理格局则控制了沉积区内沉积体系的类型和分布。我国陆相盆地可分为陆相断陷盆地、陆相坳陷盆地和陆相前陆盆地三种基本类型（顾家裕等，2005），不同类型的盆地，其构造格局、构造运动方式、盆地结构类型、形态、盆地边界的形态（如陡缓程度、有无坡折）等情况不同，因此基准面形态也各不相同，层序发育和沉积体系发育特征不同。陆相断陷盆地，如渤海湾盆地、二连盆地等，断裂发育，地形坡度大，近物源，以各种规模相对较小的扇形砂体发育为特色，主要有三角洲、扇三角洲、浊积扇（湖底扇）、冲积扇等砂体（郭少斌，2006）；陆相坳陷盆地沉积地形平缓、面积大，以大型三角洲砂体广泛发育为特色，如鄂尔多斯盆地就发育大型三角洲沉积体系；陆相前陆盆地物源主要来自逆冲造山带，围绕山前带形成一系列厚度大、分布面积不等的扇形沉积，而且在冲断活动的不同时期，发育的沉积体系不同（赵文智等，2006）。

（2）构造作用影响基准面旋回性变化。构造的幕式变化引起沉积可容空间的变化，导致沉积物发生沉积和搬运侵蚀间关系的不断交错变化，使沉积作用具有旋回性，从而控制了较大规模基准面旋回层序和层序界面的形成以及沉积体系的演变。当沉积格局处于一个相对稳定平衡状态时，即基准面处于某一相对稳定状态时，构造的抬升沉降，打破了这种状态，形成新的基准面，产生新的可容空间，沉积物则力求达到新的平衡，发生侵蚀和填充；当达到或在力求达到新的平衡的过程中，构造作用又发生变化，又形成新的基准面，则沉积物又要去达到新的平衡。如此反复，构造的幕式运动变化造成基准面的升降变化，沉积物总是通过侵蚀搬运和沉积作用来调整去达到新的平衡稳定状态，这样便产生了沉积记录的旋回性，也产生了基准面旋回层序（图 5-4）。郑荣才等（2001）根据来自 3 个湖盆的 ESR 年龄测定资料对各级次旋回时限分布范围的统计发现，在同一或不同陆相盆地的低频长周期旋回主要受构造作用控制。郭建华（1998）对东濮断陷湖盆沙三段的 T-R 旋回研究也得出相似的结论，在其划分的 3 个 T-R 旋回中，低频长周期的三级 T-R 旋回时限为 1. 03~2. 75Ma，主要受构造幕式性强弱变化活动控制。

陆相盆地构造运动强烈，具有很强的分割性。如我国东部断陷盆地形成早期，拉张作用造成软流圈上拱而具裂陷性质，晚期因热流扩散岩石圈冷却收缩而具有坳陷性质。盆地的拉张裂陷时期盆缘同生正断层事件是构造运动的主要形式，是一个不连续的、多旋回的幕式沉降过程（林畅松等，2004）。断层的幕式活动造成断块基底沉降的阶段性及至可容空间的周期性变化。断层幕式活动的规模、幅度和强度则控制着可容空间的变化速率。边界控盆断裂幕式活动形成长期地层旋回，期间产生的次级幕式活动形成次一级的地层旋回，由此导致断陷盆地充填地层的多级次性旋回特征。因此，构造作用是影响我国陆相地层基准面的最基本的因素。

彩图 5-4

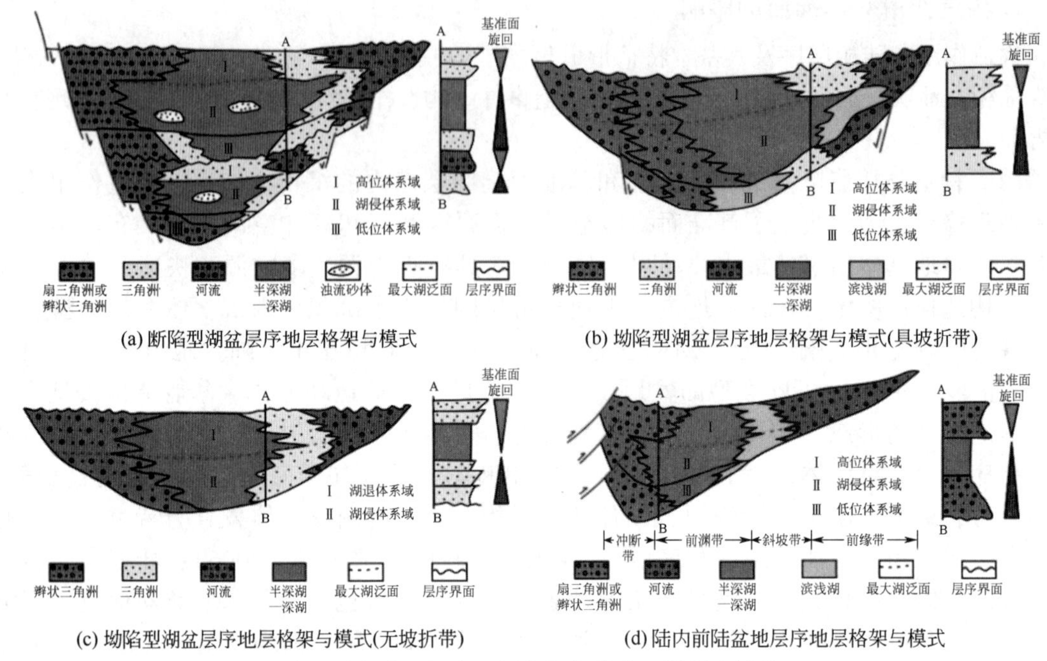

(a) 断陷型湖盆层序地层格架与模式

(b) 坳陷型湖盆层序地层格架与模式(具坡折带)

(c) 坳陷型湖盆层序地层格架与模式(无坡折带)

(d) 陆内前陆盆地层序地层格架与模式

图 5-4　中国陆相盆地层序地层格架与模式（据顾家裕等，2005）

2. 气候对基准面的影响

（1）气候变化首先影响基准面变化过程中的沉积类型。气候对母岩风化作用方式和产物类型、沉积搬运方式等都有影响，从而影响沉积物的类型。如干旱气候条件下，母岩以物理风化为主，风化产物以碎屑物质为主，在间歇性的洪水期则形成冲积扇、扇三角洲等类型沉积；在潮湿气候条件下，母岩以化学风化为主，形成的沉积物中泥岩比例比干旱气候背景高。

（2）气候变化影响沉积搬运的沉积水动力条件。气候的干旱与潮湿，直接影响着降水量和地表水蒸发量，从而影响搬运物质的沉积水动力条件。沉积水动力条件的改变，必然造成对地表侵蚀和搬运沉积物能力的变化，最终影响基准面的变化。如干旱和潮湿气候条件下，地表水系对地表的侵蚀能力不同，基准面相对于地表的位置就不同。因为基准面是沉积和侵蚀间的平衡状态，基准面必然会因地表水系侵蚀能力的不同而不同。

（3）气候周期性变化会影响湖平面变化，从而影响基准面的形态，造成基准面的旋回性变化，形成旋回性层序。贾承造等（2002）认为气候变化是高频层序的主控因素。高频气候变化旋回（4~6 级以下的气候旋回）的动力学机制是地球旋转产生的偏心率变化，其表现形式为米兰科维奇气候旋回，2~3 级的气候旋回的动力学机制与海平面升降相同，而 3 级以下低频层序是构造、低频气候旋回等因素的沉积响应。郑荣才等（2001）根据来自 3 个湖盆的 ESR 年龄测定资料对各级次旋回时限分布范围的统计发现，在同一或不同陆相盆地的高频短周期旋回主要受天文因素引起的气候因素的影响。此外，陆相湖盆水体规模小，气候微小变化就可以引起强烈的湖平面变化，几厘米厚的地层就可能记录了深水到浅水的环境变化（汪品先，1991）。郭建华（1998）对东濮断陷湖盆沙三段的 T-R 旋回研究得出以下结论，在其划分的 3 个 T-R 旋回中，高频短周期的 4 级和 5 级 T-R 旋回的时限分别为 0. 26Ma 和 0. 094Ma，分别受偏心率长周期和黄赤交角（岁差长周期）周期控制，即受气候旋回变化的影响。这足以说明气候旋回与层序的密切关系。

3. 沉积物供给对基准面的影响

沉积物供给是发生沉积作用最根本的物质条件，也是影响地层基准面的一个重要因素。沉积物供给主要从以下几个方面影响地层基准面。

（1）沉积物供给影响可容空间。沉积物供给量和速率的变化，决定了沉积物充填可容空间的速率，因此必然影响基准面相对于不断变化的地表的形态。沉积物供应的速率影响着可容空间被充填的多少和部位。沉积物供应与可容空间的平衡控制着沉积相带是向海推进，还是向陆退覆。胡小强等（2006）通过研究认为，万安盆地不同时期的物源供应影响着盆地内有效可容空间位置的迁移，供应的速率影响着可容空间被充填的多少和部位，其与可容空间变化之间的平衡关系（*A/S* 比值）控制着沉积相带的叠置方式。

（2）沉积物供给通过影响湖平面影响基准面形态和层序发育。与海盆相比，陆相湖盆体积小，且相对近物源，沉积物的供给速率相对较高，沉积物供给对湖平面的变化影响较大（张世奇等，2001）。郭彦如（2004）在对银额盆地查干断陷闭流湖盆层序的控制因素与形成机理研究时，就认识到沉积物供应对层序发育的影响。一般而言，在物源供给速率大于可容空间增加速率时，常可形成进积式的准层序组，构成湖退体系域、低位体系域或高位体系域；沉积物供给速率相当于或低于可容空间的增加速率时，则可形成加积式的准层序组和退积式的准层序组，形成湖侵体系域（顾家裕等，2004）。

（3）沉积物供给影响沉积地形，从而影响基准面形态和层序发育。王颖等（2005）通过对松辽盆地西部坡折带的成因演化及其对地层分布模式的控制作用研究，认为松辽盆地西部发育套堡—双岗高位坡折带和红岗—海坨子低位坡折带两级坡折带。早期两级坡折带都受到基底断裂的影响。而后期发育过程中套堡—双岗高位坡折带层序充填的主控因素为物源方向和侵蚀力，红岗—海坨子低位坡折带则主要受沉积物供应和差异压实作用的影响。在层序充填过程中，沉积物供给导致地形的高差变化，进而控制了低位体系域的发育范围和沉积体系的展布。

当然，沉积物供给是通过与其他因素的相互作用共同对基准面和层序发育产生影响的。同时，沉积物供给速率本身也受到构造和气候、地形等因素的影响。

4. 海（湖）平面对基准面的影响

在海相环境中，海平面是影响基准面的一个重要因素。以 Vail 层序地层理论为基础的经典层序地层学派认为海平面是层序发育的主要控制因素，甚至将海平面或波基面视为海相环境的基准面（Vail 等，1977）。在陆相环境中，湖平面就类似于海相中的海平面，是基准面和层序的一个主要影响因素。

海盆或湖盆是地表水流的最终汇集场所，而海盆或湖盆的边缘地带是由地表水流携带的沉积物的最主要沉积场所。虽然海（湖）平面不等同于基准面，但是海（湖）平面的变化对基准面和基准面旋回层序有着重要影响。

（1）海（湖）平面的位置影响基准面的位置。其实基准面概念中最核心的一点就是基准面是沉积物沉积和搬运间的一个平衡状态。海（湖）平面边缘及以下的空间是主要的沉积物卸载和堆积场所，海（湖）平面的位置直接影响着基准面的位置。从 Wheeler 的基准面图解中就可以明显看出，基准面的位置就是参考海（湖）平面构想出来的。因此，海（湖）平面的位置及其升降变化，必然直接影响基准面的位置和形态。当海（湖）平面上升时，基准面上升；当海（湖）平面下降时，基准面下降（图5-5）。

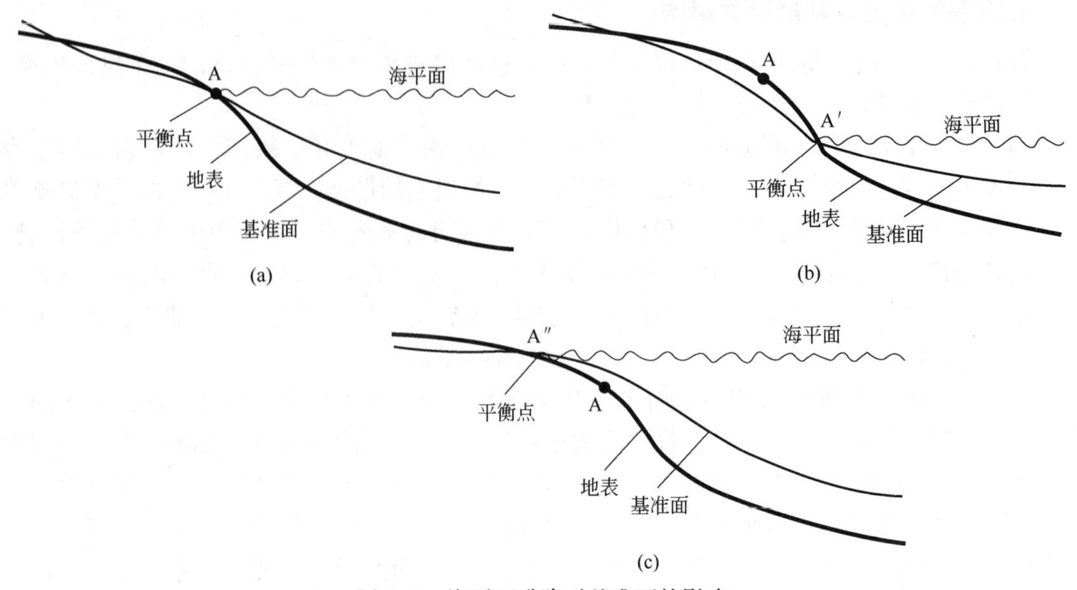

图5-5　海平面升降对基准面的影响

（2）海（湖）平面的旋回性升降变化产生基准面旋回变化及层序。当海（湖）平面进行周期性升降变化时，必然会对基准面产生影响，造成基准面的旋回性变化，形成基准面旋回层序。当海（湖）平面发生一定规模的下降时，发生进积，沉积物向海（湖）推进；当海（湖）平面发生一定规模的上升时，沉积物向陆地方向退积。当海（湖）平面发生周期性的上升下降时，则沉积物发生周期性的退积和进积，形成旋回性层序（图5-6）。陈国俊等（1999）研究了新疆阿克苏—巴楚地区寒武—奥陶纪海平面变化与旋回层序的形成，认为塔里木盆地寒武—奥陶纪的频繁海侵与海退形成了该区以台地碳酸盐岩为主的旋回层序。

彩图5-6

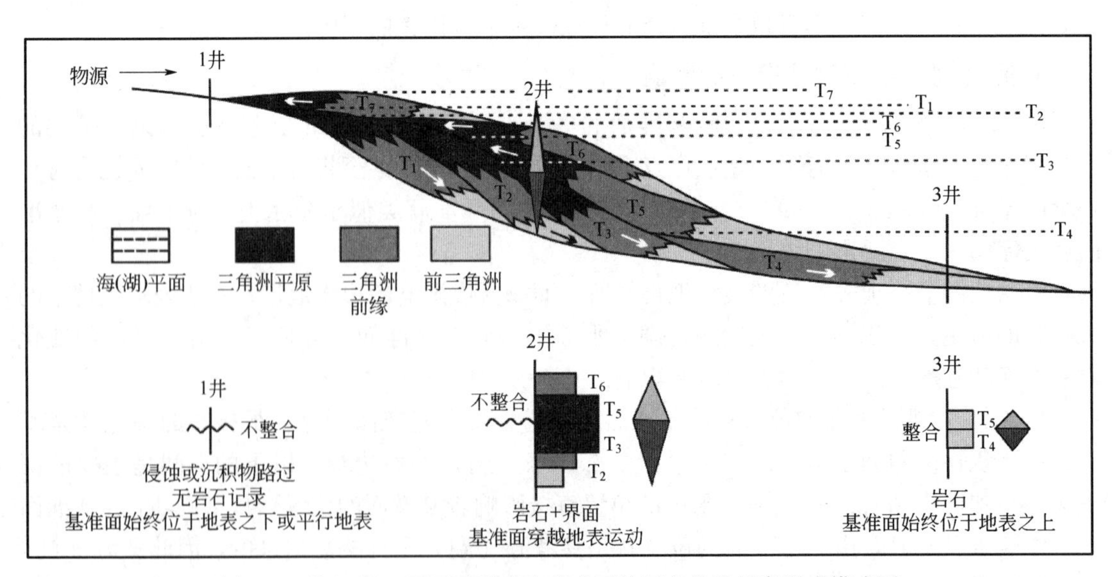

图5-6　海（湖）平面升降产生基准面旋回变化及层序形成模式图

5. 沉积水动力对基准面的影响

Juan（1998）认为水流强度的周期性强弱变化就足以形成层序。因此沉积水动力条件对基准面的影响不可忽视。笔者认为，沉积水动力条件的变化，才是基准面变化最根本和最直接的动力。构造、气候、海（湖）平面及沉积地形等因素，在本质上是通过影响沉积水动力条件而对基准面产生影响的。沉积水动力对基准面的影响主要表现在以下几个方面。

（1）沉积水动力强弱对基准面的影响。基准面定义中一项很重要的内容就是基准面是沉积和侵蚀间的一个平衡状态。在地表遭受侵蚀的区域，基准面处于地表之下，此时的基准面实际上就是 Powell（1875）、Davis（1902）等所指的侵蚀作用的下限面。而当沉积水动力强弱不同时，搬运水流对地表侵蚀作用的强度就不同，地表最终被剥蚀的厚度就不同，那么也就是说在该区域，基准面处于地表之下距地表的高差不同，即基准面的位置和形态不同。沉积水动力越强，则基准面在地表之下越远离地表；沉积水动力越弱，则基准面在地表之下距地表越近（图 5-7）。因此，沉积水动力的大小对基准面的位置和形态有着不可忽视的影响。

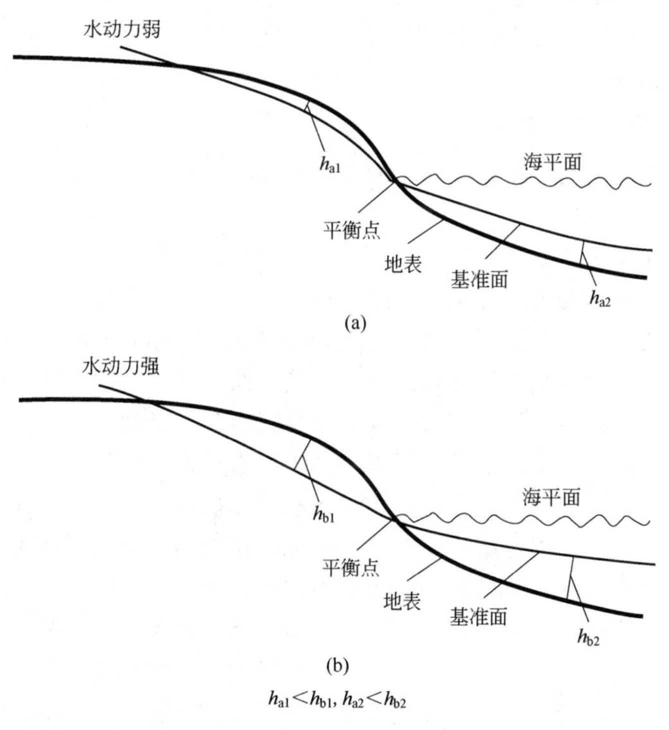

$h_{a1}<h_{b1}$, $h_{a2}<h_{b2}$

图 5-7　沉积水动力强弱对基准面的影响

（2）特殊沉积水动力条件的存在对基准面的影响。在海洋环境中，在深水环境中往往发育等深流、内波内潮汐等海洋沉积水动力，而在深水环境中发生再搬运和沉积作用，形成等深岩丘和内波内潮汐沉积（高振中，1995；罗顺社，2002；何幼斌，1997）。而基准面定义中一项重要的内容就是基准面是沉积和侵蚀间的一个平衡状态，在深水环境中发生了沉积物的再搬运和沉积作用，那么必然在此过程中有一个基准面存在，这个基准面必然有一部分处于地表之上，这样才会有再搬运作用的发生，也必然还有一部分基准面位于地表之下，这样才能发生沉积，形成那些等深岩丘和内波内潮汐沉积。

（3）沉积水动力影响沉积物供应及类型。沉积水动力对沉积物供应及沉积物类型的影响不难理解，当沉积水动力强时，水流对地表的侵蚀作用就强，搬运沉积物的能力也强，搬运沉积物的量就大，粒度就粗，因此沉积物供应量就大，沉积物类型就相对较粗。而沉积水动力弱时，侵蚀作用就弱，搬运能量也小，沉积物供应量就相对小且沉积物类型相对要细。因此沉积水动力会影响基准面变化过程中沉积物的供给和沉积物的类型。

（4）沉积水动力的周期性变化可引起基准面的旋回性变化。由构造、气候等造成的沉积水动力强弱的周期性变化，会造成沉积物供应的周期性变化，从而造成沉积作用的旋回性，最终导致基准面的旋回性变化。如在我国西部干旱地区，季节性的洪水会在山前形成多期冲积扇沉积的叠加，形成沉积的旋回性，这种沉积的旋回性实际上也反映了基准面的旋回性变化。

一般在分析层序形成和基准面的主要影响因素时，很少分析古沉积水动力条件的影响。而笔者认为，沉积水动力条件对基准面的影响作用不可忽视。沉积水动力条件是沉积物搬运和沉积的一种重要动力，绝大部分沉积物的搬运和沉积是靠沉积水动力来完成的。沉积水动力类型不同，如河流、波浪、潮汐、等深流、内波内潮汐等，形成的沉积物的类型、特点不同；而沉积水动力的周期变化则会造成基准面的变化。因此，在进行层序研究时，古沉积水动力条件的分析，不容忽视。

6. 沉积地形对基准面的影响

基准面在地表上下波动，沉积地形中的坡折及隆起的有无、地形的陡缓等因素都会影响基准面的形态，从而影响层序的构成及沉积体系的发育。

（1）沉积地形影响基准面的形态和位置。沉积地形的陡缓，会影响基准面的形态和位置。在具有较缓沉积地形的沉积环境中，搬运沉积物的流水系统由于重力势能差异小，沉积水动力条件相对就弱一些，搬运沉积物和对地表的侵蚀冲刷能力就弱。由于基准面是沉积和侵蚀间的平衡状态，当基准面位于地表之下时，基准面可以理解为侵蚀作用的下限。因此地形缓，沉积水动力相对较弱，地表能被侵蚀的厚度就薄，处于地表之下的那部分基准面相对于地表的高差就小。此外，由于沉积地形平缓，沉积水动力条件相对弱，在沉积区沉积下来的沉积物的量就少，加之地形缓沉积盆地边缘浅水域面积就大，可容空间就小，因此位于地表之上的基准面距地表的高差也就小。在具有较陡沉积地形的沉积环境中，搬运沉积物的流水系统在重力势能作用下就具有较强的搬运能力，对地表的侵蚀能力强，地表能被侵蚀的厚度就厚，处于地表之下的那部分基准面相对于地表的高差就大。对于基准面位于地表之上区域，可容空间就大，能够沉积的沉积物的量多，厚度大，因此基准面在地表之上的高度就大（图 5-8）。地形中坡折的存在，实际上是增加了局部地形的坡度，因此也必然影响到可容空间的分布和形态，从而影响基准面的形态和位置。此外，隆起或低洼沟、槽等地形的存在，也会影响基准面的形态和位置。

（2）沉积地形可影响海（湖）岸线的升降速率，从而影响基准面的变化速率。对于洋盆或湖盆，沉积地形的陡缓，对海（湖）岸线的相对变化速率有着明显的影响。对于盆地边缘较陡的盆地，当水体上升或下降一定高度时，相对来说岸线相对于地表迁移较慢，虽然水体深度变化的绝对值较大，但对岸线迁移影响却相对不大，因此对沉积体系迁移的位移相对不大，基准面变化就不明显；而对于盆地边缘较缓的盆地，水体的深度只要发生较小的变化，就会有大范围的陆地被淹或大面积的水下陆地暴露于水上，沉积体系发生较大距离的迁

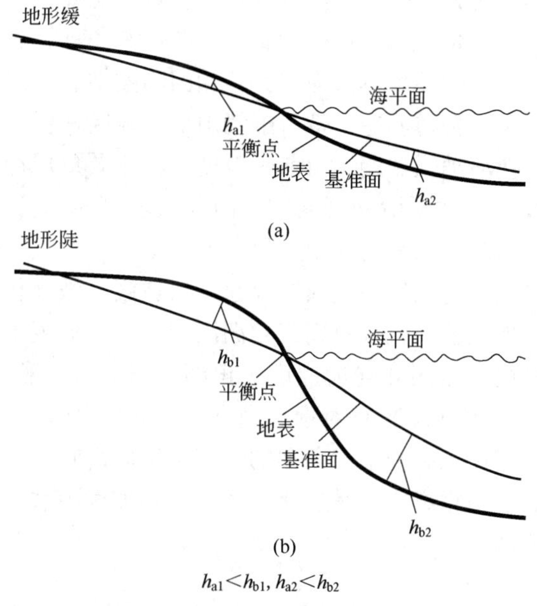

$h_{a1}<h_{b1}, h_{a2}<h_{b2}$

图 5-8　地形陡缓对基准面的影响

移，基准面就会发生很明显的变化（图 5-9）。因此，比较而言，盆地边缘地形陡缓的差别，必然会影响海（湖）平面相对地表位置变化幅度和频率的差异，从而影响基准面的变化。

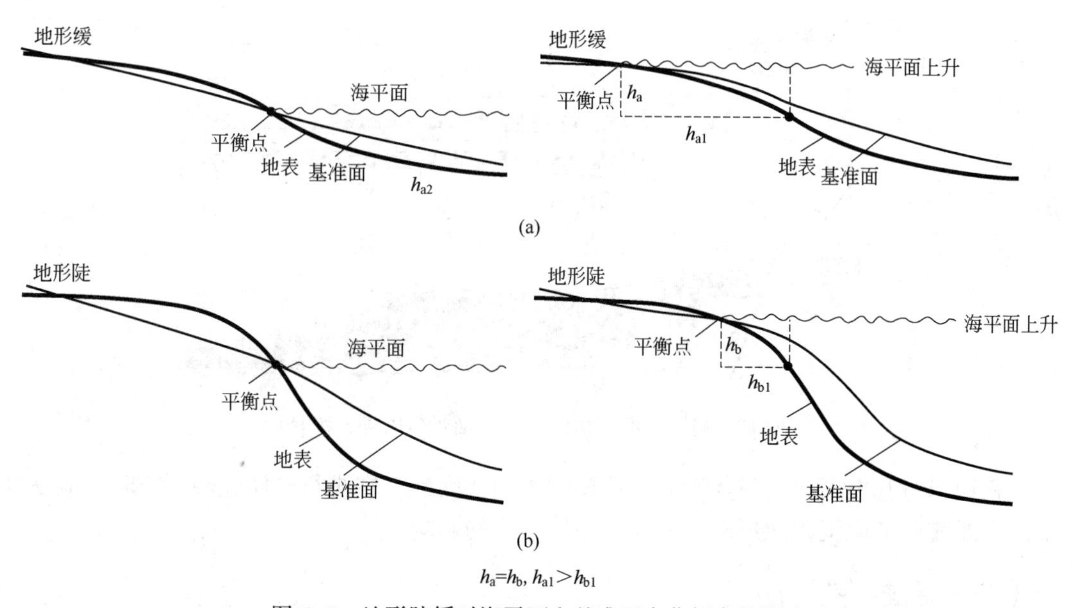

$h_a=h_b, h_{a1}>h_{b1}$

图 5-9　地形陡缓对海平面和基准面变化幅度的影响

（3）沉积地形影响沉积体系的类型及分布。沉积地形不同，基准面偏离地表的位移不同，在地表上下分布的范围也不同。由于基准面决定可容空间的大小，因此在一定的等沉积物供应条件下，在可容空间内沉积的沉积物的量就不同，沉积物的分布和特征也不同。沉积地形的陡缓，对沉积体系类型、分布影响明显。如盆地类型不同，沉积地形陡缓不同，发育沉积体系类型及特征不同。陆相断陷型盆地，如渤海湾盆地、二连盆地等，断裂发育，地形陡，近物源，以各种规模相对较小的扇形砂体发育为特点，主要有三角洲、扇三角洲、浊积扇（湖底扇）、冲积扇等沉积体系；陆相坳陷盆地，如鄂尔多斯盆地、松辽盆地等，沉积地形平缓、面积大，以大型三角洲沉积体系为主；陆相前陆盆地，如川西前陆盆地、准噶尔西北缘前陆盆地等，物源主要来自逆冲造山带，围绕山前带较陡一侧形成一系列厚度大、面积不等的扇形沉积体，在冲断活动强烈期，山前带坡度大，主要形成冲积扇、扇三角洲，在洼陷区深陷期可形成湖底扇。在冲断活动衰弱期，山前带坡度相对变缓，主要形成辫状河沉积。川西上三叠统、准噶尔西北缘和南缘中生代、库车中—新生代等陆相前陆盆地，基本都是这种特点。而在前陆盆地近克拉通一侧前缘隆起的斜坡区，坡度相对较小，本身缺少大规模水系输入，主要发育滩坝沉积。就仅对扇三角洲沉积而言，坡度不同，扇三角洲的特征不同（图 5-10），如缓坡型扇三角洲和陡坡型扇三角洲在形态和沉积物特征上就有明显差别（张昌民等，2004）。张春生等（2000）对扇三角洲形成过程及演变规律进行了水槽试验模拟，发现入湖坡度的大小直接控制着扇三角洲的形态及扇面辫状河道的延伸距离，入湖坡度的大小与扇面辫状河道的延伸距离之间呈反比关系，入湖坡度由大变小的过程，也是扇三角洲由舌状向鸟足状演化的过程。

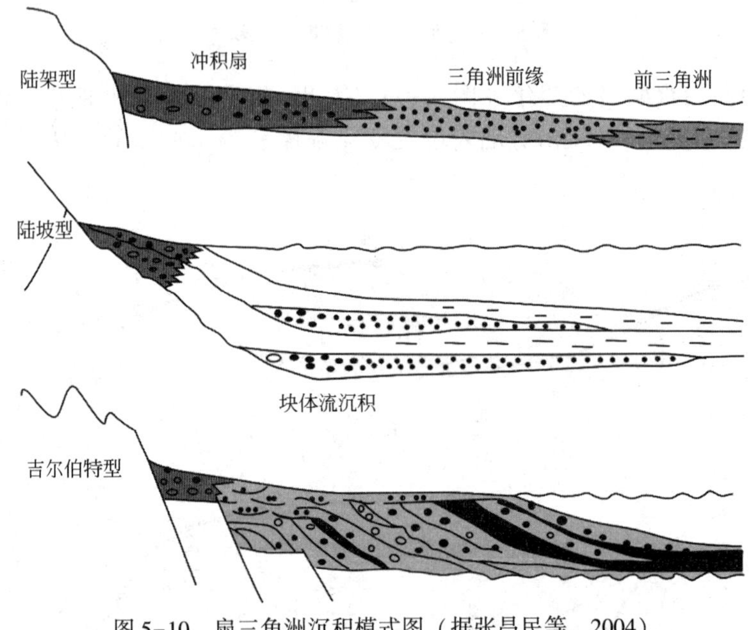

图 5-10　扇三角洲沉积模式图（据张昌民等，2004）

沉积地形对基准面和沉积体系有着重要的影响，因此，在进行层序地层研究时，应恢复古地形，要充分考虑沉积地形对基准面及地层层序的影响。

（三）基准面的运动

基准面的变化，以地层（岩石+界面）的形式记录下来，虽不能说基准面是地层形成及演化的控制因素（因为基准面只是假想的等势面），但基准面实际上是对各种影响地层形成作用的总和的一个反映，是各种影响地层形成作用的总和的描述符或代名词，因此可以说基准面间接地控制着地层的形成及演化，基准面的变化影响着地层的叠加样式及分布模式等。在层序地层学研究中，基准面的运动常用基准面上升和基准面下降来描述。笔者认为这样的描述实际上还不够准确，不能反映地层的真实客观成因。因为在实际研究当中用基准面上升和下降来描述基准面的运动，有时是指相对地表某一点基准面在垂直方向的上升和下降的运动，而有时又指从一定范围来看，基准面相对于地表，在向陆方向的运动（基准面上升）或向海（湖）盆方向的运动（基准面下降）。此外，从目前国内外关于地层基准面的研究成果来看，关于应用基准面的理论对自旋回和异旋回的成因作出的合理解释还存在问题和争论。笔者认为，要应用基准面的理论合理解释地层旋回的成因及自旋回和异旋回成因问题，只能从基准面的运动方式入手来分析。而研究基准面的运动方式，应该从以下两个方面来分析。

1. 基准面相对于地表的垂向运动

相对于地表某一点，基准面的运动方式一般用上升和下降来描述。但是，其具体的运动可细分为三种情况，即基准面在地表某点之上、之下波动及基准面穿越地表的运动。

当基准面在地表之下时，地表处于侵蚀状态，此时基准面也有着上升和下降的波动，但始终位于地表之下，基准面的波动反映了侵蚀能力强弱的变化，或者说反映了侵蚀下限面的变化。在地层记录中，基准面在地表之下的波动被以不整合面的形式记录于地层中，此种基准面运动方式发生于剥蚀区（图 5-6 的 1 井）。

当基准面在地表之上波动时，该点处可以接受沉积物的沉积，但沉积物沉积的速率、量和类型会随基准面在地表之上的波动而不同。当基准面上升时，基准面距地表距离越大，可容空间越大，一般沉积物有粒度变细、相类型多样化、物性变差的趋势；当基准面下降时，基准面距地表越近，可容空间变小，一般沉积物则有粒度变粗、相类型单一化、物性变好的趋势。当基准面在地表之上作周期性上升下降变化时，则形成沉积的旋回性变回。依据这些旋回性沉积变化，则反过来可从沉积记录中识别该处基准面的旋回性变化。这种基准面运动的最大特点是始终在地表之上变化，因此没有不整合面发育，基准面的升降变化形成的层序的界面就不是不整合面，而是相转换面（图 5-6 的 3 井）。

当基准面穿越地表进行波动时，则由不整合面和沉积物记录于地层中，基准面的周期性变化形成的层序则以不整合为界面（图 5-6 的 2 井）。

在实际的研究中，研究某一单井的基准面旋回层序划分及基准面变化情况实际上就是在研究相对地表一点基准面的垂向运动历史（图 5-6）。

2. 基准面相对于地表在水平方向的运动

基准面相对于地表在水平方向的运动方式，与传统认识有所不同，这里笔者提出一个二维波动的概念。当基准面在垂直方向相对地表上升和下降时，从水平方向来看，基准面既有沿物源方向向陆或向海（湖）方向的纵向移动，同时也有垂直于物源方向的横向摆动，这就是基准面在水平方向相对地表的二维波动概念。基准面向陆或向海（湖）方向的纵向移动，导致沉积体系发生退积或进积，形成响应的旋回层序，长期（三级）以上级别旋回层序主要就是基准面在物源方向运动的结果。基准面在物源方向的运动是由构造运动、海（湖）平面的变化、气候、沉积物供给等因素造成的，形成的层序往往分布范围大，容易对比。基准面沿物源方向向陆或向海（湖）方向的纵向移动，可通过在物源方向地层的接触关系及相序变化来识别，地层的上超或下超可反映出沉积体系的进积或退积，从而反映出基准面相对地表的变化，而大的相序的变化也可反映出沉积体系的进积或退积，从而反映基准面的变化。如陆相环境地层叠置于海相或湖相环境地层之上，反映沉积体系的进积和基准面在物源方向的下降；相反，海（或湖）相环境地层叠置于陆相环境地层之上，则反映沉积体系的退积和基准面相对地表在物源方向的上升。再如，通过识别三角洲三个亚相的叠置关系，也可判别沉积体系的叠加样式，进而识别基准面相对于地表在物源方向移动［图 5-11(b)、图 5-12］。在基准面沿物源方向向陆或向海（湖）方向的纵向移动的同时，或在物源方向运动相对稳定时期，由于局部水动力条件或沉积地形的变化，还造成基准面在垂直物源方向还有着横向的摆动，形成大到三角洲体、三角洲朵叶体的侧向迁移［图 5-11(c)］，小到河道、水下分流河道的侧向迁移改道［图 5-11(d)、图 5-13］，甚至到层系、层理、纹层的侧向迁移，也可形成垂向的岩性旋回及层序，这种旋回层序的成因与沉积体系在物源方向的进积、退积形成的旋回层序成因是不同的，常被称为自旋回（黄彦庆等，2006；周丽清等，1999；王嗣敏等，2004；李继红，2002；孟万斌等，2000）。这种层序往往分布范围有限，横向变化复杂，难以对比，基准面的横向摆动多由水动力条件和地形的变化而造成基准面在局部相对较短时间范围的横向移动。

彩图 5-11

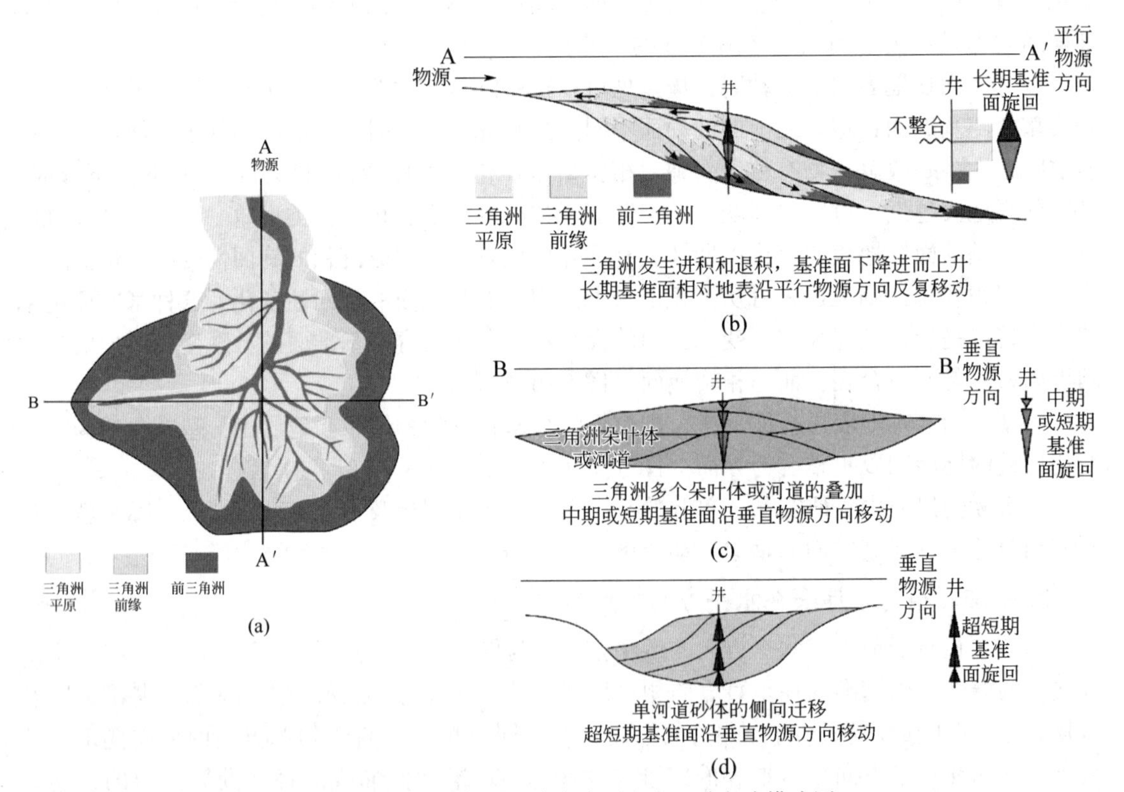

图 5-11　基准面相对地表在水平方向运动方式模式图

以上分析表明，基准面的运动方式实际上是三维运动的方式，即基准面在相对于地表上下波动的同时（垂直方向），从水平方向来看，基准面既有沿物源方向的移动，表现为沉积体系的进积退积，也有垂直物源方向的移动，表现为沉积体的侧向迁移。

（四）地层基准面原理

Cross 等吸收并发展完善了 Wheeler 提出的基准面的概念，通过分析基准面旋回与成因

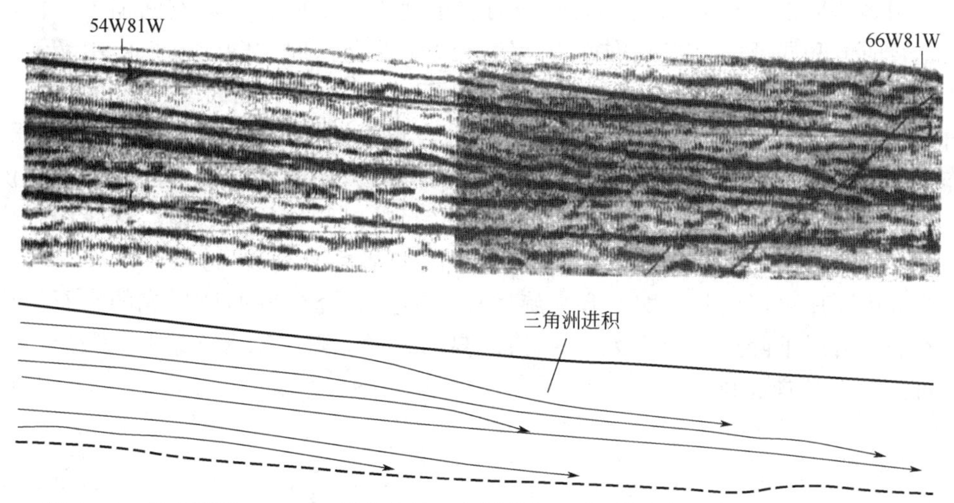

图 5-12　渤中凹陷 61W81W 测线上的三角洲进积地震反射特征（据邓宏文等，2002）

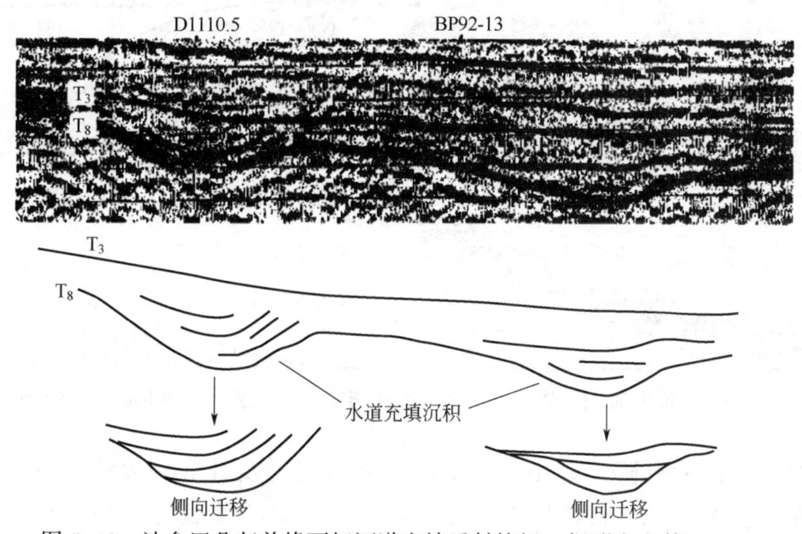

图 5-13　沙垒田凸起前缘下切河道充填反射特征（据邓宏文等，2002）

层序形成的过程关系，认为地层基准面既不是海平面，也不是相当于海平面的一个向陆方向延伸的水平面，而是一个相对于地球表面波状起伏的、横向摆动的、连续的、略向盆地方向下倾的抽象面（而非物理面），其位置、运动方向及升降幅度不断随时间而发生变化（图 5-2）。基准面的变化具有总是向其幅度的最大值或最小值单向移动，由此构成一个完整的上升与下降旋回。基准面的一个上升与下降旋回称为一个基准面旋回。如果以地球地表面为参考面考查基准面的运动，基准面可以完全在地表之上，或地表之下摆动，也可以穿越地表之上摆动到地表之下再返回，基准面这种穿越地表过程构成了基准面穿越旋回（base level transit cycle）。在地球表面不同位置，同时间域内形成的基准面旋回具等时性，在一个基准面升降变化过程中（可理解为时间域）保存下来的岩石，即一个时间域内的成因地层单元，即是成因层序，成因层序以时间面为界面，因而为一个时间地层单元。从图 5-2 可以看出，在基准面相对于地表的波状升降过程中，引起沉积物可容空间的变化。当基准面位于地表之上时，提供了沉积物可堆积的空间，发生沉积作用，此时，任何侵蚀作用均是局部的或暂时的。当基准面位于地表之下时，可容空间消失，任何沉积作用均是暂时的和局部的。当基准面与地表一致（重合）时，既无沉积作用又无侵蚀作用发生，沉积物仅仅路过（sediment bypass）而已。因而在基准面变化的时间域内（注意，时间是连续的），在地表的不同地理位置上表现为四种地质作用状态，即沉积作用、侵蚀作用、沉积物路过时产生的非沉积作用及沉积物非补偿（可容空间、沉积物供给增量比值即 $\Delta A/\Delta S \to \infty$）产生的饥饿性沉积作用乃至非沉积作用。在地层记录中，代表基准面旋回变化的时间—空间事件表现为岩石+界面（间断面或整一界面）（图 5-14）。因此，一个成因层序可以由基准面上升半旋回和基准面下降半旋回所形成的岩石组成，也可由基准面上升或下降过程中所保留的岩石+界面组成。其深刻含义绝非一般层序地层学中的“准层序”所能正确反映的。

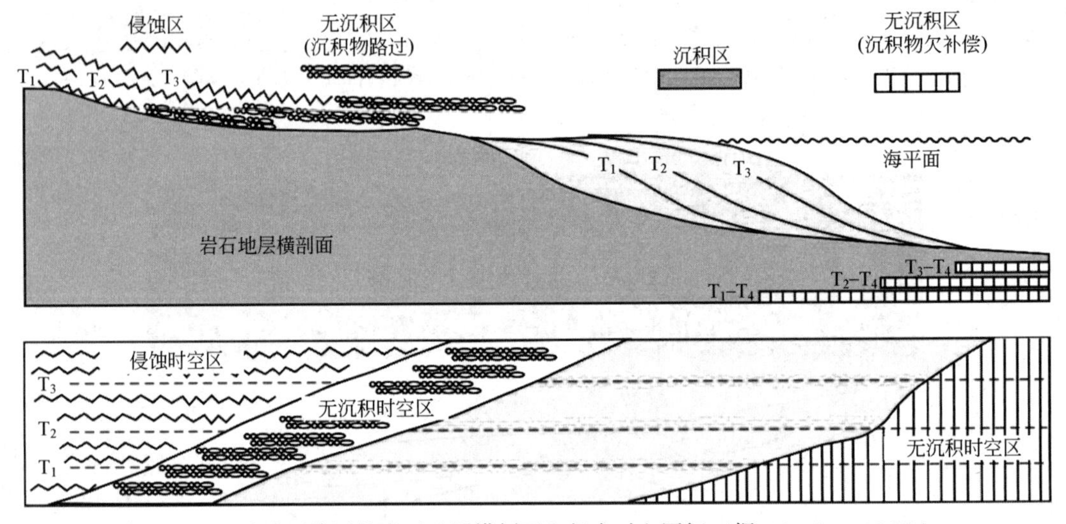

图 5-14　基准面旋回的岩石地层横剖面和相应时空图解（据 Wheeler，1964b）

基准面处于不断的升降运动中，基准面所处的位置及其升降运动状态的差异，决定了可容空间的变化和沉积、侵蚀作用过程。当基准面位于地表之上并相对于地表不断上升时，可容空间随之增大，在该可容空间内沉积物堆积的潜在速度增加，但沉积物堆积的实际速度，还受沉积物质来源和搬运的地质过程所限制，也就是说，可容空间控制了某一时间—空间域内沉积物堆积的最大值。在假定沉积物质供给速率不变的情况下，可容空间与沉积物供给量比值（*A/S* 值）决定了可容空间（有效可容空间）内沉积物的最大堆积量、堆积速率、保存程度及内部结构特征。当基准面位于地表之下并持续下降时，将使侵蚀下切作用的潜在速度增加，但侵蚀作用的实际速度同时也受沉积物被搬离地表的地质过程所限制。由此可以看出，基准面描述了可容空间的建立或消失，以及与沉积作用间的作用变化过程。

二、体积分配原理

基准面变化过程中可容空间对沉积物的堆积、保存及分布特点具有重要影响。可容空间是指地表面与基准面之间可供沉积物堆积的空间（Cross，1996）。基准面升降及其伴随的可容空间变化的动力学系统，控制着地层的结构与沉积特征。为了进一步理解这一过程—响应关系，Cross 提出了沉积物体积分配（volumetric partitioning）的概念。沉积物体积分配是指在成因地层内沉积物被分配到不同相域的过程。它是基准面变化过程中，不同沉积环境内可容空间的四维（空间+时间）动力学变化的产物（图 5-15）。

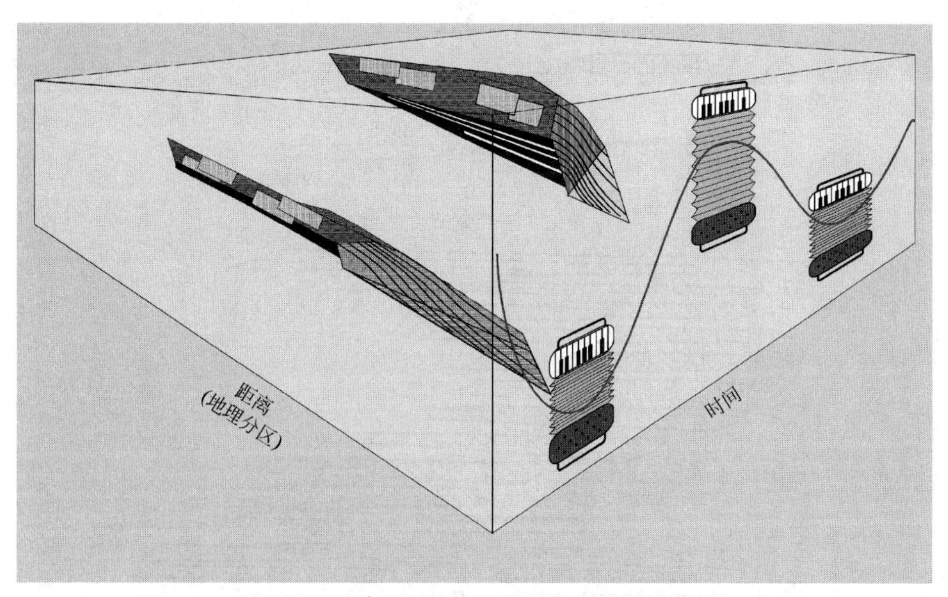

图 5-15　随基准面升降沉积物体积分配模式图（据 Cross，1994b）

在高分辨率层序地层学理论中，沉积物体积分配是一个重要的概念，因为体积分配直接伴随着原始地貌形态的保存程度、沉积物厚度、内部结构，以及诸多沉积学和地层学的响应信息。有效可容空间（有效可容空间是指能够被沉积物所能充填的那部分空间）位置的迁移［图 5-16(a)］，直接控制着海岸平原-滨海砂岩体系域的体积分配及沉积物堆积样式的变化［图 5-16(b)］。在基准面下降过程中，有效可容空间位置从陆向海方向迁移，可容空间向海增大，向陆减小，因而堆积在海相相域中的滨海砂岩沉积体逐渐增大，而陆相相域中海岸平原沉积体积减小。相反，在基准面上升过程中，有效可容空间位置从海向陆方向迁移，可容空间向陆增大，因而堆积在陆相相域的海岸平原沉积体积逐渐增大。而在较长期的基准面穿越旋回形成的成因层序内，地层的堆积样式（stacking pattern）以及其地理位置的迁移，同样与其在基准面旋回中的位置有关［图 5-16(b)］。向海盆方向迁移的进积（seaward-stepping）堆积样式，形成于中长期基准面的下降中晚期和下将初期时间域内，随之产生的垂向加积（vertical-stepping）地层，形成于中长期基准面上升早中期时间域内。向陆上方向迁移的退积（landward-stepping）堆积样式，出现在中长期基准面持续上升晚期，随之再次形成的加积地层则出现在中长期基准面上升的末期和下降的早期。

三、相分异原理

随着基准面升降过程中可容空间的变化，以及所影响沉积物的体积分配，保存在同一地理位置（或沉积体系域、相域）的沉积环境或沉积相类型、相组合、相序和相的多样性发生有规律性的变化，统称为相分异（facies differentiation）。相分异的存在，直接影响着储层的物理特征，如储层相在三维空间的连续性、几何形态、岩性及岩相类型乃至岩石物理性质（储层物性和非均质性）（图 5-17）。

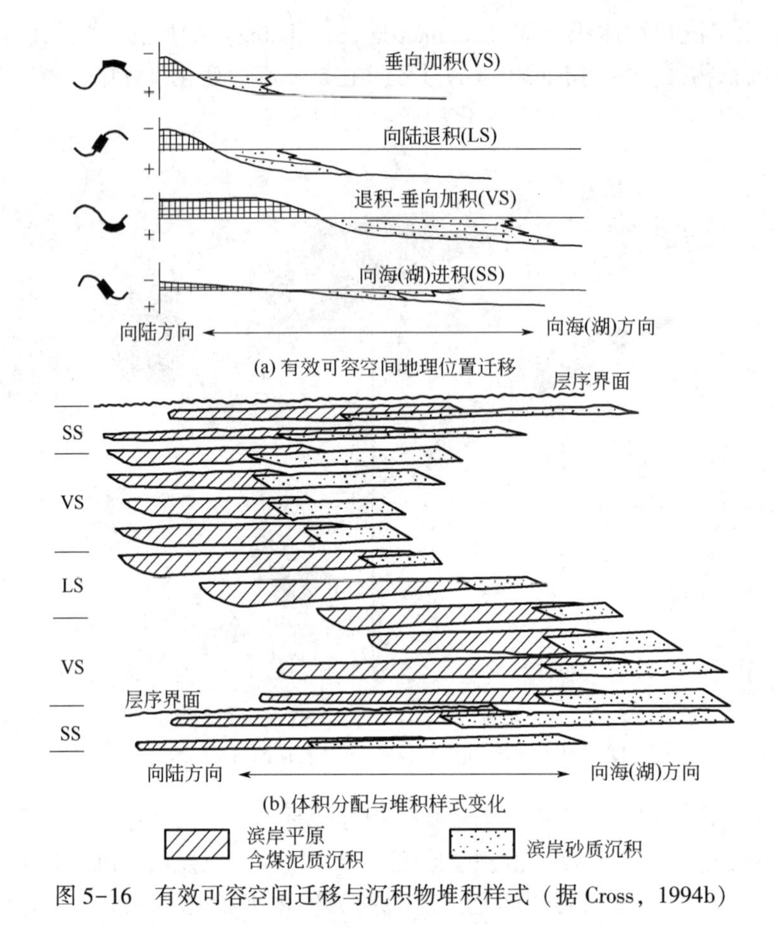

图 5-16　有效可容空间迁移与沉积物堆积样式（据 Cross，1994b）

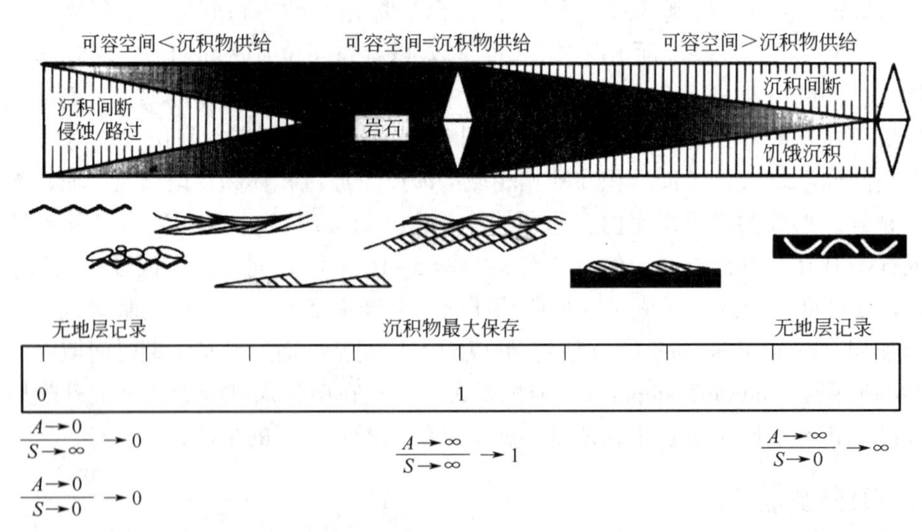

$\frac{A\to 0}{S\to\infty}\to 0$

$\frac{A\to 0}{S\to 0}\to 0$

$\frac{A\to\infty}{S\to\infty}\to 1$

$\frac{A\to\infty}{S\to 0}\to\infty$

图 5-17　基准面旋回过程中沉积相的分异作用（据 Cross 等，1998）

对河道砂体而言，高可容空间条件下形成的河道砂体与低可容空间形成的河道砂体，其几何形态（宽度与厚度之比）、砂体的连接性、侧向连续性、相互截切程度、底形类别、保存程度、底滞沉积厚度与类型均有明显差异（图 5-18）。比较低可容空间进积成因层序中砂岩与高可容空间退积成因层序中的砂岩，发现后者的体积减小、侧向连续性变差、相类型和相序趋向简单化，砂岩含泥量和泥质夹层增加，分选变差，非均质性增高（图5-19）。以上分析表明，这些相分异特征直接影响储层物性、储层非均质性，乃至油、气、水的流动方式、流路及排驱系统。

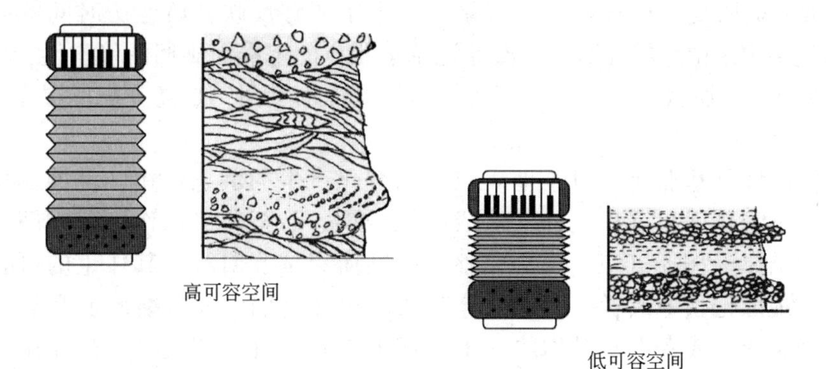

图 5-18　河道沉积中的相分异（据 Cross，1994b）

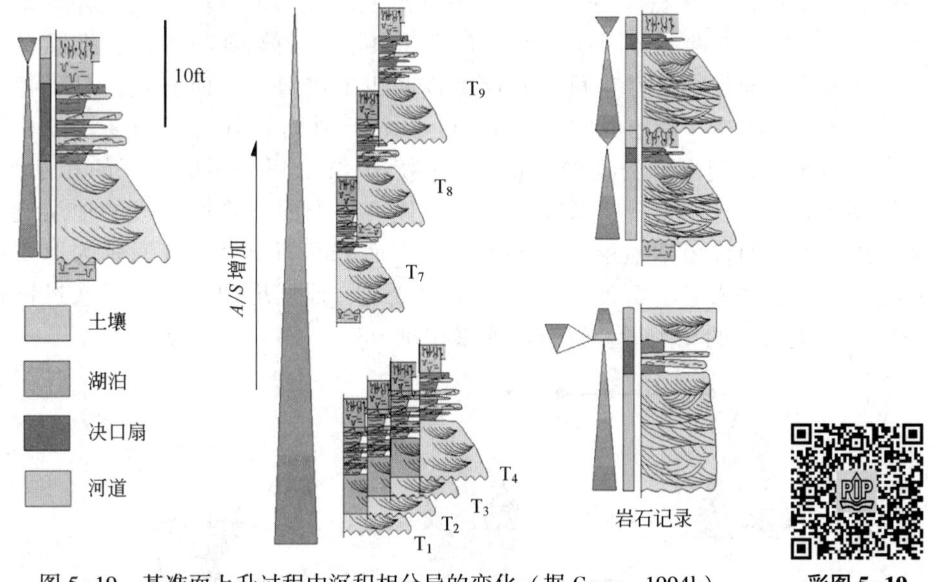

图 5-19　基准面上升过程中沉积相分异的变化（据 Cross，1994b）

彩图 5-19

从基准面变化对可容空间控制的沉积动力学观点出发，相同沉积体系域或相域的体积分配、沉积物的保存程度、地层堆积样式、相序特征及相类型不是固定不变的，这些参数的变化是其在基准面升降过程中所处的位置和可容空间的函数，即时间和空间的函数。因而可以运用地层过程的沉积动力学特征，分析沉积物堆积期间基准面变化导致的可容空间的变化，解释地层结构及沉积学特征，这在根本上不同于传统的静止的相模式类比法。

四、旋回等时对比法则

根据高分辨率层序地层学原理，在基准面旋回升降变化过程中，可容空间的变化导致岩石记录的地层学和沉积学特征规律性变化。高分辨率层序地层学正是依据可容空间的变化导致地层岩石记录的地层学和沉积学特征变化的过程—响应原理进行对地层的划分与对比。成因层序对比通过相序的变化识别旋回层序的位置及界面，划分不同级次的基准面旋回，并分析连续的层序空间的排列组合方式或沉积样式。

由于基准面旋回变化过程在地层记录中留下了能够反映其所经历时间的高分辨率的“痕迹”，且地层记录中地层旋回的级次性记录了相应的基准面旋回的级次性，因此根据一维钻井或露头剖面上所保存的这些“痕迹”识别基准面旋回，是高分辨率层序划分与对比的基础。

地层的旋回性是基准面相对于地表位置的变化产生的沉积作用、侵蚀作用、沉积物路过形成的非沉积作用和沉积欠补偿造成的饥饿性，乃至非沉积作用随时间发生空间迁移的地层响应结果（图5-16）。一个完整的基准面穿越旋回及与其伴生的可容空间的增加与减小，在地层记录中或者由代表二分时间单元（分别代表基准面上升与下降）的完整的地层旋回组成，或者由不对称的（上升或下降）半旋回和代表侵蚀作用或非沉积作用的沉积间断界面构成（图5-20）。因为相序及在纵向上的相分异直接与基准面旋回变化过程中可容空间的变化密切相关，所以通过分析能够指示沉积物保存程度、堆积速度的相序、地层界面及相分异规律性变化，以识别出地层旋回的对称程度，并根据旋回加厚或变薄的样式，以及在跨越成因地层界面位置上相替代的幅度与方向，推断在同一时间域内与基准面旋回同步的可容空间单向增加或减少的趋势。总而言之，对于各种沉积环境而言，代表基准面下降期形成的地层旋回，均以反映沉积环境逐渐变浅的相序为代表；而代表基准面上升期形成的地层旋回，则以反映沉积环境逐渐变深的相序为代表；从地层堆积叠加规律来看，较长期基准面旋回中代表基准面下降期形成的地层旋回，一般由多个呈进积样式的较短期地层旋回叠加而成，而基准面上升半旋回则为退积结构的连续堆积叠加。在钻井岩心、野外露头及电测曲线上，地层堆积样式可以通过比较组成相序（短期地层旋回）的相类型及组合方式来识别。

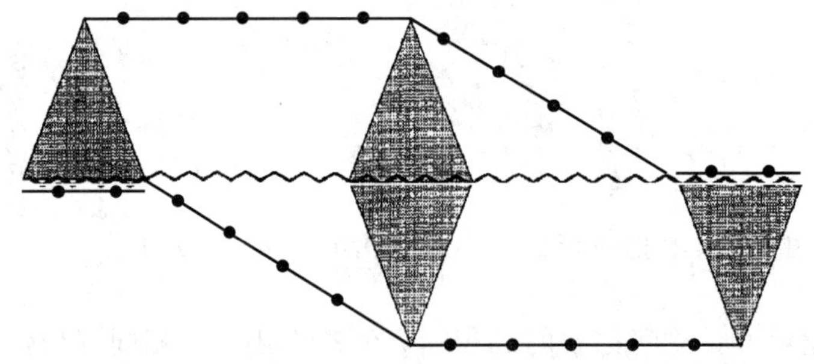

图5-20 成因层序对比的实质（据Cross，1991）

通过以上分析可以看出，高分辨率地层对比是同时代地层与界面的对比，不是旋回幅度和岩石类型的对比。Cross（1994b）认为，在成因层序的对比中，基准面旋回的转换点（turnround point）即基准面由下降到上升或由上升到下降的转变位置，可作为时间地层对比的优选位置。因为转换点代表了可容空间增加到最大值或减少到最小值的单向变化的极限位置，即地层基准面旋回的二分时间单元的划分界线。在地层记录中，转换点在盆地不同位置或表现为地层不连续面，或表现为连续的岩石序列。根据高分辨率层序地层学原理，岩石与界面出现的位置和比例，是可容空间和沉积物供给的函数。因而分析地层过程响应的沉积动力学特征，对于了解地层对比过程中何时岩石与岩石对比、岩石与界面或面与面对比具有重要的理论和实际意义。时间—空间图解是进行地层剖面时间空间反演最有效的方法（图5-16），不仅有助于对地质过程（时间+空间）的地层响应（岩石+界面）的理解，而且有助于确定什么时候岩石对比岩石、岩石对比界面或界面对比界面等对比关系，并且可以检验层序对比的可靠性。

由于基准面变化的地层记录是以多级次频率（多级次旋回）出现在区域范围内，可跨越各种沉积环境，因而以地层基准面识别为基础的地层对比不依赖沉积环境，也不需要了解海平面的位置与运动方向。

第二节　基准面旋回的识别与对比

高分辨率层序地层学的核心内容为：在基准面变化过程中，由于可容空间和沉积物补给通量比值的变化，相同沉积体系域或相域中发生沉积物的体积分配作用，导致沉积物的保存程度、地层堆积样式、相序、相类型及岩石结构和相组合类型发生变化。应用高分辨率层序地层学的理论方法，分层次进行等时地层对比，建立等时地层对比格架，讨论等时地层格架内砂体时空演化规律的研究思路如下（图5-21）：

（1）根据沉积微相的类型及组合关系识别，确定不同层次的层序界面和地层堆积样式；

（2）根据地层层序界面和地层的堆积样式，识别、划分不同层次的地层基准面旋回；

（3）根据不同相域地层基准面旋回发育特点和分布模式，进行不同层次地层基准面旋回对比，建立研究区等时地层对比格架；

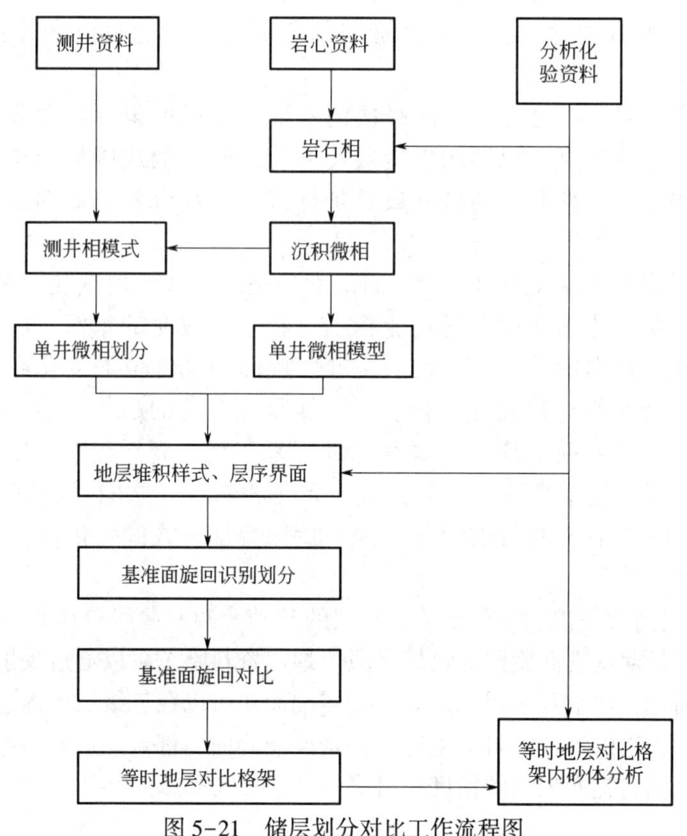

图5-21　储层划分对比工作流程图

(4) 分析等时地层对比格架内砂体分布、时空演化规律及储层非均质性的变化规律。

一、基准面旋回界面的识别

地层记录中不同级次的地层旋回记录了相应级次的基准面旋回。高分辨率等时地层对比的关键是识别地层记录中这些代表多级次基准面旋回的地层旋回。根据基准面旋回和可容空间变化原理，地层的旋回性是基准面相对于地表位置的变化产生的沉积作用、侵蚀作用、沉积物路过不留时形成的非沉积作用和沉积欠补偿作用随时间发生空间迁移的地层响应。因而，每一级次的地层旋回内必然存在着能反映相应级次基准面旋回所经历的时间中 *A/S* 值变化的“痕迹”，以露头、钻井、测井和地震资料为基础，根据这些“痕迹”识别基准面旋回，是高分辨率层序划分和对比的基础。

（一）基准面旋回识别方法

首先要提到的是，基准面旋回在变化过程中，可以穿越地表运动。一个基准面旋回周期的沉积记录由两部分所组成，一是基准面高于地表面时沉积的岩石记录，二是基准面下降到地表之下后产生的侵蚀记录。基准面也可以只在地表之上运动，这种情况下，基准面上升期和下降期的沉积物均得以保存。沉积间断面，特别是不整合面在地层记录中并不发育，但基准面相对于地表的升降仍能在地层记录中反映出来。因而与经典层序地层学中“层序”的概念不同，高分辨率层序地层单元（时间单元）的界面并不一定是不整合面，它可以是不整合面或沉积作用间断面，也可以是沉积作用的转换面。在不整合或沉积间断面不发育的地区，基准面旋回的界面通常是通过沉积作用的转换识别出来的。

一维剖面层序地层分析是通过不同级次的基准面旋回的识别与划分来实现的。多级次基准面旋回的划分首先要从识别构成地层旋回的最基本的成因地层单元开始，然后分析连续的成因地层单元在纵向上的排列或叠加样式，逐步合并较短期旋回为较长期地层旋回。

无论短期地层旋回或较长期地层旋回的识别都是通过 *A/S* 值变化的趋势分析进行的。短期旋回中 *A/S* 值的变化趋势可以通过能指示沉积物形成时的水深、沉积物保存程度的相序、相组合和相分异作用进行。更长期基准面旋回中 *A/S* 值的变化趋势可以通过短期旋回的叠加样式、旋回的对称程度变化、旋回加厚或变薄的趋势、地层不连续界面性质及出现的频率、岩石与界面出现的位置和比例等来实现。概括起来，用来识别不同级次基准面旋回的沉积学与地层学特征包括：(1) 单一相物理性质的垂向变化；(2) 相序与相组合的变化；(3) 旋回对称性的变化；(4) 旋回叠加样式的变化；(5) 地层几何形态与接触关系（图 5-22）。

露头/岩心资料通常是识别短期基准面旋回的基础。测井曲线分析是通过短期旋回的叠加样式分析识别较长期基准面旋回的最好手段。地震资料除了可以通过反射终端的性质分析识别三级层序界面外，精细井—震标定后的地震剖面还可以在三级层序内进一步识别较高级次的基准面旋回。无论以哪种资料为主确定的基准面旋回，都要经过岩—电—震之间的相互标定与验证，才能调高旋回识别的精度和可靠性（图 5-23）。

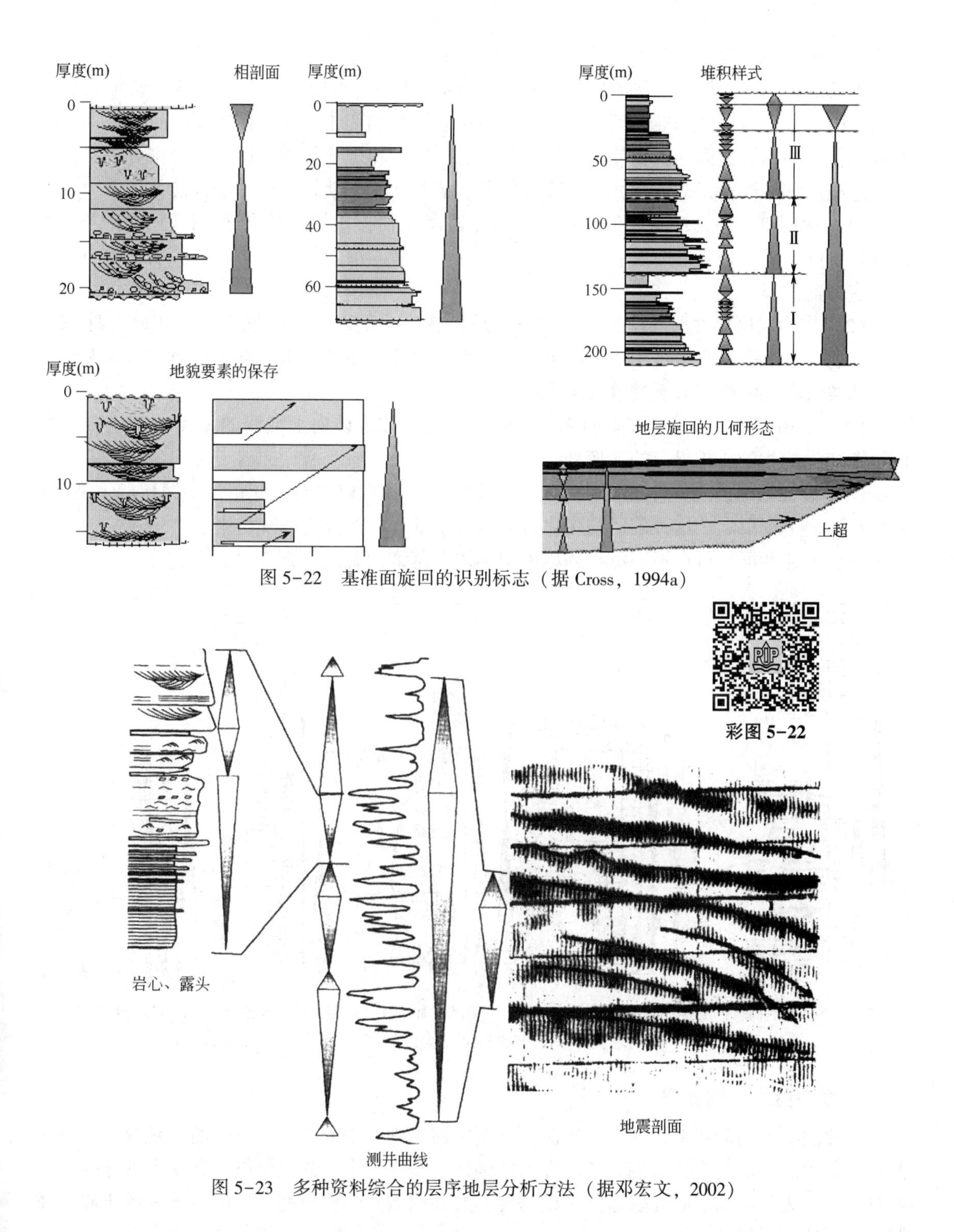

图 5-22　基准面旋回的识别标志（据 Cross，1994a）

彩图 5-22

图 5-23　多种资料综合的层序地层分析方法（据邓宏文，2002）

（二）基准面旋回的识别标志

1. 岩性剖面上的识别标志

岩心、钻井，特别是三维露头剖面，较测井、地震反射剖面具有更高的分辨率，因而是基准面旋回（特别是短期基准面旋回）识别的基础。

地层剖面上最短期的地层旋回是在相序分析的基础上识别出来的，因为相序特征及其在纵向上的相分异与短期基准面旋回变化过程中可容空间的变化相关。在岩性剖面上识别基准面旋回首先要搞清剖面的沉积体系类型和相构成，相和相序变化与水深变化的相对关系，然后通过相序和相组合特征识别 *A/S* 值变化趋势。岩性剖面上旋回界面识别标志如下：

（1）地层剖面中的冲刷现象及其上覆的滞留沉积物，或代表基准面下降于地表之下的侵蚀冲刷面，或代表基准面上升时的水进冲刷面。后者与前者的区别是冲刷面幅度较小，且其上多见盆内屑。

（2）作为层序界面的滨岸上超的向下迁移，在钻井剖面中常表现为沉积相向盆地方向移动，如浅水沉积物直接覆于较深水沉积物之上，河流、浊流砂砾岩直接覆盖于深水泥岩之上，两类沉积之间往往缺乏过渡环境沉积。

（3）岩相类型或相组合在垂向剖面上转换位置，如水体向上变浅的相序或相组合向水体逐渐变深的相序或相组合的转换处。

（4）砂泥岩厚度旋回性变化，如层序界面之下，砂岩粒度向上变粗，砂泥比向上变大；层序界面之上则反之。这种旋回的变化特征常以叠加样式的改变表现出来。

根据上述特征，可在不同沉积环境中识别短期基准面旋回（图 5-24）。

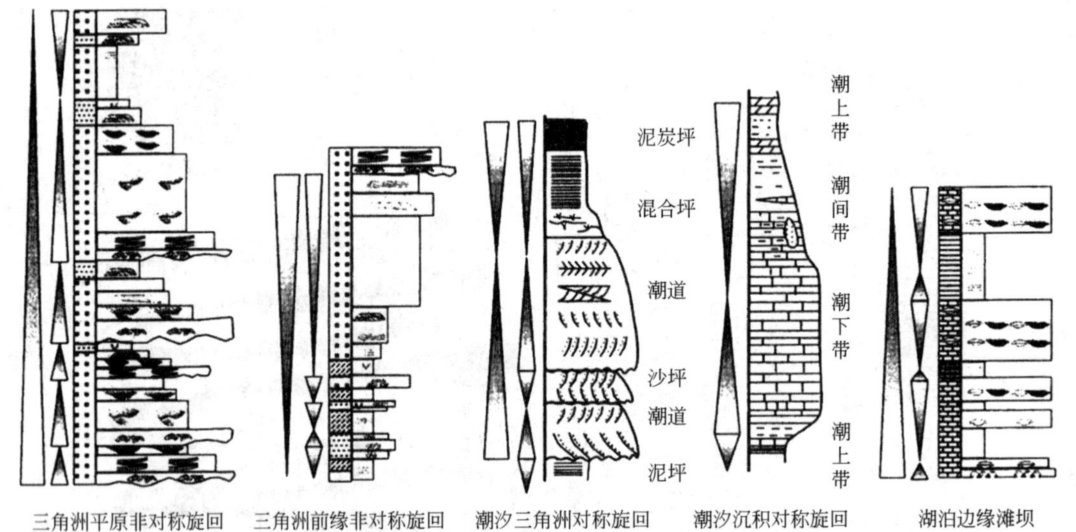

图 5-24　不同环境下识别出的短期基准面旋回（据邓宏文，2002）

2. 测井曲线识别标志

测井曲线的高分辨率特征为各级次基准面旋回识别与划分提供了良好的资料基础。测井曲线基准面旋回的确定，特别是旋回界面的确定，是在对取心井段分析的基础上进行的。也就是说，首先要利用取心井段建立短期基准面旋回的测井响应模型，用于指导区域非取心井测井曲线的旋回划分。

此外，运用测井信息识别和划分基准面旋回时，为了避免测井曲线所代表地质意义的多解性，选择合理的测井组合序列十分重要。选择出的测井组合系列中，每一种测井曲线对能用来识别和划分基准面旋回的地质信息（包括地层界面特征、地层旋回性、地层结构、岩石成分、岩性变化和岩相组合等）敏感程度可能不同但可以通过相互补充、综合分析确定旋回界面，划分旋回。对以陆源碎屑沉积为主的砂泥岩剖面来说，经验表明，自然电位测井、自然伽马测井、电阻率测井组合序列能比较清楚地反映地层的岩相组成和旋回性特征，因此是识别和划分砂泥岩为主的剖面旋回较好的测井组合选择。但也有例外，如果母岩成分中放射性物质较多，则会导致自然伽马曲线对岩石含砂量变化的旋回性反应不敏感，因此在这种情况下多选择感应曲线。当陆源碎屑地层中含有机岩时，除了电阻、自然电位、自然伽马曲线外，可能还要增加密度测井、中子测井等曲线。当陆源碎屑地层中含有碳酸盐岩、蒸发岩时，声波测井、氢—中子测井显得更重要。

中期基准面旋回的确定可以通过短期基准面旋回的叠加样式分析得到，测井曲线对于这一分析尤为有效。这是因为组成中期旋回的短期旋回特定的叠加样式是在中期基准面旋回上升与下降过程中向其幅度的最大值或最小值单向移动的结果，这些叠加样式常常有鲜明的测井响应（图 5-25）。向海（湖）盆方向进积的叠加样式形成于较长期基准面旋回下降时期，此时 $A/S<1$，上覆短期旋回与相邻下伏旋回相比，在沉积学、岩石学方面表现出可容空间减小的特征；向陆推进的退积叠加样式形成于中期基准面旋回上升时期，此时 $A/S>1$，上覆短期旋回与相邻下伏旋回相比，在沉积学、岩石学方面表现出可容空间增大的特征；短期基准面旋回呈加积叠加样式则出现在中期基准面旋回上升到下降或下降到上升的转换时期，此时 $A/S=1$，相邻短期旋回形成时可容空间变化不大。图 5-26 说明了如何用短期旋回的叠加样式确定中期基准面旋回。

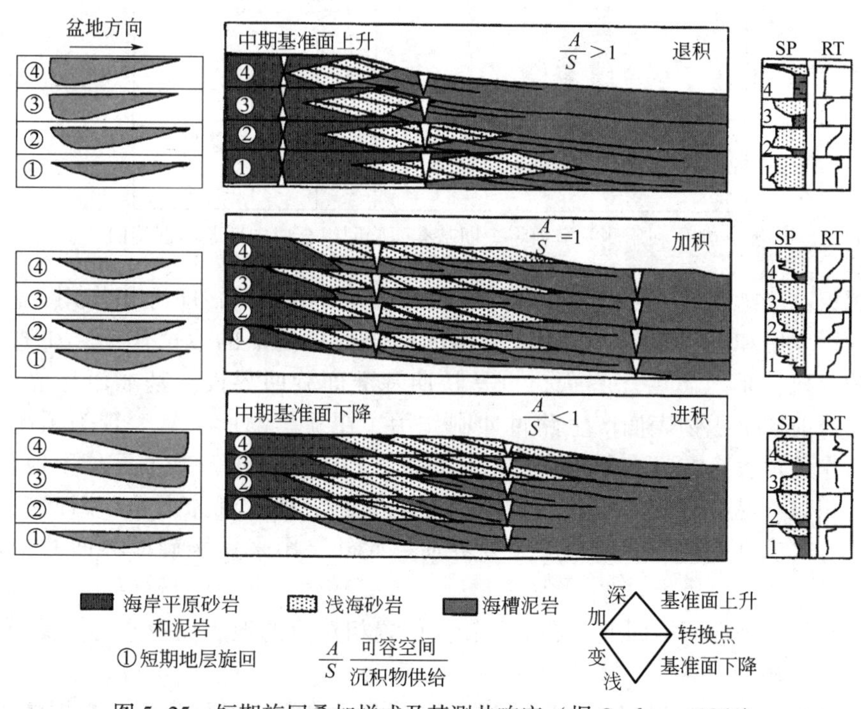

图 5-25　短期旋回叠加样式及其测井响应（据 Gardner，1964）

3. 地震剖面上的识别标志

地震反射界面追随的是时间界面，因而可以运用地震反射剖面进行层序地层分析。但受地震信息的垂向分辨率的限制，地震基准面旋回的划分精度与地震资料的品质和分辨率密切相关。一般来说，地震反射剖面通常只能用来识别长期的基准面旋回。地震地层学中用来识别地震层序界面的标志同样适合于旋回界面的分析，如区域分布的不整合面或反映地层不协调逆袭的地震反射波终止类型，即顶超、削截、上超等。

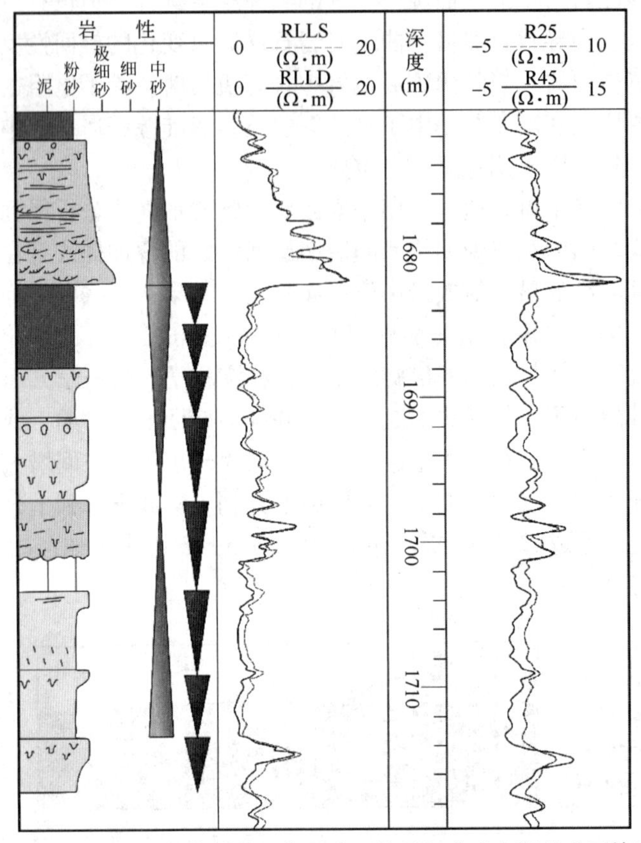

图 5-26　利用测井资料将短期基准面旋回组合成中期基准面旋回

基准面相对于地表运动过程中，存在四种沉积作用过程，即沉积作用、侵蚀作用、沉积路过冲刷作用和沉积非补偿作用。基准面位于地表之下的侵蚀作用，在地震剖面上表现为削截现象，是地震层序界面，也是长期基准面旋回界面。基准面与地表重合时，后期沉积物对前期沉积物表面产生路过冲刷作用，在地震剖面上常表现为顶超现象。这种沉积间断作用常发育在具有前积作用的三角洲、扇三角洲区。基准面位于地表之上时，沉积物供给相对不足，产生的非补偿作用在地震剖面上则表现为下超。因此根据地震反射终端性质可以识别基准面旋回中的重要界面。此外，用来识别旋回界面的主要地震标志还包括：

（1）与较长期基准面旋回上升到下降转换位置相对应的地震反射常为高振幅、高连续的反射或一组反射。

（2）测井曲线或岩心观察到的区域相变相对应的地震反射常表现为在振幅、连续性、频率、地震相在区域上发生重大变化。

（3）测井曲线和岩心中可观察到的地层叠加样式变化在地震剖面上可表现为地震反射几何形态的变化，如由高振幅水平反射到低振幅 S 形反射。

4. 井—震结合的高分辨率层序划分与对比

多级次基准面识别与划分是高分辨率地层格架建立的基础，而高分辨率的地层格架建立的最终目的是将在钻井、测井中的一维信息变为对三维地层关系的预测。虽然钻井、测井的纵向分辨率高，但毕竟是一孔之见，在横向上的探测范围很小。地震在横向上可以连续地采集地层与沉积信息，但其纵向分辨率却受到记录频带的限制而远远低于测井。因此，如何将根据测井曲线划分的旋回标定到地震剖面上，充分利用两者的优势是高分辨率层序准确划分和对比的关键，也是确定研究区层序地层平面作图单元的基础。

测井与地震所提取的信息在横向上和纵向上的这种不匹配性需要通过测井与地震的结合技术来解决，如时—深转换、合成记录制作与标定、VSP 测井、地震测井、井间地震和地层反演技术等。其中运用 VSP 资料、合成记录的精细标定以及地震反演技术，特别是井约束下的地震反演技术是将钻井、测井资料和地震资料联系常用的有效手段。

二、基准面旋回对比

地层旋回性的形成是基准面相对于地表位置的变化产生的沉积作用、侵蚀作用、沉积物路过时的非沉积作用和沉积非补偿造成的饥饿乃至非沉积作用随时间发生空间迁移的地层响应。层序地层对比正是依据基准面旋回及其可容空间的变化导致岩石记录这些地层学和沉积学响应的过程—响应动力学原理进行的，因而高分辨率层序地层对比是时间地层单元的对比，不是岩石类型和旋回幅度的对比，而且有时是岩石与岩石的对比，有时是岩石与界面或界面与界面的对比。

一个完整的基准回旋回及其伴随的可容空间的增加和减小在地层记录中由代表两分时间单元的地层旋回（岩石与界面）组成。Barrell（1917）指出：基准面升降期间沉积物的堆积作用将地层记录自然地划分为在多层次时间刻度上的基准面下降期和基准面上升期。这些自然划分的单元是地层对比的物理基础。因此，基准面旋回的转换点，即基准面由上升到下降或由下降到上升的转换位置，可作为时间地层单元对比的优选位置，因为转换点代表了可容空间增加到最大值或减少到最小值的单向变化的极限位置，即基准面旋回的两分时间单元的划分界限，因而这一位置具有时间地层对比的意义。

基准面升降的转换点在地层记录中的某些位置表现为地层不连续面，或在某些地理位置表现为连续的岩石序列。因而在对比中，通过地层过程的分析，掌握什么时候岩石与岩石对比，什么时候岩石与界面或界面与界面对比。Wheeler（1964b）提出的时间—空间图解法是对地层剖面形成时的地质过程进行分析的有效方法，有利于对地质过程（时间+空间）的地层响应（岩石+界面）的理解，也有助于检验地层对比的可靠性。

图 5-27 说明了海岸平原—浅海沉积环境旋回的堆积样式、旋回厚度、旋回对称性的变化以及如何进行基准面旋回对比，可以看出，随时间的推移，构成进积层序的向海一侧的相域逐渐增加，构成相域的单个成因层序对称性变好。海岸平原相域向上变薄的旋回同陆架与临滨相域向上变厚的旋回对比。海岸平原相域非对称的基准面上升旋回可与近海环境对称旋回对比，也与陆架相域非对称基准面下降旋回对比。陆架和临滨相域中沉积物非补偿的基准面上升向陆方向逐渐与海岸平原沉积的整合地层合并，与海岸平原基准面上升到基准面下降转换面对比。基准面下降形成的不整合面并不总是出现在海岸平原相域，因此不能总是把它作为一个分离成因层序或对比的属性使用。但是，表明可容空间减少的沉积学和地层学证据可用于确定在时间上等同于沿斜坡向上可容空间较小位置的侵蚀不整合面。当这些证据出现时，陆上不整合向海方向并入临滨和陆架相域的整合地层，并与整合地层中基准面下降到上升转换点对比。

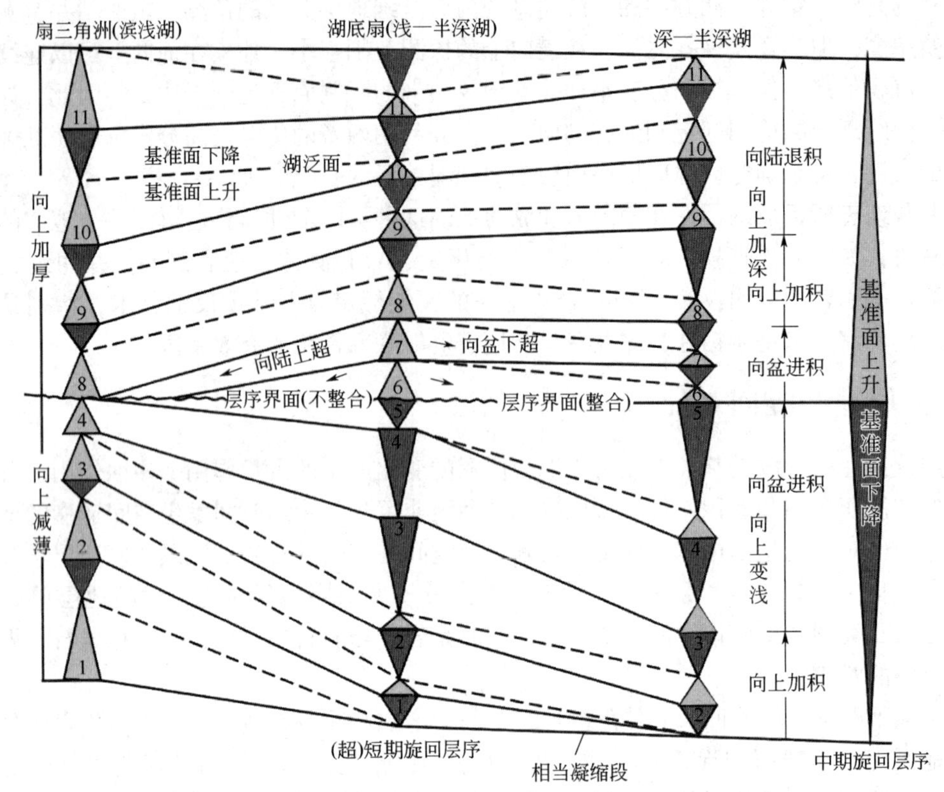

图 5-27　海岸平原浅海沉积环境成因地层动态对比概略图

基准面下降不整合出现在呈进积叠加样式的成因层序顶部，但不仅仅在最后一个层序的顶部。地层模式表明，基于追踪陆上不整合的地层对比具有如下陷阱：（1）基准面下降，地表不整合并不总是出现，且不能总被用于分离成因层序或在沉积层序内识别层序界面的位置；（2）一个陆上不整合并不一定同层序界面一致；（3）在一个沉积层序内不整合面多次存在，而不是仅仅在层序界面一个位置，如果对比仅基于匹配明显的不整合面，则可能导致对比的错误。

与进积的成因层序对比，构成退积的层序中向陆部分的相域比例增加，而且单个成因层序对称性较好。海岸平原相域向上变厚的旋回与陆架和临滨相域向上变薄的旋回对比。堆积在较低可容空间条件下的海岸平原相域的基准面上升非对称旋回与临滨和陆架相域的对称旋回对比。沉积在高可容空间条件下的海岸平原相域的对称旋回与临滨和陆架相域非对称基准面下降旋回对比，陆架和临滨相域基准面上升的沉积物非补偿作用面出现的频率比在向海步进的成因层序中高。向陆方向，它们并入海岸平原整合的地层中，与海岸平原地层基准面上升到下降转换点对比，退积成因层序中海岸平原相域基准面下降不整合面比进积成因层序要少。陆上不整合面发生的地方，向海并入临滨和陆架相域的整合地层，并且与整合地层中的基准面下降到上升转换点对比。

思考题

1. 高分辨率层序地层学的基本理论包括几部分内容？
2. 基准面旋回运动与沉积物体积分配及相分异作用之间是什么关系？

3. A/S 值变化对沉积物分布与保存有哪些控制作用？

4. 高分辨率层序地层与经典层序地层在层序划分中的差异有哪些？

5. 如何识别 A/S 值的变化趋势？

6. 沉积作用转换面的特征是什么？

拓展阅读资料

[1] Cross T A. High-resolution stratigraphic correlation from the perspectives of base-level cycles and sediment accommodation [A]//Dolson J. Unconformity related hydrocarbon exploration and accumulation in clastic and carbonate setting Short Course Notes. Rocky mountain Association of Geologists, 1991: 28-41.

[2] Cross T A. Stratigraphic Architecture, Correlation Concepts, Volumetric Partioning , Facies Differtiation , and Reservoir Compartmentalization from the Perspective of High-Resolution Sequence Stratigraphy [J]. Research report of the genetic stratigraphy research group, DGGE, CSM, 1994: 28-41.

[3] Cross T A. Applications of High-Resolution Sequence Stratigraphy in Petroleum Exploration and Production Short Course Notes [C]. Canadian Society of Petroleum Geologists, Calgary, Alberta, 1993, August 15: 290.

[4] Posamentier H W, et al. Variability of the Sequence Stratigraphy Model: Effects of Local Basin Factors [J]. Sedimentary Geology, 1993, 86: 91-109.

[5] Posamentier H W, George P Allen, et al. Forced regressions in a sequence stratigraphic framework: concepts, examples, and exploration significance [J]. AAPG, 1992, 76 (11): 1687-1709.

[6] Sloss L L. Stratigraphy models in exploration [J]. AAPG bulletin, 1962, 46 (7): 1050-1057.

[7] Tipper J C. Patterns of Stratigraphic Cyclicity [J]. Journal of Sedimentary Research, 2000, 70 (6): 1262-1279.

[8] Wheeler H E. Baselevel, lithostratigraphic surface and time stratigraphy [J]. Geological Society of American Bulletin, 1964, 78: 599-610.

[9] 邓宏文，王洪亮，李熙哲. 层序地层基准面的识别、对比技术及应用 [J]. 石油与天然气地质，1996, 17 (3): 177-184.

[10] 林畅松，张海梅，刘景彦，等. 高精度层序地层学和储层预测 [J]. 地学前缘，2000, 7 (3): 111-117.

[11] 吴胜和，马晓芬，陈崇河. 测井约束反演在高分辨率层序地层学中的应用 [J]. 地层学杂志，2001, 25 (2): 140-143.

[12] 尹太举，张昌民，赵红静，等. 依据高分辨率层序地层学进行剩余油分布预测 [J]. 石油勘探与开发，2001 (4): 79-82, 11.

[13] 郑荣才，尹世民，彭军. 基准面旋回结构与叠加样式的沉积动力学分析 [J]. 沉积学报，2000, 18 (3): 369-375.

第六章 海相碎屑岩层序地层学

经典层序地层学起源于被动大陆边缘的海相碎屑岩盆地。层序地层学的基本理论和概念体系不仅在具有陆棚坡折的被动大陆边缘盆地得到了广泛的应用，而且在缓坡型边缘、生长断层边缘等被动大陆边缘盆地也取得了富有成效的研究成果。

第一节 被动大陆边缘层序界面及识别标志

一、层序界面类型

层序是指顶、底以不整合面及与之可对比的整合面为界的、一套相对整一的、成因上有联系的地层。显然，层序的界面就是不整合面或与该不整合面相关的整合界面。不整合面能将新老地层分隔开来，其上存在着指示重大沉积间断的陆上侵蚀削截或陆上暴露现象。沉积盆地边缘地形的差异、相对海平面升降幅度的不同、陆上侵蚀削截或陆上暴露面积的不同以及上覆地层超覆特点的差别，形成了不同类型的层序界面，即Ⅰ型层序界面和Ⅱ型层序界面。

Ⅰ型层序界面是在全球海平面下降速率大于盆地构造沉降速率时产生的，此时发生了较大规模的相对海平面下降。在此沉积背景下，Ⅰ型层序界面表现为区域性不整合界面，其上下地层岩性、沉积相和地层产状可以发生很大变化，具有陆上暴露标志和河流回春作用形成的深切谷。随着相对海平面下降，河流深切作用不断向盆地中央推进，形成了岩相向盆地中央方向的迁移特征（图6-1）。

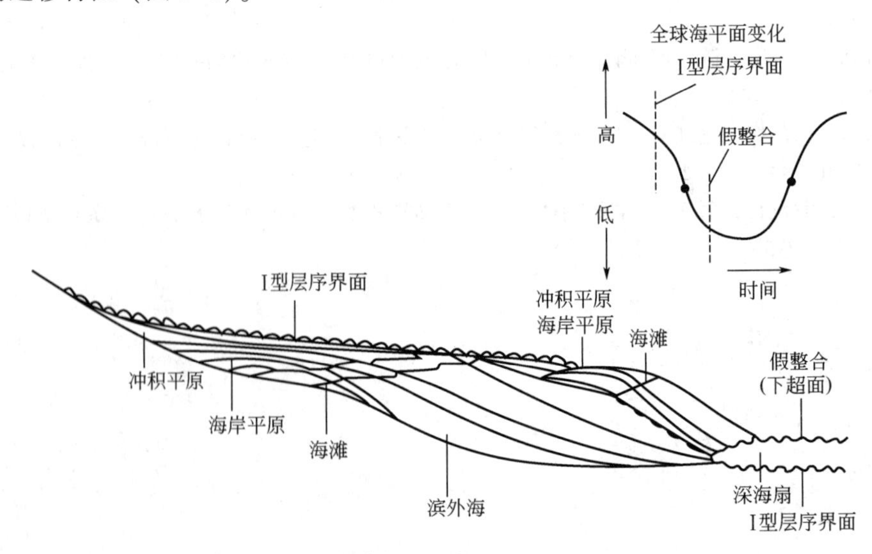

图6-1 Ⅰ型层序界面（据 Posamentier，1988a）

Ⅱ型层序界面是在全球海平面下降速率几乎等于或小于沉积滨线坡折处构造沉降速率时形成的，因此，在沉积滨线坡折处未发生明显的海平面相对下降，从而缺乏伴随着河流回春作用所形成的区域性侵蚀，仅在沉积滨线坡折向陆一侧存在一定范围的地面暴露现象（图6-2）。Ⅱ型层序界面上下地层岩性、沉积相及地层产状的变化不如Ⅰ型层序界面那么剧烈，但在界面之上存在上覆地层明显加积的特点。

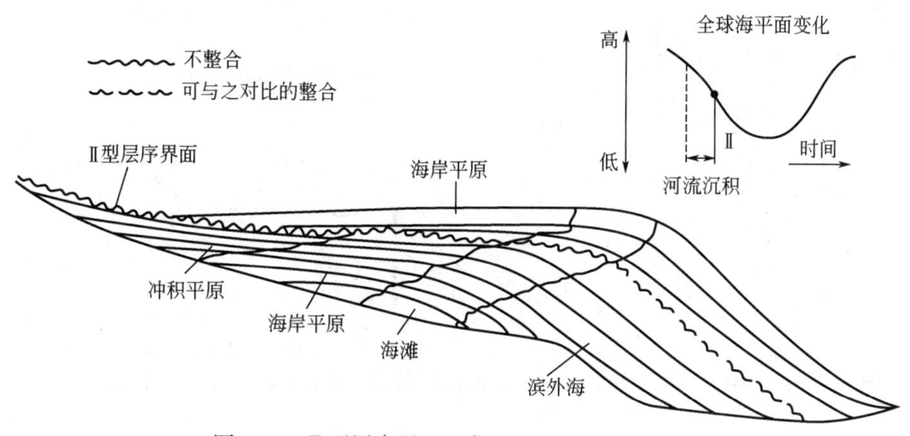

图6-2　Ⅱ型层序界面（据Posamentier，1988a）

从上面分析可以看出，Ⅱ型层序界面具有一定的隐蔽性；Ⅰ型层序界面的特征更明显，比较容易识别。实际上，Ⅰ型层序界面和Ⅱ型层序界面的形成主要取决于盆地边缘的构造沉降速率。在全球海平面下降的背景下，盆地边缘低速沉降的地方易形成Ⅰ型层序界面，而在盆地边缘高速沉降的地方易形成Ⅱ型层序界面。显然，不同类型层序界面的形成是全球海平面升降与盆地构造沉降共同作用的结果，继而影响了层序内部不同沉积体系组合方式。

二、层序界面的识别标志

层序界面是一个不整合面或与之对应的整合面，它在侧向上广泛连续分布，不仅可以覆盖盆地中某个区域或整个盆地，甚至可以同时出现在世界范围内的许多沉积盆地之中。尽管在盆地不同部位的不整合面上下地层之间的地层缺失量是不同的，但这个不整合面和与之对应的整合面确确实实将其上下的新老地层分隔开来，构成了具有年代地层意义的一个界面。所以，层序界面可以为岩相古地理研究提供一个年代地层框架。层序界面在露头、钻井、测井和地震资料上均有不同程度的响应，在识别层序界面时，应该利用多种资料进行综合判断。

（一）Ⅰ型层序界面的识别标志

（1）广泛出露地表的陆上侵蚀不整合面。这个不整合面可分布于整个陆棚地区，也可分布于盆地缓坡，甚至分布于整个盆地（图6-1）。不整合面之上可存在成分和结构成熟度均较高的、厚几十厘米的底砾岩，也可存在厚几厘米至几十厘米的含褐铁矿、铝土矿的古土壤和根土层（图6-3）；不整合面波状起伏，在平面上可长距离追踪；不整合面上下地层产状可明显不同。

（2）层序界面上下地层颜色、岩性以及沉积相的垂向不连续或错位，如杂色泥岩与上覆灰色砂岩接触（图6-4）。沉积相的垂向错位意味着浅水沉积间断性地上覆在较深水的沉

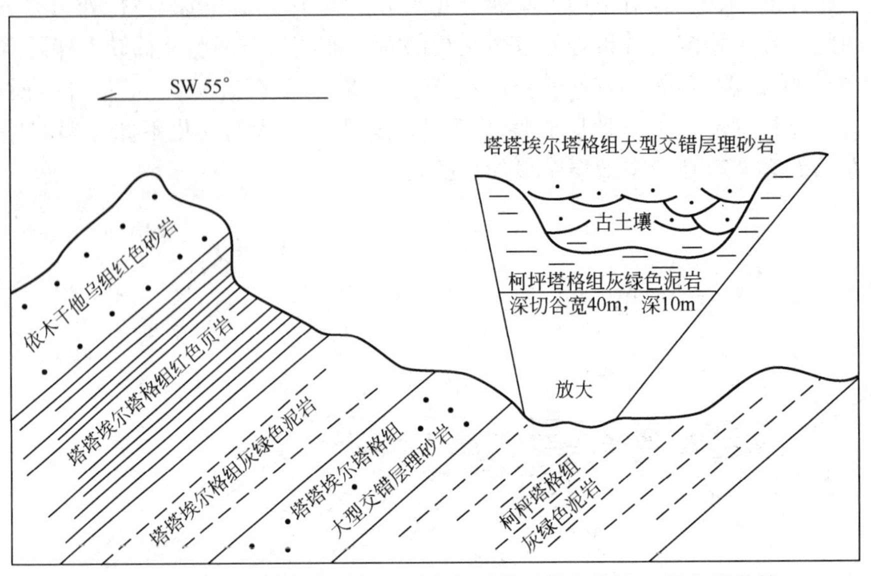

图 6-3　新疆柯坪县因干村奥陶系与上覆志留系的不整合接触（据朱筱敏等，2001）

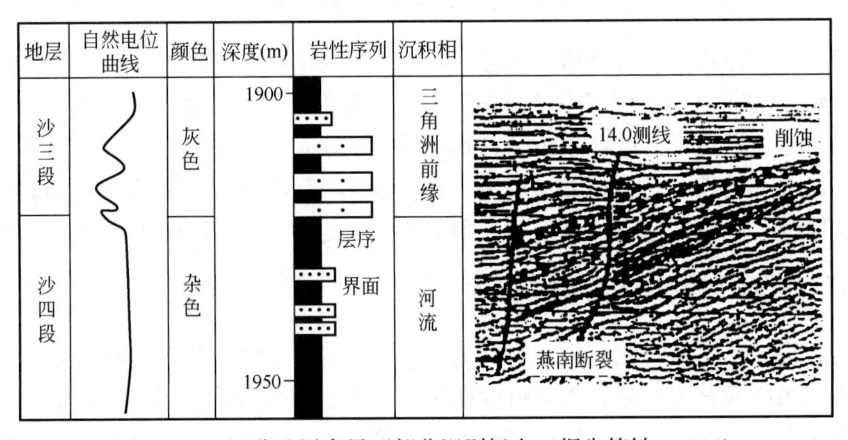

图 6-4　辽河盆地层序界面部分识别标志（据朱筱敏，2016）

积之上（图 6-5），如煤层上覆在滨外陆棚泥岩之上，也可以是上临滨亚相直接上覆在下临滨亚相之上，中间缺失中临滨亚相。相的垂向错位往往伴随着沉积物粒度的突然增加，反映了海平面的相对下降和陆上不整合的发育。相的错位多出现在高位体系域的前积层处和顶积层向盆地一侧。

（3）伴随海平面相对下降，由河流回春作用形成的深切谷是层序界面的典型标志。深切谷充填物与其下伏沉积层存在明显的沉积相错位。当海平面发生相对下降时，由于侵蚀到陆棚地区的河流的数量、规模不同，因而形成了具不同特征的深切谷充填物（图 6-6）。若侵蚀到陆棚区的河流规模大或河流数量多，则形成的深切谷充填物砂岩分布广泛，河间古土壤或根土层不太发育；反之则深切谷充填物砂岩不太发育，而河间古土壤层较发育。深切谷规模较大，宽可达数千米或几十千米，长可达几十千米，深可达数十米（图 6-7）。深切谷中可充填砂岩，也可充填砾岩和泥岩，这取决于后来海平面相对上升速率和沉积物的供给情况。

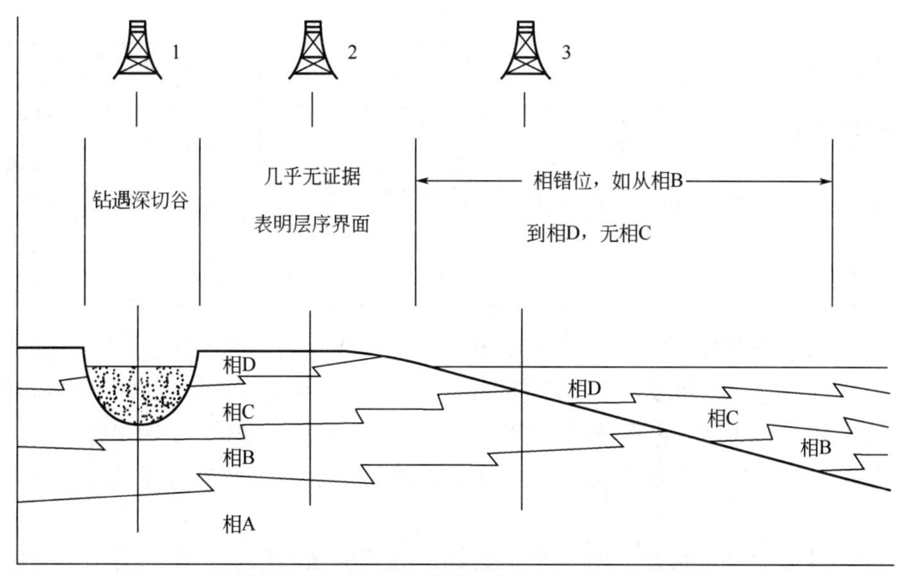

图 6-5　Ⅰ型层序界面的相序错位和深切谷（据 Embry 等，1996）

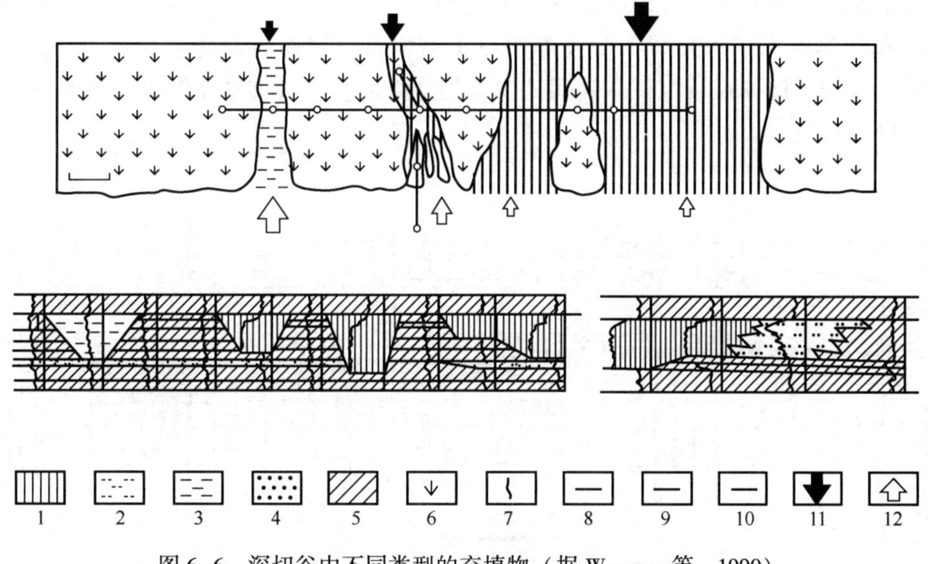

图 6-6　深切谷中不同类型的充填物（据 Wagoner 等，1990）

1～3—深切谷充填物（1—辫状河砂岩；2—河口湾砂岩；3—海相泥岩）；4—下临滨砂岩；5—陆棚泥岩；6—出露地表；7—植物根层或土壤层；8—准层序界面（SB）；9—海泛面界面（FS）；10—海泛面与层序界面重合（FS/SB）；11—粗粒沉积物供给速度与方向；12—相对海平面上升速度与方向

另外，作为河流沉积成因的深切谷需要与三角洲平原分支河道进行区分。一般来说，可以通过河道分布及规模、截切厚度与水深关系、陆上暴露标志以及沉积相组合将深切谷与三角洲平原分支河道区分开来（表 6-1）。

表 6-1　深切谷与三角洲平原分支河道的区别

区别标志	深切谷	三角洲平原分支河道
分布范围及规模	宽几千米至几十千米，伴随着侵蚀面广泛分布于陆棚区	宽几百米，仅分布在滨岸河口部位

续表

区别标志	深切谷	三角洲平原分支河道
截切厚度与水深关系	截切河道深度和充填物厚度明显小于下伏泥岩沉积水深	截切深度和充填物厚度接近于下伏三角洲泥岩沉积水深
陆上暴露标志	具明显的陆上暴露和沉积间断古土壤层、沉积相突变等	缺少陆上暴露标志
沉积组合	被陆棚浅海泥岩包裹	与三角洲平原及河口坝沉积相伴生

（4）相对海平面明显下降造成层序界面处的古生物化石断带或绝灭。海平面下降引起陆棚区广泛暴露，这一时间段内不仅没有形成沉积层，已有的沉积层也遭受到不同程度的剥蚀。尽管后来暴露的陆棚区再次被海水覆盖接受沉积，相对于盆地区连续沉积而言，陆棚区在垂向上存在地层缺失，即存在化石带的缺失，甚至由于暴露导致环境改变，某些化石灭绝了。

（5）在岩性和地层产状突变的层序界面处，测井曲线具有良好的层序界面响应，如电阻率曲线、自然伽马和自然电位曲线、地层倾角矢量模式图以及成像测井特征都会发生曲线形态、异常幅度、测量值等方面的明显变化（图6-7）。

（6）层序界面上下体系域类型或准层序类型突变。层序界面之下为高位体系域沉积，层序界面之上为海侵体系域沉积，其间缺少低位体系域。这种体系域的垂向突变在测井曲线上也有良好的响应。

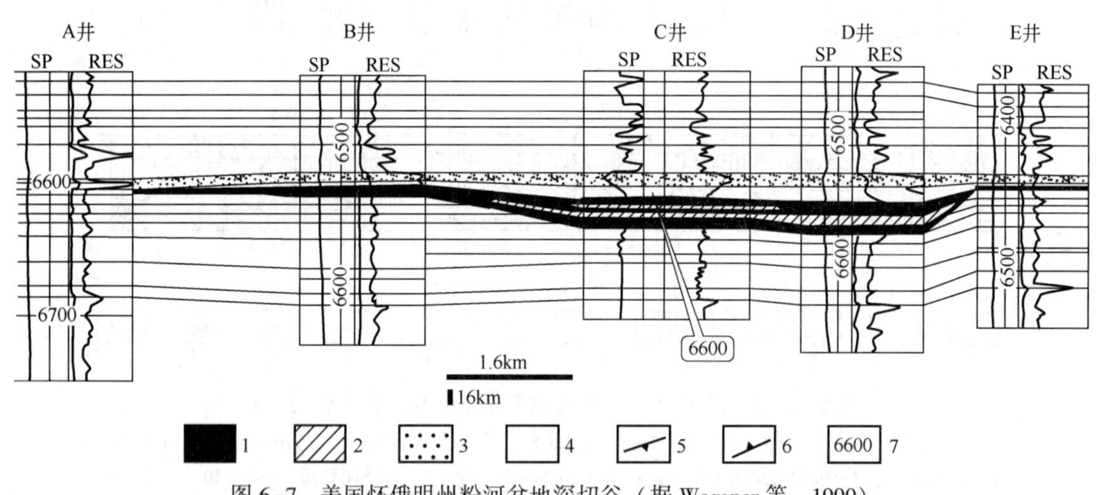

图6-7　美国怀俄明州粉河盆地深切谷（据Wagoner等，1990）

1—河流或河口湾深切谷充填砂岩；2—非海相泥岩；3—浅海砂岩；4—陆棚泥岩；5—层序界面和削蚀；6—层序界面和上超；7—井深（ft）

（7）伴随着沉积相向盆地方向的迁移，可在地震剖面上识别出一个层序的顶部海岸上超的向下迁移现象和一个层序下部层序界面之上的海岸上超的向陆迁移现象，它们与地震剖面上的地震反射终止关系（削蚀、顶超、上超、下超，图6-8）共同构成了层序界面的识别标志。

另外，层序界面上下地层所含的地球化学微量元素类型和含量、古地磁极性和构造运动面、古气候和水深等方面都有明显的变化，这些变化也是识别层序界面的重要标志。但是，

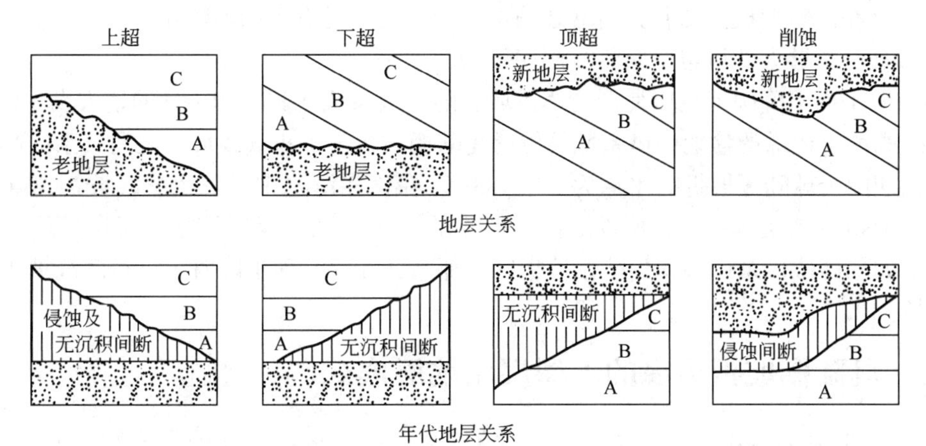

图 6-8　不同类型地震反射终止关系及年代地层意义（据朱筱敏，2016）

并不是在盆地任何地方都能找到上述层序识别标志，这就取决于观察点的位置、Ⅰ型层序界面的物理表现形式、所采用资料的类型及精度，以及盆地沉积物供给速率与海平面相对变化速率之间的关系。

（二）Ⅱ型层序界面的识别标志

大多数硅质碎屑岩的层序界面均为Ⅰ型层序界面。加之地质历史时期形成的Ⅱ型层序界面难以保存，以及现今对Ⅱ型层序界面研究较少，Ⅱ型层序界面的识别标志相对较少一些。

（1）层序上倾方向沉积滨线坡折带向陆一侧的、分布范围相对较小的陆上暴露及其不整合（图 6-2）。由于沉积滨线坡折带处未发生海平面相对下降，所以Ⅱ型层序界面之上未发生河流回春侵蚀作用，也不发育海底扇沉积。

（2）海岸上超向下迁移至沉积滨线坡折带向陆一侧，并形成由进积到加积准层序构成的陆棚边缘体系域。若井网较密，可通过研究陆棚边缘体系域来确定Ⅱ型层序界面。在一个盆地中，由于构造沉降作用的差异，Ⅱ型层序界面可以横向变为Ⅰ型层序界面。

第二节　具陆棚坡折边缘的盆地层序地层模式

层序地层模式除了受全球海平面升降、构造沉降、沉积物供给和气候等 4 个因素影响外，同时还受到盆地边界类型和盆地几何形态的影响。下面将分别介绍具陆棚坡折边缘的盆地、具缓坡边缘的盆地和具生长断层边缘的盆地的层序地层模式。

一、具陆棚坡折边缘的盆地特点

具陆棚坡折边缘的Ⅰ型层序模式往往在有下述特点的盆地中形成：

（1）存在着明显地形分异的陆棚、陆坡和盆地地形。陆棚坡度小于 0.5°，陆坡坡度为 3°~6°，海底峡谷坡度为 10°左右。

（2）具有明显分割陆棚沉积物与陆坡沉积物的陆棚坡折。在陆棚坡折两侧存在浅水到深水的突然过渡。

（3）具有倾斜的斜坡沉积地层模式。当海平面下降到陆棚坡折带以下时，河流深切形成峡谷以及斜坡扇和盆底扇。

（4）存在能够形成深切谷并向盆地输送沉积物的、足够大的河流体系。

（5）具有足够大的可容空间将准层序组保存下来。

（6）海平面下降幅度足以使低位体系域在陆棚坡折或在其外侧不远的地方发生沉积。

具陆棚坡折边缘的盆地中体系域的位置受陆棚坡折与沉积滨线坡折之间关系的影响。现今高水位期间全球陆棚坡折的水深为37~183m。在许多海盆中，沉积滨线坡折离陆棚坡折的距离为160km或更远一些，所以陆棚上形成的沉积体系域展布较宽。而在另外一些海相盆地中，如果高位体系域进积到陆棚坡折区，那么，在海平面下降时，沉积滨线坡折带就临近陆棚坡折带。

二、具陆棚坡折边缘的Ⅰ型层序地层模式

（一）低位体系域

低位体系域是在相对海平面下降（全球海平面下降速率大于沉积滨线坡折带处构造沉降速率）以及其后的缓慢上升时期形成的，其底为Ⅰ型不整合界面及其对应的整合面，其顶为首次越过陆棚坡折带的初始海泛面。在具陆棚坡折的盆地中，低位体系域常由盆底扇、斜坡扇和低位前积楔状体组成（图2-26）。Posamentier等（1993a）提出了一个术语，即“强制性海退”，用来区分响应于全球海平面下降时，在相对海平面下降期间低位体系域的海退沉积（强制性海退）与由沉积物超量注入引起的视下降海退沉积（正常海退）。

盆底扇（basin floor fan）是指沉积在盆地底部或大陆斜坡下部的海底扇，其形成与斜坡上的峡谷侵蚀以及陆棚暴露地表发生河流回春下切作用密切相关。在形成Ⅰ型层序界面时，由于陆棚部分或全部出露地表遭受剥蚀，沉积物越过陆棚和大陆斜坡，通过深切谷和斜坡峡谷以点物源的供应方式在盆底形成盆底扇。盆底扇底界面与低位体系域底界一致，顶界面为一下超面，常被斜坡扇和低位前积楔状体下超（图2-26、图6-9）。盆底扇作为重力流沉积物可用Bouma序列的AB、AC段组合或被截切的A段描述。盆底扇内扇为序列不明显的、互层的砂砾岩，中扇为向上粒度变细、砂层厚度减薄的水道化沉积序列，外扇为向上粒度变粗、砂层变厚的非水道化沉积序列。在外扇部位可能存在较大规模的砂质朵状体。盆底扇在陆坡上部或陆棚之上无对应的同期沉积物（图2-26、图6-9）。

斜坡扇（slope fan）指位于大陆斜坡中部或底部的重力流沉积体（图6-10），它是在海平面相对下降晚期或上升早期形成的。斜坡扇可沉积于盆底扇之上，也可沉积在比盆底扇更近源的地方，其顶被低位前积楔状体下超。由于斜坡扇形成时，陆棚上河流下侵趋于停止，粗粒物质往往优先充填在深切谷内，因此斜坡扇的粒度和砂泥比均比盆底扇沉积物更细更低。典型的斜坡扇呈开阔裙边状，以发育有堤的活动水道和溢岸席状韵律浊积砂为特征（图6-10）。这些带有天然堤的水道和溢岸韵律浊积砂为来自很陡的峡谷壁上流下来的点源块状重力流沉积，通常堆积在深切的海底峡谷出口处，其位置比低位盆扇更加接近物源。在斜坡扇中，砂沉积在水道中或在沉积物载荷超过水道携带能力时呈薄层或透镜状位于水道侧方，水道砂却构成了很好的勘探目标，叠置的越岸砂可提供多层物性较好的储层。

需要指出的是，在盆底扇和斜坡扇沉积环境中是难以识别准层序的，这是因为两个沉积体均缺少向上水体变浅的准层序特征。在实际工作中，常以扇体向上变细变薄的层组或向上变厚变粗的层组来代表准层序。

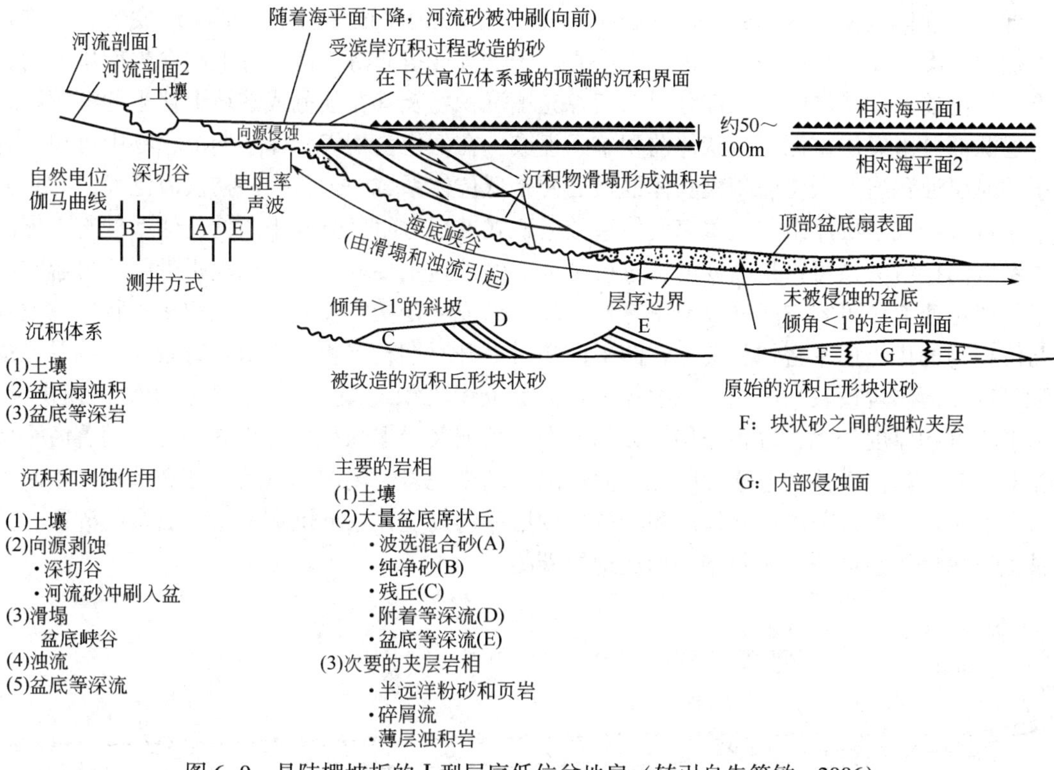

图 6-9　具陆棚坡折的Ⅰ型层序低位盆地扇（转引自朱筱敏，2006）

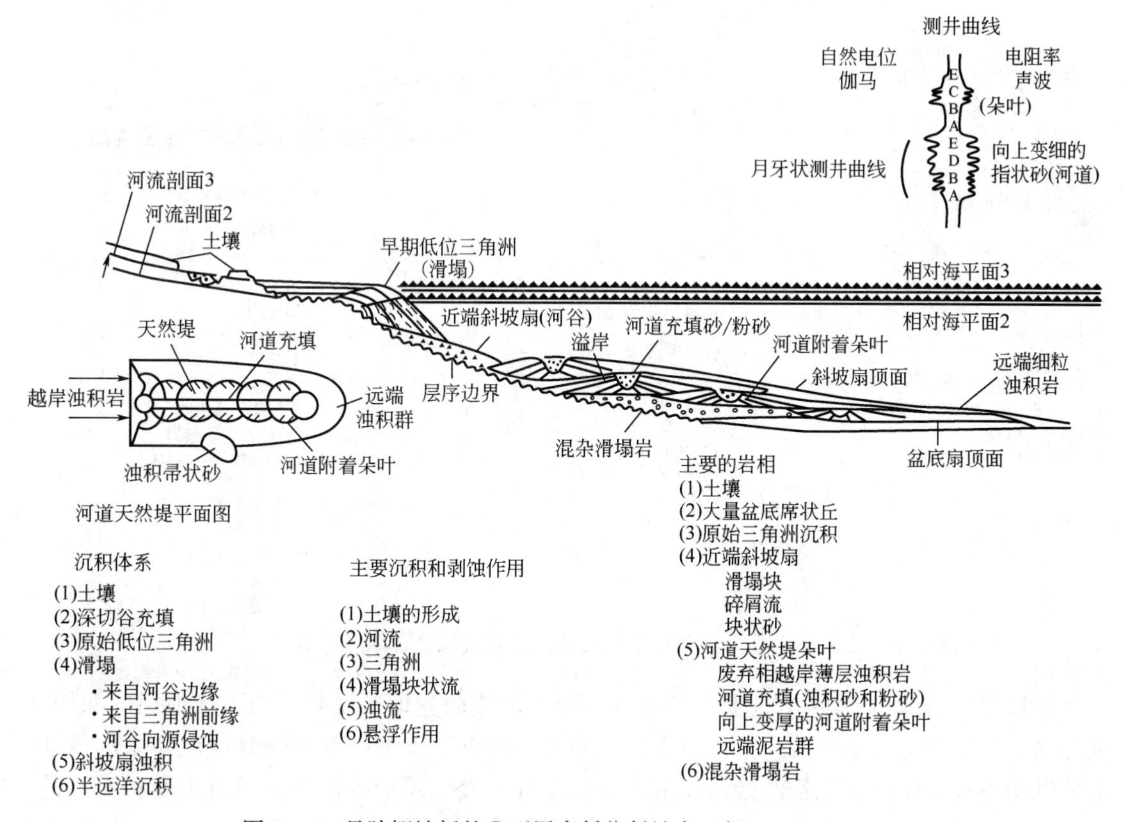

图 6-10　具陆棚坡折的Ⅰ型层序低位斜坡扇（据 David，1997）

低位前积楔状体（lowstand prograding wedge）是在海平面相对上升期间形成的、由进积式到加积式准层序组构成的楔状体。它主要位于陆棚坡折向海一侧，并上超在先期层序的斜坡上。低位前积楔状体的近源部分由深切谷充填沉积物及其在陆棚或陆坡上伴生的沉积物组成，远源部分由厚层富泥的楔状体前积单元组成，在低位前积楔状体早期沉积物中可包含有互层的薄层浊积岩。低位前积楔状体的顶面便是低位体系域的顶界——初次海泛面，它将低位体系域进积式准层序组与上覆海侵体系域退积式准层序组区分开来。低位体系域与上覆海侵体系域的接触关系可以是渐变的，也可是突变的。这主要取决于陆棚坡折带附近可容空间的增长变化速率，可容空间增长速率越快，越易形成突变接触关系。低位前积楔状体的发育还与沉积物的供给速率密切相关。在海平面相对上升时期，沉积物供给相对较少，则易形成沉积厚度较薄、规模较小的潮控或浪控三角洲和滨岸沉积（图6-11）；若沉积物快速供给，则易形成沉积厚度较大、进积作用明显的河控三角洲及滑塌浊积扇（图6-12）。随着海平面的相对上升，河流砂体的连通性降低，而煤层、越岸泥岩、潟湖相以及三角洲沉积物不断发育。一般来说，低位前积楔状体沉积物较先期层序的高位体系域沉积物富含更多的砂质，并可被上覆海侵体系域泥岩所封堵，形成地层圈闭。

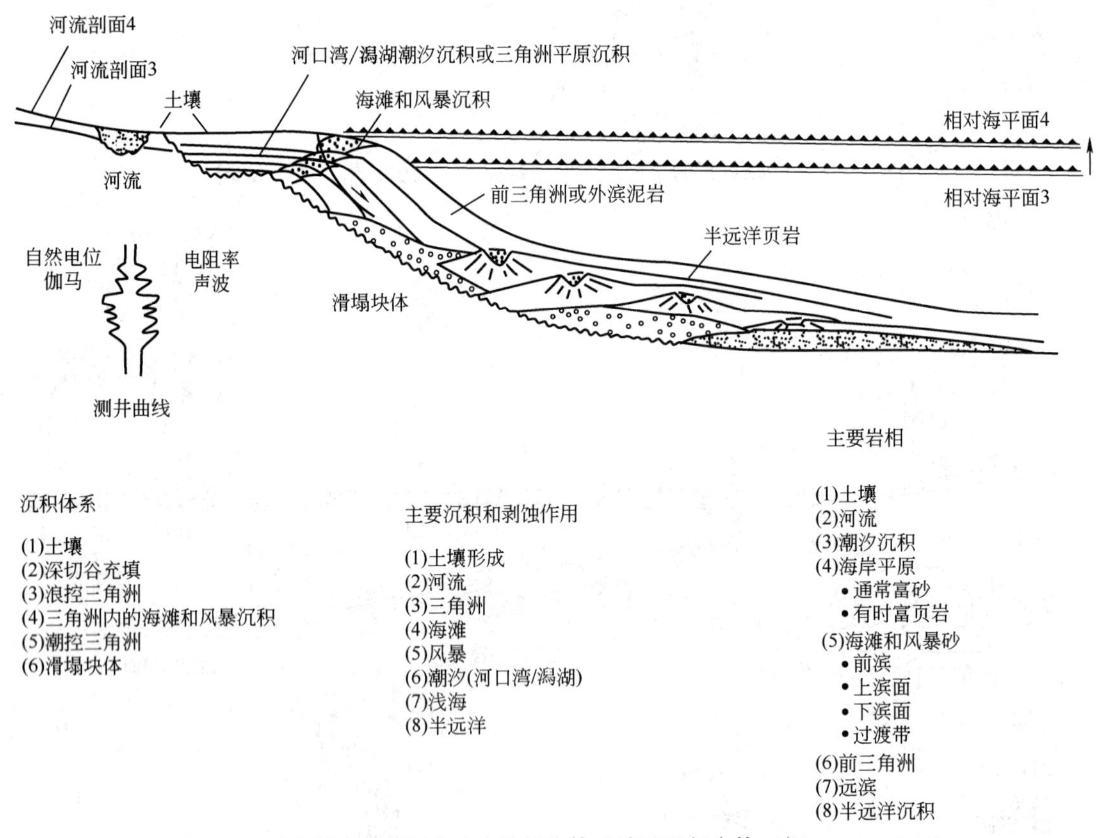

图6-11　具有低—中等沉积速率的低位体系域进积复合体（据David，1997）

深切谷（incised valley）是指因海平面下降、河流向盆地扩展并侵蚀下伏地层的深切河流体系及其充填物（图2-26）。在海平面大幅度下降期，陆棚因暴露受到河流体系的侵蚀，形成深切谷地并构成沉积物的搬运通道。在低位或海侵体系域形成期，因海平面相对上升，深切谷可与下伏陆棚泥岩呈突变接触，并且具有典型的电测曲线响应（图2-26）。这种垂向

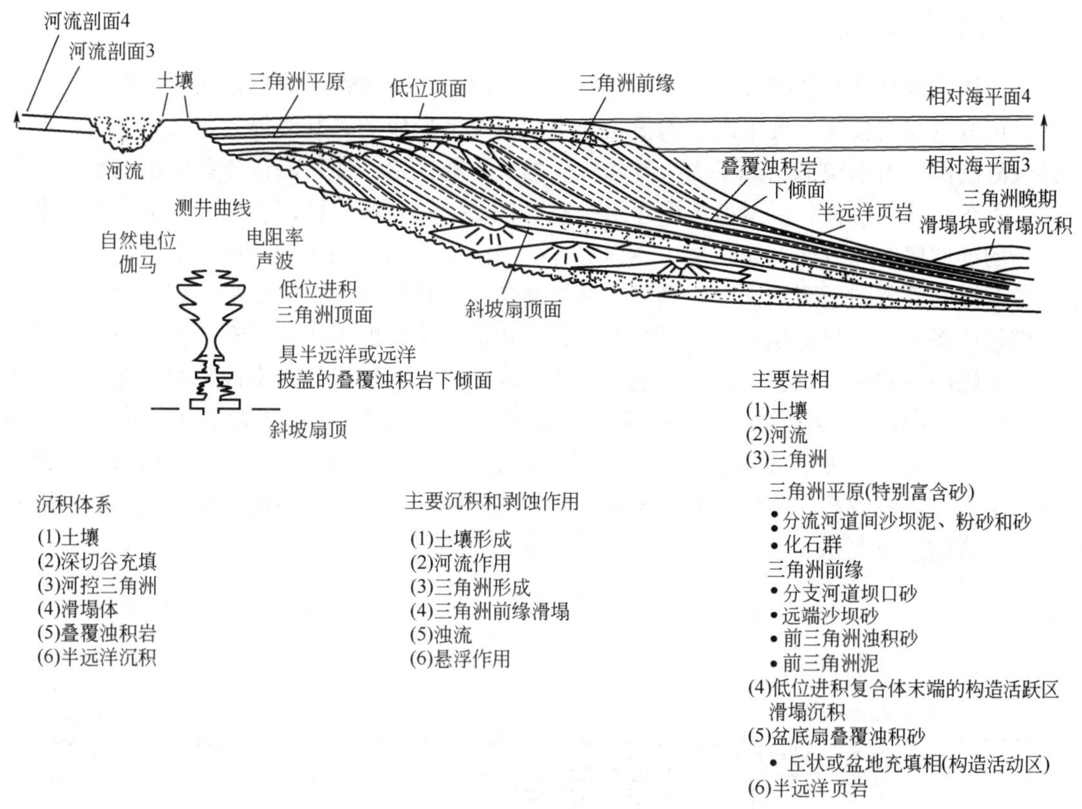

图 6-12　具有高沉积速率的低位体系域进积复合体（据 David，1997）

上不同环境成因的、缺少过渡相的相变接触关系是在相对海平面先下降造成下切、后上升被充填的结果。依赖于河流规模和河网疏密程度，较粗粒的深切谷充填物可呈单一河道，也可呈网状河道分布（图 6-13），但总的来说侧向变化快，常被低位或海侵体系域的泥质沉积物所包裹，易形成能富集油气的岩性油气藏。

彩图 6-13

图 6-13　深切谷及内嵌的小水道的地震反射特征（图片由左中航提供，2011）

（二）海侵体系域

海侵体系域是具有陆棚坡折边缘的Ⅰ型层序中部的一个体系域。它是在海平面快速上升期间，可容空间增长速率大于沉积物供给速率的情况下形成的。其底界为首次海泛面，顶界为最大海泛面。由于快速的海平面上升和较少的沉积物供给，使得海侵体系域由一系列较薄层的、不断向陆呈阶梯状后退的准层序组构成（图2-26）。其水体向上不断加深，依次堆积的较新的准层序向陆方向上超在层序界面之上。当海平面沿早期老的斜坡面上侵以至淹没整个陆棚、海平面范围达到最大时，则形成薄层富含古生物化石的、以低沉积速率沉积的凝缩层。海侵体系域完全是退积的，几乎没有前积沉积物，主要的沉积体系有陆棚三角洲、滨岸平原、富煤的海陆交互沉积、冲积和越岸冲积以及潟湖和湖泊沉积，潮汐影响可能是广泛的（图6-14）。海侵体系域较低位和高位体系域具有更低的砂泥比值，因而它可构成广泛分布的盖层和烃源岩层。现今世界上大多数陆棚均被海侵体系域占据，主要的三角洲都是陆棚三角洲，河口湾、潮汐湾、障壁岛和潟湖都是常见的沉积体系，而深海沉积作用主要为大陆斜坡滑塌形成的浊流沉积。

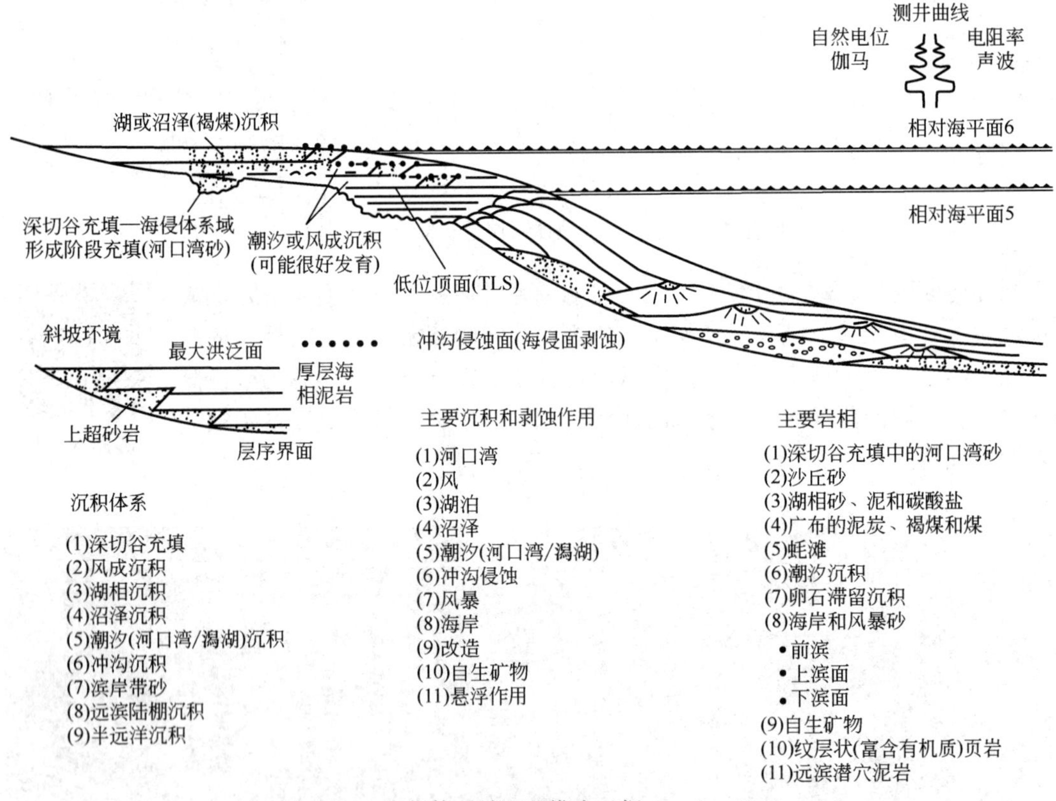

图6-14　海侵体系域沉积模式（据David，1977）

凝缩层在区域性或全球性地层对比以及层序地层学研究中起着重要作用（目前有人认为凝缩层顶底面不是一个等时界面），它是由沉积速率极低的薄层半深海、深海沉积物组成的。实际上，凝缩层向海一侧包含了海侵体系域和高位体系域远端部分。凝缩层分布范围很大，可以由盆地延伸到陆棚，成薄层且稳定的沉积单元，将滨浅海沉积与较深水的远海沉积地层联系起来，从而作为地层划分对比以及恢复古环境的一个关键沉积层段。凝缩层常富集有丰富的、种类繁多的微体浮游生物和底栖生物化石，并有磷灰石、菱铁矿等自生矿物，以及有机质、斑脱岩和浓度较高的铂族元素铱等（图6-15）。虽然凝缩层沉积厚度很薄，但它占有相当大的时间变化范围。凝缩层的这些特征对于层序地层分析有着重要价值。但是，在实际工作中，还应对凝缩层进行深入详细的研究，并注意以下两点。第一，应该选择性地密集采样，确定凝缩层的存在和位置，否则就会漏失凝缩层，在生物地层记录中就会出现明显的间断，造成在沉积作用实际连续的地区假想出一个主要的不整合面。第二，对凝缩层和浅海、河口湾砂岩综合采样，分析沉积环境的古水深。凝缩层比其上下的地层含有更多的深水古生物化石，而在低位和海侵体系域的河流、河口湾以及浅海砂岩中很少或根本找不到古生物化石。若仅对凝缩层采样分析古水深而不作同一层段侧向沉积环境解释，那么就会对整个层段作出连续的深水环境解释，遗漏掉几个重要的侧向边界。

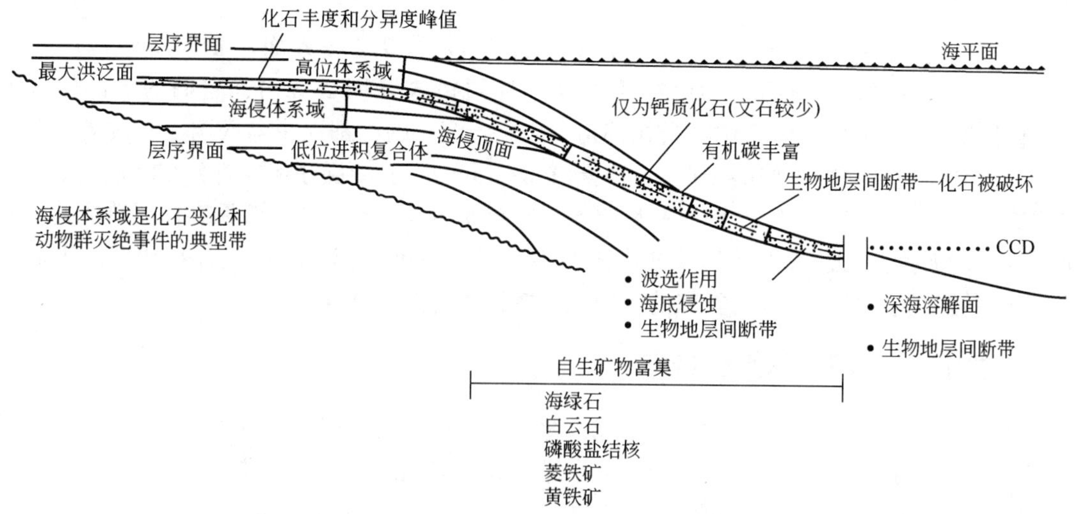

图6-15　最大海泛面和凝缩层沉积模式（据 David，1977）

（三）高位体系域

高位体系域是在海平面相对上升速率不断降低时形成的，或者说是在可容空间增长速率小于沉积物供给速率时形成的。它广泛分布于陆棚之上，其下部以加积式准层序组向陆上超于层序界面之上，向海方向下超于海侵体系域顶面之上。其上部在明显的河流作用下，沉积物以一个或多个具有前积层形态的进积式准层序组向盆地中央推进（图2-26）。在许多硅质碎屑岩层序中，高位体系域常被上覆层序界面削截，若被保持下来，也往往厚度较薄或富含泥岩。高位体系域的沉积类型类似于海侵体系域初期沉积，但是在高位体系域沉积期间，潮汐影响降低，煤、越岸沉积、潟湖和湖泊沉积减少，三角洲沉积和河道砂体连片发育。

（四）体系域类型与海平面升降变化的关系

全球海平面升降、构造沉降、沉积物供给和气候之间的相互作用控制了层序地层模式以及体系域的类型。因此，体系域的形成和发育与相对海平面变化曲线的特定时段密切相关。

在具有陆棚坡折的Ⅰ型层序中，不同体系域形成于相对海平面升降旋回变化的不同阶段。低位体系域盆底扇形成于海平面快速下降时期，低位斜坡扇和前积楔状体形成于相对海平面下降晚期到上升的早期；海侵体系域形成于相对海平面快速上升时期；高位体系域形成

视频 6-1 海相碎屑岩层序的发育过程

于相对海平面上升晚期、停滞期和下降的早期。具有陆棚坡折的Ⅰ型层序自下而上由低位、海侵和高位体系域组成，它们呈楔状几何形态分布于具有陆棚坡折边缘的盆地中。Ⅰ型层序中的层序和体系域界面将沉积岩划分为有联系的一套地层单位。这些界面提供了地层对比和作图的年代地层框架。Ⅰ型层序地层模式为预测层序内沉积体系类型及叠置模式提供了概念模型，为预测有利烃源岩、储集岩和盖层的分布以及有利地层岩性圈闭发育区起到了指导作用（视频 6-1）。

三、具陆棚坡折的盆地Ⅱ型层序地层模式

（一）Ⅱ型层序界面

Ⅱ型层序底界为Ⅱ型层序界面，顶界为Ⅰ型或Ⅱ型层序界面。Ⅱ型层序地层模式（图 2-28）有些类似于具缓坡边缘的Ⅰ型层序地层模式（图 2-27），它们的下部体系域（陆棚边缘体系域和低位体系域）最初都是在陆棚上沉积的，都缺少盆底扇、斜坡扇，但Ⅱ型层序与具缓坡边缘的Ⅰ型层序在成因机制上是不同的。Ⅱ型层序形成时，在沉积滨线坡折处没有发生相对海平面下降，因而Ⅱ型层序不发育深切谷，也没有河流回春作用造成的明显截切和相向海方向的迁移，而具缓坡边缘的Ⅰ型层序在沉积滨线坡折处存在相对海平面下降，在平缓斜坡上发育有深切谷和前积的低位楔状体（图 6-16）。

（二）Ⅱ型层序体系域特征

Ⅱ型层序自下而上由陆棚边缘体系域、海侵体系域、高位体系域组成（图 2-28），它可以沉积在陆棚的任何地方，并由一个或多个进积式、加积式和退积式准层序组构成，这些准层序组由具上倾滨岸平原的准层序组成。

1. 陆棚边缘体系域

陆棚边缘体系域是Ⅱ型层序最下部的一个体系域，其底界是Ⅱ型层序界面。在底界面为整合的地方，它只表现为准层序叠置模式的变化，即从快速前积到缓慢前积至加积的变化。陆棚边缘体系域的顶界为首次海泛面，它将前积至加积的陆棚边缘体系域与上覆海侵体系域分隔开来。

陆棚边缘体系域是在一个海平面相对上升时形成的海退地层单元，它以逐渐减弱的进积、继之以加积的准层序叠置模式为特征。它上覆在前一层序的高位体系域之上。陆棚边缘体系域是在陆棚外部沉积的，自下而上岩相的垂向叠置有加厚的趋势，沉积相逐渐由非海相向海相转化，其顶部也可能有广泛的煤层沉积。与高位体系域相反，陆棚边缘体系域一般没有被广泛的河流沉积所覆盖。

在实际工作中，在露头区或依据钻井、测井资料难以识别陆棚边缘体系域，这是因为它仅以一个隐藏的不整合面或准层序叠置模式的变化将其与下伏的高位体系域区分开来，也难以根据露头资料和钻井、测井资料来判断海岸上超向盆地方向的迁移。地震资料的分辨率也不足以区分上超地层倾角的细微变化。

2. 海侵和高位体系域

Ⅰ型层序的海侵体系域与Ⅱ型层序的基本一致，但也有所不同。Ⅰ型层序界面伴随着明

显的河流下切作用和陆棚的广泛暴露，当海平面开始上升并形成Ⅰ型层序海侵体系域时，深切谷首先被充填，后来的大面积陆棚海泛形成了广泛的海侵沉积。而Ⅱ型层序界面形成时，陆棚未完全暴露地表，也没有形成深切谷，所以Ⅱ型层序海侵体系域一开始就表现为沿层序界面发育广泛的海侵沉积。

Ⅱ型层序高位体系域与Ⅰ型层序类似，均以加积式至进积式准层序组为特征（视频6-1）。

第三节　具缓坡边缘的盆地层序地层模式

一、具缓坡边缘的盆地特点

与具陆棚坡折边缘的盆地特点不同，具缓坡边缘的Ⅰ型层序是在具下述特点的盆地中沉积而成的：

（1）盆地坡度低而坡折均一，地形坡度小于1°，最常见的坡度小于0.5°，并且不存在从缓坡到陡坡的地形和浅水至深水的水深突然变化。

（2）盆地缓坡沉积物呈叠瓦状至S形倾斜形态广泛分布于盆地缓坡及其他地区。

（3）海平面下降时伴生的河流深切作用可下切至低位滨岸沉积，但不会继续向下下切。

（4）海平面下降可形成低海平面三角洲和其他滨岸砂岩，但不发育盆底扇和斜坡扇。

（5）海平面下降速率和幅度足以使具缓坡边缘的Ⅰ型层序低位体系域在沉积滨线坡折带或其外侧不远的地方发生沉积。

二、具缓坡边缘的Ⅰ型层序地层模式

具缓坡边缘的Ⅰ型层序的低位体系域顶界面为海泛面，底界为层序界面（图2-27）。在具有陆棚坡折边缘的沉积盆地中，前积斜坡地形陡得足以形成盆底扇、斜坡扇和低位楔状体，但是在具缓坡边缘的沉积盆地中，Wagoner等认为低位体系域是由厚度相对薄的低位楔所构成的（图2-27）。这个薄层低位楔包括两部分沉积物（图6-16）。第一部分位于向陆一侧，以河流深切作用形成宽窄不一的深切谷（被河流和潮控三角洲沉积充填）并以海岸平原沉积物过路作用为特征。这一部分沉积物是在海平面相对下降、同时岸线快速向盆地逐步迁移直至海平面处于稳定时期形成的，是强制海退阶段的产物，Posamentier（1993a，1993b）将其称为“强制性海退楔状体”，这些楔状体可以被高位和低位前积楔状体（此处的“低位”指四分体系域中的低位体系域）保护起来（图6-16）。这些强制性海退楔状体常是富砂的，可形成被泥岩包裹的地层圈闭。第二部分位于向海一侧，是在缓慢的相对海平面上升时期形成的，由上倾的深切谷充填沉积和下倾的一个或多个前积式准层序组构成（图6-16），属于正常海退阶段的产物。

具有缓坡边缘的Ⅰ型层序海侵体系域和高位体系域与具陆棚坡折的Ⅰ型层序类似。虽然具有缓坡边缘的Ⅰ型层序高位体系域中缺乏明显的前积层沉积，但在高位体系域和海侵体系域中，常见三角洲前缘滑塌形成的浊积岩，切勿将此认为是具陆棚坡折的Ⅰ型层序低位体系域中的盆底扇。

视频 6-2
下切谷

总的来看，具有陆棚坡折边缘和缓坡边缘的Ⅰ型层序均由低位体系域、海侵体系域和高位体系域组成。不同的是，在具有陆棚坡折边缘的盆地中，海平面相对下降到陆棚坡折以下，而在具缓坡边缘的盆地中，海平面相对下降到沉积滨线坡折以下，加之地形平缓缺少明显地形坡折，所以具有缓坡边缘的Ⅰ型层序低位体系域仅由相对较薄的楔状体组成，而根本没有盆底扇和斜坡扇（图2-27和图6-16、视频6-2）。

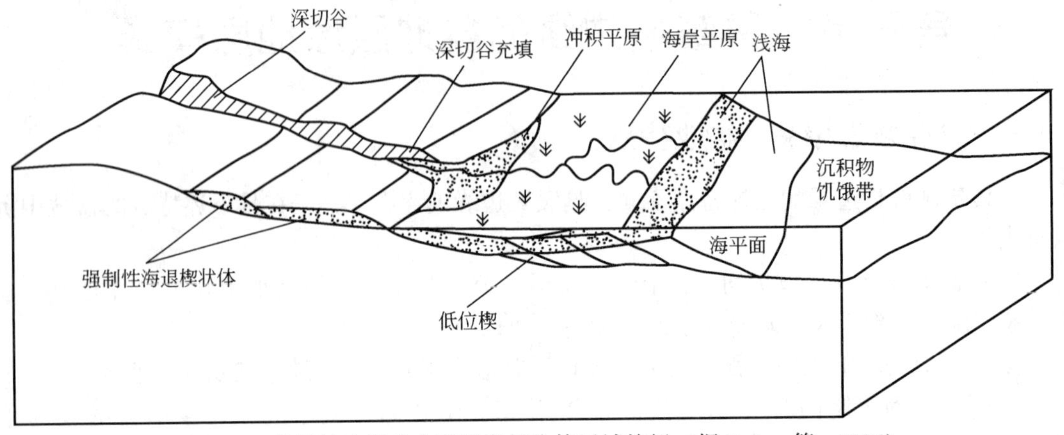

图6-16　具缓坡边缘的Ⅰ型层序低位体系域特征（据Embry等，1996）

第四节　具生长断层边缘的盆地层序地层模式

一、具生长断层边缘的盆地特点

在被动大陆边缘盆地中，盆地边缘除了具有陆棚坡折和缓坡特点外，还存在着以同生正断层为边缘的被动大陆边缘盆地，这些盆地具有以下特点：

（1）盆地的边界是重力驱动的同沉积伸展断层。由于边界断层的差异伸展活动，盆地呈半地堑状，有的沉积盆地也可呈地堑状。

（2）生长断层上盘沉降速率明显大于下盘沉降速率，从而造成较为明显的地势高差。下盘在上升过程中常处于浅水沉积环境，海平面下降时可全部出露水面遭受风化剥蚀形成层序界面；上盘在下降过程中常处于较深水沉积环境，比较容易形成持续稳定的较深水沉积序列。因此，在断层两侧易造成明显的相变或沉积相差异。

（3）在具生长断层的盆地边缘，也存在较为明显的地形坡度变化。生长断层下盘处于高部位，地形较为平缓；生长断层上盘处于低部位，地形也相对平缓；但连接生长断层上下盘的断层面却有较大的地形坡度，所以在生长断层面上可以发育峡谷及其充填物。

（4）在生长断层活动期间，海平面发生升降旋回变化，加之沉积物供给情况的变化，可在具生长断层边缘的盆地中，充填低位、海侵和高位体系域沉积序列，这些沉积序列在生长断层两侧是由不同的沉积相组合而成的。

（5）被动大陆边缘盆地中的同生断层活动强度具有周期性变化特征。也就是说，同生断层上盘的运动幅度是随时间发生变化的，这样就会造成可容空间随时间变化。所以，在同生断层断面两侧，上下盘沉积物充填序列的厚度和沉积相类型就会存在差异。

（6）尽管沉积物供源可以来自多个方向并充填具同生断层边缘的盆地，但是，当海平面下降，同生断层上升盘出露地表遭受风化剥蚀时，深切谷所搬运来的沉积物就会在同生断层下降盘形成的新增可容空间中沉积下来，最终导致河流、三角洲以及浅海沉积物明显加厚。

二、具生长断层边缘的层序地层模式

Mitchum（1993）曾对被动大陆边缘墨西哥湾盆地进行过层序研究。该盆地的沉降过程明显受生长断层的影响，从而造成在同一个时期，生长断层下降盘的沉积厚度常大于上升盘的沉积厚度。这种沉积模式反映了受生长断层影响的盆地演化历史（图6-17）。具生长断层边缘的盆地的演化时间比一个海平面升降变化旋回时间长，一个生长断层边缘的盆地中常包含周期为0.5~1Ma的7~8个三级周期。具生长断层的层序地层模式是由低位、海侵、高位和陆棚边缘体系域构成的，但是大多数层序都属于Ⅰ型层序，故下面将主要介绍Ⅰ型层序中低位、海侵和高位体系域的特征。

（一）低位体系域

具生长断层边缘的低位体系域由盆底扇、斜坡扇和前积楔状体组成。在低位体系域发育早期，生长断层活动较强烈，下降盘水体较深，发育盆底扇和斜坡扇，但其后形成的低位前积楔状体及海侵体系域、高位体系域均分布于生长断层两侧。

盆底扇常以海底扇的形式沉积在斜坡下部或盆地深处，其底便是Ⅰ型层序的底界。盆底扇是由碎屑流成因的块状砂岩构成的，具有高砂泥比的朵叶或水道特点。盆底扇砂岩干净，分选好，具有良好的储集性能。它是在相对海平面下降早期由河流峡谷砂、高位三角洲砂冲刷滑塌而成的，上超在盆底之上且快速发生尖灭。一般来说，盆底扇厚度不太大，常为30~90m，但分布范围广（图6-17），在地震剖面上常表现为具有连续的、较强振幅的反射特征。在测井曲线上，盆底扇常呈箱形并与上覆和下伏地层呈岩性突变接触。盆底扇直接位于层序界面之上，并与下伏未受侵蚀的高位体系域和上覆海侵体系域欠补偿沉积相接触，所以广泛分布的欠补偿盆地沉积（凝缩段）和介形虫含量高是识别盆底扇的重要标志。事实上，识别具生长断层边缘的低位盆底扇的最好标志有以下几点：（1）形成于深水环境；（2）具有扇形特征；（3）具双向下超的良好地震反射特征；（4）相邻斜坡底部突然的上超尖灭；（5）扇顶面地震反射振幅强。应注意排除由滑塌、侵蚀等造成的假象（图6-18）。对于具断层边缘的低位盆底扇勘探，还要注意从烃源岩到盆底扇的运移通道和盆底扇顶部盖层的研究。盆底扇易形成构造—地层圈闭。

斜坡扇作为低位体系域的一部分常上覆在盆底扇之上，下伏在低位前积楔状体之下，它是由块体流、浊流水道和越岸沉积构成的（图6-17）。若不存在盆底扇，斜坡扇可直接位于层序界面之上。斜坡扇顶面是低位前积楔状体的下超面和凝缩段。它是在相对海平面下降晚期和上升早期形成的，比盆底扇具有更低的砂泥比值。厚层的砂岩形成于相对狭窄的水道之中，而泥岩发育于水道两侧。斜坡扇主要形成于浅海环境，最主要的沉积单元是具有天然堤的水道沉积。具天然堤的水道是在河流携带的砂流经深切谷或峡谷时形成的，砂沿水道搬运沉积，而泥则形成天然堤或越岸沉积物。往往只有1个具天然堤的水道处于活动状态，但也常存在决口或分叉作用。在具天然堤水道的末端，某些砂粒沉积物扩散形成薄层、水道化的

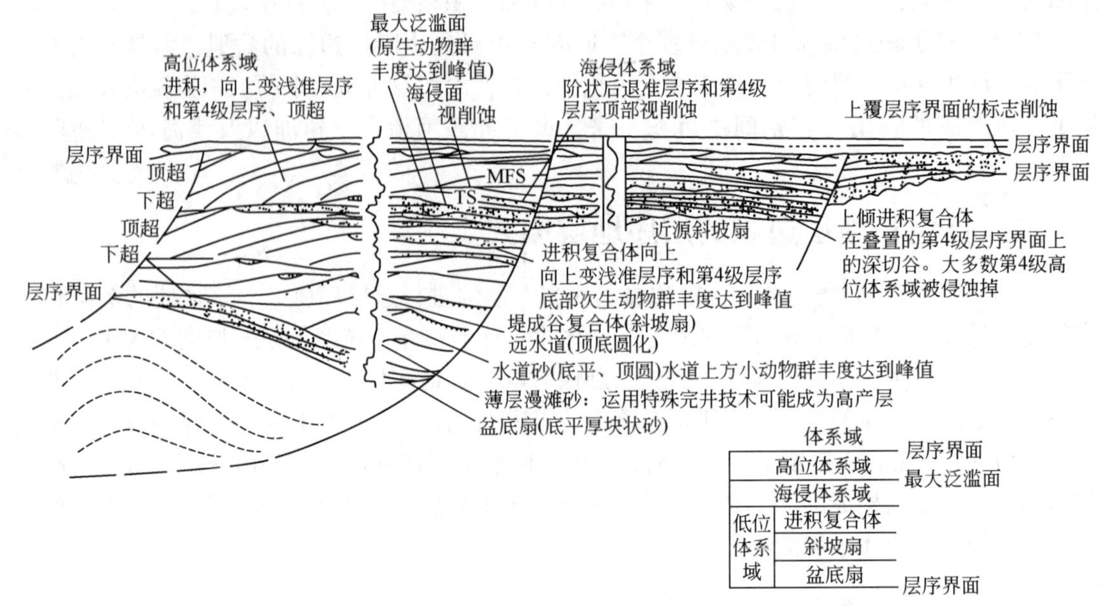

图 6-17　具生长断层边缘的层序地层模式（据 Mitchum，1993）

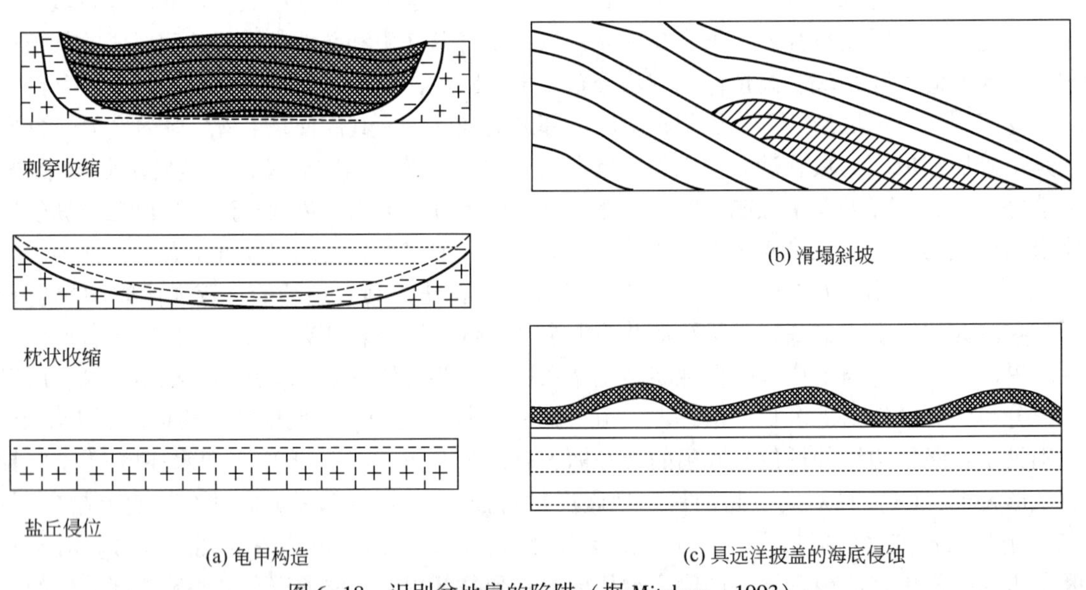

图 6-18　识别盆地扇的陷阱（据 Mitchum，1993）

朵叶（图 6-19）。具天然堤水道的规模变化是明显的，水道宽度为几百至几千米，并在地震和测井资料上具有明显的响应（图 6-19）。在 1 个三级层序中，可出现 6~8 个单独具天然堤的水道。最好能采用三维地震资料对斜坡扇进行勘探，因为越岸砂和水道末端朵叶砂尽管很薄，但具有良好的连续性和较好的孔隙度和渗透率，油气产量可能会很高。

低位前积复合体是低位体系域最上部的沉积单元，由向上变浅的低位三角洲构成。该三角洲位于沉积滨线附近，向海进积，向陆尖灭，以加积至进积为特征（图 6-20）。大型的低位楔状三角洲是在相对海平面上升的早中期形成的，它呈前积斜交地层模式向陆方向上超在前期斜坡和陆棚边缘上，向盆地方向下伏为斜坡扇的顶部。随着相对海平面上升速率的加

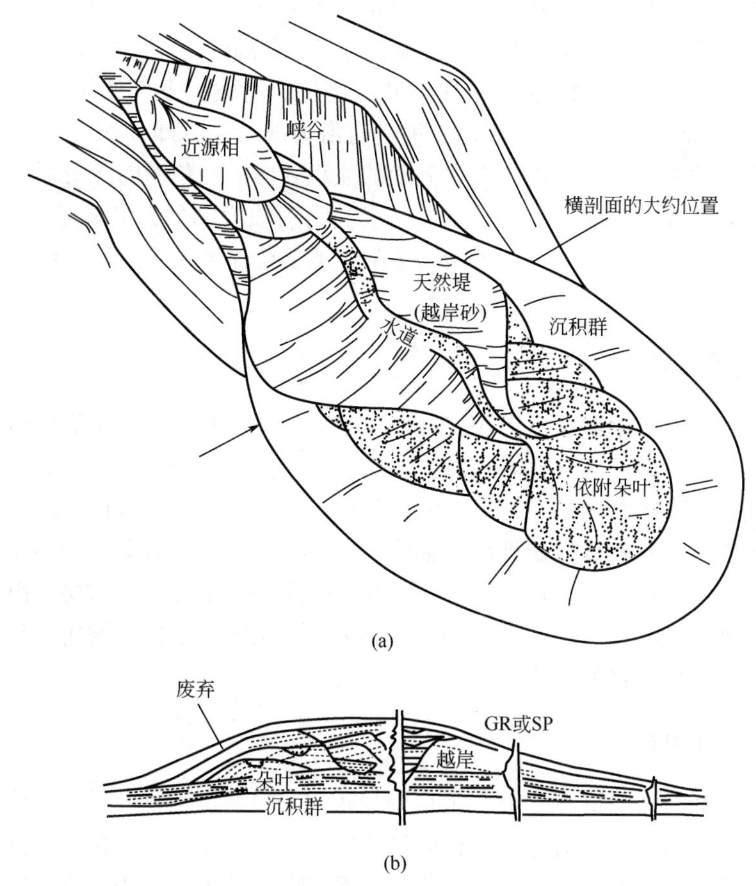

图 6-19　具天然堤水道的斜坡扇沉积模式（据 Mitchum，1993）

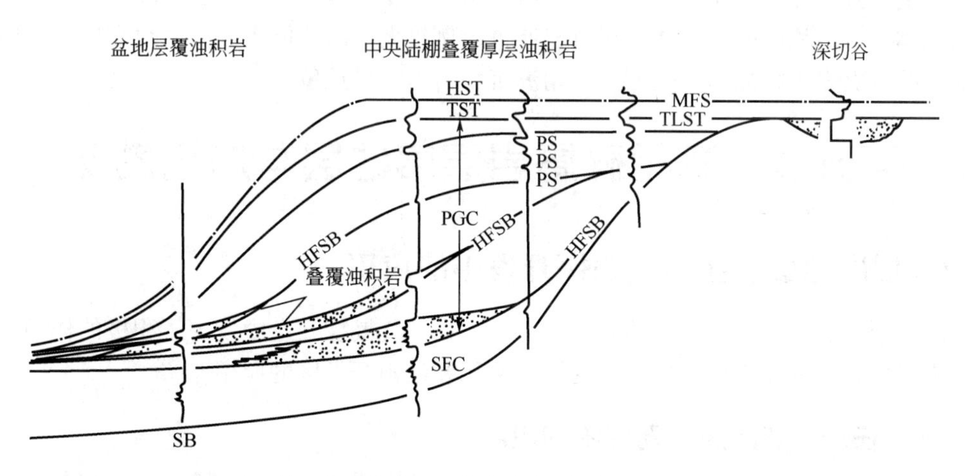

图 6-20　具生长断层边缘的低位前积楔状体及其测井响应（据 Mitchum，1993）

TST—海侵体系域；MFS—最大洪泛面；PGC—进积复合体；TLST—顶部低位体系域；
HST—高位体系域；HFSB—高频层序界面；SFC—斜坡扇复合体；
PS—准层序；SB—层序界面

大，前积楔状体发育的早期阶段具有明显的前积特征，晚期具有明显的加积特征。前积复合体的顶界是首次海泛面，此时相对海平面上升速度超过了沉积物供给速率并开始发育海侵体系域。一个发育良好的低位前积复合体通常由 4 部分组成：向陆一侧为非海相至深切谷河口湾充填沉积物，然后是水深低于 100m 的前积滨线和三角洲砂沉积，再向海盆中央方向是水深为 100~500m 的浅海至半深海加积序列，最后是位于斜坡中下部的重力驱动浊积砂沉积（图 6-20）。在低位前积复合体中，存在 3 种富有潜力的储层，即前积三角洲及其伴生的临滨沉积、上倾尖灭的深切谷充填物、重力驱动的浊积砂体或三角洲前缘滑塌浊积砂体。

在低位体系域形成发育期间，由于生长断层的活动较为剧烈，形成了较大的可容空间，在快速供给沉积物的充填作用下，生长断层下降盘的低位体系域沉积厚度明显大于上升盘的厚度（图 6-17 和图 6-20）。

（二）海侵体系域

海侵体系域位于层序中部，以退积式准层序组为特征，其底为位于低位体系域之上的首次海泛面，其顶为最大海泛面（图 6-17），它是在相对海平面上升速率较大时形成的。海侵体系域形成时期，岸线不断向陆退却。在海侵早期，对下伏高位或低位楔状体的海侵侵蚀会形成走向平行于岸线的具较好储集性质的临滨砂岩，而海侵体系域上部准层序常是在海侵速率明显加大时形成的，泥页岩含量不断增多，封盖性质不断变好。凝缩层是由最大海泛面和相邻的海侵体系域晚期、高位体系域早期地层构成的。由于其富含生物化石且分布广泛，因而构成了井间地层对比的良好标志。

（三）高位体系域

高位体系域广泛分布在陆棚之上，由早期加积式和晚期进积式准层序组构成，它是在相对海平面上升后期且海平面上升速率降低时形成的。高位体系域形成时期，滨岸线不断向盆地中央推进，沉积物向上粒度不断变粗。高位体系域向盆地方向沉积厚度变薄并超覆在最大海泛面之上，其顶界为层序界面（图 6-17）。由于沉积地势平缓，断层下降作用减弱，所以许多高位体系域沉积厚度较薄并且泥页岩所占比例较大。高位体系域向盆地方向以薄层富含黏土的凝缩段页岩为特征，向陆方向三角洲沉积占据主导地位。

第五节　海相碎屑岩层序地层与油气勘探

一、层序地层学在油气勘探开发中的应用

层序地层学提出了一套全新的概念体系，它在油气勘探开发中发挥了积极的作用，具体表现在未成熟区的勘探应用、成熟区的勘探应用和油田开发区的应用。

（一）在未成熟区油气勘探中的应用

未成熟勘探区是指勘探资料稀少的勘探新区，仅有少量的钻井资料以及地震资料，尚未进行有效的生储盖评价的地区。若这些地区存在剧烈的构造形变、地震资料品质较差、储盖层及圈闭尚未钻探不利条件，层序地层学的应用常常存在较大的风险。但是，若这些地区存在品质良好的地震资料，存在有一定远景的深水砂体和地层圈闭，那么应用层序地层学在未成熟地区进行勘探就会取得良好的效益。

在未成熟勘探区，层序地层学的研究可在下列方面发挥积极作用：在盆地骨干测网上建立

层序界面框架，确定较准确的年代地层等时界面用于地层对比和沉积相研究，并为制作多种图件提供年代地层框架和作图单位；在骨干测线的层序框架内细分体系域；在年代地层框架内，主要依据储层和盖层的分布，确定含油气远景区带；确定或预测圈闭类型，进行油气勘探。

（二）在成熟区油气勘探中的应用

勘探成熟区是指具有丰富的油气勘探资料及油气勘探成果的地区。这些丰富的油气勘探资料包括较好的露头剖面、广泛分布的较密集的采样、钻井资料、测井资料、生物地层资料、品质优良的二维或数字地震资料及大量的多种室内分析化验资料。

在成熟勘探区，应用层序地层学能够降低勘探风险，在提高油气勘探成功率等方面发挥积极作用。例如，层序地层学可为预测沉积体分布、预测生储盖分布提供很好的概念模型；评价砂岩储层的产状和连续性，并以海泛页岩作为次级地层对比的标志层；预测井间潜在的生储盖组合，确定更为准确的油气勘探方向或趋势，更好地确定富有经济价值的隐蔽性地层圈闭；建立更综合的地层框架来探索新的成藏组合。

（三）在油田开发区的应用

油田开发区是指具有丰富的钻井、测井和地震资料的地区。依据层序地层学的理论可以重新评价正在生产的油气田，在增加油田产量、提高采收率以至延长油田寿命等方面发挥作用。例如，层序地层学可以更好地了解储层非均质性、流体连通性、流体压力系统等油田开发面临的问题；充分地利用钻井、测井资料，预测储层层理和连续性，通过详细的地震层序分析，预测含水层体积和连续性，预测断层面和流体渗漏点；研究岩石物理性质，估算油气田储量；在了解地层形式及其对流体单元影响的基础上，更好地制定注水驱油和提高采收率的开发方案等；通过层序和海泛面的精细层序地层对比，确定储层和隔层的分布情况及其含油气性，为编制高效的油气田开发方案提供地质基础。

（四）层序地层学在油气勘探开发中的应用条件

当把层序地层学理论体系和研究成果应用于油气勘探开发工作中时，除了要消除地震资料及其他资料的层序地层解释陷阱以外，还要收集充足的、品质良好的露头、钻井、测井和地震资料，通过综合分析和类比研究，利用层序地层学的研究思路对含油气远景区作出评价分析（表 6-2）。

表 6-2　层序地层学远景评价的影响因素（据 Sangree，1990）

主要影响因素	具体影响因素
基础资料因素	①有无足够密的地震测网和足够高的地震分辨率；②合成地震记录（VSP）是否与关键井联系起来；③是否作了测井曲线的编辑和分析；④在测井曲线分析中是否综合了岩心和岩屑资料；⑤生物地层年代是否准确，资料是否充分；⑥层序能否与海岸上超图表严格对比；⑦是否作了岩心封堵毛细管压力分析
远景分析因素	①是否有充分的标准识别体系域和储层；②是否对储层、盖层交界面进行构造成图；③是否作了岩性横向尖灭或横向相变模型及检验；④是否作了振幅频率异常模型并检验了烃类的存在；⑤是否经过处理检验排除了相干噪声；⑥是否排除了层序解释的勘探陷阱
类比研究因素	①是否从正确的体系域中选择了类比内容；②类比的规模和地震模型是否合适、匹配；③类比的区域背景是否相似；④储采比是否合适；⑤类比中是否遇到储层不连续问题；⑥油层是水驱还是溶解气驱；⑦油气是否充满到溢出点

二、体系域的成藏条件分析

（一）有利烃源岩和盖层分析

层序地层学为确定烃源岩的分布提供了一个有关的地质框架。然而仅仅根据体系域或地层的几何形态是难以预测烃源岩分布的。这是因为烃源岩的分布受多种因素的影响（图6-21），如盆地地形、气候、陆源有机质产率、海洋水深、海洋有机质的产率、海洋水体环境和沉积速率和水深。然而，仅仅根据体系域的分布是难以预测海洋水体循环和气候等影响因素的。陆源有机质产率主要影响了滨岸和三角洲平原环境中煤和煤系沉积物的发育。供给于海洋的陆源有机质形成速率主要受控于植被生态系、沉积物粒度以及到岸线的距离。在前泥盆纪，陆源有机质的产率是可以忽略的。在三角洲平原沼泽等细粒沉积物中，陆源有机质含量高，随着搬运距离和水深的加大，陆源有机质的供给降低，但在陆棚边缘和斜坡及峡谷地区，由于三角洲和重力流作用，有机质含量可以很高。总的来说，随着水深增加和到岸线距离的加大，海洋藻类有机质的供给随之降低。在地质历史时期，海洋烃源岩发育的高峰期是在晚泥盆世、晚侏罗世至白垩纪，这与一级海平面变化旋回和板块构造运动强烈活动期是一致的（图6-22）。被动大陆边缘拉张构造背景盆地、内克拉通和弧后盆地是海相烃源岩最为发育的地方。在构造活动收缩期和广泛的冰期，即石炭纪和二叠纪，海相烃源岩相对不太发育。

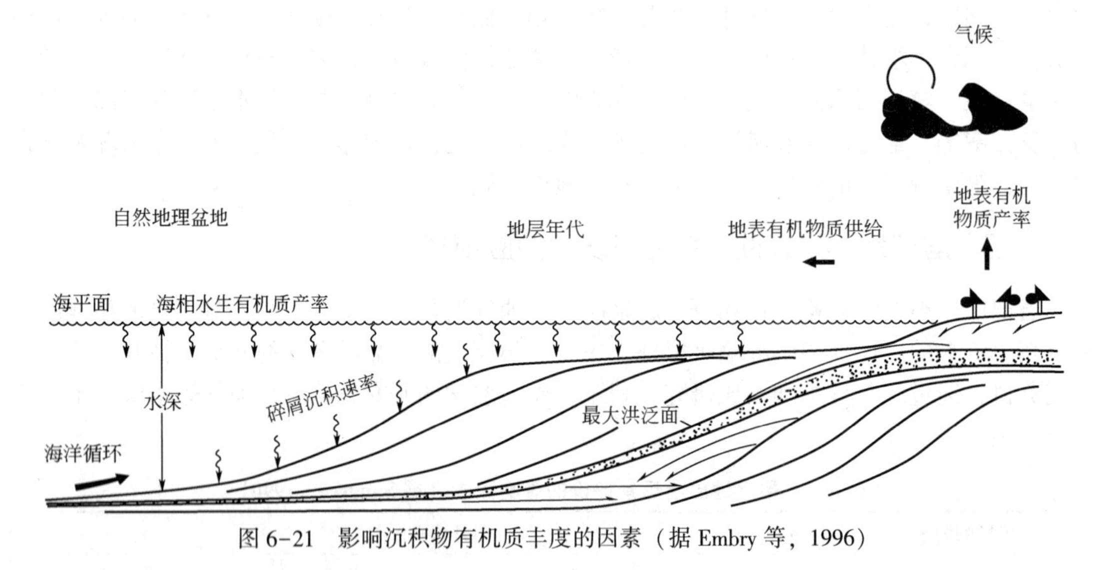

图6-21　影响沉积物有机质丰度的因素（据 Embry 等，1996）

对于评价一个含油气远景区和进行油气勘探来说，在导致油气勘探的失败原因方面，缺乏充足的生油岩和盖层往往比缺乏储层更严重，因此应该根据层序地层学研究，准确预测能充当烃源岩和盖层的细粒岩的分布。下面将分别讨论在一个相对海平面变化旋回中各体系域烃源岩的发育状况。

在低位体系域沉积早期，陆棚和斜坡上部均为沉积物过路地带，难以形成煤的聚集，陆源有机质易遭氧化。陆源有机质的分布仅限于盆底扇沉积物中。低位楔状体可发育煤系沉积，但分布范围仅局限于深切谷附近。因此，在整个层序中，低位体系域最缺乏有远景的烃源岩及盖层。

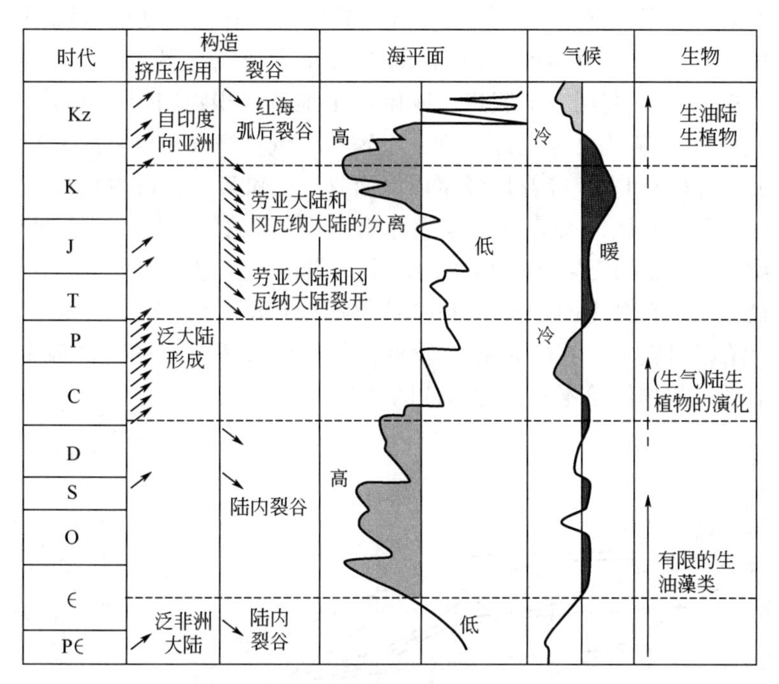

(a) 烃源岩随时间的演化

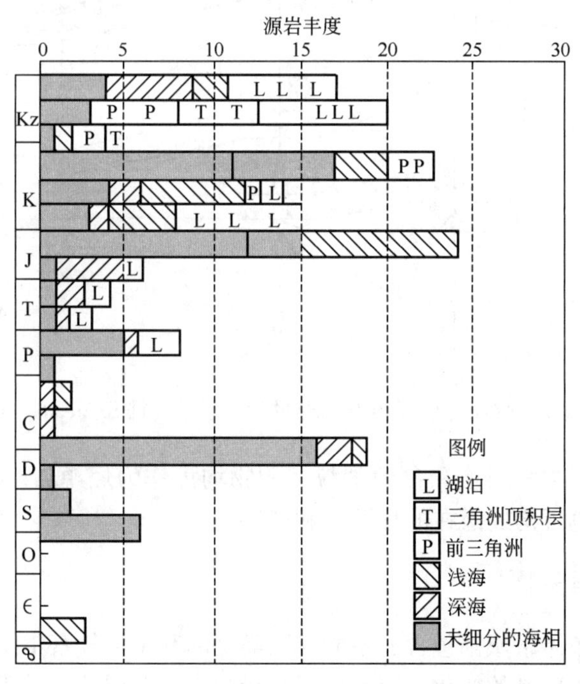

(b) 不同年代烃源岩沉积环境

图 6-22　地质历史时期烃源岩的分布（据 Embry 等，1996）

海侵体系域发育期间，岸线向陆后退，浅海陆棚沉积范围不断增大，陆源碎屑物质供给降低，沉积速率降低，从而形成了凝缩层，此时最易形成细粒沉积物。细粒岩石既可作为烃源岩，也可成为盖层。S. Creaney 等（1993）认为，较低的沉积速率和沉积界面处的贫氧环境，影响了烃源岩的有机碳总量（TOC）。一旦确立了缺氧环境，沉积速率即成为控制 TOC

值大小的主要因素。若可容空间不断加大，沉积速率不断降低，则细粒沉积物的 TOC 值就会不断增大。显然，一个层序中细粒沉积物的 TOC 最大值应与最大海泛面对应的沉积层段密集段相对应。S. Creaney 利用一个假想层序阐述了细粒沉积物与层序地层格架之间的关系（图 6-23）。图中层序底界为 I 型层序界面，上覆一个低位楔（A 以下部分）、海侵沉积（A 至 C）和高位沉积（C 至 E），接着是层序顶界面（E）和第二个低位楔（F）。在图中垂向剖面处用声波和电阻率曲线的叠合异常来表示有机碳的相对丰度，曲线分离越大，则 TOC 值越高。剖面位置①处于缺乏陆源碎屑供给的盆地最内部，整个层序细粒沉积物的 TOC 值均较高，但以最大海泛面对应的密集段 TOC 值最高（B 至 C）。对于剖面位置②和③来说，由于陆源碎屑供给相对较多，TOC 值相对较低，但每个进积单元的下部较上部具有较高的 TOC 值，这是后期沉积物供给不断增加造成的。

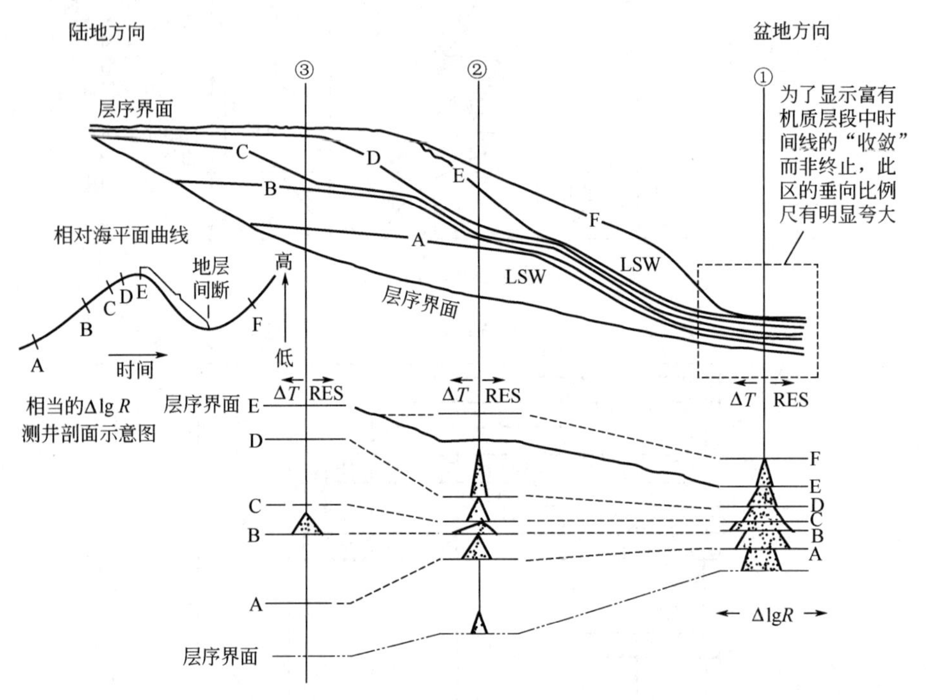

图 6-23　表示细粒沉积物有机碳总量的假象层序（据 S. Creaney 等，1990）

在高位体系域沉积中，斜坡和盆地细粒沉积物均可作为烃源岩。三角洲平原分支河道间、煤沼环境沉积物也可构成潜在的烃源岩和盖层。

（二）有利储层分析

海相碎屑岩层序各体系域都包含着不同成因类型的利于油气富集的储层。由于可容空间变化速率的变化和沉积环境的变化，以及储层与烃源岩、盖层的关系不同，各体系域中不同类型储层的物性和有效性存在较大的差别。常见的具有较好储集物性的储层类型有以下几种（图 6-24）：

（1）相对独立的低位盆底扇舌状浊积砂体。这些砂体的储层特性主要取决于砂体的骨架孔隙度、渗透率和连续性。它们常被深海、半深海页岩分隔开来，形成富有勘探前景的地层油气藏。

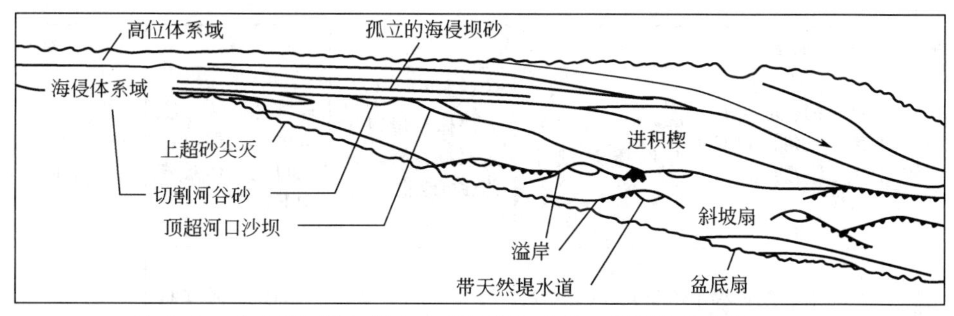

图 6-24　硅质碎屑体系域中有利的储集砂体（转引自朱筱敏，2016）

（2）低位斜坡扇水道砂体和溢岸砂层。这些砂体是陆上河流经陆架深切搬运到盆地的。水道砂单层厚度较大，侧向不连续；溢岸砂层虽薄，但孔隙度、渗透率高，可形成由许多薄层砂构成的大型地层圈闭。

（3）低位前积楔状体前缘叠瓦状浊积砂体、进积楔状体上部三角洲和临滨砂体，以及充填于海底峡谷的砂体。这些砂体具有良好的顶部盖层，但侧向封闭性差，常需要构造圈闭来聚集保存油气。

（4）海侵体系域海滩临滨砂体。该砂体经海岸高能波浪作用改造，分选好，孔渗性也好。海岸波浪改造作用有助于使临滨砂体平行于海岸分布。海侵的阶梯状后退性质有助于形成互层砂页岩，以至形成地层与构造—岩性圈闭。

（5）高位体系域的河道和三角洲砂体，遍布于陆棚区且沉积厚度大。若在油气逸散之前，这些砂体的上倾方向的逸散通道被封堵，则可形成构造圈闭。

（三）体系域的成藏条件分析

由于可容空间变化速率和沉积物供给的差异，各硅质碎屑体系域就形成了不同的成藏条件（表 6-3），但在油气勘探中，应注意勘探低位盆底扇和斜坡扇地层圈闭，预测低位进积楔状体、临滨砂体的顶超和上超尖灭，勘探低位体系域深切谷砂体的地层圈闭以及识别不连续的高位体系域砂体。

表 6-3　不同体系域的生、储、盖层及运移、圈闭（转引自朱筱敏，2016）

体系域		储层	生油层	盖层	运移	圈闭
低位体系域	盆底扇	具有极好的孔隙度、渗透率，连续性可变，上部水道化叶状体往往是个问题	来自较深层的渗漏，顶部和侧向的凝缩层段页岩可能为生油岩	深海凝缩层段页岩极好，如被斜坡扇覆盖，则有缺失盖层的危险	从较深部生油层垂向运移，也可能从凝缩层段向下和侧向运移	典型的地层圈闭
	斜坡扇（带天然堤水道）	水道砂 5 ~ 40m 厚，溢岸砂薄，为 1 ~ 30cm。水道砂不连续，溢岸砂可广泛分布，但难以识别和评价	不确定，可能是深部的	内部的页岩盖层、顶部凝缩层段页岩盖层。天然堤限制了溢岸砂和裙边式尖灭	不确定，可能经过断层通道或从低位扇体垂向运移	典型的地层圈闭，也有构造圈闭

续表

体系域		储层	生油层	盖层	运移	圈闭
低位体系域	进积复合体	可变的、堆叠的河流三角洲和滨岸相，连续性可变	较深层或顶部的海侵体系域生油岩	海侵体系域顶部盖层好，侧向封闭性可能差	较深部油源可能取决于断层通道，也可能从体系域向下运移	典型的构造圈闭，可能有压实圈闭
	海底峡谷充填	变化大，海底水道浊积砂体等，连续性差	不确定，同期烃源岩可能以生气为主	局部的页岩盖层	不确定，通过断层的垂向运移可能较佳	地层尖灭
	深切谷充填	典型的辫状河砂体，连续性好到中等	顶部海侵体系域的生油岩，可能有深部生油岩	海侵体系域页岩，侧向封闭性差	从海侵体系域向下运移，可能通过断层垂向运移	典型的构造圈闭或鼻状构造圈闭
海侵体系域	临滨	海滩临滨砂体孔隙度、渗透率极好，潟湖相可变，可预测的线性延伸	海侵体系域顶部和侧向为好的生油层	海侵体系域顶部盖层好，侧向和底部可变	在海侵体系域内向下和侧向运移	孤立砂体为地层圈闭，底部连续的海侵体系域形成构造圈闭
高位体系域	河流三角洲	以不连续的河流相、三角洲相为主，临滨相次之	通常是个问题，深部生油岩典型，高位体系域页岩通常较差，且以生气为主	向上倾方向渗漏到海侵体系域，侧向渗漏，泛滥面常是顶部盖层	气和贫油一般来自同期生油岩，好的油源通常需要垂向的断层通道	构造圈闭为主，形成时间早是关键
	冲积扇	冲积砾和砂，连续性差到中等，最好的储层砂位于海侵体系域滞留砾岩的顶部	难以生成油源，最可能的是深部老生油层	无盖层风险，与海侵体系域有关的页岩最佳，但被水道割切	经断层垂向运移或通过高位体系域侧向运移	构造圈闭最佳，深部盆地具有地层圈闭

对于陆棚边缘体系域来说，三角洲、海滩和临滨沉积可因加积作用形成叠置的厚层砂体，海湾沼泽环境可形成厚的煤层。若储盖层配置恰当，又有下伏海侵体系域供油，也可形成良好的油气圈闭。

三、层序中的成藏组合类型分析

层序地层学为我们确定沉积体系类型及其分布，预测有利的烃源岩、储层和盖层分布其组合提供了良好的概念模型。这就允许我们通过对硅质碎屑层序和准层序的详细研究，结合盆地构造特征研究，预测富有油气勘探潜力的地层油气藏和地层—构造油气藏及其组合类型，以提高油气勘探成功率和油气勘探经济效益（图 6-25、表 6-4）。表 6-4 序号 1~9 与图 6-25 中的序号①~⑨是一致的。层序成藏组合类型研究表明，层序地层学为人们寻找非构造油气藏提供了新的思路和勘探方法。

彩图 6-25

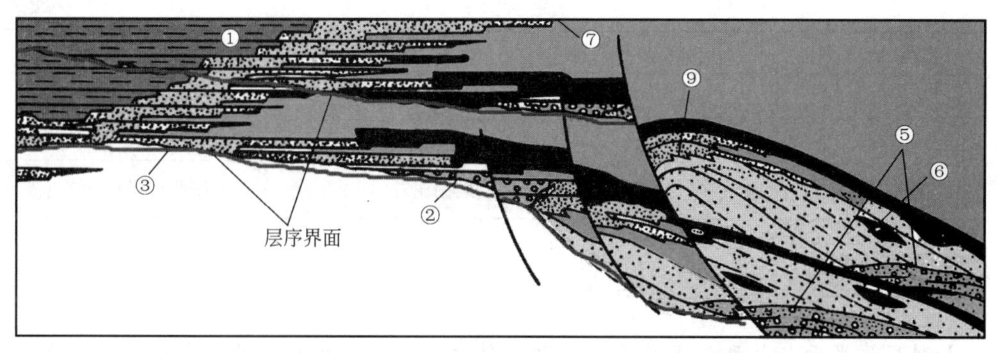

(a) 陆架边缘类型边缘，见于衰减陆壳到洋壳上的大陆边缘盆地

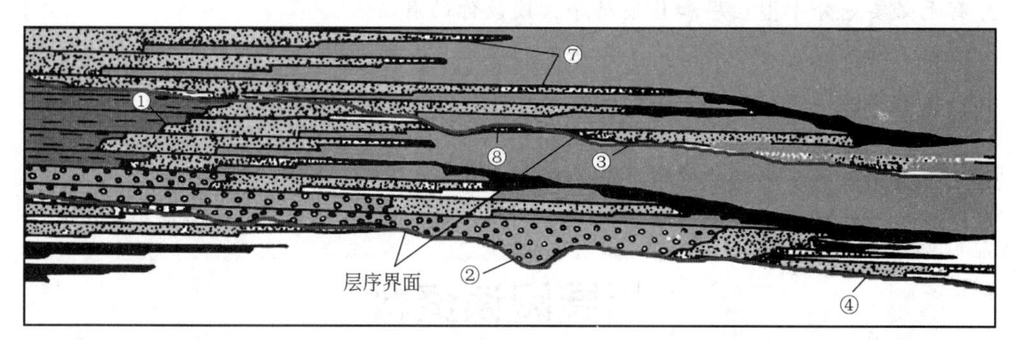

(b) 斜坡类型边缘，见于陆壳上的克拉通盆地、衰减陆壳上的大陆边缘盆地、陆壳或衰减陆壳上的湖成盆地

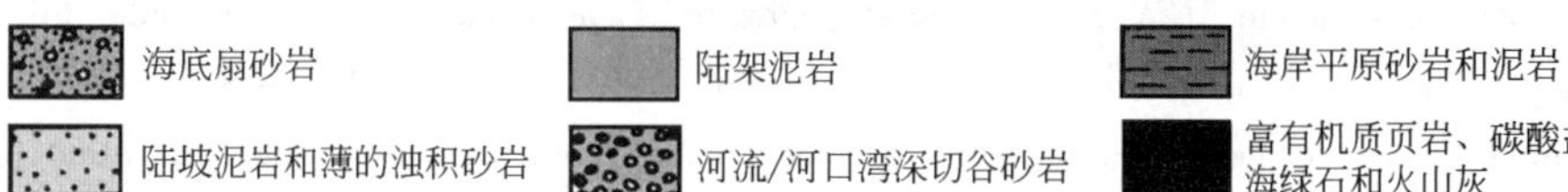

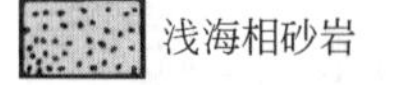

图 6-25　具有陆棚坡折和缓坡边缘层序的成藏组合类型（据 van Wagoner 等，1990）

表 6-4　具有陆棚边缘和缓坡边缘的 I 型层序成藏组合类型（据 van Wagoner 等，1990）

序号	成藏组合类型	储层岩相类型	可能的盖层	实例
1	沿倾斜向上尖灭	海滩砂岩或三角洲砂体	海岸平原泥岩	保德河盆地福尔河砂岩
2	深切谷	辫状河流砂岩或河口湾砂岩	陆棚泥岩	墨西哥湾耶瓜中新统、保德河盆地马迪
3	陆棚上超	海滩砂岩、三角洲砂岩、河口湾砂岩或潮下到潮坪砂岩	陆棚泥岩	墨西哥湾塔斯卡鲁撒五德拜恩
4	受盆地限制的上超	三角洲砂岩	陆坡/盆地泥岩	
5	海底扇	海底扇砂岩、浊积砂岩	陆坡/盆地泥岩	墨西哥湾更新统
6	低海平面楔状体	由薄层浊积岩组成的面积有限的小扇体	陆坡/盆地泥岩	墨西哥湾耶瓜
7	沿倾斜向下尖灭	三角洲砂岩、海滩砂岩或潮下砂岩（需要构造掀斜）	陆棚泥岩	保德河盆地帕克曼砂岩、香农砂岩

续表

序号	成藏组合类型	储层岩相类型	可能的盖层	实例
8	削蚀（截断）	海滩砂岩或三角洲砂岩	陆棚泥岩	墨西哥湾威尔科克斯、保德河盆地萨塞克斯
9	断层圈闭	与1、2、3相同	陆棚泥岩	墨西哥湾上新统、更新统

思考题

1. Ⅰ型层序界面与Ⅱ型层序界面的差别是什么？形成这种差别的根本原因是什么？
2. 有无必要划分Ⅰ型层序和Ⅱ型层序，谈谈你的看法。
3. 比较具陆棚坡折边缘的盆地Ⅰ型层序的低位体系域与Ⅱ型层序的陆棚边缘体系域。
4. 比较具缓坡边缘的盆地Ⅰ型层序低位体系域与Ⅱ型层序的陆棚边缘体系域。
5. 论述具缓坡边缘的盆地层序地层模式。
6. 论述具生长断层边缘的盆地层序地层模式。
7. 论述被动大陆边缘层序中不同体系域的生、储、盖层及运移和圈闭特征。

拓展阅读资料

[1] Allen G P，Posamentier H W. Sequence stratigraphy and facies model of an incised valley fill：The Gironde estuary，France [J]. Journal of Sedimentary Petrology，1993，63（5）：487-489.

[2] Cornwell C F. Sequence stratigraphy and chemostratigraphy of an incised valley fill within the Cretaceous Blackhawk Formation，Book Cliffs，Utah [D]. Lawrence：University of Kansas，2012.

[3] 王冠民，姜在兴. 关于深切谷的研究进展 [J]. 石油大学学报（自然科学版），2000（1）：117-121.

[4] 朱筱敏，王贵文，谢庆宾. 塔里木盆地志留系层序地层特征 [J]. 古地理学报，2001（2）：64-71.

[5] 施振生，杨威，郭长敏，等. 塔里木盆地志留纪沉积层序构成及充填响应特征 [J]. 沉积学报，2007（3）：401-408.

第七章
海相碳酸盐岩层序地层学

第一节　碳酸盐沉积背景及其控制因素

起源于碎屑岩沉积体系的层序地层学基本原理对于碳酸盐岩层序地层研究依旧具有重要的指导和借鉴意义。但是，与碎屑岩沉积体系相比，碳酸盐岩属于内源自生性成因，沉积建造形态和样式不仅受海平面升降、构造基底沉降和沉积速率的影响，层序发育和内部沉积充填还受古气候的影响。构造沉降产生了沉积物的沉积空间，全球海平面升降变化控制了地层分布模式，沉积作用控制了古水深，古气候控制了沉积物类型。古气候中的降雨量和温度，对碳酸盐岩、蒸发岩的分布，以及硅质碎屑沉积类型和数量都产生了重要影响。

一、碳酸盐沉积背景

（一）镶边陆棚型碳酸盐台地

这种类型的台地边缘以发育生物礁及碳酸盐浅滩为特征（图 7-1）。陆架边缘是一个动

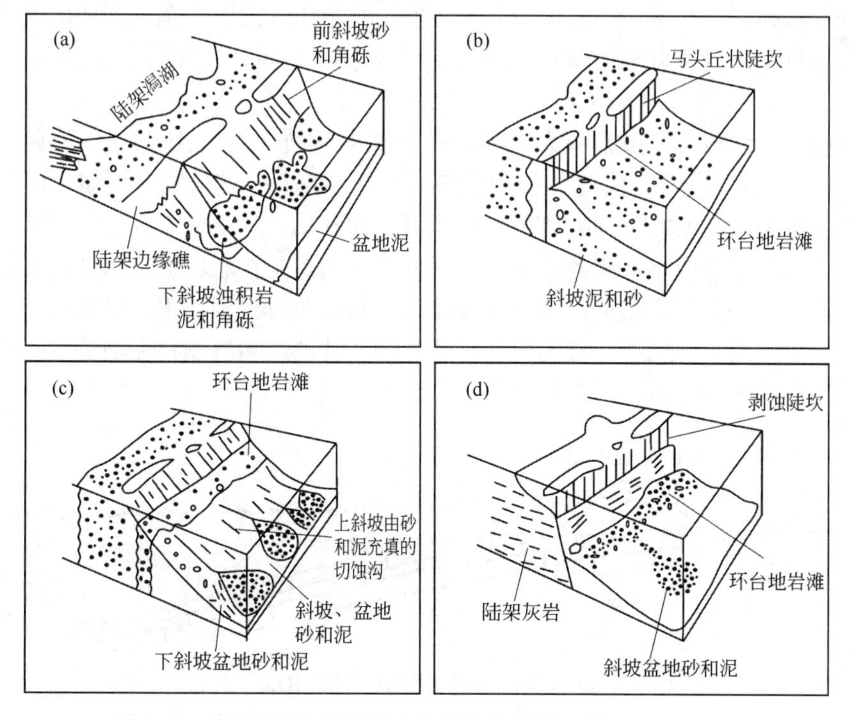

图 7-1　碳酸盐镶边陆棚型台地的边缘类型（据 Read，1982）

荡的高能带，在此处上翻洋流、风成波浪、潮汐波浪及潮汐流均直接冲击海底。在这种清澈动荡的水体条件下，特别是上翻洋流作用频繁时，有机成因碳酸盐的生产速率最高。碳酸钙沉淀作用以鲕粒或胶结物等多种形式沿陆架边缘产生。在陆棚边缘障壁之后常具有一个陆棚潟湖，该潟湖的局限程度取决于陆架边缘作为沉积障壁的生物礁和（或）碳酸盐浅滩的大小。当陆架边缘障壁隆起的沉积速率很高时，它阻隔了陆架内海水与大洋相连通，在障壁之后就可能形成一个高盐度潟湖，该潟湖只是在大风浪时才能灌入海水。如果边缘障壁较小，则陆架潟湖与大洋海水相连通，此时在陆架内还存在连续的风浪及潮汐流等正常沉积作用。

镶边陆棚型碳酸盐台地（rimmed shelf carbonate platform）之陆架内部的滨岸带总是以潮坪为特征。镶边陆棚型台地大致由以下沉积体构成：远源和近源碎屑构成的礁前斜坡、礁本身（礁核）、礁体之后的礁后相及礁后沙滩、滨岸潮坪。

（二）缓坡型碳酸盐台地

与较陡的碳酸盐陆棚斜坡相反，缓坡型碳酸盐台地（carbonate ramp）的斜坡是一个缓倾斜的面，其坡度约为 1m/km。在缓坡上，浅水碳酸盐可以逐渐远离滨岸而进入深水乃至盆地中。它没有像镶边陆棚型碳酸盐台地一样的坡折，而是一个逐渐变深的缓斜坡。以海平面、正常浪基面、风暴浪基面为界，缓坡型碳酸盐台地可以分为内缓坡、中缓坡和外缓坡三个次级相。

内缓坡以形成在潮下至潮间下部的高能激浪带的碳酸盐砂为特征。在缓坡中，波浪能量不如在镶边陆架边缘那么强烈，由于是一缓斜坡，故波浪在传输过程中与海底逐渐相触而耗损能量，不像在陆架型边缘那样波浪从大洋中产生而传输到较陡的斜坡上直接与陆架边缘突然相碰。但是在缓坡上也会形成能量相对较高的滨岸相——潮间带，而且将形成岸线碳酸盐砂体。风暴作用在碳酸盐缓坡中表现得尤为重要，它与正常波浪作用一起使碳酸盐砂向岸迁移，从而形成近岸沙坝或沙滩。离岸风暴浪也很重要，它可以把滨岸砂搬运至外缓坡及深缓坡。

缓坡型碳酸盐台地主要包括两大类型：碳酸盐同倾斜缓坡（图 7-2）及碳酸盐远端变陡型缓坡（图 7-3）。在第一种类型中，其较深水的缓坡相中很少发育滑塌、碎屑流、浊流沉积，但这些重力流类型的沉积物在第二种类型中却常见。从某些方面讲，碳酸盐远端变陡型缓坡与增生型陆架边缘有些相像，但一个重要的不同点是在缓坡上其斜坡坡折是直接突变到深水盆地的，因此其沉积物是以来自外缓坡及上斜坡的再沉积作用产物为特征，以砂和泥及少量碎屑为主，而不像镶边陆架边缘型台地那样，其斜坡相沉积物在与陆架边缘相邻地带总是包含有由浅水碳酸盐组成的碎屑、角砾及岩块等。

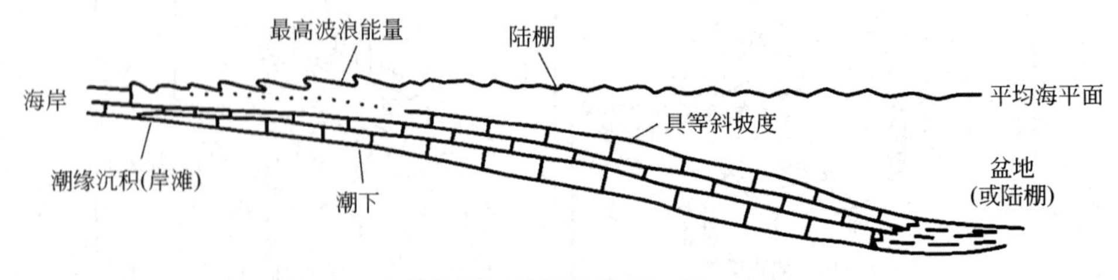

图 7-2　碳酸盐同倾斜缓坡模式（据 Read，1989）

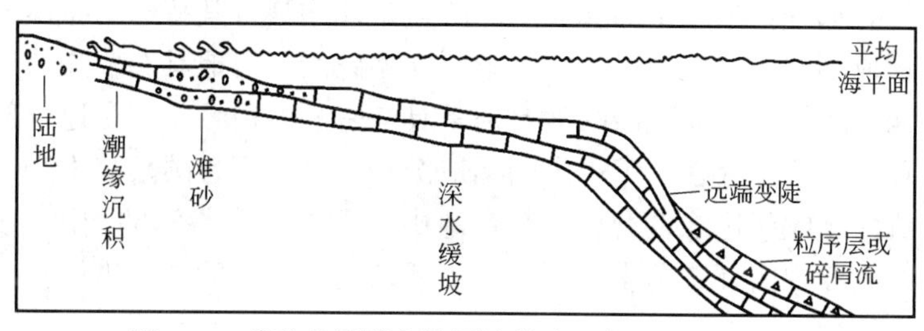

图 7-3　碳酸盐远端变陡缓坡模式（据 Read，1989）

（三）陆表海型碳酸盐台地

陆表海型碳酸盐台地（epeiric carbonate platform）以地形起伏较小为特征。虽然现今没有该类型碳酸盐台地发育，但在地质历史时期在克拉通盆地中该类型台地却特别发育。如我国华北地区奥陶系马家沟组即构成一个典型的陆表海型碳酸盐台地，扬子地台震旦系灯影组构成的台地也属此类。此外，北美地台的寒武系—奥陶系、欧洲西部的上二叠统和三叠系—侏罗系、中东地区的古近系—新近系等均构成典型的陆表海型碳酸盐台地。在该类型台地上的水深通常小于 10m，故其上主要为浅水的潮下至潮间环境。形成潮间坪环境的地域有时达数十千米宽。其宽阔的滨岸带之后是潮上坪，形成准平原化地形，台地内部的滨岸带至潮上坪的宽阔地域内成土作用及喀斯特化作用特别发育，这是因为在这些宽阔的极浅水地区沉积基底常暴露于地表。潮坪也有发育在台地内地形稍高地区的。除了局部发育骨屑沙滩外，潮下带位于潮坪附近，只是比潮坪水体稍深，它反映了克拉通内先成地形及差异沉降造成的环境分异。在陆表海型碳酸盐台地内部也发育有较深水的盆地，这种盆地由缓坡或由镶嵌边缘包围。

（四）孤立型碳酸盐台地

孤立型碳酸盐台地（isolated carbonate platform）以由深水所包围的浅水碳酸盐堆积作用为特征（图 7-4）。其大小没有固定的限度，如果台地很大同样它又可以适用以上所介绍的

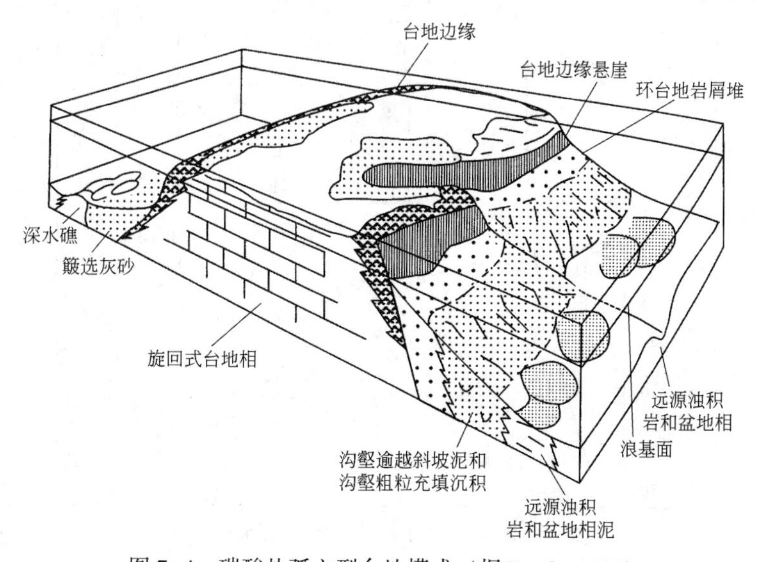

图 7-4　碳酸盐孤立型台地模式（据 Read，1985）

三种台地模式，只有那种范围较小的孤立型碳酸盐台地才具有其特殊的相模式。由于风暴的主作用方向使它形成不同的台地边缘，大多数孤立型碳酸盐台地具有较陡的边缘和斜坡，并且由斜坡突变为深水环境。孤立型碳酸盐台地常具有礁、滩边缘，在台地内部则为发育砂泥质或灰泥的静水环境。假如存在一个稳定的构造沉降背景，而且碳酸盐生产及台地生长速率也比较高，就形成一个镶嵌边缘型台地，在台地中心发育一个很深的潟湖。这将形成环礁，当然真正地发育在大洋中的环礁是生长在已经不活动的火山上的环形礁体。

二、碳酸盐沉积控制因素

（一）相对海平面变化

对于碳酸盐产率、台地或滩的发育及其相应的岩相分布来说，相对海平面的变化是控制碳酸盐沉积的首要因素。相对海平面的变化控制了可容空间的变化，从而控制了碳酸盐沉积潜力。

碳酸盐沉积物多是在沉积环境中原地生长的。大部分碳酸盐沉积物是由生物产生的，其中不少是光合作用的副产物。因此，这种生成过程取决于光照程度。随着水深增加，光照程度迅速降低。高碳酸盐产率主要分布在海水深度范围为 50~100m 的水体中，因为该深度内悬浮着大量能进行光合作用的生物。有意义的是，在 10m 水深内碳酸盐产率最高，而在 10~20m 内锐减（图 7-5）。这种碳酸盐产率的狭窄深度范围限制，是碳酸盐产率能否与海平面变化同步的重要因素。显然，碳酸盐产率受控于水体深度或可容空间的变化速率。实际上，相对海平面变化控制了可容空间的变化，也影响了水体盐度、营养成分、温度、含氧量及水深等因素的变化，从而最终控制了沉积层序的构型。

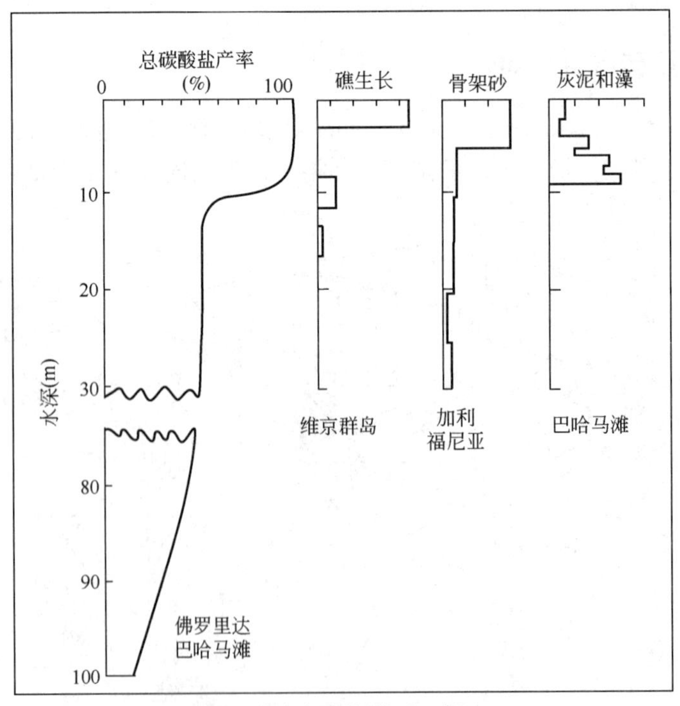

图 7-5　碳酸盐产率与水深关系（据 Sarg，1988）

古代碳酸盐岩或滩在古生代沉积速率远小于全新世的沉积速率（图 7-6）。古生代碳酸盐沉积速率为 13～365μm/a，而全新世碳酸盐生长速率为 500～1100μm/a（鲕滩和潮坪沉积）。全新世珊瑚礁的沉积速率可达 10000μm/a 以上。

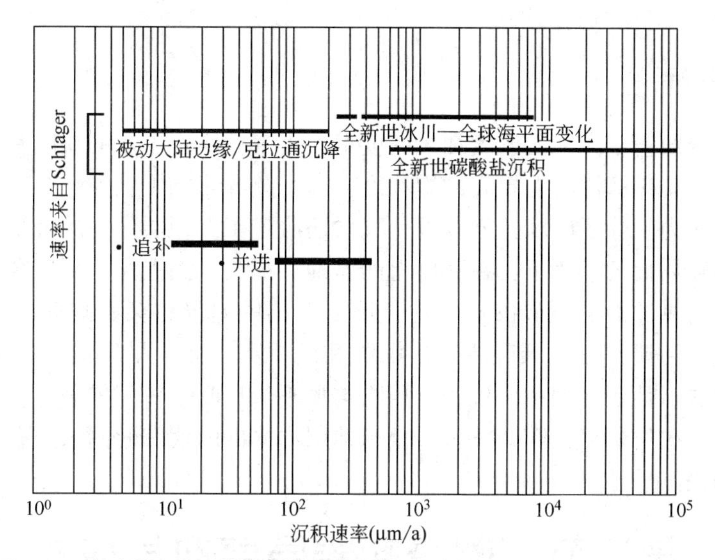

图 7-6　碳酸盐沉积速率与全球海平面变化速率的关系（据 Sarg，1988）

碳酸盐追补沉积速率明显低于并进沉积速率

（二）构造沉降和沉积背景

若不发生构造沉降，就不会发生长期的碳酸盐沉积物的沉积和保存。地壳变薄、热冷凝和负载作用引起的构造沉降与海平面升降一起构成了可供海洋沉积物沉积的空间。构造沉积速率取决于地壳的类型、地壳的地质年代、引起沉降的应力场类型、岩石圈流变特征、岩石圈板块中的位置或构造背景。另外，沉积负载作用也会加强构造驱动的沉降作用。聚敛性、离散性、转换性板块边缘以及位于板块内的浅海碳酸盐台地可由洋壳组成，也可由陆壳组成。总的来说，构造背景决定了沉降盆地的基底形态、浅海碳酸盐沉积区的初始形态、海洋影响的范围和形式等。

构造沉降作用也会影响碳酸盐台地的暴露。碳酸盐台地出露地表将会造成碳酸盐停止生长，并对暴露的碳酸盐沉积物产生化学侵蚀。碳酸盐沉积物经常是不稳定的，易遭受酸性大气水的改造。不稳定文石和高镁方解石等矿物易转变成更为稳定的低镁方解石。若气候湿润，出露的碳酸盐台地有时会形成喀斯特地貌以及次生孔隙发育的碳酸盐岩储层。碳酸盐台地暴露地表（低位期）所发生的大多数风化成岩作用都是化学性质，物理作用是不明显的。若有陆源碎屑供给，则河流可深切碳酸盐台地，将碎屑物质输送到盆地。需指出的是，低位期原地碳酸盐体积的多少主要取决于碳酸盐斜坡特点。

盆地构造也是影响碳酸盐岩层序几何形态的另一关键因素。非局限性盆地具有正常的、循环良好的水体，为大量原地生物繁盛提供了合适的生态环境，表现出了较大的碳酸盐岩发育潜力。而盐度高、含氧量低的盆地只有少量或已异化的生物群落，碳酸盐岩发育潜力较低。例如，沿裂谷盆地边缘或孤立台地边缘，局部发育礁或碳酸盐浅滩，邻近这些浅滩将发育突然侧向相变的、明显的线形相带。

碳酸盐岩的进积和加积作用，造成台地或滩边缘相发育，其几何形态是水深和原地生物生长速率的函数。在低到中等沉降速率、浅到中等深度（100~600m）的盆地中常见前积作用，台地边缘则以加积作用为主。相反，在逐渐变深、无坡折的海底背景下，发育较宽的、难以区分的相带（如克拉通盆地）。

（三）古气候

作为气温、降雨量、大气圈湿度和风的度量，古气候决定了水的盐度和水的循环。热带海洋浅水比中纬度温带海洋具有更高的饱和度，这个差异影响了碳酸盐沉积物的产率、稳定性和早期成岩的潜力。除了碳酸盐岩以外，气候还决定了沉积层序中的沉积物类型。在干旱气候和水体循环较局促的环境下，在陆棚上的盆地、潟湖、潮上坪等环境会产生蒸发岩沉积物。若陆源沉积物供源点邻近碳酸盐台地，那么气候的差异将会影响硅质沉积物供给的类型。潮湿气候利于河流、三角洲硅质碎屑沉积物的沉积，而干旱气候利于风成硅质碎屑沉积。这些在碳酸盐岩地层序列中出现的沉积物类型不仅反映了古气候条件，而且也反映了相对海平面的变化。次生岩溶孔隙的发育不仅与地层出露的时代和时间长短有关，而且与降雨量的多少密切相关。

第二节　碳酸盐岩层序地层模式

层序地层学是分析碳酸盐台地发育和演化历史的一种实用方法。现今大多数碳酸盐岩层序地层学的工作都是应用或改用 Exxon 公司提出的硅质碎屑岩层序地层模式来解释碳酸盐沉积层序的演化。然而，该模式均假定所有盆地沉积物都是通过河流和三角洲等水系将盆外沉积物输入到盆地内的，而碳酸盐沉积物并不是盆外成因的，是由盆内有机和无机沉积过程形成的，因此碳酸盐沉积层序就不能作出如同碎屑岩层序的假设。另外，碳酸盐沉积时的地貌特征也与碎屑岩的地貌特征存在差别。那么，人们就会提出疑问，是否能采用 Exxon 公司的硅质碎屑层序模式来解释碳酸盐台地层序地层和相对海平面的演变历史。现今人们认为，虽然 Exxon 公司的硅质碎屑层序模式也能合理地应用于许多碳酸盐岩层序，但是由于上述的碎屑岩与碳酸盐沉积的重要差别，则要求人们建立不同的碳酸盐岩层序和体系域模式，来说明不同碳酸盐沉积背景下的层序地层模式和海平面相对变化对层序叠置样式的控制作用。

一、层序类型和层序界面

与碎屑岩沉积体系类似，碳酸盐沉积层序模式同样受相对海平面变化影响，继承了碎屑岩层序类型定义和体系域发育类型，根据台缘盆地沉降速率与海平面下降速率的相对大小，划分出Ⅰ型和Ⅱ型两种层序类型。Ⅰ型层序由低位体系域（LST）、海侵体系域（TST）和高位体系域（HST）构成，Ⅱ型层序由陆棚边缘体系域（SMW）、海侵体系域（TST）和高位体系域（HST）构成（图 7–7）。

彩图 7–7

（一）Ⅰ型层序界面特征

当海平面迅速下降且速率大于碳酸盐台地或滩边缘盆地沉降速率、海平面位置低于台地或滩边缘时，就形成了碳酸盐岩的Ⅰ型层序界面。Ⅰ型层序界面以台地或滩的暴露和侵蚀、斜坡前缘侵蚀、区域性淡水透镜体向海方向的运动以及上覆地层上超、海岸上超向下迁移为特征（图7-8）。

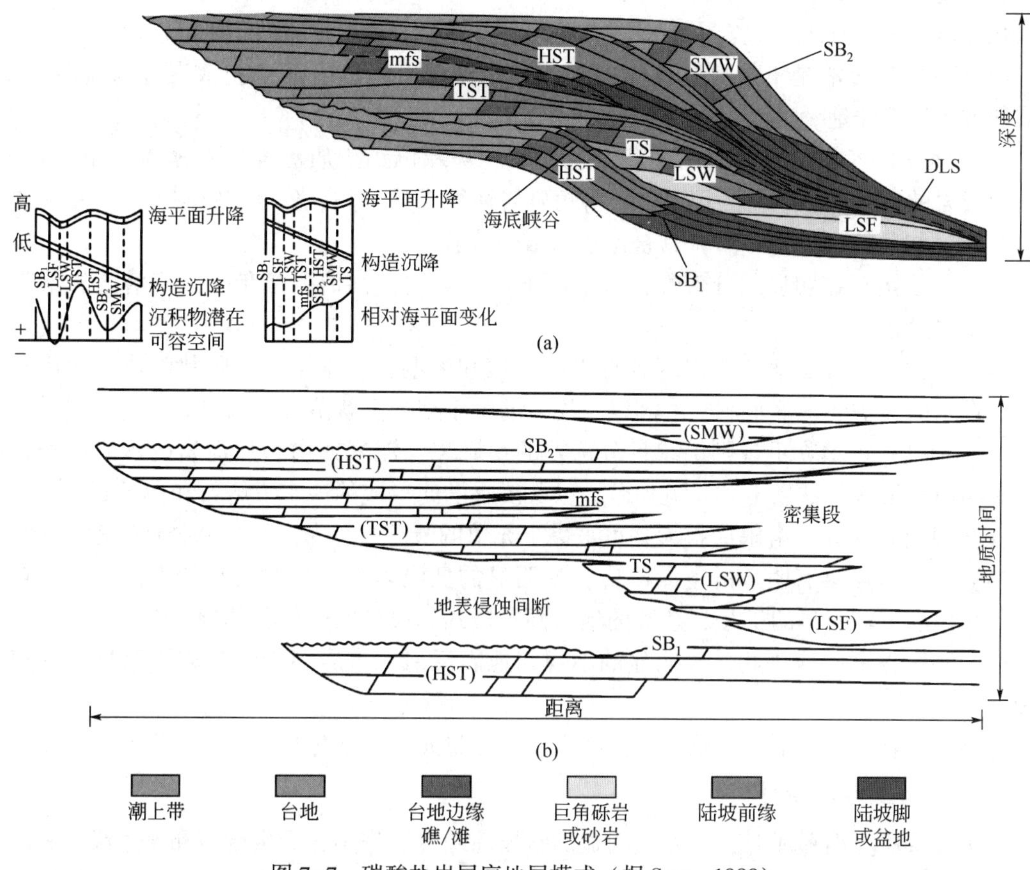

图7-7　碳酸盐岩层序地层模式（据Sarg，1988）

SB—层序边界；SB_1—Ⅰ型层序边界；SB_2—Ⅱ型层序边界；DLS—下超面；mfs—最大海泛面；TS—海侵面；HST—高位体系域；TST—海侵体系域；SMW—陆棚边缘体系域；LSF—低位扇；LSW—低位楔形体

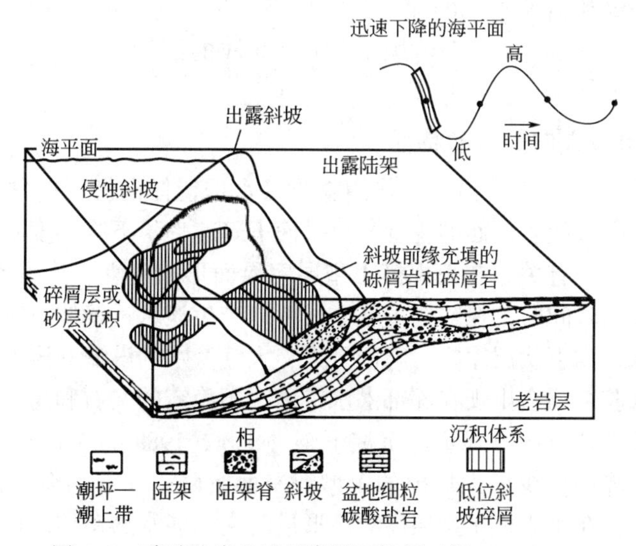

图7-8　碳酸盐岩Ⅰ型层序界面特征（据Sarg，1988）

1. 碳酸盐台地或滩边缘暴露侵蚀的岩溶特征

碳酸盐台地广泛的陆上暴露和合适的气候条件为形成Ⅰ型层序界面提供了地质条件，因此风化壳岩溶是识别碳酸盐岩Ⅰ型层序界面的重要特征。常见的岩溶识别标志有：

（1）古岩溶面常是不规则的，纵向起伏几十至几百米。岩溶地貌常表现为岩溶高地、岩溶斜坡和岩溶洼地。

（2）地表岩溶主要特征为出现紫红色泥岩、灰绿色铝土质泥岩以及覆盖的角砾灰岩、角砾白云岩的古土壤。风化壳顶部的岩溶角砾岩往往成分单一，分选和磨圆差。颗粒灰岩的颗粒结构（如鲕粒、生物碎屑）常被溶解形成铸模孔等。

（3）古岩溶存在明显的分带性，自上而下可分为垂直渗流岩溶带、水平潜流岩溶带和深部缓流岩溶带。

（4）岩溶表面和岩溶带中出现各种岩溶刻痕和溶洞，如细溶沟、阶状溶坑、起伏几十米至几百米的夷平面、落水洞、溶洞以及均一的中小型蜂窝状溶蚀孔洞等。

（5）溶孔内可填充不规则层状且分选差的角砾岩、泥岩或白云质泥岩的示底沉积，隙间或溶洞内充填氧化铁黏土和石英粉砂，以及淡水淋滤形成的淡水方解石和白云石。

（6）具有钙质壳、溶解后扩大并可被黏土充填的节理、分布广泛的选择性溶解孔隙。

（7）岩溶地层具有明显的电测响应，如明显的低电阻率、相对较高的声波时差、较高的中子孔隙度、较明显的扩径、杂乱的地层倾角模式和典型的成像测井响应。

（8）古岩溶面响应于起伏较明显的不规则地震反射，古岩溶带常对应于明显的低速异常带。

另外，古岩溶带上下的产状、古生物组合、微量元素及地球化学特征也有明显的差别。

2. 斜坡前缘侵蚀特征

在Ⅰ型层序界面形成时，常发生明显的斜坡前缘侵蚀作用，导致台地和滩边缘及斜坡上部大量沉积物被侵蚀掉，造成大量碳酸盐粒屑顺坡而下的滑塌沉积作用和碳酸盐砂屑的密度流沉积作用。斜坡前缘侵蚀作用可是局部性的或区域性的，向上可延伸到陆棚区，形成发育良好的海底峡谷。滩前沉积物可被侵蚀掉几十至几百米。

在碳酸盐台地边缘和斜坡出现的深切谷粗粒充填物，河流回春作用引起的由海相到陆相、由碳酸盐岩到碎屑岩的相变沉积物以及向上变浅的沉积序列，也是Ⅰ型层序界面的标志。

3. 淡水透镜体向海方向的运动特征

Ⅰ型层序界面形成时发生的另一种作用就是淡水透镜体向海和向盆地方向的区域性迁移。淡水透镜体渗入碳酸盐岩剖面的程度与海平面下降速率、下降幅度和海平面保持在低于台地或滩边缘的时间长短有关。在大规模Ⅰ型层序界面形成时期，当海平面下降 75~100m 或更多并保持相当长的时间时，在陆棚上就会长期地产生淡水透镜体。它的影响会充分地深入到地下，并可能深入到下伏层序。若降雨量大，大气淡水的淋滤和溶解作用就会出现在剖面浅部，大量的淡水胶结物会出现在深部潜水带中。不稳定的文石和高镁方解石颗粒可能会被溶解掉，并以低镁方解石的方式重新沉淀下来（Sarg，1988）。Vail 的海平面升降曲线表明，在全球海平面下降中，少见大规模的Ⅰ型海平面下降。一般的海平面下降幅度不超过 70~100m。也就是说，在小规模Ⅰ型层序界面形成时期，淡水透镜体未被充分建立起来，只滞留在陆架地层的浅部，没有造成广泛的溶解和地下潜水胶结物的沉淀。在Ⅰ型层序界面形成时期，可发生不同程度的白云石化作用。

（二）Ⅱ型层序界面特征

当海平面下降速率小于或等于台地边缘沉降速率时，多形成Ⅱ型层序界面。此时，盆地可容空间扩大，仅台地潮缘区和台地浅滩较短期出露地表遭受侵蚀（图 7-9）。与Ⅰ型层序界面相比，Ⅱ型层序界面缺乏明显的台地斜坡的侵蚀作用和明显的沉积相带向盆地方向的迁移。在陆棚边缘，Ⅱ型层序界面上覆的地层一般是平行和加积的，而Ⅰ型层序界面上覆的地层主要是进积的。在Ⅱ型层序界面形成期间，当海平面下降恰好位于或略低于台地或滩边缘时，内台地出露地表，会发生类似于小规模Ⅰ型海平面下降时所产生的淡水成岩作用，其中包括颗粒溶解，特别是不稳定文石和高镁方解石的溶解，还包括少量渗流和潜水胶结物的沉淀和白云石化作用。在Ⅱ型层序界面形成时，也会发生超盐度白云石化作用。与Ⅰ型层序相反，Ⅱ型层序界面形成时海平面在相对短的时间内就开始上升并淹没外台地。Ⅱ型层序底部台地和滩边缘楔状体将会在下伏的台地边缘处或稍低的位置发生沉积并向陆地方向上超。

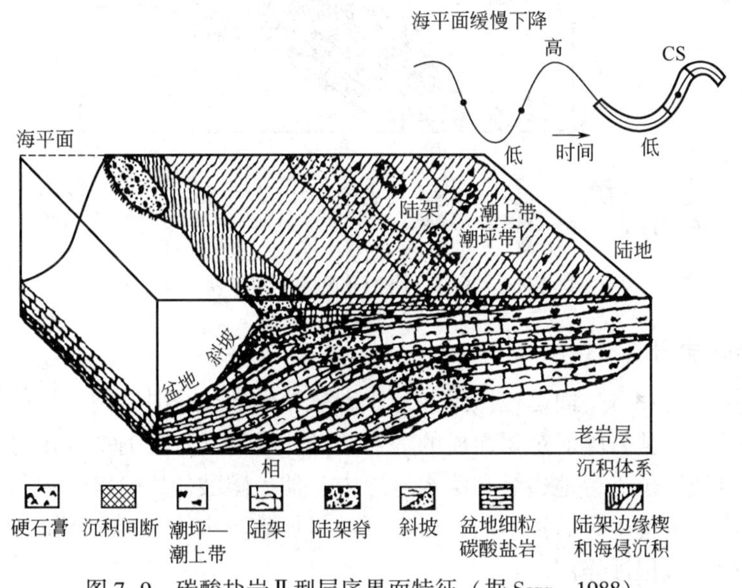

图 7-9　碳酸盐岩Ⅱ型层序界面特征（据 Sarg，1988）

（三）Ⅲ型层序界面特征

除了上述两种层序类型外，实际碳酸盐沉积体系特别是台内喀斯特岩溶等不整合面界面特征和低位体系域欠发育，Ⅲ型层序为二元结构，仅识别出海侵体系域和高位体系域。Schlager（1991）提出海水突然加深为特征的Ⅲ型层序界面类型，垂向上通常表现为深水沉积直接上覆在高位体系域之上，总体上为向上变浅的非对称沉积序。梅冥相（1996）将Ⅲ型层序界面定义为“淹没不整合面”。

二、镶边陆棚型碳酸盐台地层序地层模式

以Ⅰ型层序界面为底界的Ⅰ型碳酸盐岩层序由低位体系域、海侵体系域和高位体系域构成；而以Ⅱ型层序界面为底界的Ⅱ型碳酸盐岩层序由陆棚边缘体系域、海侵体系域和高位体

系域组成。两种类型层序中的海侵体系域和高位体系域具有较好的相似性，而低位体系域与陆棚边缘体系域则特征各异。

（一）低位体系域

Ⅰ型层序低位体系域沉积主要由两部分组成，即物源来自前缘斜坡侵蚀的他生碳酸盐岩碎屑沉积和沉积于海平面低位期斜坡上部的自生碳酸盐楔（图 7-10）。

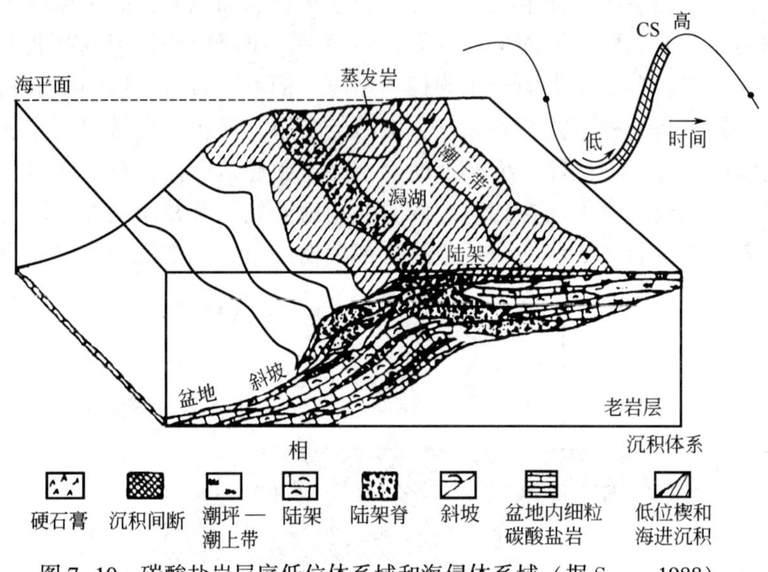

图 7-10　碳酸盐岩层序低位体系域和海侵体系域（据 Sarg，1988）

1. 他生碳酸盐岩

他生碳酸盐岩是在海平面迅速下降并低于碳酸盐台地边缘时，由斜坡前缘侵蚀作用和重力流作用提供的碳酸盐岩碎屑沉积而成的。这与硅质碎屑Ⅰ型层序的低位盆底扇成因类似，常呈海底扇和斜坡裙位于台地边缘和深水盆地中。他生碳酸盐岩呈楔形但与高位期形成的位于斜坡与斜坡底部的他生碎屑楔不同，后者可逆斜坡地形向上追踪到同时代的台地沉积物，也未伴生广泛的斜坡侵蚀作用。

2. 自生碳酸盐楔

在低位体系域沉积的中后期，海平面相对缓慢地上升，在斜坡上部和外台地形成新的可容空间。随后，自生碳酸盐楔将跨过斜坡和外台地向陆棚方向上超。自生碳酸盐楔的发育既受盆地水体性质的影响，又受下伏层序前缘斜坡角陡缓的影响。若盆地处于正常水体条件且循环良好，下伏的沉积斜坡平缓，则有大面积的、丰富的浅水碳酸盐台地沉积，可形成明显的低位楔；若盆地处于局限的环境，且沉积斜坡又陡，则会阻碍低位楔的发育。在不同地质特征的盆地中，自生碳酸盐楔的沉积物组成和特征差异很大，它们可以是生物礁丘、台缘粒屑灰岩和较深水的泥灰岩，也可以是白云岩或蒸发岩。

（二）海侵体系域

海侵体系域是在海平面上升速度加快、海水逐渐变深的情况下形成的。随着相对海平面的上升，以致淹没整个陆棚，形成一系列退积式准层序组。这些退积式准层序组向陆棚方向加厚，然后由于底面上超而减薄（图 7-10）。海侵体系域沉积可表现为追补型（catch up）和并进型（keep up）两种方式，这主要取决于海平面上升速率、盆地水体性质和沉积物的沉积速率。并进型碳酸盐沉积常出现于正常的富含海水的陆棚环境，海平面上升速率相对较慢，足以使得碳酸盐的产率与可容空间的增加保持同步，其沉积以前积式或加积式颗粒碳酸盐沉积准层序为特征，并且只含极少的海底胶结物。追补型碳酸盐沉积是在海平面上升速率较快、水体性质不适宜碳酸盐岩产生的情况下形成的。此时碳酸盐的沉积速率明显低于可容空间的增长速率。追补型碳酸盐沉积往往由分布较广的泥晶碳酸盐岩组成。

海侵体系域的顶底界面分别是最大海泛面（mfs）和首次海泛面（TS_1）。密集段（CS）是在海平面上升到最大时期（即最大海泛面形成发育时期）形成的。它通常由沉积缓慢的薄层泥质微晶灰岩构成，并包含薄的（厘米级）、发育生物扰动构造的泥灰岩—泥粒灰岩层和大量海底石化的硬底。凝缩层又以分布广、富含多种生物组合为特征。首次海泛面是指首次越过碳酸盐台地边缘的海泛面，它是确定海侵体系域的关键标志。首次海泛面常含丰富的生物化石且与下伏地层生物具有不同的生态组合。首次海泛面上下沉积物的性质、类型和沉积作用方式存在明显的差异，常表现为沉积相的明显突变。首次海泛面之下多为向上水体变浅、沉积物变粗的沉积序列，而海泛面之上多为水体向上变深、沉积物变细序列。在盆地、斜坡地区，首次海泛面之下为低位体系域或陆棚边缘体系域；而在台地区，首次海泛面常与层序界面一致。

（三）高位体系域

高位体系域位于层序的最上部，呈前积 S 形至斜交形的沉积特征下超在最大海泛面之上。它以相对较厚的加积至前积几何形态为特征，形成宽阔的台地、缓坡和进积滩及其在浅海孤立台地上的对应沉积体。通常认为，碳酸盐岩高位体系域是在相对海平面上升晚期、相对海平面静止期和下降早期沉积形成的（图 7-11）。

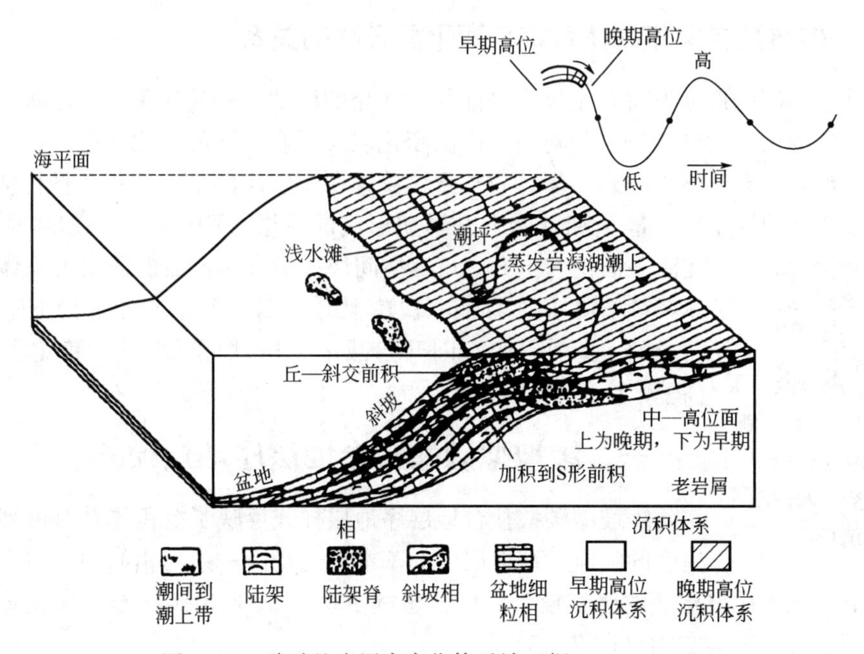

图 7-11　碳酸盐岩层序高位体系域（据 Sarg，1988）

高位体系域的沉积作用可被划分成早、晚两个阶段，这反映了高位体系域沉积早、晚期可容空间及与之相关的水体性质、沉积速率的变化。高位体系域沉积早期，可容空间增长相对较快，而碳酸盐产率不高，沉积作用缓慢，陆棚上发生追补型加积作用，并响应于地震剖面上的S形反射。高位体系域沉积晚期，海平面开始下降，陆棚地区可容空间增加的速率减小，水体趋于稳定且循环良好，使得碳酸盐产率增加，形成一段向上变浅的并进型沉积序列和相组合，响应于地震剖面上的滩或台地边缘的丘形结构加积至斜交前积模式。显然，高位体系域经历了两个不同的沉积历史阶段，即早期追补型沉积和晚期的并进型沉积，其特点是台地边缘相的微晶灰岩含量和海底胶结物含量明显不同。并进型碳酸盐沉积以富粒、贫泥的准层序为主，在台地边缘沉积中，早期海底胶结物含量较少；追补型碳酸盐沉积以富泥、贫粒的准层序为主，在台地边缘沉积中含有大量的早期海底胶结物。这种差异与追补型、并进型的沉积速率差异有关。

（四）陆棚边缘体系域

陆棚边缘体系域是Ⅱ型层序界面之上的一个体系域。它常由一个或多个微弱前积至加积的准层序组组成，朝陆方向上超在层序界面之上，朝盆地方向则下超至层序界面之上。该体系域形成期间，浮游生物往往形成厚的旋回性沉积，但在海侵体系域沉积期间变成薄层凝缩层沉积。虽然，Ⅰ型层序低位进积复合体也是沉积在陆棚边缘的，但陆棚边缘体系楔状体一般以厚层加积退覆为特征，层序显示出S形进积几何形状，在陆棚上由整合的、向上变浅的准层序组成，到外陆坡上转变为较厚的生物碎屑楔状体，主要由浑圆形骨屑灰岩组成。向盆地方向，该楔状体表现为由加积退覆或逐渐过渡到层理发育的石灰岩和半深海泥灰岩组成的平行地层形式。然而，Ⅰ型层序低位进积复合体常表现为向上水体变浅、粒度变细、加积沉积体系逐渐增多的沉积序列，多由薄层状泥灰岩和泥岩组成。

（五）碳酸盐岩层序中体系域与海平面升降的关系

碳酸盐岩层序的形成发育与全球海平面相对变化的周期性密切相关。全球海平面升降变化和构造沉降等因素共同控制了相对海平面的变化以及可容空间的变化，进而进一步影响了体系域的类型和分布（图7-12）。若假定构造沉降速率不随时间变化，那么低位体系域LST是在全球海平面快速下降、静止和开始上升早期形成的厚层沉积体系；海侵体系域TST是在海平面快速上升、可容空间快速增大时形成的薄层沉积体系；高位体系域HST是在海平面快速上升末期、静止期和开始下降早期沉积而成的，此时可容空间开始减小，相对海平面处于稳定和下降阶段（视频7-1）。

视频7-1　镶边陆棚型碳酸盐台地海平面升降变化和沉积充填模式

三、缓坡型碳酸盐台地层序地层模式

缓坡型碳酸盐台地层序地层样式反映了沉积体系对可容空间变化幅度的响应。缓坡层序的基本单元是由一系列相似的、向上变浅的沉积序列构成。三级缓坡层序的厚度较小，很少超过200m，反映出碳酸盐缓坡发育时，相邻盆地存在着有限的可容空间（图7-13）。

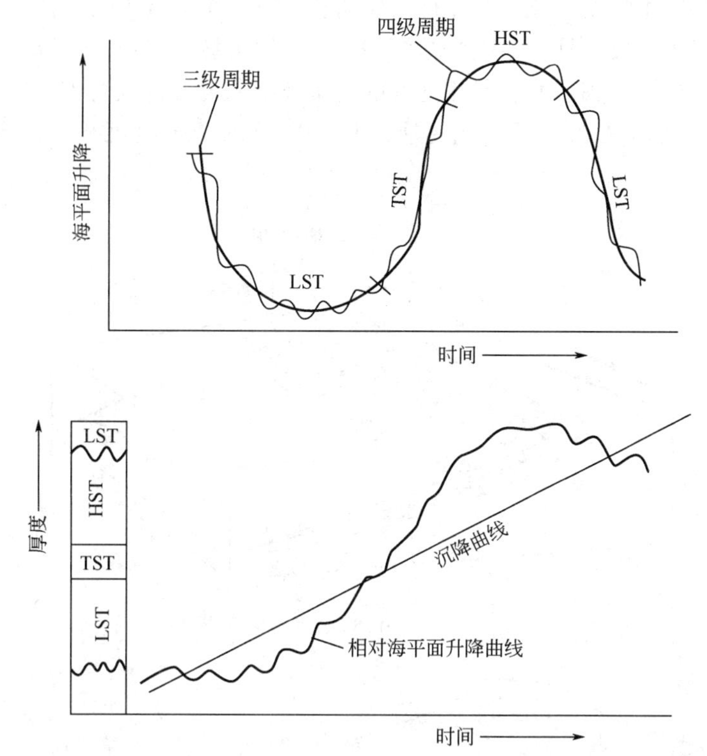

图 7-12 碳酸盐岩层序体系域类型与海平面变化的关系（转引自朱筱敏，2000）

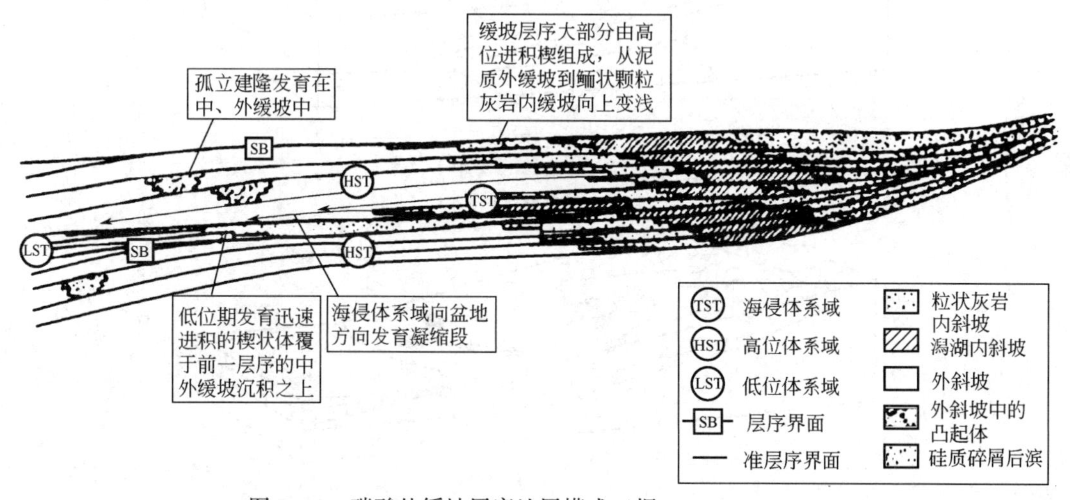

图 7-13 碳酸盐缓坡层序地层模式（据 Burchette，1992）

（一）低位体系域

低位体系域的沉积特征主要取决于相对海平面下降的幅度、下降速率、持续时间、可容空间的大小等。若海平面相对下降幅度偏小（4~5 级），碎屑沉积物供给速率较低，则缓坡上部的相带可能会以退覆形式向盆内迁移，内缓坡暴露，中缓坡和外缓坡处于浅水环境时，难以将这种低位体系域与下伏的高位滨面或浅滩沉积区分开来。若相对海平面下降幅度较大（3 级）并低于正常浪基面或缓坡边缘，中缓坡和外缓坡沉积环境突然变浅以至出露地表，内缓坡完全暴露并发生喀斯特化，河流硅质碎屑沉积物可覆盖或下切下伏的早期高位缓坡沉积物，也可能阻碍中缓坡和外缓坡碳酸盐沉积。由于缓坡坡度很小，所以不发育低位斜坡扇或斜坡裙沉积物。当气候潮湿时，暴露地表的内缓坡沉积可发育成为古土壤和喀斯特；但若气候干燥，在暴露的缓坡地区可形成钙质结核或广泛的萨布哈沉积，甚至形成风成沉积（图7-14）。

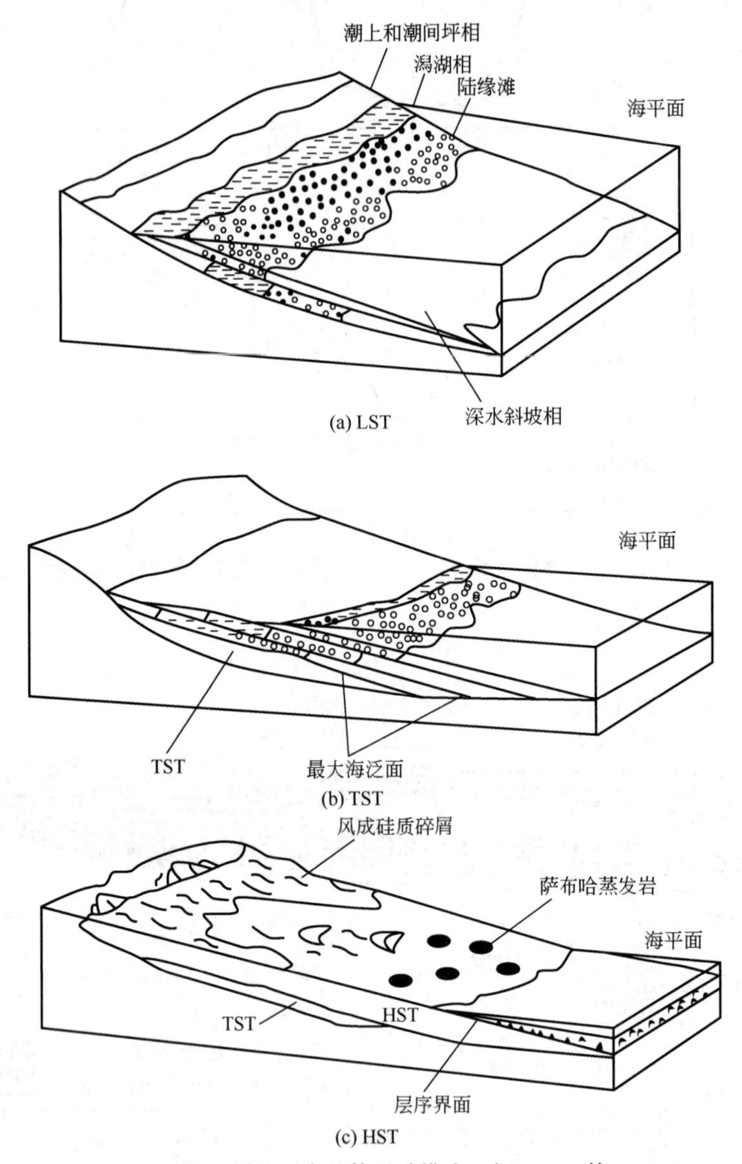

图7-14　碳酸盐缓坡层序的体系域模式（据 Emery 等，1996）

（二）海侵体系域

当海平面相对上升发育海侵体系域时，海侵体系域沉积物不断向陆迁移，同时海岸上超沉积物也向陆迁移，深水沉积物叠覆在浅水沉积物之上。此时较深水的缓坡区处于沉积物供给的饥饿状态，水体加深易形成大量有机质的堆积，构成潜在的烃源岩层。在高能缓坡，长周期的海平面相对上升可产生一系列叠置的、厚几十米的阶梯状退积和上超的准层序，它们由海滩、障壁岛或障壁沙坝颗粒灰岩和与其共生的滨岸及过渡带组成。在低能缓坡，海侵体系域大多由泥粒灰岩和粒泥灰岩组成，仅在局部浅滩环境含有高能的颗粒灰岩。当相对海平面上升到最大值时，就发育了以黑色页岩、磷质泥岩、海绿石或鲕绿泥石质铁质岩，或由特殊生物组成的石灰岩等为特征的凝缩层（图 7-13、图 7-14）。

（三）高位体系域

随着相对海平面上升速率的降低，碳酸盐缓坡体系域将趋于向盆内进积。在高位体系域发育的早期，可容空间向陆仍有增加，从而发育了潮上、潮间和潟湖沉积物并作为顶积层存在。在高位体系域发育的晚期，可容空间不断减少，此时几乎不发育顶积层沉积物，而产生较明显的一系列单向前积层。高位体系域比海侵体系域更富含碳酸盐颗粒、鲕粒灰岩等浅滩沉积，趋于构成海滩或障壁岛体系的主体部分，局限潟湖比其他时期更发育，构成了内缓坡的大部分（图 7-13、图 7-15）。高位体系域的垂向剖面可能表现为一系列叠置的，向上变粗、变浅和变厚的沉积序列。

四、碳酸盐斜坡层序地层模式

由于海平面的变化可引起碳酸盐斜坡带物理化学条件、深水生物群落以及各种沉积作用的变化，因此碳酸盐斜坡的层序地层分析明显比碎屑岩复杂得多。尽管如此，斜坡带的沉积作用和层序发育也明显地受控于相对海平面的变化，形成特征的层序地层模式（图 7-15）。

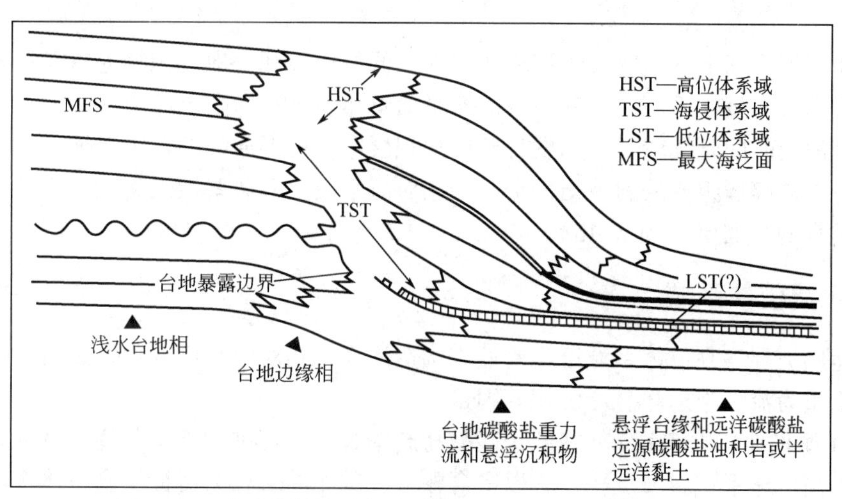

图 7-15 碳酸盐斜坡层序地层模式（转引自钱奕中，1994）

（一）低位体系域

当海平面下降，低于台地边缘时，台地边缘暴露地表，物理化学作用的影响加强，从而导致沉积物重力流发育及滑动和崩塌作用发生，形成低位体系域或陆架边缘体系域的碳酸盐斜坡裙和海底扇。低位进积复合体是该时期的另一主要沉积类型，向陆方向上超在以前高位体系域的台地边缘退覆坡折附近，向海则进积到盆地中。浅水地区以块状颗粒灰岩为主，随着水深增加，逐渐变为粒泥灰岩，最终成为泥岩或泥灰岩。低位体系域沉积时期的浮游生物往往形成厚的旋回性沉积，并在海浸体系域沉积期间变成薄的凝缩层。低位体系域沉积期，碳酸盐斜坡裙主要分布于台缘斜坡下部至侵蚀峡谷中，形成镶边台地斜坡裙和斜坡基底裙。

在低位体系域沉积晚期，局部有利部位可发育低位期生物礁丘。相应的准层序类型主要有：（1）岩崩→滑塌型角砾屑灰岩→液化流沉积→浊流沉积→自生碳酸盐楔；（2）碎屑流沉积→颗粒流沉积→浊流沉积→碳酸盐进积复合体；（3）岩崩→角砾屑灰岩→碎屑流沉积→浊流沉积；（4）碎屑流沉积→颗粒流沉积→浊流沉积；（5）重力流沉积→自生碳酸盐楔和碳酸盐进积复合体；（6）重力流沉积→自生碳酸盐楔→上斜坡生物礁丘。

（二）陆棚边缘体系域

陆棚边缘体系域是在海平面下降速率小于盆地沉降速率时形成的，除继承性台缘、台内沉积高地（礁滩）暴露外，台地上广大继承性洼地、斜坡和台盆均处于海水淹没状态，因而与Ⅰ型层序低位体系域沉积相比存在着较大差异。主要差异为：（1）重力流沉积相对不发育，以远源低密度浊积岩为主；（2）海平面若下降到台缘附近，则持续时间短；（3）在中上斜坡相带，由侵蚀充填垮塌堆积→颗粒灰岩→生物灰岩或礁丘灰岩构成的加积—进积型厚层退覆沉积体向盆地斜坡和台盆方向逐渐转变为向上变深变细的沉积序列，多由加积退覆式灰泥岩和泥灰岩夹低密度钙屑浊积岩透镜体构成厚层楔状体。

（三）海侵体系域

斜坡环境海侵体系域沉积时，构造沉降及相对海平面快速上升，沉积作用主要取决于海平面上升速率、远缘沉积物以及沉积物源供给类型，从而形成斜坡层序特定的海侵体系域内部结构。

随着相对海平面上升速率大于沉积物产率，低位边缘和台地沉积物退覆在早期暴露的碳酸盐台地上形成海侵体系域。这种短暂的海平面整体上升和向陆上超表现为追补型碳酸盐台地沉积。若海侵时间延续较长，则发育厚层加积层序，可形成陡的台缘斜坡，从而导致海侵期由大量泥质内碎屑组成的斜坡裙发育。当相对海平面上升速率接近碳酸盐产率时，形成最大海泛面发育的凝缩层（图7–15）。

（四）高位体系域

碳酸盐斜坡层序高位体系域沉积受控于构造沉降、相对海平面变化、碳酸盐自身沉积作用以及台缘重力流、半远洋悬浮沉积等因素。

当相对海平面上升速率降低并低于碳酸盐产率时，发育进积至下伏海侵体系域之上的S形或斜交形高位体系域斜坡沉积，它以富含颗粒、贫泥的岩相为特征。高位体系域沉积期的斜坡加积和进积作用使斜坡坡度变陡，促进了重力流沉积物的发育。

（五）层序地层模式

碳酸盐斜坡沉积层序的发育受控于相对海平面变化和盆地基底地形等多种因素，其中相对海平面变化直接影响碳酸盐斜坡层序的组合特征、几何形态、充填序列和内部构型。

在海平面升降旋回的不同时期，由于沉积环境的变化，层序内部构型发生了有规律的改变（图7–16）。在低位体系域沉积早期，海平面快速下降至台缘以下位置，斜坡中上部和台地暴露表面，仅斜坡下部和台盆位于水下，此时发育由钙屑和陆源碎屑构成的混积浊积岩。在低位体系域沉积晚期，相对海平面开始缓慢上升，台缘物源逐渐减少，相对浅水区以生物泥粒灰岩或颗粒灰岩为主，向台盆方向逐渐相变为泥灰岩、灰泥岩。若相对海平面下降至台缘附近并随后发生缓慢上升，此时台地暴露时间短，侵蚀量少，陆缘碎屑供给比较少，形成原地厚层浮游相灰岩加积退覆体夹透镜状钙屑浊积岩，有时发育陆棚边缘礁。到了海侵体系域发育早期，海平面相对快速上升，沉积物供给受到抑制，发育浮游相硅质灰岩、放射虫灰泥岩夹不同类型的浊积岩。在海侵体系域发育晚期，相对海平面继续上升，台地碳酸盐产率不断降低，斜坡和台地区发育深水的浮游相硅质灰岩、硅质泥岩、放射虫灰岩以及火山碎屑浊积岩。高位体系域沉积早期，相对海平面缓慢上升，台地和台缘碳酸盐产率接近海平面的上升速率，在台地和斜坡上部发育加积沉积，但斜坡主体仍处于较深水环境，仍以浮游相沉积及钙屑浊积岩沉积为特征。在高位体系域沉积晚期，相对海平面处于静止和下降状态，碳酸盐产率大于海平面的上升速率，导致斜坡的加积和进积作用，以富粒贫泥的重力流沉积及垮塌沉积为特征（视频 7-2）。

视频 7-2　碳酸盐斜坡海平面升降变化和沉积充填模式

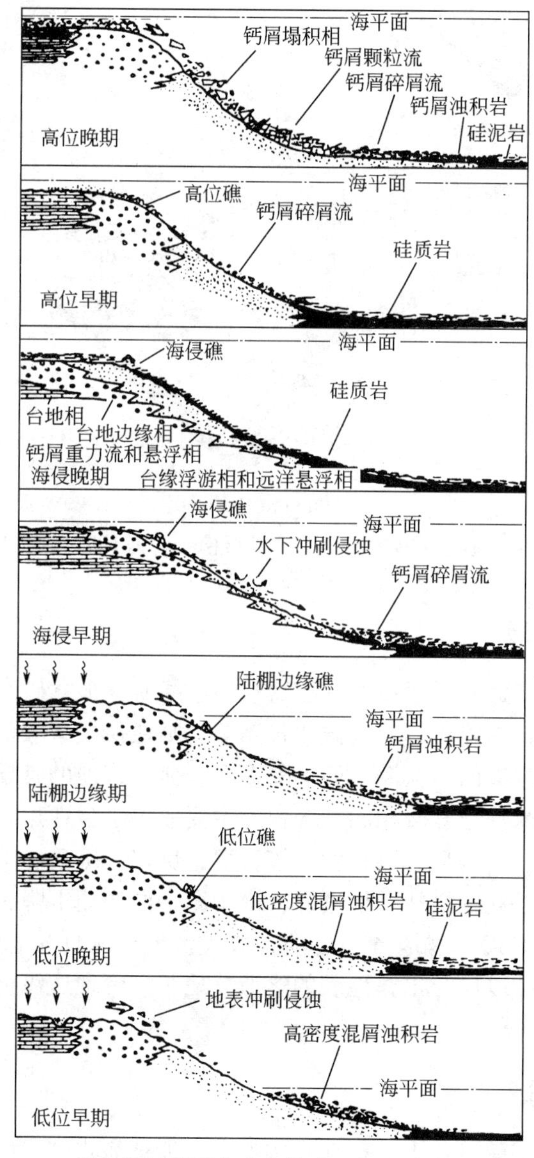

图 7-16　碳酸盐斜坡层序发育模式（据覃建雄等，1999）

五、孤立型碳酸盐台地层序地层模式

孤立型碳酸盐台地是远离区域性盆地边缘的浅海沉积地区，其剖面形态可以是对称的，也可以是不对称的，可以是镶边的，也可以是不镶边的。在孤立碳酸盐台地沉积区，由于无陆源碎屑供给，所以它的层序地层模式主要受控于海平面相对升降速率、碳酸盐和生物生长速率、气候的变化以及生态序列、孤立台地的基底地形等因素（图 7-17）。

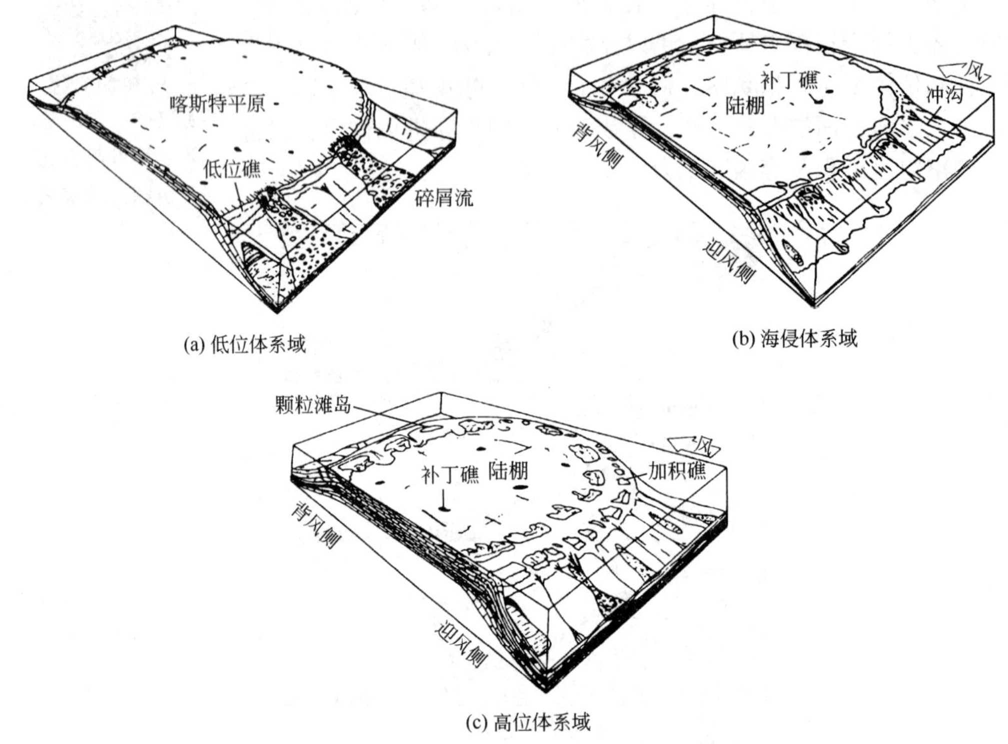

图 7-17　孤立碳酸盐台地层序地层模式（据 Handford，1993）

（一）低位体系域

当相对海平面快速下降并低于孤立碳酸盐台地边缘时，孤立碳酸盐台地出露地表，遭受风化剥蚀，碳酸盐沉积基本停止。若气候比较潮湿，则在孤立碳酸盐台地顶部发生大面积的喀斯特化作用，形成层序界面。在海平面下降期间，孤立台地的礁丘、滩相发育向盆地中央方向发生迁移。台地边缘礁丘、滩相的发育程度主要取决于台地边缘的地形坡度。若孤立台地边缘地形坡度较平缓，则礁丘、滩相就比较发育；反之，礁丘、滩相分布范围就窄，发育较差。特别是在较陡的孤立碳酸盐台地边缘，由于海平面快速下降，台地边缘沉积物处于不稳定状态，并呈碎屑流形式向盆地方向运动，形成台地边缘低位盆底扇和低位楔状体。因此，孤立台地低位体系域以广泛出露地表的喀斯特地貌、台地边缘低位前积礁丘、滩和低位楔、盆底扇为特征。

（二）海侵体系域

海侵体系域是在海平面迅速上升、孤立碳酸盐台地被海水淹没时形成的。在大多数情况下，海侵体系域的发育经历了3个阶段：（1）起始阶段，此时碳酸盐可容空间的增长速率滞后于海平面的上升速率；（2）追补型阶段，此时可容空间的增长速率大于海平面的上升速率；（3）并进型阶段，可容空间增长速率基本与海平面上升的速率相当，孤立台地处于或接近于海平面。在起始阶段，碳酸盐产率低于初始海侵速率，沉积作用难以追踪海平面的上升，仅形成初始滞留沉积。在追补阶段，一旦水深足以保证水体循环，沉积作用发生并追踪海平面上升形成细粒加积型沉积序列。在并进阶段，沉积速率较快，在台地边缘发育加积型礁丘、滩，这些礁体一般分布范围较窄，礁体近于直立，造礁生物群落属于中等水深型。在台体内部分布少量的补丁礁。在最大海侵期，礁丘可以停止生长，发育分布较广、厚度较薄、沉积速率较慢、含有丰富浮游和游泳生物的凝缩层。

（三）高位体系域

高位体系域是在海平面上升末期、静止期和开始下降期形成的。此时，浅海碳酸盐沉积速率一般大于盆地沉降和海平面上升速率，从而发生了台地碳酸盐岩的加积和进积作用，造成台地的水体不断变浅。碳酸盐台地的进积速率主要依赖于水体能量、水深、沉积过程及其堆积速率。例如大巴哈马滩西部边缘在5.6Ma期间向深水区进积了400m，平均为0.0013m/a。在更新世海侵以来，巴哈马台地顶部西南侧的安德鲁斯岛潮坪沉积速率为5~20m/a。孤立台地边缘沉积物的沉积速率往往大于周缘环境的沉积速率，可容空间迅速被早期加积和后期进积作用沉积物所充填，造成沉积物向盆地中央方向的进积并进一步滑塌形成重力流成因的扇体。在孤立台地的周缘，迎风侧多发育加积型至进积型的礁，而在背风侧多发育粒屑滩；台地内部多为潟湖沉积，有时发育少量的补丁礁（图7-17）。

第三节　海相碳酸盐岩层序地层与油气勘探

一、碳酸盐岩层序地层与油气勘探的关系

层序地层学是一门实用的、动态的应用科学，它为地质人员提供了以不整合面为界面的层序内部地层的几何形态及相互叠置样式、沉积相类型及其与油气成藏之间的时空关系，因而能够指导不同勘探和开发阶段的油气勘探和开发工作，开阔地质人员寻找新的油气勘探领域的思路，有效地提供油气勘探和开发靶区。

海平面相对升降周期性变化，形成了具有特定地层叠置样式的碳酸盐岩地层组合序列。碳酸盐的沉积过程和沉积方式除了受海平面升降变化、构造沉降速率以及气候等因素的影响外，还受盆地水体性质、生物种属类型和数量以及盆外沉积物供给多少的影响。因此，碳酸盐岩层序地层叠置样式就表现出多样性和复杂性的特点。加之碳酸盐岩成岩后生变化比碎屑岩的成岩后生变化更为复杂，从而增加了人们确定或预测有利碳酸盐岩储层的难度，增加了寻找有利勘探区带的难度。为了能够更好地将碳酸盐岩层序地层学的研究成果用于指导油气勘探，就应该根据碳酸盐岩层序地层概念模型，结合含油气盆地勘探现状和资料特点，采用适宜的工作思路和勘探方法，只有这样才能明确有利的勘探目标。

由于碳酸盐岩层序地层学对于指导油气勘探具有重大的实际意义，因此，为油气勘探服务的碳酸盐岩层序地层学研究应遵循下述原则和工作思路。

（1）充分利用多种可获得的资料；

（2）明确碳酸盐沉积物沉积时的盆地结构和古地理背景；

（3）建立反映盆地古地貌特征的不同沉积背景条件的碳酸盐岩层序地层样式；

（4）密集采样确定有利烃源岩、储层和盖层的位置及其与体系域类型之间的关系；

（5）加强不同成因类型碳酸盐岩储层成岩后生作用的研究，根据海平面升降变化和可容空间变化的特点，确定古岩溶的发育部位、淡水淋滤作用发育的层段等；

（6）确定有利于烃源岩发育的凝缩层段，并寻找能够捕获油气的碳酸盐岩储层，明确生储盖组合方式，制定高效可行的油气勘探方案，对勘探靶区实施油气勘探，以发现和探明油气资源。

二、碳酸盐岩层序成藏条件分析

（一）有利烃源岩和盖层分析

国内外碳酸盐岩油气勘探实践业已证明，要在碳酸盐岩盆地中发现大量的油气资源和富集油气的油气藏，重要的是要寻找富含有机质的烃源岩和具有良好储集性的碳酸盐岩储层。碳酸盐岩层序地层概念模型为人们预测在贫氧环境下形成的烃源岩及盖层提供了良好的基础。

碳酸盐岩盆地良好的烃源岩往往发育在海侵体系域形成期间。该时期海平面快速上升，盆地中某些地区处于缺氧和贫氧环境，并且沉积速率极低，通常形成以灰黑色泥质灰岩、灰质泥岩为主的富含有机质的烃源岩。控制碳酸盐岩中有机质丰度的主要因素是盆地地貌特征、地层的年代、气候、沉积物的沉积速率、古水深、海洋有机质的产率以及陆源有机质供给速率等因素，其中关键因素是贫氧的底水环境。若在干旱气候条件下发育碳酸盐沉积，那么陆源有机质供给所起的作用就比较小了。碳酸盐岩体系域不同于碎屑岩体系域，它能通过快速的海平面上升产生局限性的贫氧环境，利于有机质的保存。根据碳酸盐沉积体系的几何形态可以确定出 4 种成因类型的碳酸盐岩烃源岩，即发育于碳酸盐台地内部或边缘建隆之间的烃源岩、台地内部凹陷中的烃源岩、非限制性盆地边缘的烃源岩和深水洋盆的烃源岩。

在海侵体系域相对海平面快速上升期间，可以在先前的台地上形成一系列孤立的碳酸盐建隆。这些碳酸盐建隆之间受限的循环水体导致缺氧环境的发育。伴随着快速的碳酸盐建隆的加积，在海侵体系域形成最大水深起伏期间，沉积了富含有机质的碳酸盐岩。由于碳酸盐岩稀释速率很低，有机碳含量得以加大。在高位体系域沉积期间，进积的沉积体系可以充填在海侵体系域早期发育的地貌低洼处（图 7–18）。

在海侵体系域海平面快速上升期间，碳酸盐台地内部由于差异沉降作用形成台内坳陷。在该坳陷内，受限的循环水体形成了缺氧环境，利于富含有机质沉积物的沉积，从而形成了有利的烃源岩。后来高位体系域的前积充填作用也有利于碳酸盐台地内部坳陷烃源岩的保存。

非限制性盆地边缘烃源岩的沉积形态有些类似于碎屑岩地层海侵体系域的烃源岩。这些烃源岩是在盆地外陆棚处于饥饿状态、碳酸盐产率很低的情况下沉积而成的，主要沉积物为远洋碳酸盐沉积物。若陆棚或斜坡区远洋深水环境处于缺氧环境状态或浮游植物产率很高，则有利于烃源岩的沉积。

深水远洋碳酸盐烃源岩是在深水缺氧环境下形成的，在海侵体系域和高位体系域发育期间，均可发育这类烃源岩。它们以有机碳含量较高、分布广、沉积厚度大为特征。实际上，

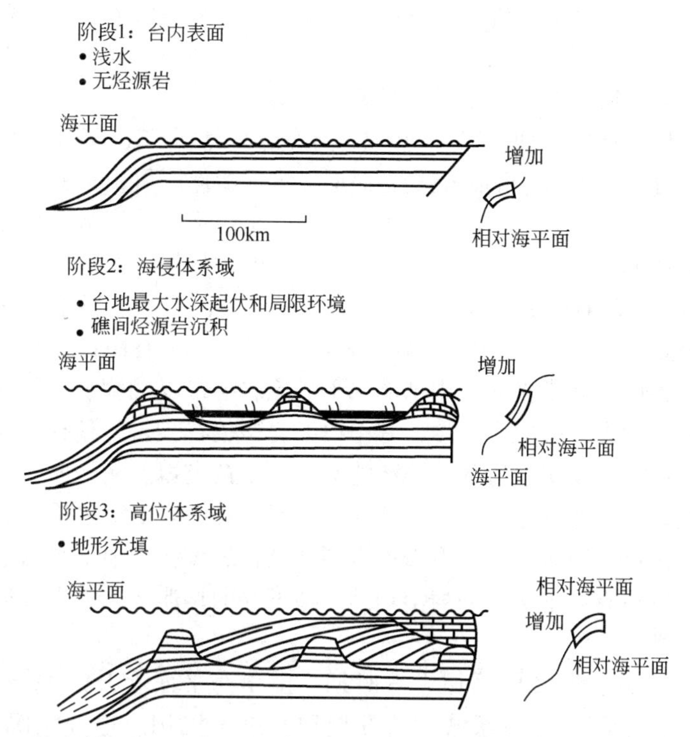

图 7-18　海侵体系域沉积早期碳酸盐建隆之间的烃源岩（转引自朱筱敏，2000）

随着海平面的升降变化，在海侵体系域和高位体系域发育期间，广海陆棚至深海盆地相的沉积物有机质丰度和氯仿沥青的含量最高，而斜坡和台地相烃源岩的有机质丰度较低。所以说，在最大海泛时期形成的富含有机质的细粒沉积物应该是最好的烃源岩。

根据海平面升降变化和体系域发育的特点，在碳酸盐岩层序中，与海泛事件密切相关的、分布广泛的海泛沉积或凝缩层是良好的盖层。这类盖层的岩性多为泥灰岩和灰质泥岩，以厚度较大、区域性分布为特征。在海侵体系域沉积早期和高位体系域发育时期，台地内部或潮缘地区，由于缺乏陆源碎屑物质供给，水体循环受阻，加之炎热干旱的气候，形成了充填盆地斜坡、台地的膏岩、盐岩等蒸发岩，覆盖了台地内部及其边缘的碳酸盐建隆储层，构成了有效的区域性盖层。

（二）有利的碳酸盐岩储层分析

从世界范围来看，碳酸盐岩储层中蕴藏着约占 50% 的油气资源量。这除了与碳酸盐沉积盆地中存在优质烃源岩密切相关外，还与碳酸盐岩储层发育孔、缝、洞储集空间有着密切的联系。在碳酸盐沉积盆地中，碳酸盐岩储层性质的优劣受多种因素的控制，如沉积相带、气候、碳酸盐沉积速率、成岩后生变化以及构造作用等。其中沉积相带是控制碳酸盐岩储层原生孔隙的主要因素，因此，下面将根据碳酸盐岩储层层序地层演化特点，来讨论各体系域中有利碳酸盐岩储层的发育情况。

随着海平面升降的旋回变化，形成了具有特定叠置样式和岩性组合的地层序列。当海平面快速下降并低于台地边缘时，发育了碳酸盐岩低位体系域，其中由前缘斜坡侵蚀滑塌而形成的他生碳酸盐岩碎屑楔状体可成为有利的碳酸盐岩储层。该类储层以分布范围相对较小、单层厚度较薄、砂砾屑混杂、原生孔隙度变化较大为特征，平均孔隙度和渗透率相对较低。

但该类储层往往具有高含量的砂砾屑，分选磨圆差，发育滑塌变形构造，具有典型的碎屑流和浊流沉积序列和丘状地震反射结构，所以在钻井、测井和地震资料上易于识别，加之被良好的斜坡盆地相烃源岩所包裹，易于形成有利的圈闭。

在海平面下降处于低位时期，广大的碳酸盐台地出露地表遭受风化淋滤，易形成孔洞发育、储层厚度大、分布广的古岩溶碳酸盐岩储层。古岩溶储层可由石灰岩和白云岩组成。石灰岩型古岩溶常表现为溶缝、落水洞、大中型溶洞甚至地下河，岩溶垂直分带性很强；而白云岩和灰质白云岩型岩溶以中小型的蜂窝状溶蚀孔洞的大量均一发育为特征，孔洞直径一般小于1cm，往往缺乏充填物质，常构成良好的油气储集空间。从岩溶垂向分带来看，最上部的垂直渗流岩溶缝及溶洞为主，石灰岩型溶缝溶洞常被充填，孔隙性差；白云岩型溶缝溶洞一般未被充填，是很好的储集空间；中部的水平潜流岩溶带以发育水平孔洞、大型溶洞、地下河为特征，储集空间多未被完全充填，其中白云岩型较石灰岩型具有更好的储集性能；最下部的深部缓流岩溶带以零星发育的溶孔溶缝为主，多被充填。从平面上来看，古岩溶地貌可被划分成岩溶高地、岩溶斜坡、岩溶洼地3个单元。其中岩溶高地是岩溶水补给区，垂直渗流带厚度大的岩溶高地边缘是储层发育的有利地区；岩溶斜坡地下水以垂直渗入和水平运动为主，是储层发育最有利地区；而岩溶洼地是地下水的排泄区，垂直渗流带和水平潜流带溶岩不发育，孔渗性差。

在海平面快速上升、海侵体系域发育时期，由于海平面上升速率与沉积物沉积速率的不同匹配关系，形成了海侵体系域的追补型和并进型沉积。追补型沉积是沉积物沉积速率较低、沉积物粒度较细的一种碳酸盐沉积，往往以泥晶灰岩、泥质灰岩或钙质泥岩沉积为特征。由于这种追补型沉积粒度细，故难以构成原生孔隙发育的有效储层，除非后期遭受淋滤或构造作用，形成溶洞或裂缝储集空间。并进型沉积是一种碳酸盐沉积速率与水平面上升速率基本一致的沉积，它常以台地边缘礁和滩、台地内部补丁礁以及斜坡礁的形式出现。

碳酸盐台地边缘是生物礁发育的最佳场所。该处水体浅而清洁，水动力较强，营养丰富，利于生物繁殖和生物礁的生长发育。台地边缘生物礁往往是在中高能的台缘粒屑滩的基础上发育起来的（奠基期），然后通过较小个体生物的生长，阻碍水流和拦截碎屑及灰泥，构成生物的定殖期。随后，生物礁的生长进入繁殖期，大量发育骨架岩和胶结岩，形成厚达几十米至几百米的生物礁的主体，从而形成原生孔隙极发育的储层。台缘生物礁顶部常被生屑灰岩或粒屑灰岩沉积所替代，生物碎屑的增多抑制了造礁生物和胶结生物的生长发育，使礁体逐步衰亡。台地内部的生物礁常呈补丁状零星分布在碳酸盐台地上，虽然其规模相对较小，但也发育较多的原生孔隙。邻近台地内部的海侵体系域烃源岩，也是一种有利的碳酸盐岩储层。斜坡生物礁主要属于生物灰泥丘类型，岩性以中厚层泥晶生物碎屑灰岩、颗粒泥晶灰岩为主，生物化石含量丰富，但灰泥充填明显，影响了斜坡生物礁原生孔隙的发育。碳酸盐台地边缘粒屑滩可为鲕粒滩、生物碎屑滩或砂砾屑滩。由于受波浪强烈的淘洗，粒屑滩颗粒之间灰泥含量极少，加之颗粒分选磨圆好，从而形成了原生孔隙极为发育的碳酸盐岩储层，但这类储层常被后期亮晶方解石胶结物充填，储层物性受到明显破坏。

碳酸盐岩层序高位体系域发育时期，由于海平面升降速率的变化，早期形成了追补型沉积，晚期形成了并进型沉积。追补型沉积以贫粒、富泥的准层序为特征，在台地边缘沉积物中常含有大量的早期海底胶结物，储层物性较差。晚期并进型沉积以富含碳酸盐颗粒、向上变浅的准层序为沉积特征，由于碳酸盐产率较高，所以缺少早期的海底胶结物，易形成原生孔隙发育的礁滩相碳酸盐岩储层。高位体系域台地边缘的生物礁或粒屑滩常沿台地边缘展布，沉积厚度可达数百米，在地震剖面上呈典型的丘状反射和前积型反射，易于识别。

总之，随着海平面的升降变化，碳酸盐岩层序海侵体系域和高位体系域并进型碳酸盐礁滩沉积是原生孔隙最为发育的一类储层，低位体系域他生碎屑楔状体也是比较好的一类碳酸盐岩储层。需指出的是，碳酸盐岩储层储集性能的好坏受后期成岩作用和构造运动的影响比较大。因此，在研究碳酸盐岩储层时，除了要对碳酸盐沉积进行层序地层学研究、确定原生孔隙发育的相带外，还应加强碳酸盐岩成岩作用和构造运动期次、活动方式的研究，在有利的沉积相带中寻找储集性能良好的储层。

（三）碳酸盐岩层序有利地层圈闭的分布

碳酸盐岩层序地层模式为人们预测碳酸盐岩层序中的体系域和沉积体系类型提供了良好的概念型模型。在上述对不同体系域中有利烃源岩、有利储层综合分析的基础上，人们有可能根据层序地层模式对有利的地层圈闭作出预测。碳酸盐岩地层圈闭的发育分布往往与碳酸盐建隆发育与否、地层侧向尖灭、孔隙度和渗透率的侧向变化等因素密切相关。对于发育完整的碳酸盐岩层序来说，在低位体系域发育期间，他生碳酸盐岩楔状体的上倾和下倾方向由于岩性变化形成地层圈闭（图 7–19 中的 4、5）；在低位体系域发育中晚期，斜坡上部可形成以礁滩等碳酸盐建隆为特征的地层圈闭（图 7–19 中的 6）；在海侵体系域和高位体系域并进型碳酸盐建隆沉积时期，台地边缘的礁滩沉积向盆地方向相变为斜坡细粒碳酸盐岩，向陆地方向相变为非渗透性潟湖泥岩，形成台地边缘地层圈闭（图 7–19 中的 8、9）；在海侵体系域和高位体系域并进型碳酸盐沉积期间，台地内部也可发育分布较零星的碳酸盐建隆补丁礁，其侧向相变为礁缘或潟湖相富泥沉积物，构成台内地层圈闭（图 7–18 中的 10）；在高位体系域沉积中后期，台地边缘滩相沉积物不断向盆地内进积，在其下倾方向相变为斜坡盆地细粒沉积物，上倾方向相变为斜坡盆地细粒沉积物，上倾方向相变为蒸发岩，构成高位边缘滩地层圈闭（图 7–19 中的 7）；在碳酸盐台地内部，由于白云岩化作用的差异，多孔的白云岩侧向相变化为致密的石灰岩，形成准同生期成岩地层圈闭（图 7–19 中的 11、12）；在低位体系域沉积时期，台地出露地表遭受剥蚀淋滤，形成与不整合或古岩溶密切相关的地层圈闭（图 7–19 中的 13）；在缓坡背景中，由于盆地斜坡中的碳酸盐建隆（图 7–19 中的 1）、台地边缘及顶部碳酸盐建隆的侧向相变，也可以形成地层圈闭（图 7–19 中的 2、3）。因此，在碳酸盐岩层序中存在多种类型的、值得引起人们重视的地层圈闭。

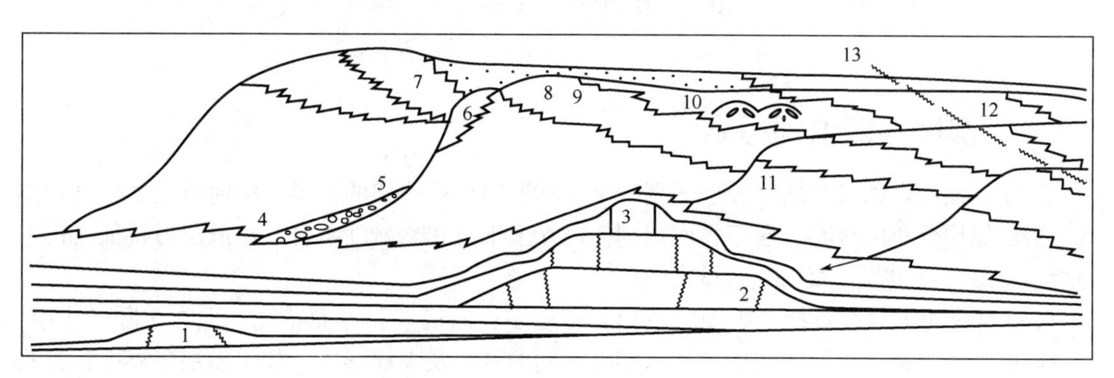

图 7–19　碳酸盐岩层序地层圈闭（转引自朱筱敏，2000）

第四节　海相碳酸盐岩层序地层实例分析

本节以鄂西建南地区长兴组层序地层分析为例。鄂西地区构造上自西向东依次发育北北东向展布的万县复向斜、方斗山复背斜、石柱复向斜、齐岳山复背斜、利川复向斜、中央复背斜、花果坪复向斜等典型的侏罗山式褶皱变形区。建南地区即位于石柱复向斜中部，包括建南和龙驹坝构造，地理位置上位于湖北省利川市和重庆市石柱县境内，其中三维地震资料工区面积约 900km^2（图 7-20）。建南构造划分为南高点和北高点，1976 年在钻探建 16 井时，获得工业性气流，并证实长一段在北高点存在点礁；后又对南高点进行研究，在钻探建 43 井时，获工业性油气流，证实南高点不具备生物礁岩性组合特征，定为生屑滩。

彩图 7-20

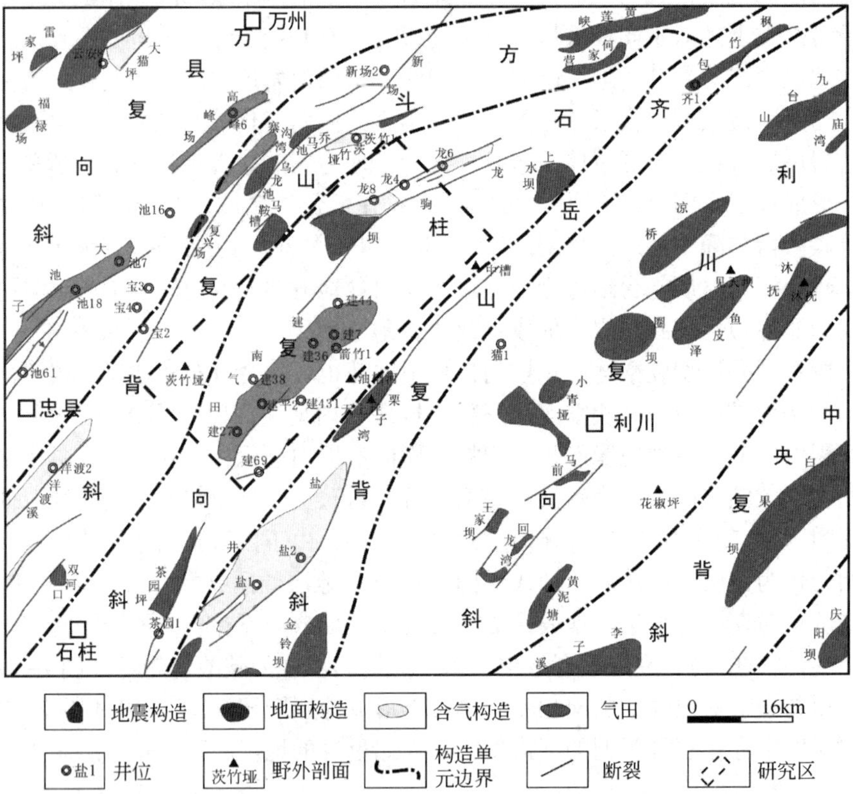

图 7-20　研究区分布范围及构造位置图（据胡忠贵等，2014）

一、层序界面识别标志

层序界面的识别以及层序级别的划分是建立层序地层格架的关键，同时也是划分沉积体系、预测储层分布的核心。层序界面识别标志在上下沉积岩岩性组合、地震反射特征、古生物组合及测井曲线等方面均有明显反映。

Vail 从理论上高度概括了Ⅰ型层序和Ⅱ型层序界面机理和界面特征。但在实际工作中，层序界面相当复杂，相同的层序界面可能有不同的特征及表现形式。如Ⅰ型层序界面，有些为角度不整合面，有些为平行不整合面；Ⅱ型层序界面，有些为暴露不整合面，有些为岩性岩相转换面。通过野外剖面观测、大量钻井剖面分析和井—震结合的关键界面追踪对比，认为该区主要发育局部暴露不整合层序界面和淹没不整合层序界面，总体上均属于Ⅱ型层序界面。

（一）局部暴露不整合层序界面

局部暴露不整合层序界面主要见于长兴组中部，即第1个三级层序和第2个三级层序分界面，主要表现为层序界面之下为浅水碳酸盐浅滩或生物礁沉积，小规模的海平面下降造成礁、滩体顶部局部暴露形成一些不连续的沉积间断面。

在此界面之下，由于局部暴露遭受淡水淋滤溶蚀作用，形成了一些粒内溶孔等选择性溶孔，同时发育白云岩化作用现象，常形成礁云岩、残余颗粒云岩和晶粒云岩，局部可见云质角砾岩沉积。界面之上，由于相对海平面上升常形成滩间或开阔台地潮下静水泥沉积的含泥灰岩、泥晶灰岩等低能沉积物。在典型生物礁、滩钻井剖面的测井曲线上，界面上自然伽马曲线值突然增高、电阻率曲线值降低（图7-21）。地震剖面上，界面上、下由于岩性差别呈现地震波反射速度差异，区域上表现为波峰变波谷的相位转换带（图7-21），分布稳定（图7-22）。

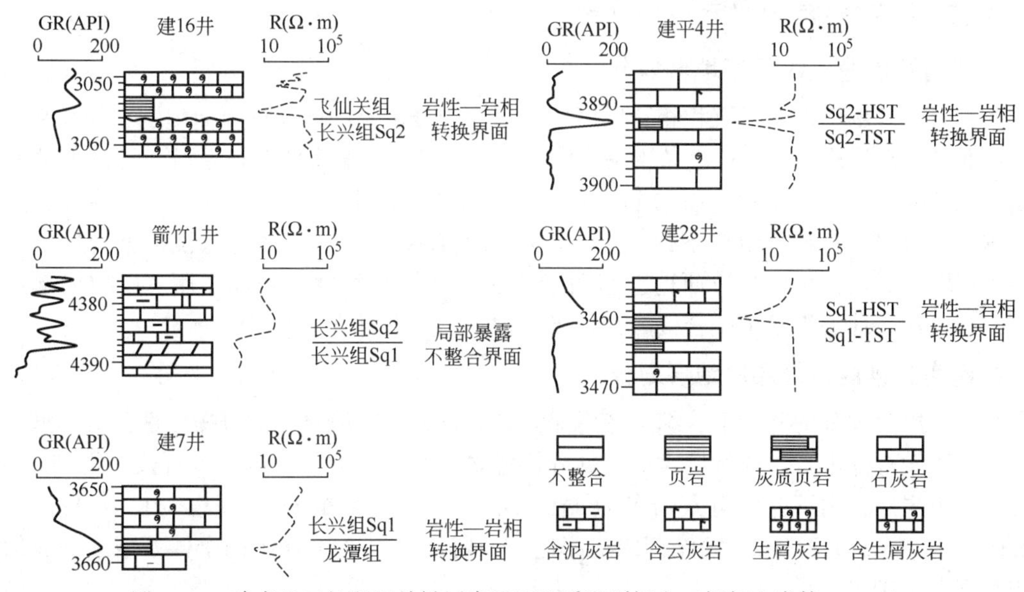

图7-21 建南地区长兴组关键层序界面地质识别标志（据胡忠贵等，2014）

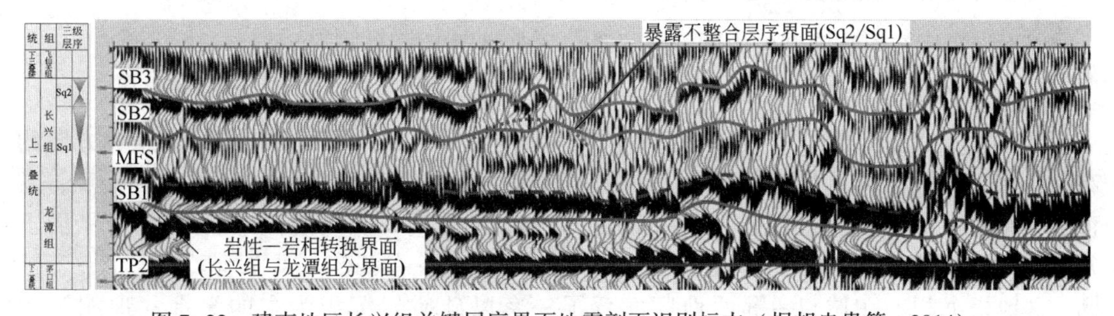

图7-22 建南地区长兴组关键层序界面地震剖面识别标志（据胡忠贵等，2014）

（二）淹没不整合层序界面

淹没不整合层序界面主要原因是海平面上升速度超过了碳酸盐沉积速率，从而抑制碳酸盐岩的生长而形成的一种淹没不整合沉积间断面。研究区淹没不整合层序界面表现为台地内部的淹没不整合界面，发育于长兴组与龙潭组分界面，即第1个三级层序界面（图7-21）。该界面为一岩性和岩相转换界面，界面之下为龙潭组低能泥质岩，界面之上为滩间或开阔潮下微相的含泥质、含生屑泥晶灰岩，自然伽马和电阻率曲线呈突变响应。地震剖面上，该界面位于波峰转波谷的转换带，区域上分布稳定（图7-22）。

彩图7-22

除了上述层序界面外，还有层序中的一些关键界面，如最大海泛面，即层序中最大海侵所到达的位置所形成的界面。此界面常处于低能沉积物中，在研究区一般位于泥质岩内部，呈高自然伽马和低电阻率特征（图7-21）。地震剖面上，最大海泛面位于波峰顶部，呈强反射，区域分布稳定（图7-22）。

二、层序地层划分及特征

（一）三四级层序地层划分方案

1. 建南及周缘三级层序地层划分

通过对野外剖面、钻井沉积相与层序地层学综合分析及地震关键界面识别，将长兴组划为2个Ⅱ型三级层序，由下向上依次命名为Sq1和Sq2，均发育两个体系域，即海侵体系域（TST）和高位体系域（HST）。Sq1与Sq2大致分别与长一段、长二段相对应，界面为一局部暴露不整合界面；长兴组与下伏地层龙潭组为整合接触，分界面为淹没不整合接触和岩性—岩相转换界面；顶部受海西构造运动影响而遭受不同程度的剥蚀作用，HST局部保存不全，与上覆飞仙关组呈不整合接触，长兴生物礁主要发育于HST中。

2. 建南三维区四级层序地层划分

在三级层序划分的基础上，综合考虑前人划分方案及区域对比的可操作性，对典型生物礁、生物滩发育井进行了精细层序地层划分，建立标准对比剖面。进一步将长兴组划分为5个Ⅱ型四级层序，由下向上分别命名为sq1、sq2、sq3、sq4和sq5，其中sq1、sq2、sq3属于Sq1，sq4、sq5属于Sq2。每个四级层序进一步划分为TST和HST两个体系域，一般HST沉积厚度大于TST。

（二）典型剖面层序地层特征

以下以见天坝生物礁剖面为例，介绍研究区典型剖面层序地层特征。

1. 剖面概况

鄂西利川见天坝剖面位于湖北西部利川复向斜的中北部，距利川市柏杨镇东北方向约25km。晚二叠世早期（龙潭期），川东—鄂西地区主要为一套局限潮坪—潟湖沉积环境，发育了一套含煤碎屑岩与碳酸盐岩互层沉积；晚二叠世晚期（长兴期），随着区域海平面上升，在川东—鄂西地区大部分地区以开阔台地沉积为主，在开江—梁平地区发育了一套陆棚—盆地相沉积，在城口—鄂西地区发育了一套以硅质岩沉积为主的深水盆地相沉积（图7-23）。利川见天坝在晚二叠世长兴组沉积时期总体处于城口—鄂西海槽与川东—鄂西台地之间的台地边缘相带，其下部为一套深水斜坡相沉积，向上水体逐渐变浅，发育了一套以生物礁（丘）为主体的台地边缘礁相沉积，到长兴组沉积末期发育了一套开阔台地—局限台地相沉积。

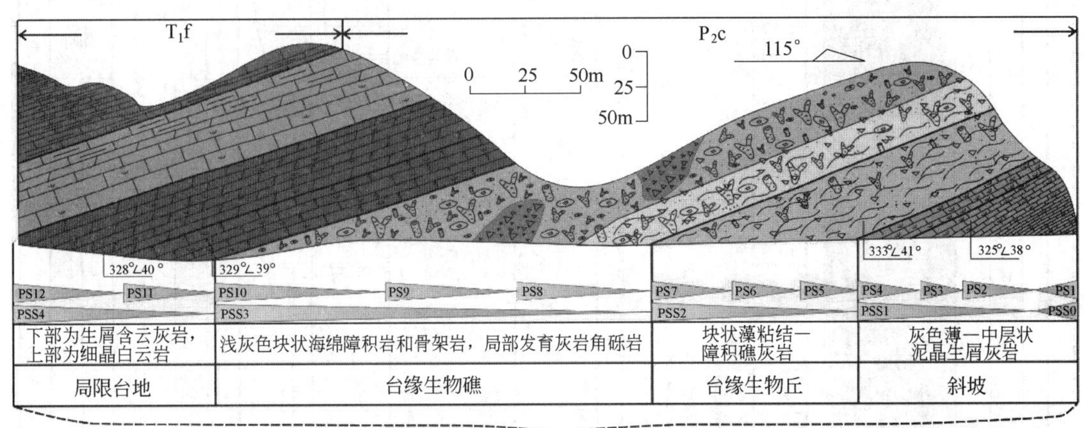

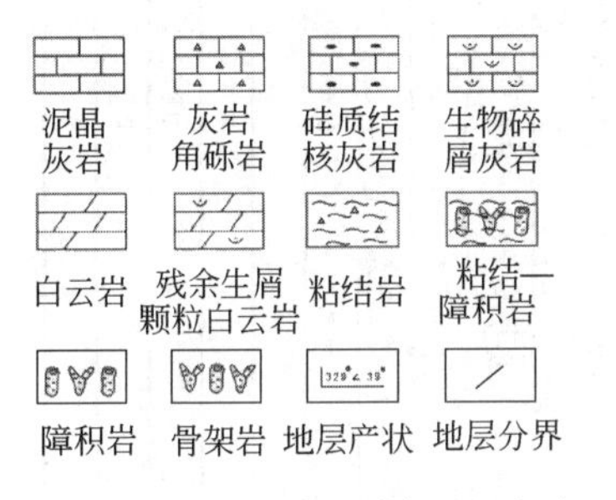

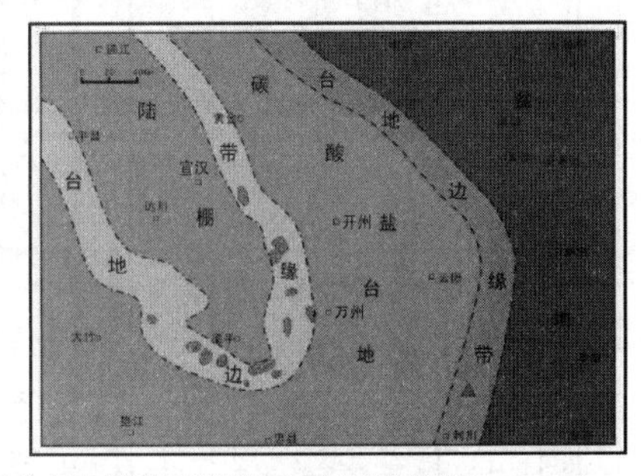

图 7-23　鄂西—川东地区长兴组古地理及利川见天坝剖面交通位置及剖面概况（据胡明毅等，2012）

鄂西利川见天坝剖面长兴组发育完整，厚度为 246. 1m。该剖面长兴组与下伏龙潭组和上覆下三叠统飞仙关组均为整合接触。根据该区岩性、古生物组合及沉积发育特征，将长兴组划分为 2 个三级层序，即 Sq1 和 Sq2（图 7-24）。Sq1 底界面为晚二叠世龙潭组与长兴组界面，二者之间为岩性—岩相转换界面，界面之下为龙潭组开阔台地相灰色薄层状泥晶灰岩沉积，界面之上为长兴组底部斜坡相深灰色薄层状含生屑泥晶灰岩沉积。Sq2 底界面位于长兴组内部，界面之下为一套浅灰色中厚层细晶白云岩、残余生屑灰质白云岩沉积，界面之上为开阔台地相灰色中层状泥晶灰岩沉积，界面附近发育局部暴露溶蚀作用标志。长兴组生物礁位于 Sq1 的高位体系域中。其中 Sq1 可进一步划分为 3 个准层序组：sq1、sq2、sq3。sq1 属长兴组早期沉积，对应于 Sq1 的海侵体系域，以深灰色薄层含生物屑泥晶灰岩沉积为主，发育有孔虫和菊石类化石，属斜坡相沉积。sq1-HST、sq2、sq3 属长兴组 Sq1 高位体系域沉积。sq1-HST 与长兴组一段中下部沉积对应，其下部为深灰色薄层状含生物屑泥晶灰岩，中部为灰色薄—中层状泥晶灰岩局部夹硅质结核，上部为灰色中层状泥晶生物屑灰岩。sq2 与长兴组一段中部地层对应，其下部为一套浅灰色块状藻粘结礁灰岩，上部为浅灰色块状藻粘结—障积礁灰岩，在顶部局部见油侵和沥青。sq3 对应于长兴组长一段上部及长二段下部地层，其下部为一套浅灰色块状障积—骨架生物礁灰岩，中部为一套块状海绵生物骨架礁灰岩、灰色中—厚层状生物屑含云灰岩或含灰云岩，上部为一套厚层状具残余生屑结构的灰质细晶云岩、细—中晶白云岩。

彩图 7-23

彩图 7-24

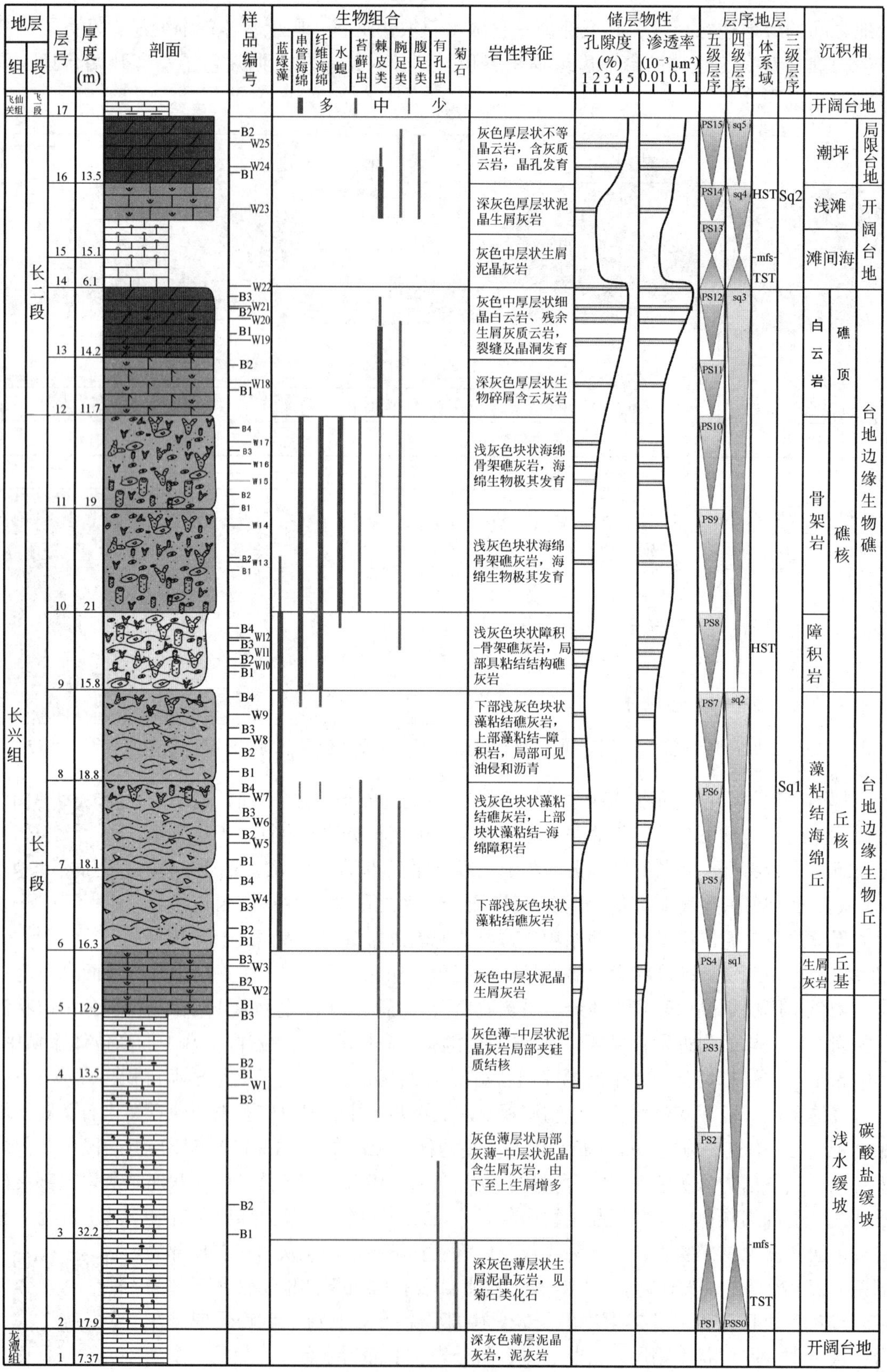

组	段	层号	厚度(m)	样品编号
飞仙关组	飞一段	17		
长兴组	长二段	16	13.5	B2, W25, W24, B1
		15	15.1	W23
		14	6.1	
		13	14.2	B3, W22, W21, B2, W20, B1, W19
		12	11.7	B2, W18, B1
		11	19	B4, W17, B3, W16, W15, B2, B1
		10	21	W14, B2, W13, B1
		9	15.8	B4, W12, B3, W11, B2, W10, B1
	长一段	8	18.8	B4, W9, B3, W8, B2, B1
		7	18.1	B4, W7, B3, W6, B2, W5, B1
		6	16.3	B4, W4, B3, B2, B1
		5	12.9	B3, W3, B2, W2, B1
		4	13.5	B3, B2, B1
		3	32.2	W1, B3, B2, B1
		2	17.9	
龙潭组		1	7.37	

生物组合：蓝绿藻　串管海绵　纤维海绵　水螅　苔藓虫　棘皮类　腕足类　腹足类　有孔虫　菊石（多　中　少）

储层物性：孔隙度（%）1 2 3 4 5；渗透率（$10^{-3}\mu m^2$）0.01 0.1 1

岩性特征（自上而下）：
- 灰色厚层状不等晶云岩，含灰质云岩，晶孔发育
- 深灰色厚层状泥晶生屑灰岩
- 灰色中层状生屑泥晶灰岩
- 灰色中厚层状细晶白云岩、残余生屑灰质云岩，裂缝及晶洞发育
- 深灰色厚层状生物碎屑含云灰岩
- 浅灰色块状海绵骨架礁灰岩，海绵生物极其发育
- 浅灰色块状海绵骨架礁灰岩，海绵生物极其发育
- 浅灰色块状障积-骨架礁灰岩，局部具粘结结构礁灰岩
- 下部浅灰色块状藻粘结礁灰岩，上部藻粘结-障积岩，局部可见油侵和沥青
- 浅灰色块状藻粘结礁灰岩，上部块状藻粘结-海绵障积岩
- 下部浅灰色块状藻粘结礁灰岩
- 灰色中层状泥晶生屑灰岩
- 灰色薄-中层状泥晶灰岩局部夹硅质结核
- 灰色薄层状局部灰薄-中层状泥晶含生屑灰岩，由下至上生屑增多
- 深灰色薄层状生屑泥晶灰岩，见菊石类化石
- 深灰色薄层泥晶灰岩，泥灰岩

层序地层：五级层序 PS15—PS1；四级层序 sq5、sq4、sq3、sq2、sq1、PSS0；体系域 HST、mfs、TST、HST、mfs、TST；三级层序 Sq2、Sq1

沉积相（自上而下）：开阔台地；局限台地（潮坪）；开阔台地（浅滩、滩间海）；台地边缘生物礁（白云岩礁顶、骨架岩礁核、障积岩）；台地边缘生物丘（藻粘结海绵丘丘核、生屑灰岩丘基）；碳酸盐缓坡（浅水缓坡）；开阔台地

图 7-24　利川见天坝长兴组生物礁沉积特征（据胡明毅等，2012）

2. 生物礁内部构成特征

通过对礁体内部岩性、生物组合特征进行深入研究，不仅能识别出该礁体的内部构成特征，而且对于揭示其沉积环境演化、生物礁成因模式及有利储层展布有重要指导意义。

1）四级层序 sq1 内部构成特征

sq1 位于剖面 3~5 层，主要由深灰色薄层状或薄—中层状泥晶灰岩、含生屑泥晶灰岩、中层状生屑泥晶灰岩组成，其内部可进一步划分为三个准层序（五级层序），即 PS2、PS3 和 PS4（图 7-24）。其中 PS2 下部为深灰色薄层泥晶灰岩，向上生物含量增加，逐渐过渡为深灰色薄层或薄—中层含生屑泥晶灰岩，产有孔虫和菊石类化石。PS3 总体特征与 PS2 较为相似，其下部为深灰色薄层泥晶灰岩，向上逐渐过渡为深灰色薄层或薄—中层含生屑泥晶灰岩，反映水体总体向上变浅、生物含量逐渐增加的特点。PS4 下部为灰色薄—中层状泥晶灰岩局部夹硅质结核，上部为灰色中层状生屑灰岩，生物屑含量在 55%~60%之间，主要为棘皮、腕足类、藻屑和䗴类等生物屑，填隙物以泥晶为主，少量亮晶，反映水动力条件总体较弱，为低能滩相沉积环境。

总之，四级层序 sq1 内部主体为一套低能碳酸盐缓坡相沉积，发育了一套深灰色薄层状或薄—中层状泥晶灰岩和含生屑泥晶灰岩沉积。随着相对海平面的不断下降，水体温度和深度适中、水体洁净，适宜生物生长所需要的条件，生物开始生长，沉积了一套灰色中层状泥晶生屑灰岩。见天坝生物礁就是上述低能生屑滩基础上发展起来的。

2）四级层序 sq2 内部构成特征

sq2 位于剖面 6~8 层，主要由一套灰色块状藻粘结岩、藻粘结—障积生物灰岩和藻粘结—海绵生物灰岩组成，局部可见油侵和沥青，其内部可进一步划分为三个准层序，即 PS5、PS6 和 PS7。PS5 主要由灰色块状藻粘结岩构成，藻粘结岩主要由包壳状蓝绿藻、少量被包裹的生物及亮晶胶结物组成，蓝绿藻含量达 50%~65%，其他生物含量小于 15%，藻间充填物多为亮晶方解石。具粘结结构的藻粘结岩形成于较弱—中等水动力条件［图 7-25（a）（b）］。PS6 下部主要由灰色块状藻粘结灰岩构成，上部由灰色块状藻粘结—海绵障积岩构成。该准层序下部主要发育蓝绿藻生物，含量达 55%~65%，具典型的粘结结构。该准层序上部除发育蓝绿藻外，还发育较多的海绵生物，其中海绵含量在 15%~25%，蓝绿藻含量在 35%~40%，具明显的藻粘结—障积结构［图 7-25(c)］，反映出向上水体变浅、水动力条件增强的特点。PS7 自下向上主要发育灰色块状藻粘结—海绵障积礁灰岩，反映出自下向上由粘结结构向粘结—障积和障积结构转变的过程，同时也反映出水体逐渐变浅、水动力逐渐变强的特点，在该准层序顶部障积岩生物体腔中见有明显的油侵和沥青。

总之，四级层序 sq2 主要为一套台地边缘生物丘沉积，发育了一套灰色块状藻粘结、藻粘结—障积和障积生物灰岩。该准层序组内部发育三个准层序，其中 PS5 主要为藻粘结灰岩，PS6 和 PS7 下部为藻粘结灰岩，上部为藻粘结—障积灰岩，反映了水动力逐渐变强和水体逐渐变浅、生物丘逐渐繁盛的特点。

3）四级层序 sq3 内部构成特征

sq3 位于剖面 9~13 层，主要由一套灰色块状障积—骨架礁灰岩、海绵生物骨架礁灰岩局部夹灰岩角砾岩、浅灰色中厚层状生物碎屑含云灰岩组成，其内部可进一步划分为 5 个准层序，即 PS8、PS9、PS10、PS11 和 PS12。PS8 主要由灰色块状障积—骨架岩组成，造礁生物主要为串管海绵、纤维海绵等，具明显的包覆构造，基质为灰泥、球粒等，残留孔洞被亮晶方解石胶结物充填。PS9 主要由灰色块状海绵骨架岩组成，该时期造礁生物极其繁盛，主要为串管海绵和纤维海绵，同时发育有少量硬海绵、水螅和苔藓虫等，造礁生物含量可达 50%~65% [图 7-25(a)(d)(e)]。PS10 主要由灰色块状海绵骨架礁灰岩组成。同准层序 PS9 一样，准层序 PS10 造礁生物极其繁盛，同时在礁体两侧局部发育有中厚层状灰岩角砾岩沉积 [图 7-25(f)]。PS11 主要由浅灰色中厚层状生物碎屑含云灰岩、残余生物碎屑灰质云岩、生物碎屑含灰云岩组成，该准层序中生物屑发育，生物屑主要为棘皮类、钙藻和蜓类等，自下向上白云岩化程度增强，白云石含量增高。PS12 下部由浅灰色中厚层状残余生物碎屑灰质云岩和含灰云岩组成，上部由浅灰色中厚层细—中晶白云岩沉积组成 [图 7-25(g)]。

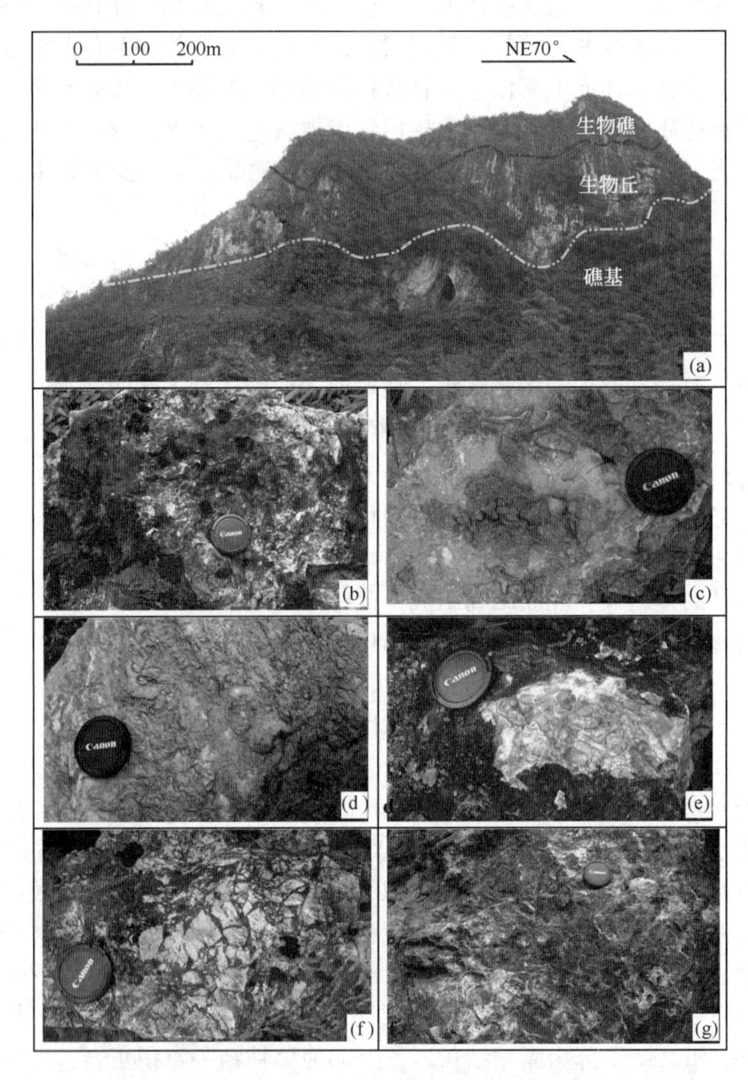

彩图7-25

图 7-25 利川见天坝长兴组生物礁内部岩性及生物构成特征（据胡明毅等，2012）

(a) 利川见天坝生物礁峭壁断面，自下而上发育礁基、生物丘和生物礁沉积，礁基由中层状生屑灰岩沉积组成，生物丘主要由块状藻粘结岩构成，生物礁主要由块状障积—骨架岩构成；(b) 藻粘结灰岩，主要由蓝绿藻构成，含量达 65%；(c) 粘结—障积礁灰岩，海绵含量约为 25%，蓝绿藻含量约为 35%，具明显的藻粘结—障积结构；(d) 障积—骨架礁灰岩，具明显的障积—骨架结构，造礁生物主要为串管海绵和纤维海绵，含量约为 60%；(e) 骨架礁灰岩，具生物骨架结构，造礁生物主要为串管海绵、纤维海绵等；(f) 灰岩角砾岩，角砾为棱角状，为礁前垮塌沉积形成；(g) 深灰色厚层状白云岩沉积，裂缝和溶蚀晶洞发育综上所述，在 sq3 时期随着相对海平面进一步下降，造架生物极其繁盛，主要有串管海绵、纤维海绵以及少量硬海绵、水螅和苔藓虫等。造礁生物的不断增多，使生物礁的发育达到鼎盛，在此阶段发育了一套以灰色块状障积—骨架岩和骨架岩为主体的礁灰岩沉积，在礁前和礁后局部发育有垮塌灰岩角砾岩沉积，该四级层序 sq3 构成了台地边缘生物礁的主体沉积。

4）四级层序 sq4 内部构成特征

sq4 位于剖面 14~15 层，主要为一套深灰色、灰色中厚层状泥晶生屑灰岩、生屑泥晶灰岩。其内部可进一步划分为 2 个准层序，即 PS13 和 PS14。PS13 为一套灰色中层状生屑泥晶灰岩，PS14 为一套深灰色厚层状泥晶灰岩。

总之，sq4 时期海平面再次上升，水体不再适合碳酸盐岩的生长，其堆积速率减慢，造礁生物逐渐减少。PS14 以棘皮为主，见少量的腕足类和腹足类。此阶段主要为一套开阔台地相沉积，礁滩不发育。

5）四级层序 sq5 内部构成特征

sq5 位于剖面第 16 层，岩性以灰色厚层状不等晶云岩，含灰质云岩，晶孔发育，对应五级层序 PS15。该时期继承了 sq4 时期的沉积特征，生物较少，为潮坪沉积。

三、连井层序地层格架及有利储集体分布

纵、横向上，长兴组生物礁、滩沉积主要出现在高位体系域，尤以第 1 个三级层序的高位体系域最为发育。长兴组沉积早期继承了龙潭组沉积时期碳酸盐缓坡沉积背景，sq1 海侵体系域仍以碳酸盐缓坡为主（图 7-26）；sq1 高位体系域，在前期沉积背景下，即由西南向东北方向为浅（水缓坡）—深（水缓坡）—浅（水缓坡）的基础上，研究区受海西运动的拉张作用和继承性沉降等构造因素影响，开始出现碳酸盐台地背景，在浅水陆棚两侧的台地边缘带出现少量生屑滩，为生物礁发育和浅滩进一步增长奠定了基础，在 sq2、sq3 的高位体系域为生物礁、滩的主要沉积期，至 sq4、sq5 高位体系域以生屑滩沉积为主，发育规模也逐渐变小。每个四级层序中的海侵体系域礁滩一般不发育。

彩图 7-26

平面上，建南地区生物礁、滩沉积体主要发育于长兴组沉积中—晚期的碳酸盐台地模式中（图 7-27），贯穿开江—梁平深水陆棚（海槽）和鄂西深水陆棚（海槽）且向南不断收缩的浅水陆棚相带将建南地区分隔为两个相区，北部斜坡带相对南部更陡（据地震资料，图 7-26），南北礁、滩分布特征也呈现差异。建南南部为“镶边台地”，由西向东依次发育开阔台地—台地边缘—台地前缘斜坡—浅水陆棚相，其中生物滩、礁主要分布于台地边缘带，尤以生屑滩（钻井证实）分布面积广泛，发育金竹坪、临溪场、石宝寨等 4 处点礁（据地震资料解释成果或钻井资料证实）。建南北部为“孤立台地”，由西向东依次发育浅水陆棚—台地前缘斜坡—台地边缘—开阔台地相，礁、滩沉积也分布于台地边缘带，受斜坡带相对南部更陡的影响，具有较强的水动力条件，也有利于造礁生物大量繁盛，因而在靠近斜坡带一侧生物礁更为发育，分布规模也大于建南南部，形成箭竹溪、建南北等礁群，在箭竹 1、建 7、建 16 等大量钻井中已得到证实，而在靠近开阔台地的背风一侧则发育生屑滩，形成礁后滩。

彩图 7-27

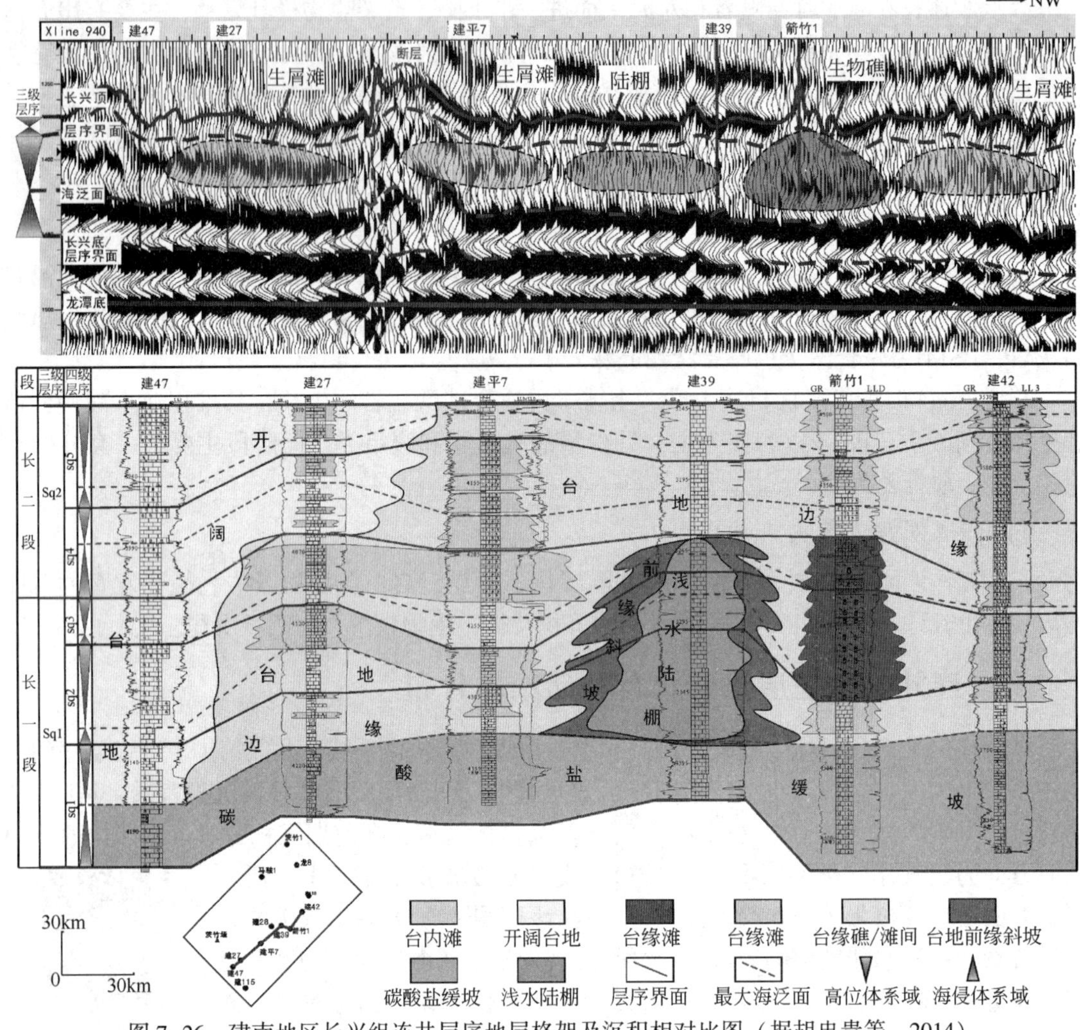

图 7-26　建南地区长兴组连井层序地层格架及沉积相对比图（据胡忠贵等，2014）

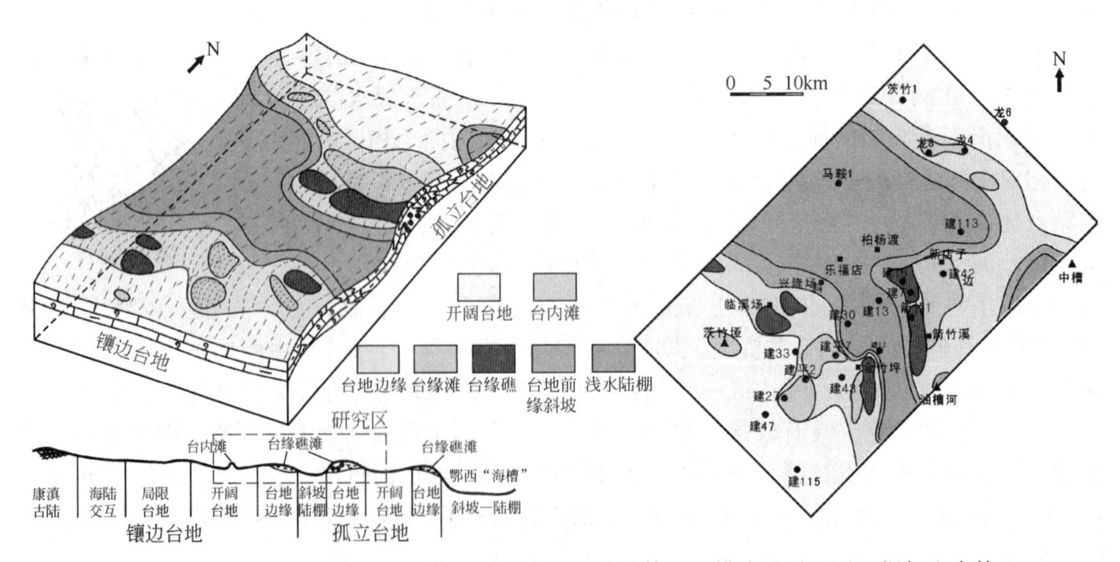

图 7-27　建南地区长兴组沉积中—晚期碳酸盐台地及礁滩体沉积模式及平面图（据胡忠贵等，2014）

思考题

1. 论述Ⅰ型碳酸盐岩层序的体系域与准层序组成及其基本特征。

2. 论述Ⅱ型碳酸盐岩层序的体系域与准层序组成及其基本特征。

3. 阐述镶边碳酸盐岩台地Ⅰ型层序内部构成样式及油气意义。

4. 阐述层序—岩相古地理编图的基本思路，以实例说明该方法在碳酸盐岩岩相古地理分析中的应用。

5. 举例讨论经典层序地层学理论在海相碳酸盐沉积盆地中的应用。

拓展阅读资料

[1] Catuneanu O. Principles of Sequence Stratigraphy [M]. Amsterdam: Elsevier, 2006.

[2] 林畅松，杨海军，蔡振中，等. 塔里木盆地奥陶纪碳酸盐岩台地的层序结构演化及其对盆地过程的响应 [J]. 沉积学报，2013，31 (5)：907-918.

[3] 何治亮，高志前，张军涛，等. 层序界面类型及其对优质碳酸盐岩储层形成与分布的控制 [J]. 石油与天然气地质，2014，35 (6)：853-859.

[4] 胡明毅，钱勇，胡忠贵，等. 塔里木柯坪地区奥陶系层序地层与同位素地球化学响应特征 [J]. 岩石矿物学杂志，2010，29 (2)：199-205.

第八章 陆相湖盆层序地层学

第一节 陆相湖盆的类型及层序发育的主控因素

一、陆相湖盆的类型

中国东部拉张型盆地内基底断裂发育，盆地均以正断层为界，盆地经历了燕山期、喜马拉雅期的演化过程，都具有明显的断陷—坳陷双层结构。由于盆地内部正断层的差异活动，造成了盆地内凹凸相间的盆地结构，盆地一侧为陡坡，另一侧为缓坡，有时盆地中央发育隆起带。根据盆地基底差异沉降的特点，可将中国中—新生代陆相盆地结构划分成 3 种类型，即单断箕状盆地、双断裂陷盆地和断层活动很弱的坳陷盆地。

中国西部挤压型盆地结构受控于印度洋板块和西伯利亚板块的相互作用的影响，盆地往往呈不对称状，发育了明显的中—新生代陆内型前陆盆地，无明显岩浆活动。盆地边界受逆冲断层控制，盆地局部构造多呈线状或雁列式排列。中国中部的过渡型沉积盆地的基底坚硬，是中国陆块上最稳定的一部分，盆地结构表现为东西不对称的特点，盆地西缘多发育逆冲断裂带。

下面介绍三种陆相湖盆类型：断陷湖盆、坳陷湖盆、前陆盆地。

（一）断陷湖盆

断陷湖盆的发育受边界大断裂和内部主干生长断裂系统所控制。大中型裂谷盆地由多个凹陷及其间的凸起所组成，一个凹陷就是一个沉积单元，其内部结构一般可分为陡坡带、缓坡带和深陷带。在陡坡侧，沿走向可有由边界断层控制的单一陡坡，也有由多断阶组成的陡坡带。在缓坡侧，有结构简单的单一缓坡，也有由生长断层切割的复杂缓坡。

边界断裂和主干断裂的强烈活动期，断裂幅度大，堆积速率高，形成的层序单元厚度较坳陷盆地层序单元大。沉积速率可达 2.4~12.5mm/a（东濮凹陷古近系）。不同沉积演化阶段的生长断裂系统控制着层序的分布范围和各类体系域的发育位置。不同高低断块区水体深度和能量不同控制着沉积体系类型和相带的分布。例如，在多级断阶组成的陡坡带，同一层序从近源至湖盆中部可能发育冲积扇、扇三角洲—水下扇—深水浊流充填型式；在缓坡带同一层序从近源区至湖盆中部可能发育冲积扇—辫状河—辫状河三角洲充填型式（图 8-1）。

（二）坳陷湖盆

坳陷湖盆有克拉通内坳陷湖盆和裂谷期后裂谷坳陷湖盆。前者是在克拉通基础上发育起

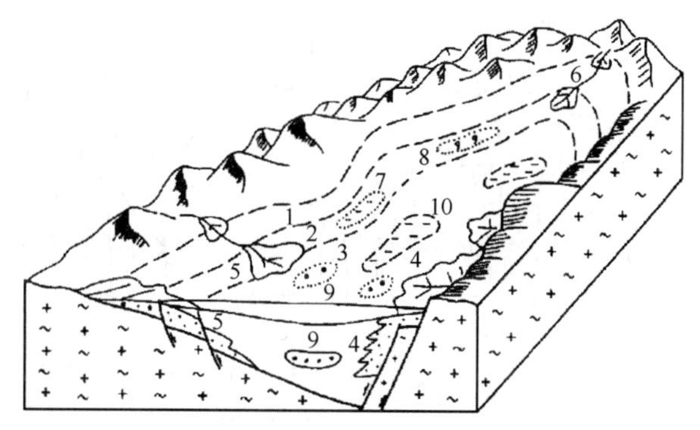

图 8-1 断陷湖盆沉积模式（据邹才能等，2004a）

1—冲积平原；2—滨浅湖；3—半深湖—深湖；4—扇三角洲；5—辫状河三角洲；6—轴向三角洲；7—浅水碎屑滩；8—生物碎屑滩；9—浊积岩；10—生油中心

来的，如鄂尔多斯盆地晚三叠世沉积阶段；后者是叠加在断陷湖盆之上的坳陷湖盆，如松辽盆地晚白垩世沉积阶段（袁选俊等，2003）。

克拉通内坳陷湖盆的基底起伏控制着盆地内部正负向沉积单元的分布，长期继承性升降运动控制着沉积盆地的古地理面貌。盆地整体缓慢沉降沉积速率低，具有较薄的厚度和较小的厚度梯度（鄂尔多斯盆地晚三叠世沉积速率为 0.58mm/a）。盆地内部不产生受断裂控制的断块差异升降运动，因而地形开阔平缓，坡降小，反映盆地内部次级地貌单元的沉积相带较为宽广。同一构造演化阶段中各时期的沉积体系以继续性发育为主，基本上是一个沉降沉积中心（图 8-2）。

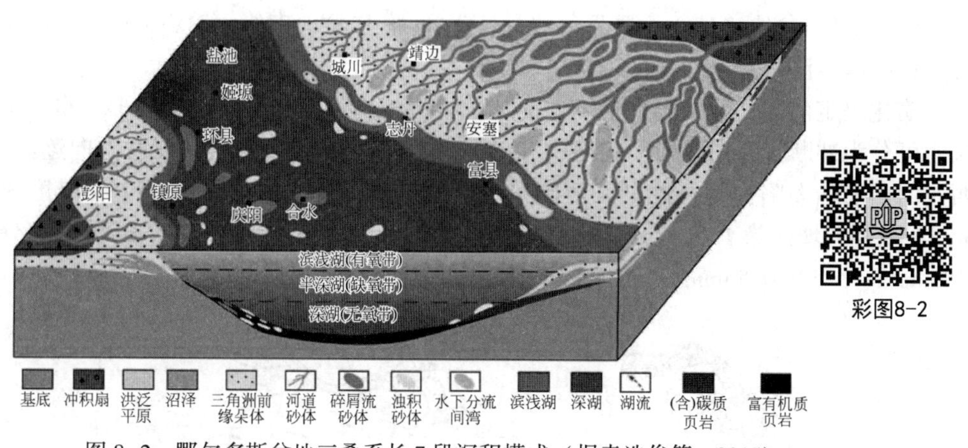

彩图8-2

图 8-2 鄂尔多斯盆地三叠系长 7 段沉积模式（据袁选俊等，2015）

裂谷背景上的坳陷湖盆（图 8-3）以松辽盆地晚白垩世沉积为典型，也具有湖盆开阔、坡降小（松辽盆地坡降 $0.5\times10^{-4}\sim1.4\times10^{-4}$，$K_2$）、沉积层分布稳定、大型沉积体系继承性发育、沉积体系内部次级相带较宽等特征。但较之鄂尔多斯克拉通内坳陷型盆地有较大活动性，沉降速率也较高（松辽盆地上白垩统沉积速率为 0.73mm/a）。盆地内部结构受裂谷期活动性的影响，中央坳陷区裂谷主体上方，是湖盆的沉降沉积中心带，中央坳陷区以阶地或生长断层与斜坡区或隆起区相隔，在斜坡区和隆起区内部发育不同时期生长断层，对沉积起控制作用。

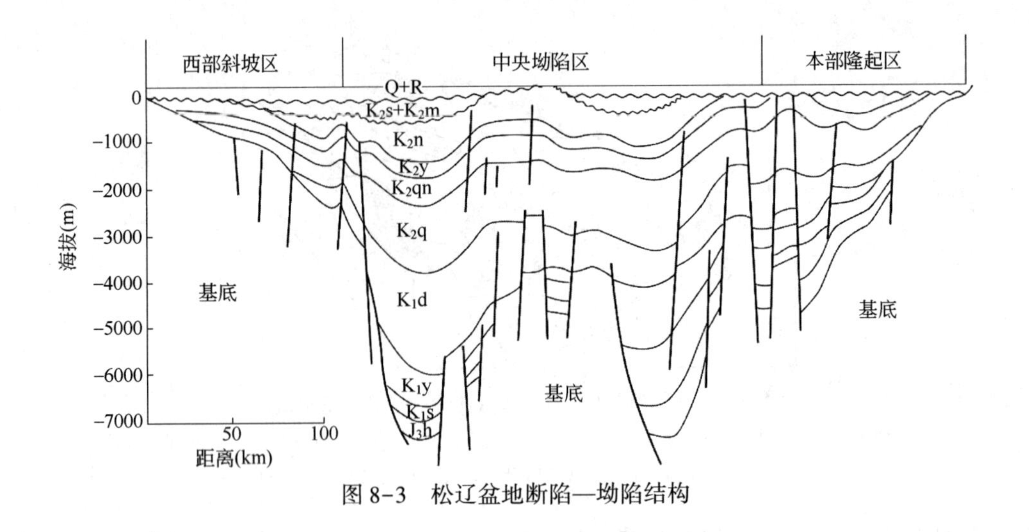

图 8-3 松辽盆地断陷—坳陷结构

（三）前陆盆地

前陆盆地是位于活动造山带与稳定克拉通之间的过渡带，是毗邻活动带的稳定克拉通部分，是沿造山带外侧分布的沉积盆地。其构造环境既不同于克拉通内坳陷型盆地和后裂谷坳陷盆地，也不同于断陷盆地。

在我国西部，中—新生代欧亚板块与印度板块的碰撞作用产生强烈的陆内挤压应力，在造山带和稳定地块之间的过渡区出现大幅度沉降，其后由山系向盆地方向的逆冲形成平行山系走向的前陆坳陷。类似的前陆坳陷包括塔里木盆地库车坳陷（P_2-T_3、Kz）、四川盆地西部（Mz-Kz）、楚雄盆地（Mz）、酒西盆地（N）、准噶尔盆地南缘（Mz-Kz）、柴达木盆地（E、N）和中国台湾西部盆地（N）等。

盆山演化决定前陆盆地的沉积格局。前陆盆地沉积剖面形态呈不对称梨形，自近造山带向克拉通可分为冲断带、坳陷带、斜坡带和前缘隆起，其沉降幅度向克拉通方向逐渐减小。以川西龙门山前陆坳陷为例，该坳陷西陡东缓，西厚东薄，上三叠统沉积中心厚度 3000～4000m，在东侧斜坡区为 1500～800m，在隆起区为 800～500m（图 8-4），沉积速率分别为 1～1.48mm/a、0.29～0.55mm/a、0.18～0.29mm/a。

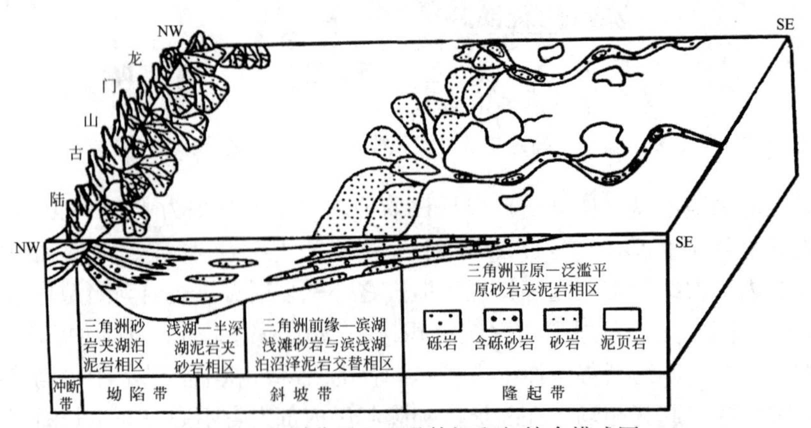

图 8-4 四川盆地上三叠统沉积相综合模式图

不同类型的构造盆地具有不同的沉积格局、沉积特征和层序地层型式（表 8-1）。

表 8-1　不同构造湖盆的沉积特征（据邹才能等，2004a）

沉积特征＼湖盆构造类型	克拉通内坳陷湖盆	后裂谷坳陷湖盆	陆内裂谷湖盆	前陆湖盆
湖盆几何形态	受基底结构及深大断裂控制，呈不同形态的开阔湖盆，如长方形、菱形	裂谷背景上的大型坳陷湖盆，长方形	受深大断裂控制，沉积凹陷多呈狭长形	山前沉降带呈平行褶皱带方向的狭长形
湖盆内部结构	内部结构简单，大型隆起和坳陷，或平缓斜坡	内部结构较简单，中间中央坳陷，内侧为阶地、斜坡和隆起	内部结构复杂，呈多隆多坳多凸多凹相间列，高低错落	湖盆沉积，横剖面呈箕状形态，包括冲断带、沉降带、斜坡带和前缘隆起
周边地质演化与主要物源方向	周边长期隆起控制主要沉积体系，以纵向（轴向）物源为主	以纵向物源为主，还有横向物源	横向物源为主，纵向物源为次	以横向物源为主，早期来自克拉通方向，后期来自褶皱带方向，或来自双向
主要沉积体系类型及相带展布	源远流长的河流—三角洲沉积体系，相带分异完整，相带宽，单一沉降沉积中心，两者位置一致，位于盆地中心，深水区占10%~15%	源远流长河流—三角洲沉积体系，相带宽，横向沉积体系相带较窄，坳陷区有多个沉积中心，深水区可占25%	近源短程扇三角洲、辫状河三角洲和水下扇，相带分异不够完整，相带窄。沉降中心紧邻陡坡生长断层一侧，沉积中心向湖方向偏移，深陷期深水区可占1/2	来自褶皱带一侧为扇三角洲，来自克拉通方向一侧为河流—三角洲，前者相带窄，后者相带宽，沉降中心位于山前沉降带，沉积中心向克拉通方向偏移
沉积速率（mm/a）	0.58	0.73	1.25	1.48
沉积横剖面形态				
主要层序地层型式	（1）短轴缓坡； （2）短轴陡坡； （3）长轴缓坡	（1）长轴缓坡； （2）短轴缓坡； （3）短轴陡坡	（1）短轴多坡折缓坡； （2）短轴简单缓坡； （3）短轴单一陡坡； （4）短轴多断阶陡坡； （5）长轴缓坡	（1）短轴陡坡； （2）短轴缓坡； （3）长轴缓坡
实例	鄂尔多斯盆地（Mz）	松辽盆地（K）	渤海湾盆地（E）	川西龙门山（Mz）

二、陆相湖盆层序的主控因素

（一）构造对湖盆层序发育的控制

没有构造沉降就没有沉积盆地，构造作用从根本上控制了可容空间的产生和消亡。拉张、挤压（前陆）和走滑盆地具有不同的构造沉降历史（图 8-5）。拉张盆地可以形成于许多板块构造背景，但常见于建设性的板块边缘。拉张盆地构造沉降速率是系统地随时间变化的，初始阶段由于岩石圈拉张发生快速沉降，随后由于软流圈的冷却进入不断降低的热沉降阶段。这种系统的构造沉降速率变化明显影响了盆地填充的几何形态，从而可将地层划分成裂谷前、裂谷后和同裂谷 3 个形成阶段。在同裂谷沉积阶段，沉积物沉积在活动性断层控制

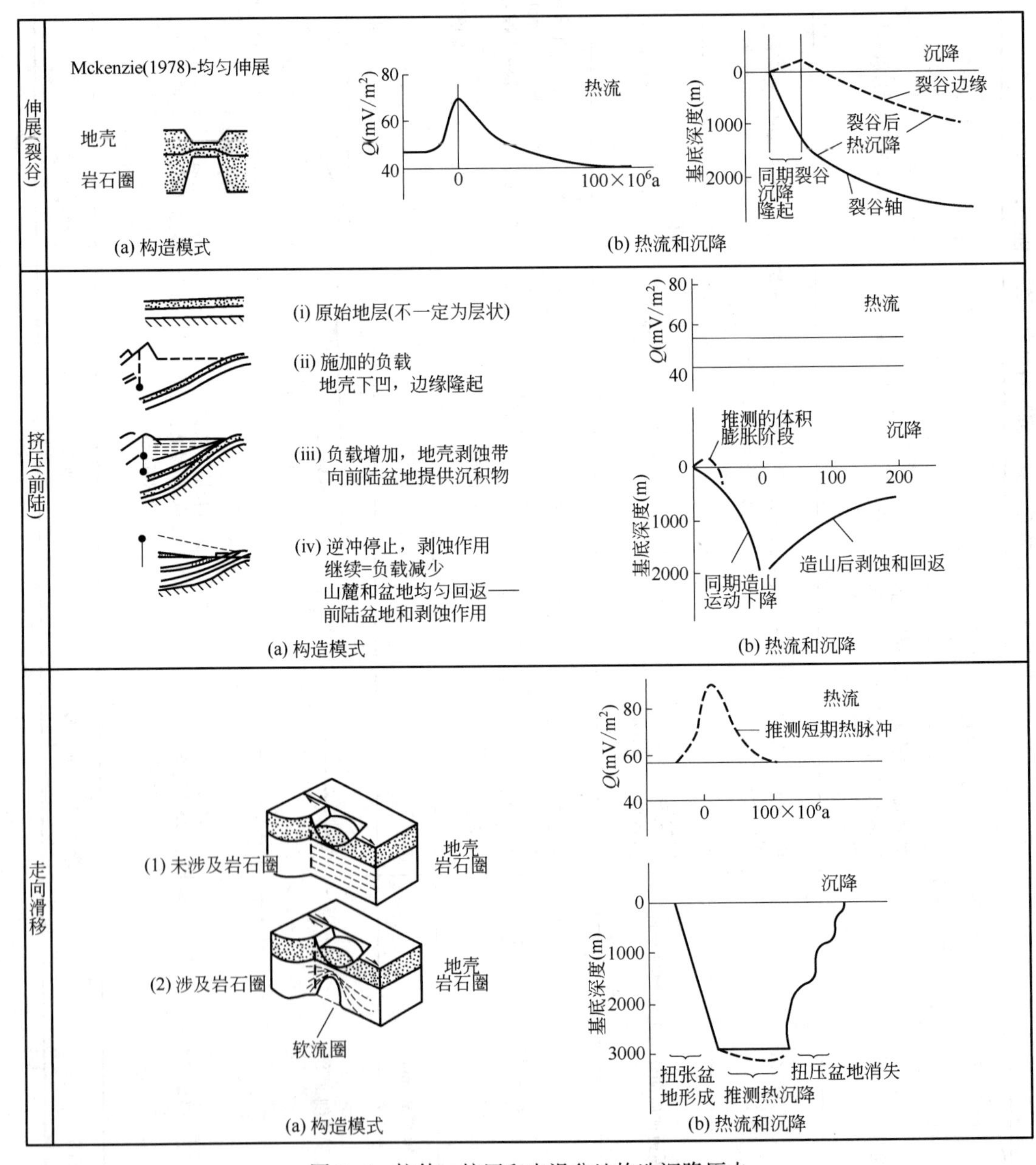

图 8-5　拉伸、挤压和走滑盆地构造沉降历史

的沉积中心，伸展盆地的差异沉降明显控制了沉积相带分布。在同裂谷和裂谷后沉积阶段，常发育受高频相对湖平面变化的沉积序列。前陆盆地（挤压性）发育于冲断带之下的岩石圈负载区，充填于前陆盆地的沉积物具有典型的楔状特征，向冲断带一侧地层加厚，形成前陆盆地巨层序。前陆盆地的宽度与下伏岩石圈的刚度有关，盆地深度则与负载规模有关。前陆盆地形成于相邻的生长造山带，初始阶段沉积物供给量多且速率快。前陆盆地早期构造沉降作用明显，晚期受造山带侵蚀作用影响，构造沉降速率降低（图 8-5）。走滑盆地一般都具有快速的构造沉降速率，但规律性不很明显（图 8-5）。构造沉降作用基本控制了沉积可容空间的变化。在盆地快速构造沉降阶段，由高频湖平面下降产生的层序界面是不清楚的，而在盆地构造沉降较慢的阶段所形成的层序界面范围不断加大。

盆地构造演化往往被认为是形成陆相层序的一种控制因素，甚至是形成陆相层序的最主要的控制因素。中国东部中—新生代盆地构造演化史分析表明，盆地构造演化具有明显的阶段性，也就是说，盆地的形成和演化不是连续的，是间歇的或幕式的。正是这种幕式的盆地构造旋回控制了某些陆相盆地的层序地层模式。在沉积盆地沉降史分析中，常常可以看到盆地沉降曲线在不同地质时代具有不同的沉降速率，并且很难用一种数学函数对其进行描述。一般来说，一个盆地构造演化的阶段包括基底沉降的快速期和基底沉降的静止或上升期，从而形成了与百万年至千万年旋回相对应的构造层序。从这个意义上讲，盆地范围的阶段性构造作用控制了沉积层序的形成，该层序的界面往往是在盆地范围内可追踪对比的构造不整合界面。

在盆地构造演化的某个阶段，由于盆地基底沉降速率的变化就形成了陆相层序的不同的体系域类型。一个阶段的盆地沉降可被划分成早期较快速的沉降和晚期趋于停止的沉降。假定沉积物供给速率不变，盆地基底刚开始下沉，此时沉积物供给速率大于或等于构造沉降速率（图 8-6 中 t_0 至 t_1），沉积堆积速率与沉降曲线基本一致，形成低位或冲击体系域。随着盆地基底沉降速率、可容空间或水深明显加大（图 8-6 中 t_1 至 t_2），形成退积式的湖侵体系域。后来盆地构造沉降趋于停止，沉积物充填前期残余的可容空间，形成高位体系域（图 8-6 中 t_2 至 t_3）。当残余可容空间被完全充填以后，就形成了层序的顶界面——侵蚀不整合面或沉积作用间断面（图 8-6 中 t_3 至 t_4）。

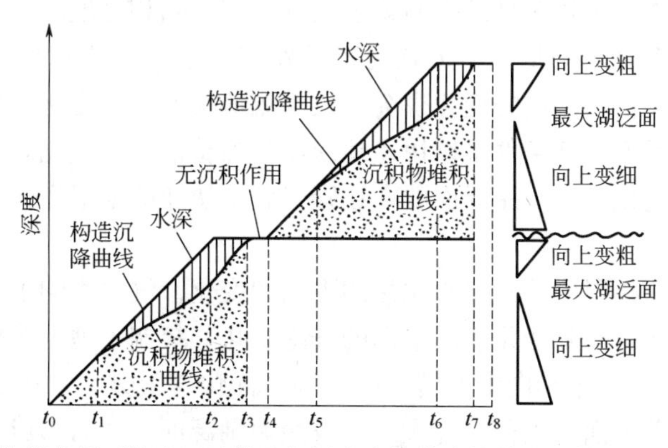

图 8-6　拉张背景下构造运动轨迹与层序内部构成的关系（据解习农，1996a）

根据构造沉积幕的概念，构造层序与构造沉积幕基本相当，即代表在基本相同的构造机制作用下形成的一组相关的层序，指示盆地的一个构造演化阶段。沉积盆地充填演化受控于不同序次的幕式构造运动。直接控制盆地形成和消亡的一级构造运动具有持续时间长、波及范围广的特点，控制了构造层序的形成。导致沉降速率变化的二级构造运动（百万年级）控制了盆地范围的层序的形成。三级和四级构造运动对准层序组和准层序的形成也有一定的影响。

（二）气候对湖盆层序发育的影响

1. 中国陆相盆地中—新生代气候特征

中生代中国大陆的古气候特点是，从早侏罗世开始，干旱和半干旱气候带向北逐渐扩大，潮湿气候带不断向北退缩。晚三叠世，潮湿气候区主要在古昆仑—古秦岭一线以南，其北的广大地区在晚三叠世末期也转化为潮湿气候区。早侏罗世早期，川滇地区普遍发育了红层，呈现明显的干旱—半干旱气候特征，其他地区多为潮湿气候。中侏罗世早期，中国南方为干旱—半干旱气候区，发育了红色和杂色沉积，而华北和西北地区为潮湿气候区，含煤岩系发育。晚侏罗世至早白垩世时期，干旱—半干旱气候带进一步向北扩展，潮湿气候区萎缩到东北和内蒙古东部地区。

新生代古气候不具明显的变迁特征。古近纪 NWW-SEE 向干旱—半干旱气候带将中国分为 3 个气候区。呈 NWW-SEE 向的干旱—半干旱气候带贯穿中国东南、中南和西北地区，沉积盆地中发育了红层及膏盐沉积。华北北部和东北地区为中国北部潮湿气候带，聚煤作用明显。南部潮湿气候带主要在南岭以南的粤桂地区有较好的聚煤作用发生。新近纪，干旱气候带整体向北迁移，退缩到中国内蒙古和河北北部地区，其他地区均为受到海洋环境气候影响的潮湿气候带。

2. 气候对陆相盆地层序的控制作用

曾有一些学者认为，气候是确定陆相层序地层的关键因素，例如可用米兰科维奇旋回来预测各种气候带的沉积相类型和沉积速率的瞬时变化情况，进而在了解有关古纬度和盆地类型之后，就可以利用与气候控制作用相关的旋回地层模式预测陆相地层的主要沉积相的空间分布。

气候的变化对陆相层序的影响是多方面的。首先是一种间接的影响，气候的变化会造成植被和降雨量的改变。若气候温暖潮湿，则植被发育，降雨量多，母岩的风化作用较显著，网状河流发育，沉积物供源较多且湖平面易于上升，利于陆相盆地层序的发育；反之，气候干旱炎热，植被不发育，降雨量少，辫状河系较发育，粗粒物源短距离供给，湖平面易下降，不太利于层序的发育。气候的变化也会导致河流地貌的巨大变化。地貌变化又使河流系统处于不均衡状态，而不均衡条件是以快速地形变化为特征的。据此观点，保存的河流沉积可解释为稳定的地形变化，而层序界面的存在则代表了快速的地形变化。所以说，气候是任一系统的驱动力。

气候变化对形成陆相层序的直接影响是湖平面的变化。气候影响了湖泊的蒸发量和注入量，进而影响了湖平面的升降变化，湖平面的升降变化又控制了地层的叠置模式和沉积相的分布（图 8-7）。当气候由干旱向潮湿转化时，湖平面快速上升，水体加深，沉积了湖泊扩张体系域；在潮湿期湖平面达到最高最大时形成最大湖泛面，之后形成了高位体系域，高位期湖盆沉积物快速堆积，水体变浅，加之气候由潮湿向干旱转化，湖平面发生较大幅度降低，早期沉积物出露水面，遭受剥蚀，形成层序界面。此时水位达到最低，形成分布范围较小的低位体系域。显然，这种旋回性的气候变化构成了陆相层序的主要控制因素。

全球气候变化具有周期性或旋回性，前人曾就层序中地质周期的天体成因和演化特性进行过系统研究，将天文地质成因周期划分为 6 个级次（表 8-2）。在陆相层序地层研究中，

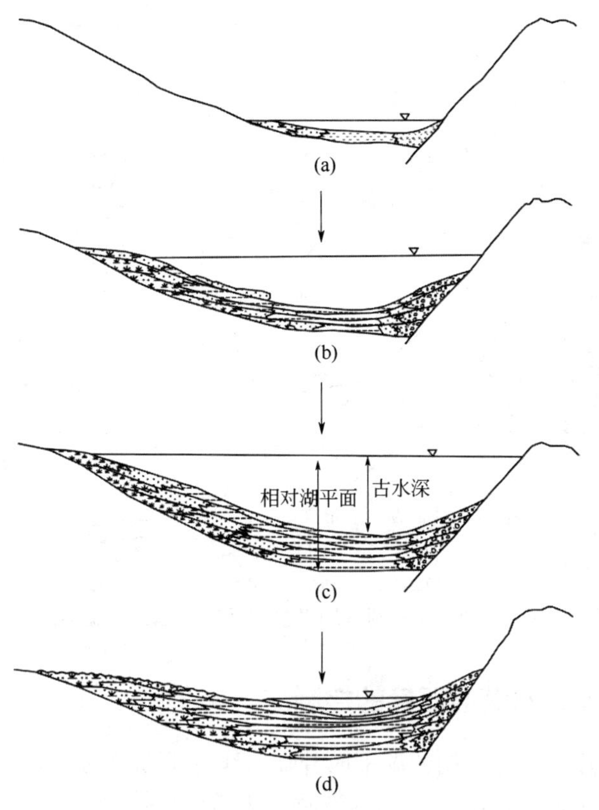

图 8-7　气候变化对湖泊层序地层的影响（据纪友亮，1996）

（a）低位期；（b）湖泊扩张期；（c）高位期；（d）湖泊收缩期

与气候相关的三级、四级和五级周期控制或影响了层序的形成发育。例如东濮凹陷始新统沙四段为干热气候，沙三段为温暖气候，气候周期为百万年级。再例如松辽盆地下白垩统泉头组泉一段、泉二段、泉三段分别经历了干热到潮湿的干湿交替的气候变化，气候变化周期频率约为 4Ma。另外，通过对塔里木盆地陆相三叠系米兰科维奇旋回的周期分析发现，米氏周期的沉积厚度为 24. 8~73. 7m，周期频率为 0. 298~0. 776Ma，相当于米兰科维奇地球偏心率的长周期。总之，气候变化是有级次的，它对不同级次的层序产生了不同的影响。

表 8-2　层序地层的周期分级天文地质成因（据张映红，1997）

层序分级	层序周期(Ma)	层序动力学原因
超周期	450~600	双银河年
一级周期	60~120	克拉通热对流
二级周期	30~36	地球随太阳系穿越银道面,幔源热对流
三级周期	1~5	地球随太阳系周期性接近 Orter 星团,壳幔圈层活动性
四级周期	0. 1~1	米兰科维奇地球偏心率长周期,壳内圈层活动性
五级周期	0. 01~0. 1	米兰科维奇地球偏心率短周期,潮汐被动事件层序

实际上，层序地层成因驱动力分析表明，陆相层序的形成常受构造沉降和气候周期的双重驱动。在构造活跃的断陷盆地、前陆盆地中，往往是构造活动控制高级别层序，气候主要控制低级别层序，特别是高频层序（图 8-8）；而在构造变化缓慢或者构造长期相对稳定的坳陷盆地中，特别是大型浅水坳陷盆地中，气候对层序的影响就比较突出。

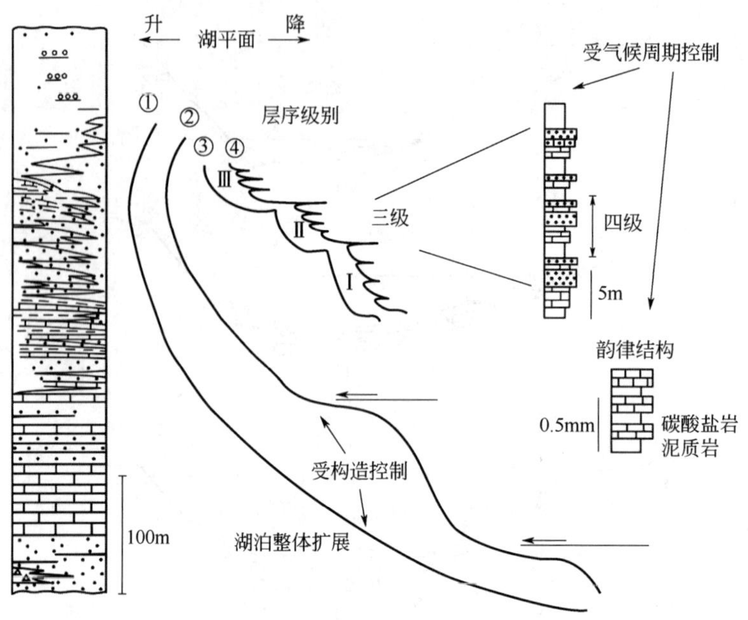

图 8-8　西班牙中新世 Rubielos de Mora 湖盆层序格架及控制因素（据 Anadón 等，1991，有修改）

（三）湖平面变化对湖盆层序的控制

根据湖岸上超点迁移规律编制的湖平面升降曲线应是湖平面绝对升降、盆地基底沉降以及沉积物供给速率等多种因素综合影响的产物。朱筱敏等（2006）认为辽河盆地滩海地区古近纪湖平面升降变化曲线具有明显的旋回性和不对称性（即具有湖平面的快速上升、湖平面的相对静止和湖平面快速下降的旋回特点）（图 8-9）。

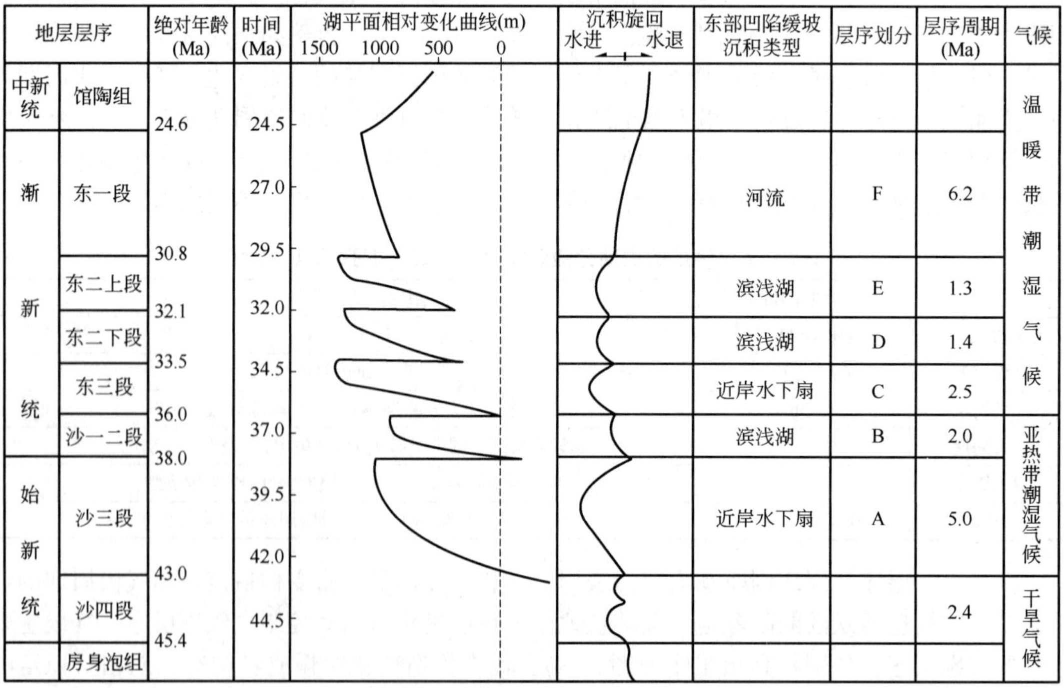

地层层序		绝对年龄(Ma)	时间(Ma)	湖平面相对变化曲线(m) 1500 1000 500 0	沉积旋回 水进 水退	东部凹陷缓坡沉积类型	层序划分	层序周期(Ma)	气候
中新统	馆陶组	24.6	24.5						温暖带潮湿气候
渐新统	东一段	30.8	27.0			河流	F	6.2	
	东二上段	32.1	29.5			滨浅湖	E	1.3	
	东二下段	33.5	32.0			滨浅湖	D	1.4	
	东三段	36.0	34.5			近岸水下扇	C	2.5	
	沙一二段	38.0	37.0			滨浅湖	B	2.0	亚热带潮湿气候
始新统	沙三段	43.0	39.5 42.0			近岸水下扇	A	5.0	
	沙四段	45.4	44.5					2.4	干旱气候
	房身泡组								

图 8-9　辽河盆地滩海地区古近纪湖平面相对变化曲线（据朱筱敏等，2006）

根据辽河盆地古近系岩性组合、沉积相垂向演化、古水深深浅变化的特点，可以将古近系划分成周期性为百万年级的6个沉积旋回，即沙三段、沙一二段、东三段、东二下段、东二上段和东一段沉积旋回。而这6个沉积旋回与湖平面变化曲线旋回具有良好的对应关系，旋回周期为1.3~6.2Ma（图8-9），说明湖平面变化对湖盆层序有明显的控制作用。

第二节　断陷湖盆层序地层模式

断陷湖盆以济阳坳陷最为典型，李丕龙等（2003）、潘元林和李思田等（2004）曾对济阳坳陷的层序地层学工作进行过系统而全面的总结，本节主要引用其资料展开论述。

一、断陷湖盆地质特征

济阳坳陷作为渤海湾裂谷盆地的一个重要组成部分，是一个典型的中—新生代断—坳叠合盆地。其四周分别为鲁西、埕宁隆起和垦东青坨子、潍北、广饶等凸起所包围，内部又被青城、滨县、陈家庄、义和庄等凸起分隔成东营、惠民、沾化、车镇等四个凹陷，形成四个基本独立但彼此又有成因联系的沉积、构造单元及含油气系统。除车镇凹陷外，其他三个凹陷，由于断块体差异升降造成的前新生界基岩起伏，又将凹陷进一步分隔成更小的洼陷。因此，在古近纪形成“群山环湖、湖中有山”的地貌景观（图8-10）。

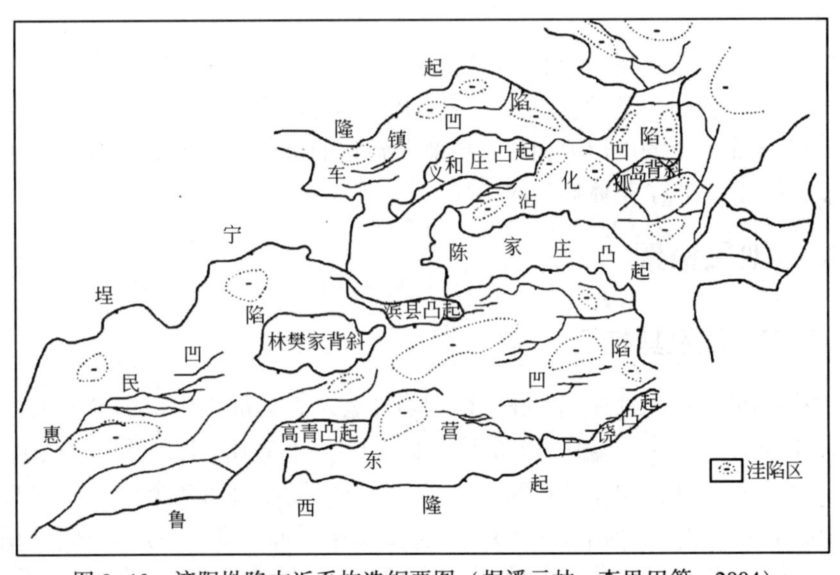

图8-10　济阳坳陷古近系构造纲要图（据潘元林、李思田等，2004）

受郯庐断裂带剪切运动、盆地近SN向伸展和中生代以来鲁西隆起持续抬升的影响，盆地内的凹（洼）陷大都呈北断南超的“箕状”。盆地内断裂构造活动强烈，仅就古近系构造层而言，除坳陷与周围隆起、凹（洼）陷与相邻凸起之间的边界断层外，凹（洼）陷内部断层也十分发育。断层的延伸方向，以NE向、近EW（包括NEE、NWW）向和NNE向为主，也有少数呈NW向甚至近SN向。所有比较大的断层基本都是同沉积断层，它们控制了古近系沉积和凹（洼）陷的发育。因此，凹（洼）陷走向与控制其发育的主要断裂走向基本一致，大都呈NE、NNE向或近EW向，当然也有个别洼陷呈NW向（如郭局子洼陷）或近SN向（如五号桩洼陷）（图8-10）。

根据济阳坳陷古近系断陷内构造发育特征、地层充填序列和火山岩活动特征，其演化过程可划分为裂陷期（中生代）、断陷期（古近纪）和坳陷期（新近纪）3个阶段。断陷期又可进一步划分为Ⅰ幕（Ek沉积时期）、Ⅱ幕（Es_4沉积时期）、Ⅲ幕（Es_3-$Es_2^{下}$沉积时期）和Ⅳ幕（$Es^{上}$-Ed沉积时期）4个断陷幕。

Ⅰ幕和Ⅱ幕为初始断陷阶段。地层的展布明显受控于NW向断裂。这一特征继承了晚侏罗—早白垩世的特点，发育了一套干旱气候条件下的浅湖、滨湖相灰色泥岩夹粉细砂岩、红色泥岩、盐岩石膏和冲积环境下的砂砾岩夹红色泥岩。火山岩以发育石英拉斑玄武为主。

Ⅲ幕是强烈断陷伸展幕，NE、NNE和EW向断裂活动强烈，构造格局总体呈NE向，发育了潮湿气候条件下巨厚的以河流、三角洲和深湖重力流为特征的沉积建造。该套沉积建造构成了济阳坳陷最主要的生油和储油组合及其储油构造。该期火山活动强烈，主要发育橄榄拉斑玄武岩。其岩浆起源深度约为59.4km，表明该期已存在明显的地幔物质上涌。

Ⅳ幕是断陷收敛幕，主要断裂活动减弱，沉积厚度的中心转向沾化凹陷。盆地沉积南北差异性增强。在坳陷南部的惠民、东营凹陷发育了一套以浅湖相灰色泥岩夹细砂岩，生物灰岩和河流冲积相细砂岩，含砾砂岩夹灰色、灰绿色及紫红色泥岩为主的沉积组合；北部沾化、车镇凹陷则发育了一套以湖泊、三角洲为主的沉积，沉积厚度巨大。该期的火山岩以橄榄玄武岩为主，集中发育在惠民凹陷的玉皇庙地区。Ⅳ幕的晚期，本区整体抬升而受到剥蚀。

坳陷期地层由新近系馆陶组（Ng）、明化镇组（Nm）和第四系（Q）组成。该期济阳坳陷除主要断裂外其他断裂均停止活动。济阳坳陷与渤海湾盆地其他地区融为一体整体下沉，接收了一套分布广泛的以河流相为主局部夹湖相的沉积，并伴有强碱性玄武岩的喷发。地层厚度差别不大，体现了整体坳陷的特征。

二、层序地层格架

（一）层序界面及其特征

根据层序界面的主要识别标志，在济阳坳陷古近系充填沉积中识别出12个主要的等时界面（图8-11和图8-12）。其中一级层序界面2个，即$TSB_R(T_R)$和$TSB_1(T_1)$；二级层序界面3个，即$SB_7(T_7)$、$SB_6'(T_6')$和$SB_2'(T_2')$；三级层序界面7个，即$SB_8(T_8)$、SB_{6-1}、$SB_6(T_6)$、$SB_4(T_4)$、SB_{1-3}、SB_{1-2}和SB_{1-1}。多数层序界面与现行生产研究中采用的地震反射标准层基本对应，但也有部分层序界面不尽一致，为了加以区别，同时又便于对照，对各级层序界面的命名统一冠以“SB”，其上、下标采用与之对应或相近的地震反射界面的上、下标，如将与T_2'地震反射界面对应的层序界面定名为SB_2'。如果没有相应的地震反射界面，则另行标注，并与本地区习惯用法基本一致，如$SB_6'(T_6')$与$SB_7(T_7)$之间的SB_{6-1}界面。不同的界面，其性质和主要特征也有所不同。

1. 一级和二级层序界面

这两种界面，主要是区域性构造事件所产生的不整合面或假整合面。济阳断陷盆地古近纪以来的构造演化，经历了四幕裂陷充填（包括孔店组、沙河街组和东营组）和裂后热沉降及加速沉降（新近纪）（图 8-11 和图 8-12）。前断陷期四幕裂陷充填期和裂后热沉降和加速沉降之间的应力转换，形成了 TSB_R 和 TSB_1 两个区域性的一级等时层序界面，以及 SB_7、SB_6'、SB_2'和 $SB_0(T_0)$ 等四个区域性的二级等时层序界面。

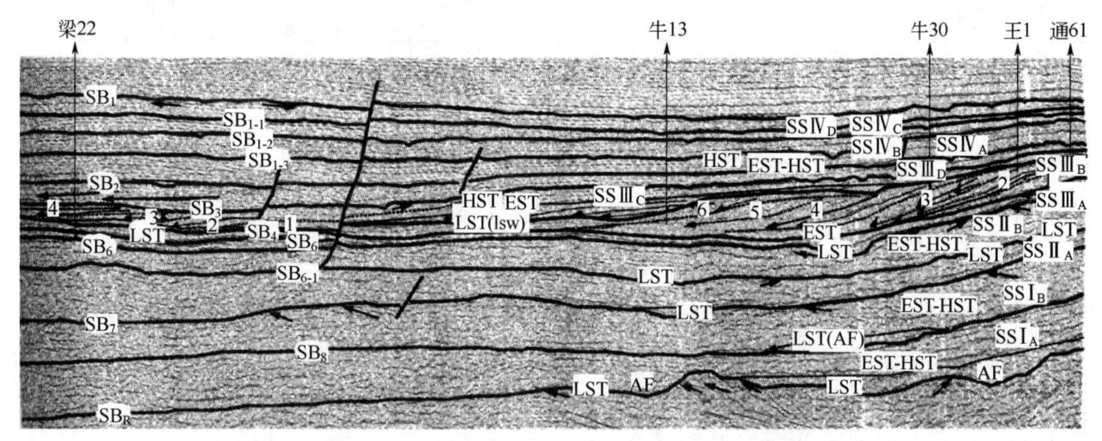

图 8-11　东营凹陷地震 93.9 侧线（牛庄—梁家楼）反射结构和层序地层解释

2. 三级层序界面

济阳断陷盆地各凹陷的层序界面，主要是由局部中小关联断层叠加的沉积间断面，或由湖平面突变造成的沉积体系域转换而形成的相转换面，如 SB_{6-1}、$SB_6(T_6)$、$SB_4(T_4)$ 等层序界面，为主裂陷幕式伸展期不同阶段的产物（图 8-12）。

三级层序界面，是受构造活动、气候变化和物源供给因素控制的沉积基准面升降和可容空间变化形成的，是沉积基准面下降而产生的侵蚀不整合面及与之对应的其他界面，但在不同的层序组其表现方式不同。在 SSⅠ层序组和 SSⅡ层序组充填期，属于闭流—半闭流盆地环境，三级层序界面主要受气候变化的控制，因此层序界面更多的是气候由干燥向湿热转化造成的沉积相变化面。而 SSⅢ层序组各三级层序界面的形成，主要受控于盆地的幕式裂陷和伸展，在高位时湖平面突然下降侵蚀而形成沉积间断面或转换面，反映幕式伸展的突发性，因此其层序界面为断陷或构造开始活动的界面。

（二）层序地层单元

根据识别出的各级层序界面，将济阳坳陷各凹陷统一划分为古近系和新近系两个一级层序（构造层序）单元。

1. 古近系构造层序（TS_1）

古近系构造层序为济阳坳陷各凹陷主裂陷期的充填沉积，其顶界为 TSB_1 区域不整合面，绝对年龄约 24.6Ma，底界为 TSB_R 破裂不整合面，绝对年龄约 65Ma，层序跨越时限约 40Ma。

该构造层序的发育与区域构造事件有着某种成因联系，因此它具有全球可对比性，其规模相当于 Exxon 模式全球层序地层图表中的超层序组。它又细分为 4 个层序组（二级层序单元）和 11 个三级层序（图 8-12）。为便于对照，三级层序的代号没有用“SQ”表示，而是用二级层序编号加 A、B、C 等表示。

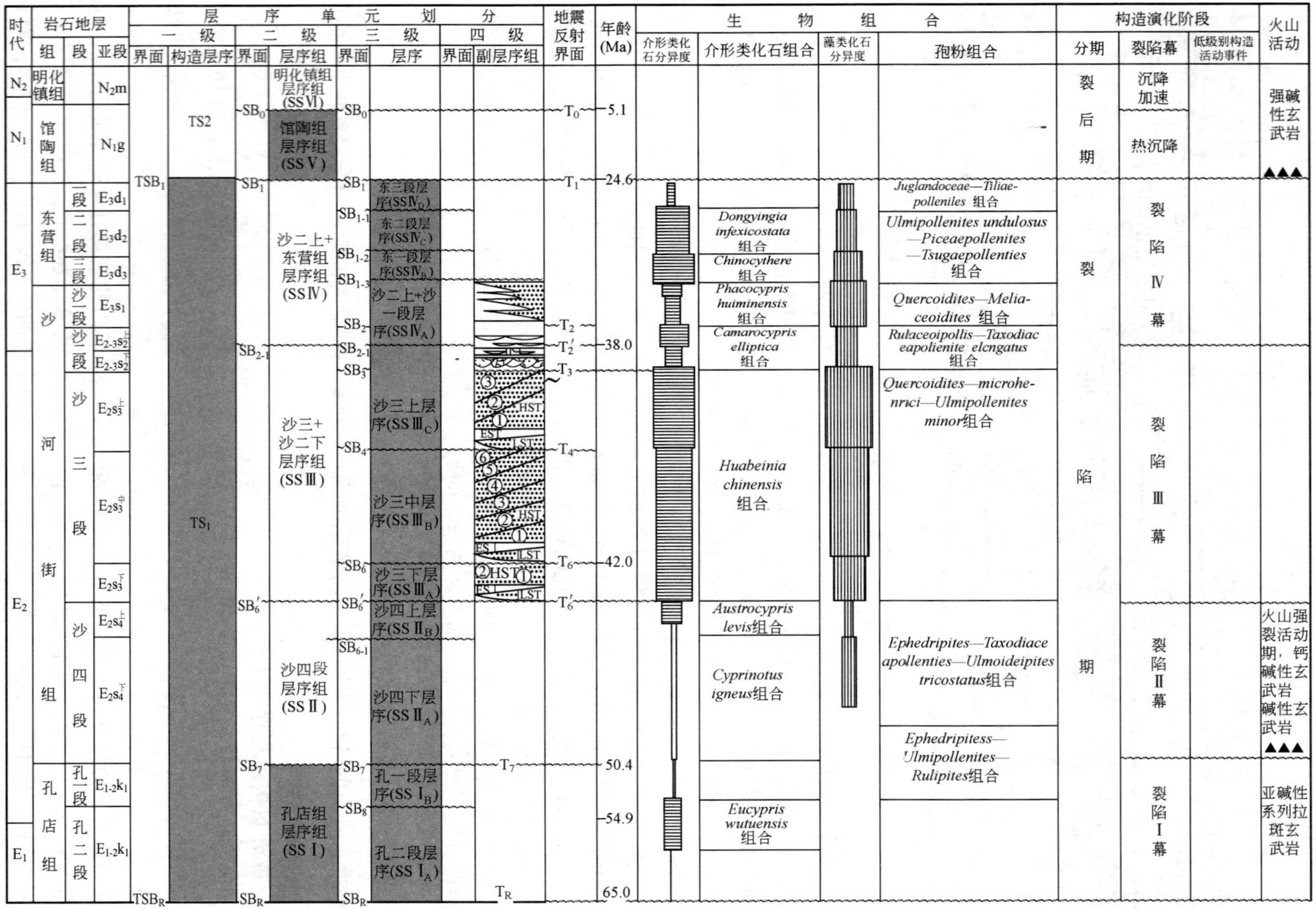

时代	组	段	亚段	一级 构造层序	二级 层序组	三级 层序	界面	地震反射界面	年龄(Ma)	介形类化石组合	孢粉组合	分期	裂陷幕	火山活动
N_2	明化镇组		N_2m	TS2	明化镇组层序组(SSⅥ)							裂后期	沉降加速	强碱性玄武岩
							SB_0	T_0	5.1					
N_1	馆陶组		N_1g	TS2	馆陶组层序组(SSⅤ)							裂后期	热沉降	强碱性玄武岩
							TSB_1, SB_1	T_1	24.6					
E_3	东营组	一段	E_3d_1	TS_1	沙二上+东营组层序组(SSⅣ)	东三段层序($SSⅣ_D$)					*Juglandoceae—Tiliae-pollenites* 组合	裂陷期	裂陷Ⅳ幕	
							SB_{1-1}							
E_3	东营组	二段	E_3d_2	TS_1	沙二上+东营组层序组(SSⅣ)	东二段层序($SSⅣ_C$)				*Dongyingia infexicostata* 组合	*Ulmipollenites undulosus—Piceaepollenites—Tsugaepollenties* 组合	裂陷期	裂陷Ⅳ幕	
							SB_{1-2}							
E_3	东营组	三段	E_3d_3	TS_1	沙二上+东营组层序组(SSⅣ)	东一段层序($SSⅣ_B$)				*Chinocythere* 组合		裂陷期	裂陷Ⅳ幕	
							SB_{1-3}							
E_3	沙河街组	沙一段	E_3s_1	TS_1	沙二上+东营组层序组(SSⅣ)	沙二上+沙一段层序($SSⅣ_A$)				*Phacocypris huiminensis* 组合	*Quercoidites—Meliaceoidites* 组合	裂陷期	裂陷Ⅳ幕	
E_3	沙河街组	沙二段	$E_{2-3}s_2^{上}$	TS_1	沙二上+东营组层序组(SSⅣ)	沙二上+沙一段层序($SSⅣ_A$)						裂陷期	裂陷Ⅳ幕	
							SB_2	T_2						
E_2	沙河街组	沙二段	$E_{2-3}s_2^{下}$	TS_1	沙三+沙二下层序组(SSⅢ)					*Camarocypris elliptica* 组合	*Rulaceoipollis—Taxodiaceapolienite elcngatus* 组合	裂陷期	裂陷Ⅳ幕	
							SB_{2-1}	T_2'	38.0					
							SB_3	T_3						
E_2	沙河街组	沙三段	$E_2s_3^{上}$	TS_1	沙三+沙二下层序组(SSⅢ)	沙三上层序($SSⅢ_C$)				*Huabeinia chinensis* 组合	*Quercoidites—microhenrici—Ulmipollenites minor*组合	裂陷期	裂陷Ⅲ幕	
							SB_4	T_4						
E_2	沙河街组	沙三段	$E_2s_3^{中}$	TS_1	沙三+沙二下层序组(SSⅢ)	沙三中层序($SSⅢ_B$)				*Huabeinia chinensis* 组合		裂陷期	裂陷Ⅲ幕	
							SB_6	T_6	42.0					
E_2	沙河街组	沙三段	$E_2s_3^{下}$	TS_1	沙三+沙二下层序组(SSⅢ)	沙三下层序($SSⅢ_A$)				*Huabeinia chinensis* 组合		裂陷期	裂陷Ⅲ幕	
							SB_6'	T_6'						
E_2	沙河街组	沙四段	$E_2s_4^{上}$	TS_1	沙四段层序组(SSⅡ)	沙四上层序($SSⅡ_B$)				*Austrocypris levis*组合	*Ephedripites—Taxodiaceapollenties—Ulmoideipites tricostatus*组合	裂陷期	裂陷Ⅱ幕	火山强裂活动期，钙碱性玄武岩碱性玄武岩
							SB_{6-1}							
E_2	沙河街组	沙四段	$E_2s_4^{下}$	TS_1	沙四段层序组(SSⅡ)	沙四下层序($SSⅡ_A$)				*Cyprinotus igneus*组合		裂陷期	裂陷Ⅱ幕	
							SB_7	T_7	50.4					
E_2	孔店组	孔一段	$E_{1-2}k_1$	TS_1	孔店组层序组(SSⅠ)	孔一段层序($SSⅠ_B$)					*Ephedripitess—Ulmipollenites—Rulipites*组合	裂陷期	裂陷Ⅰ幕	亚碱性系列拉斑玄武岩
							SB_8		54.9					
E_1	孔店组	孔二段	$E_{1-2}k_1$	TS_1	孔店组层序组(SSⅠ)	孔二段层序($SSⅠ_A$)				*Eucypris wutuensis* 组合		裂陷期	裂陷Ⅰ幕	亚碱性系列拉斑玄武岩
							TSB_R, SB_R	T_R	65.0					

图 8-12　济阳坳陷新生界综合充填序列图（生物地层、年代地层、层序地层划分及构造演化）（据潘元林和李思田等，2004）

1）SSⅠ层序组（相当 E_2k）

SSⅠ层序组介于 TSB_R 与 SB_7 两个区域不整合界面之间，相当于始新统下部的 E_2k，最大厚度大于3000m，时间跨度约为10.5~14.6Ma。根据其内部次一级沉积间断面和与之相对应的整合面，以及层序组内部沉积构成，划分为 SSⅠ$_A$ 和 SSⅠ$_B$ 两个断陷型层序（图8-11和图8-12），分别相当于岩石—生物地层单元 E_2k_2 和 E_2k_1，每个三级层序的时间跨度约5.25~7.3Ma。

两个层序的沉积特征不同。SSⅠ$_A$ 层序发育相对湿润条件下的浅湖相灰绿色和灰色砂、泥岩互层。SSⅠ$_B$ 层序以发育盐湖韵律层和膏盐层的交互沉积为其主要特征，剖面上具明显的二分性：下部为低位的砂砾岩体和膏盐及白云岩层，上部以湖扩体系域（expanding systems tract，EST）和高位体系域红色泥岩夹砂岩为特征。

2）SSⅡ层序组（相当 E_2s_4）

SSⅡ层序组底界面 SB_7，距今约50.4Ma，顶界面为 E_2s_4 与 E_2s_3 之间的不整合面 SB'_6，距今约42.5Ma，层序组时限约7.9Ma。该层序组是盆地裂陷Ⅱ幕、气候由极干旱转向温暖潮湿、闭流盆地条件下的充填沉积。

SSⅡ层序组从早到晚发育了干旱盐湖沉积、半咸水深湖—半深湖相暗色泥岩夹油页岩和浅湖—滨浅湖相及冲积扇沉积。根据 SB_{6-1} 三级层序界面，将该层序组划分为 SSⅡ$_A$、SSⅡ$_B$ 两个三级层序，它们分别与岩石—生物地层单元的 $E_2s_4^{下-中}$ 和 $E_2s_4^{上}$ 相对应。垂向上，显示出由粗到细、湖水由浅到深的沉积旋回。SSⅡ$_A$ 层序以红色地层为主，SSⅡ$_B$ 层序为以灰色为主的泥岩和油页岩。

3）SSⅢ层序组（相当 E_2s_3—$E_{2-3}s_2^{下}$）

SSⅢ层序组是盆地裂陷伸展幕的充填沉积。其底界面 SB'_6 距今约42.5Ma，顶界面 SB'_6 距今约38Ma，层序组跨越时限约4.5Ma。该层序组沉积充填期，气候温暖潮湿，裂陷伸展活动强烈，物源供给充分，形成多套以深湖—半深湖相泥质岩和湖底扇—深湖相（浊积岩）—边缘水下冲积扇—河流三角洲为主的沉积，厚度约1000~2700m。以三级层序界面 SB_6（T_6）、SB_4（T_4）为分界面，将该层序组划分为 $SS_{ⅢA}$、$SS_{ⅢB}$ 和 $SS_{ⅢC}$ 等三个三级层序（图8-11和图8-12），基本相当于 $E_2s_3^{下}$、$E_2s_3^{中}$、$E_2s_3^{上}$—$E_{2-3}s_2^{下}$。

各层序的充填特征均具明显的三分性：下部为下切水道（缓坡）、大型远岸低位扇和半深湖相泥岩（盆内）、小型近岸低位扇体（陡坡侧）；中部为湖扩体系域的深湖或半深湖油页岩、白云质泥岩和钙质泥岩沉积；上部为高位的冲积扇—扇三角洲（陡坡侧）、辫状河冲积平原和辫状河三角洲（缓坡侧）以及分布范围较大的半深湖—滨浅湖粉砂质泥岩和大型多期强进积的轴向三角洲砂岩（盆内）。

该层序组充填时，边界断裂和盆内断坡带的强活动性，导致各层序呈不对称的半地堑式分布样式。各凹陷内该层序组的发育不均衡。东营和惠民凹陷发育最好，各层序都比较完整。沾化和车镇凹陷的 SSⅢ$_C$ 层序则有较大的变化，大部分地区 SSⅢ$_C$ 层序发育不完整，顶部缺失，仅部分洼陷的最深部位发育较完整，如车镇凹陷的车西洼陷和大王北洼陷等。

4）SSⅣ层序组（相当 $E_{2-3}s_2$—E_3d）

SSⅣ层序组的底界面 SB'_2 距今38.0Ma，顶界面 TSB_1 距今24.6Ma，层序组时限约

13.4Ma。它是盆地裂陷收敛幕的充填沉积，可划分为 SSⅣ$_A$、SSⅣ$_B$、SSⅣ$_C$ 和 SSⅣ$_D$ 等四个三级层序（图 8-11 和图 8-12），分别相当于 $E_{2-3}s_2^{上}$—E_3s_1、E_3d_3、E_3d_2 和 E_3d_1。

这一阶段，气候经历了干旱—温暖潮湿—温暖略显湿润的变化过程，盆地断陷作用减弱，总体形成了由河流相到湖相的沉积序列，但盆地南、北的发育和沉积特点差异较大。

该层序组的厚度，北部的沾化和车镇凹陷明显大于南部的东营和惠民凹陷，表明沾化和车镇凹陷渐新世的沉降幅度较大。北部的沾化和车镇凹陷湖水较深，物源不足，SSⅣ$_A$ 层序下部主要是浅湖—半深湖相及扇三角洲沉积，中上部也以泥质岩沉积为主，但深湖相的油页岩比较发育；其他层序，沾化凹陷总体为下细上粗的反旋回沉积，但砂岩也不太发育，车镇凹陷湖水最深，基本全是灰色、灰绿色泥岩。南部的东营和惠民凹陷，SSⅣ$_A$ 层序下部（相当于原 $E_{2-3}s_2^{上}$）以河流相、冲积平原相和滨浅湖相沉积为主，局部发育河流三角洲，层序的中上部（相当于原 E_3s_1）以发育灰色、灰绿色泥岩夹白云岩及滩坝生物灰岩为特征；其他层序主要是河流—三角洲、河泛平原及滨浅湖沉积，砂岩发育。可见构造沉降幅度对层序的发育有明显的控制作用。

2. 新近系构造层序（TS_2）

该构造层序位于 TSB_1（T_1）（24.6Ma）区域不整合界面之上，为盆地裂后热沉降坳陷期的充填沉积，相当于 N_1g 和 N_2m。其顶界面为新近系与第四系之间的角度不整合面，绝对年龄约 0.5Ma。层序时限约 24Ma。在东营和惠民凹陷，该构造层序主要为粗碎屑冲积沉积体系，岩性为砂砾岩、含砾砂岩夹泥岩、粉砂质泥岩，最大厚度约 750m；而沾化和车镇凹陷主要为冲积、洪积平原、浅水洼地和浅湖沉积，沉积厚度明显大于东营和惠民凹陷，最大厚度达 1750m。根据其中的 SB_0 界面，可划分为 SSⅤ和 SSⅥ两个层序组，分别相当于 N_1g 和 N_2m。

（三）层序地层格架特征

从各凹陷的构造和沉积特征出发，综合多种资料，以凹陷为单元，进行系统的层序划分和对比，以此为基础，通过凹陷间的精细对比和绝对年龄分析，建立了全坳陷古近系统一的等时层序地层格架（图 8-12 和图 8-13），每个三级层序也由低位体系域、湖扩（水进）体系域和高位体系域构成。

该层序地层格架具有以下特征：

（1）古近系地层格架为一复式层序地层格架，自下而上可明显地划分为上、中、下三组：下组包括 SSⅠ、SSⅡ两个层序组，为初始裂陷幕（Ⅰ幕和Ⅱ幕）以干旱湖泊沉积为主的层序地层格架；中组 SSⅢ层序组为裂陷伸展幕（Ⅲ幕）断层活动强烈、温湿气候环境下的深湖—浊积扇、水下扇—河流三角洲沉积为主的层序地层格架；上组 SSⅣ层序组为裂陷收敛幕（Ⅳ幕）宽缓的浅湖—冲积扇沉积为主的层序地层格架。

（2）各层序的沉积、沉降中心的变迁受控于主要同沉积断裂带的活动。如东营凹陷下组沉积沉降中心位于 NWW 向展布的陈南和石村断裂带的下降盘；中组南北两侧同沉积断层的活动性从早（SSⅢ$_A$）到晚（SSⅢ$_C$）向盆内迁移，形成陈南—青坨子—八面河、陈官庄—王家岗、胜北—现河三个弧形断裂带，湖泊逐渐萎缩，物源供给增加，加速了湖盆的淤浅和平原化，随着东营大型三角洲向盆地进积，导致湖盆中心自东向西（广利—牛庄—利津）迁移；上组为浅湖、冲积型上超充填沉积。

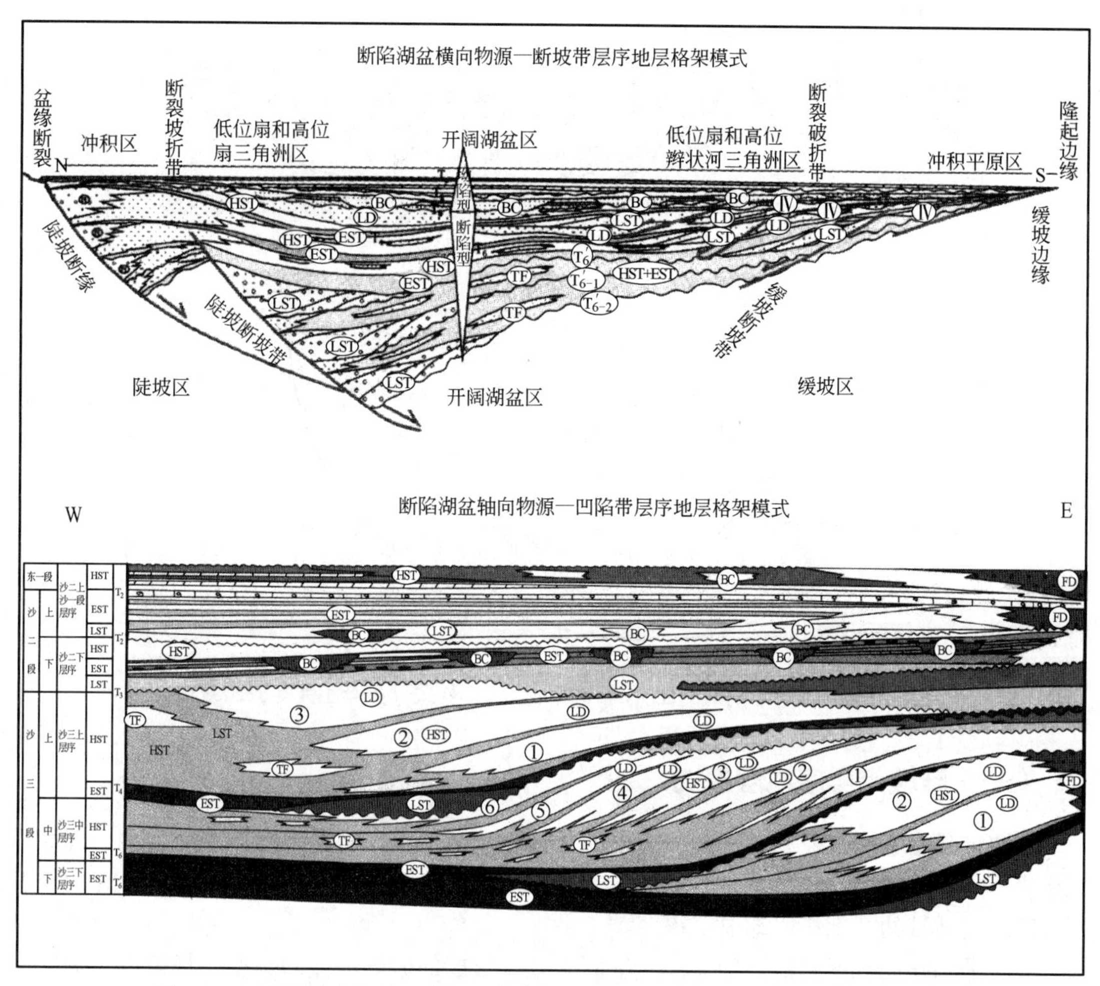

图 8-13　济阳坳陷主要凹陷的层序地层格架图（据潘元林和李思田等，2004）

T_6—层序界面；Ⅳ—下切水道；LD—河流三角洲；FD—扇三角洲；BC—河道；TF—滑塌浊积扇；LST—低位体系域；EST—湖扩体系域；HST—高位体系域

（3）每个裂陷幕的层序充填，代表了在一定构造应力场下的一组层序的生长发育过程。如早期初始裂陷幕发育 $SSⅠ_A$、$SSⅠ_B$ 两个层序；晚期初始裂陷幕发育 $SSⅡ_A$、$SSⅡ_B$ 两个层序；裂陷伸展幕发育 $SSⅡ_A$、$SSⅢ_B$ 和 $SSⅢ_C$ 等三个层序；裂陷收敛幕发育 $SSⅣ_A$、$SSⅣ_B$、$SSⅣ_C$ 和 $SSⅣ_D$ 等四个层序。这四幕裂陷代表了古近纪湖盆发展的完整过程。古近系内部各裂陷幕之间有三次较大的沉积间断（50.4Ma、42.5Ma、38Ma），每个层序组对应的裂陷幕内又分别有多次湖泊的扩展与萎缩以及伴生的小规模沉积间断。

该层序地层格架的特征表明，构造作用在断陷盆地层序的发育过程中起到了主导作用。

三、深断陷湖盆层序地层模式

陆相断陷湖盆的四周都可以是物源区，物源供给方向基本是“全方位”的。但因携带陆源碎屑的水系流程多数较短，且稳定性较差，陆源碎屑多堆积在盆地边缘附近，只有少数可以直抵盆地中央。因此，盆地边缘沉积体系对整个盆地沉积的贡献和作用极为重要。根据盆地边缘的几何形态（图 8-14）及其边界条件，济阳坳陷的断陷湖盆边缘地层型式可划分为陡坡带、缓坡带和轴向带等三类。

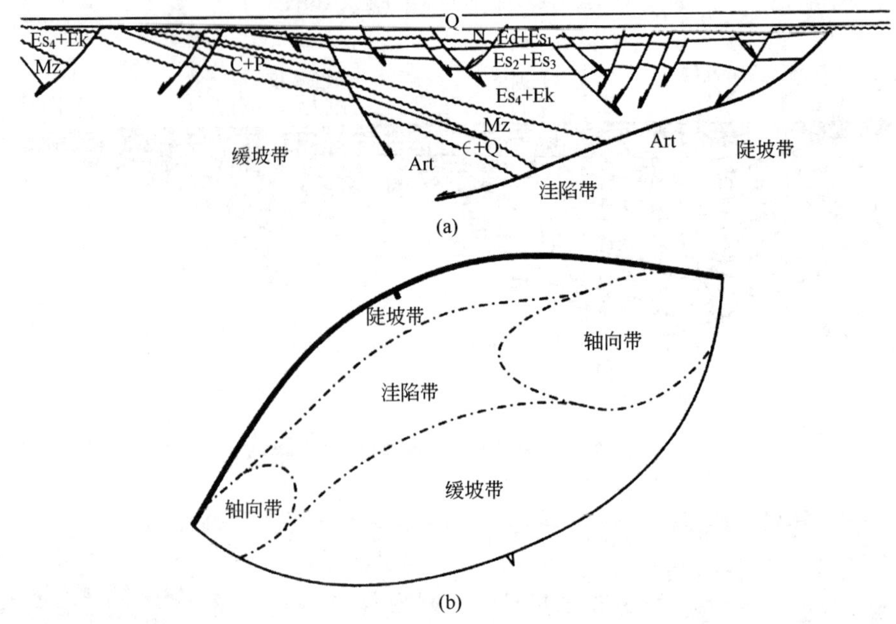

图 8-14 箕状断陷的剖面（a）和平面（b）样式（据李丕龙等，2003）

（一）陡坡带层序地层模式

陡坡带是指主断裂控制的一侧，断层的几何学、运动学控制着构造样式的类型。陡坡带是箕状断陷边界断层活动形成的洼陷带与凸起的突变带，其宽度一般与边界断层的产状有关，但同缓坡带的宽度相比却要窄得多。

济阳坳陷陡坡带不同地段构造样式不同，导致形成的砂砾扇体的类型、规模以及油气富集程度有明显的差异。据现有资料分析，在考虑陡坡带基底坡度、次级断层产状的情形下，可将陡坡带分为板式、铲式、马尾式、阶梯式、座墩式 5 种类型（图 8-15）。

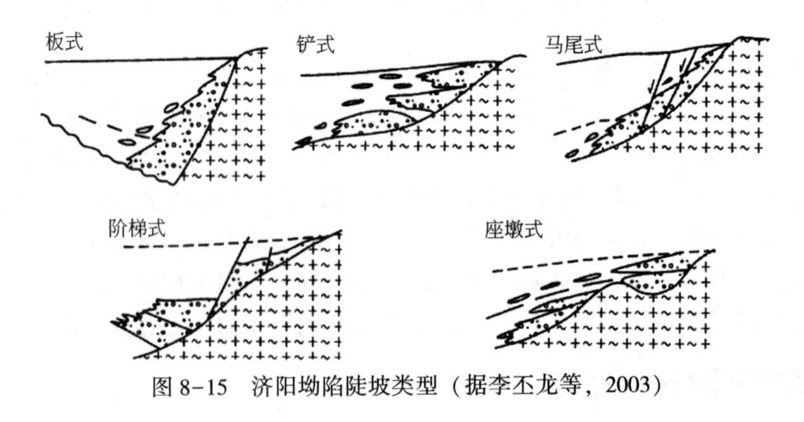

图 8-15 济阳坳陷陡坡类型（据李丕龙等，2003）

1. 不同类型陡坡带的层序样式

由于边界条件的差异，特别是活动强度的差异性，必然造成不同陡坡带在同一层序时期不同体系域内部构成发育程度的不同，从而使扇体的沉积环境和水动力机制有各自的特点，导致各层序不同体系域扇体分布有较大的差异性。可将陆相断陷盆地的 5 种陡坡带类型，从成因上归并为单断型（持续下陷）、断阶型（有限后退、多次后退）2 类演化及组合模式。

1）单断型陡坡带层序样式

该类陡坡带边界断层的力学性质多属于扭张性质，断面多为铲式或者板式，且各层序期边界断裂活动相对稳定，形成 Heward（1978）所描述的持续下降型盆地边界。因此扇体主要在靠近陡坡带的边缘发育，呈裙带状分布。单个扇体规模小、粒度粗、相变快，顶部往往遭受剥蚀。从旋回早期至晚期，各类扇体沿陡坡呈后退式序列发育，纵向上不断加积形成厚度大的叠合扇体。层序的分布和扇体的展布与边界断层面的倾角有关，断面缓，扇体向凹陷推进距离较长；断面陡，扇体向凹陷推进距离短。从实际钻探效果来看，该类陡坡带扇体推进距离相比较短，粗相带较为发育，扇体的类型也较单一，各层序体系域内，特别是同一类型的扇体长时间继承性发育为其所独有，因此层序内体系域不易识别，层序与层序界限不易划分。在济阳坳陷东营陡坡带盐家、永安地区纵向上以发育近岸水下扇、扇三角洲组合为特征，浊积扇体相对发育较差；沾化、车镇凹陷埕南、车西地区则主要发育纵向厚度大的近岸水下扇体，相带窄，变化大，以砾岩为主（图 8-16）。

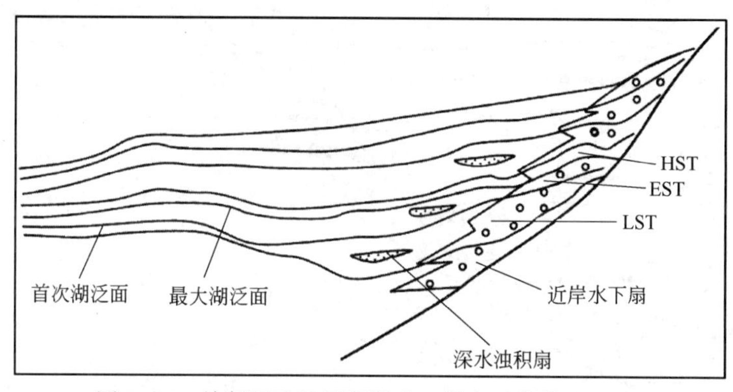

图 8-16　单断型陡坡层序样式（据李丕龙等，2003）

2）断阶型陡坡带层序样式

该类陡坡带层序样式包括有限后退型和多次后退型陡坡样式，扇体的分布规律会有所不同，但层序内部构成及纵向叠加样式基本一致，因此统一规定为断阶型。

有限后退型（阶梯式）陡坡带边界主要由走向近于垂直相交的负反转正断层和张性正断层组成，且多条次级断层依次向凹陷带发育，形成 Heward（1978）所描述的有限后退型盆地边界，造成古地形断阶发育，并且受 NE 向张扭性正断层的改造，横向上出现沟梁相间的古地貌特征。其剖面上的特征是：从边缘凸起向凹陷倾没的斜坡上发育了高低不一、宽窄不同的断阶，断阶以下与断阶以上的层序内部的构成有相当大的差别。

多次后退型（座墩式）陡坡带边界也由走向近于垂直相交的负反转正断层和张性正断层组成，但主断裂以发育两条、甚至多条为主，因此与形成 Heward（1978）所描述的有限后退型盆地边界相比，更加造成古地形多断阶、断坪发育。

断阶型陡坡带的总体特点是边界构造活动发育、湖水升降频繁、断阶相对埋藏浅而宽缓，且断阶之上可发育断阶山、残丘山，下部斜坡部分发育，而上部斜坡部分不发育。其扇体纵向发育有其独特的特点，表现在下部斜坡部分扇体纵向演化呈现完整旋回特点，且以近岸水下扇体、浊积扇体沉积为主；而上部斜坡部分扇体类型变化多样，且以洪积扇体、扇三角洲扇体沉积为主。其扇体从湖岸向凹陷内延伸、推进距离长，有利扇体分布区域集中，为针对性勘探提供了好的场所。

不同的构造部位层序及体系域的构成存在很大差异。断阶内侧向湖盆倾没部位主要发育近岸水下扇—浊积扇完整或不完整的有序组合、叠置，单扇体的规模中等偏小，扇体期次性相对明显，层序界面、体系域界面甚至准层序组有相对稳定完整的识别标志。

断阶上则主要发育扇三角洲、近岸水下扇砂砾岩扇体，局部特殊时期发育洪积扇或辫状河流三角洲砂砾岩扇体，局部发育侵蚀面，层序界面在一些地方不易识别。但整体上扇体纵向展布有一定的规律。层序横向可对比性较强。

陡坡带断阶外侧斜坡以冲积扇、扇三角洲砂砾岩扇体为主，断阶内侧向湖盆倾没部位则主要发育近岸水下扇及浊积扇系列的砂砾岩扇体。扇体类型丰富，横向交错、纵向叠置，导致层序及体系域序列的不完整性（图 8-17）。

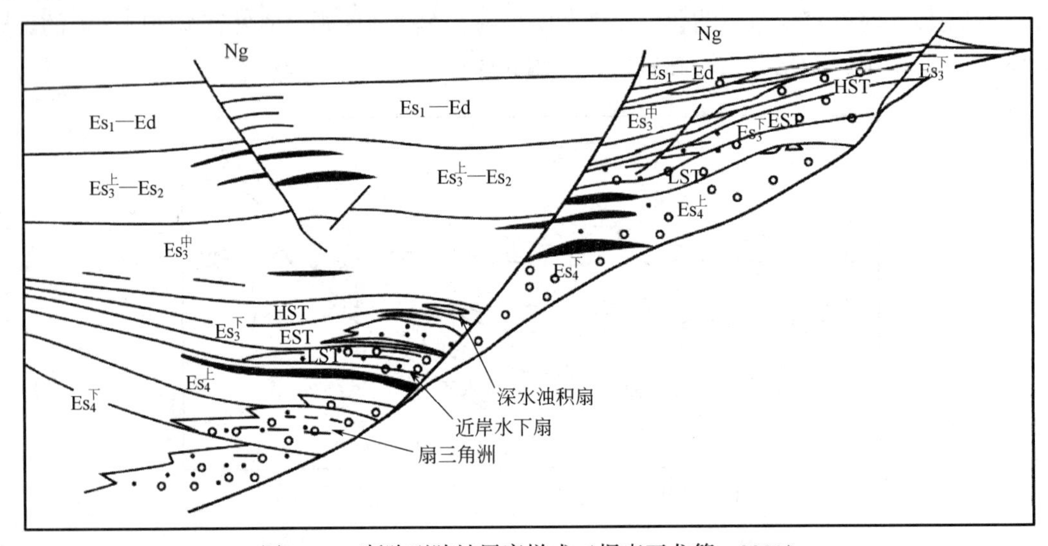

图 8-17　断阶型陡坡层序样式（据李丕龙等，2003）

2. 陡坡带层序的体系域构成

1）低位体系域

低位体系域形成于层序发育早期，位于层序的底部，其下为层序界面，在陆相断陷盆地陡坡带此界面常为明显的不整合。其上为初始湖泛面，湖泛层与低位体系域成上超关系。

低位体系域时期湖水范围较小，湖盆和周围物源区的高差大。洪水期洪水携带大量物质迅速入湖，在盆地陡坡边缘形成冲积扇沉积体系，前期未固结的沉积物在边界断层活动的诱导下，可以沿斜坡滑塌，形成近岸水下扇。

与海相的深切谷、低位进积楔、斜坡扇、盆底扇不同，陡坡低位体系域有自己的特点，但在一定程度上是可以对比的。如盆底扇的概念涵盖陡坡深水浊积扇的内容，低位进积楔与低位扇三角洲有一定的可比性，在研究陆相断陷盆地体系域时可借鉴。但同时陡坡低位体系域构成有其独特的特点。

陡坡低位体系域的构成可以认为是这样的：陡坡带岸线边缘凸起一侧，发育完全出露地表的洪积扇体系，在物源充沛的条件下，形成冲积扇进一步向水下进积，陡坡边界不太陡的情况下，形成陡坡扇三角洲，准层序组以加积、进积为特征，这种类型以滨县凸起南坡 Es_4 为典型。而在陡坡边界相对陡峭的条件下，冲积扇完全入水，形成近岸水下扇体系，同时发育有沟道的陡坡深水浊积扇，准层序组以加积、退积为主，这种类型以盐家、胜北地区最为典型。不论哪种类型，在扇体前端，沿斜坡都发育有陡坡滑塌浊积岩。

总之，陡坡低位体系域的构成包括边缘陆上洪积扇、低位扇三角洲、近岸水下扇、滑塌浊积岩及陡坡深水浊积扇。陡坡边界条件不同，体系域的构成会有所差异。

低位体系域的各类扇体是陡坡带油气勘探的重要目标，其中近岸水下扇有最好的封盖条件又最靠近油源，砂体构成以重力流沉积为主，有很好的孔渗性，通常是最有前景的找油目标。如东营凹陷陡坡带坨 152 扇体的发现及其高的产能表明低位体系域砂体的良好成藏条件。

2）湖扩体系域

随着陆相断陷盆地沉降范围的逐渐扩大，供给的沉积物体积可能小于新增可容空间，湖泊水体增大，形成湖扩体系域。

由于陡坡持续沉降，湖扩体系域在整个层序中占很大比例。组成湖扩体系域的沉积体系类型很多，最典型的是近岸水下扇沉积体系和陡坡深水浊积扇体系。以胜北断层下降盘为例，沿断层走向，下降盘发育一系列规模较大的深水浊积扇体，如坨 71、坨 76、坨 79 扇体等。上升盘则发育多个近岸水下扇体。盐家—永北地区也有相似的特点。

随沉降范围的不断扩大，湖泊分布范围随之扩大，沉积物沿盆地边缘不断向上超覆，近源沉积相逐渐向源后退，发育退积准层序组。扇体的影响范围较低位体系域小。近源处受扇体的影响，密集段不很清楚甚至不发育，远离物源区处便可清楚地在地震和测井上识别出密集段。

在盆地中，湖扩体系域形成的泥岩段包括油页岩及碳酸盐岩是良好的对比标志层，也是优质烃源岩段。同时边缘发育的扇体以及深入烃源岩中的浊积扇体，成藏条件最为有利，极易形成高产油藏。

3）高位体系域

高位体系域位于最大湖泛面与层序上界面之间，在层序构成中常占有最大的厚度比例。高位体系域形成阶段三角洲和扇三角洲等进积体最为发育，这些进积体迅速充填湖盆使湖面缩小，湖盆周围三角洲平原和冲积平原的面积扩大。东营三角洲即属于高位体系域的三角洲，其前缘显示了清晰的进积结构，并可区分出多个进积单元，在地震剖面上可清楚看到其下部的底超现象，并向湖扩体系域的上界面收敛。

在陡坡层序中，湖盆的持续下陷使高位体系域并不如低位体系域和湖扩体系域发育，与缓坡及洼陷带相比，也远远不及。这一时期往往是水体相对稳定期，$Es_4^{上}-Es_3^{中}$ 沉积时期，湖水面积较大，扇体在陡岸边缘相对发育，向湖盆内延伸并不远，主要发育近岸水下扇沉积体系和滑塌浊积扇体，规模较小。$Es_3^{上}$ 沉积时期，逐渐发育进积式扇三角洲体系，湖盆开始萎缩。

综上所述，陡坡带体系域构成有以下特征：（1）不论哪个体系域，陡坡边缘都发育不同类型不同规模的砂砾岩扇体，体系域界面不容易识别；（2）由于断裂的持续活动，陡坡盆地基底的不断沉降以及外部物源的大量涌入，使陡坡带在断裂活动期成为沉降、沉积中心，在体系域内部构成中边缘体系域厚度大，向盆远离扇体发育区则主要是深湖相泥岩，厚度较小，体系域界面较易识别；（3）断裂的持续活动和基底的不断沉降，使低位体系域和湖扩体系域频繁发生，在层序构成中占相当大的比重，而高位体系域相对不发育；（4）由于陡坡边缘强烈的加积、进积和由之带来的侵蚀，准层序的垂向序列很难在任何一处完整。

（二）缓坡带层序地层模式

缓坡带总体上为一上倾的斜坡，因此是盆地油气运移的指向区，往往成为油气聚集的重要部位。缓坡带是箕状断陷演化过程中地层超覆、尖灭、剥蚀和不整合经常发生的构造部位。当断块的沉降幅度大于翘倾幅度、沉积物供应充足时，缓坡带上发生地层超覆；当沉降幅度小于翘倾幅度、外来物源供应不足时，缓坡带上地层尖灭或遭剥蚀。

1. 缓坡带沉积特征

与陡坡带发育各种扇相类型砂砾岩体沉积特征不同，缓坡带沉积物通常较细、类型较多。这与缓坡带的沉积条件有关。

（1）缓坡带水体浅。在气候较干旱时期可能有大部分缓坡部位暴露于地表，在气候潮湿期较浅的水体覆盖于缓坡带之上。

（2）缓坡带水动力条件强。由于水体较浅，波浪作用相对较强，因此水动力条件强。此外，受河流的影响，部分缓坡带出现双重水动力条件。

（3）缓坡带受古气候影响大。如上所述，气候的变化易导致缓坡带水体的变化，从而改变沉积环境，影响沉积作用。

（4）缓坡带构造运动较弱，沉积相对稳定。

受这些沉积条件控制，缓坡带的沉积类型主要有冲积扇、扇三角洲、河流三角洲、辫状河三角洲、浊积扇、滨浅湖细粒碎屑沉积、碳酸盐浅滩和河道沉积。

2. 缓坡带成因类型

依据缓坡带对层序类型、地层结构特征的控制及地貌特征、成因可将缓坡带分为单断—沉积坡折型、单断—斜坡型和双断—构造坡折型 3 种类型（图 8-18）。

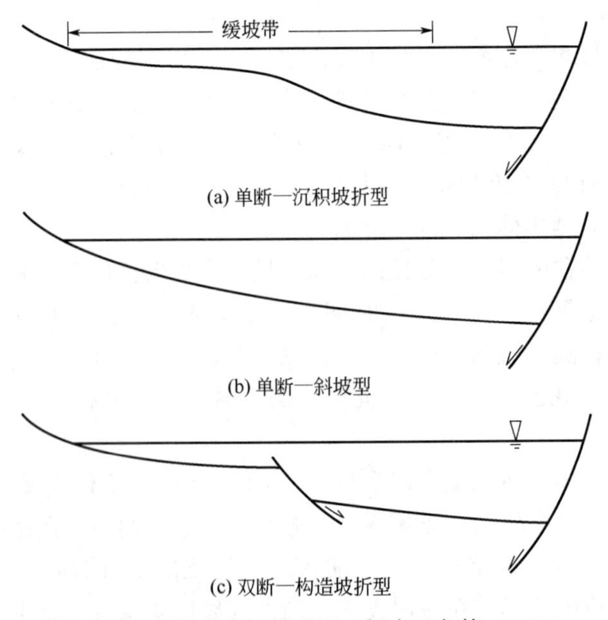

图 8-18　缓坡带类型模式图（据李丕龙等，2003）

1）单断—沉积坡折型

单断—沉积坡折型缓坡带是由于盆地一侧伸展断裂活动，使基底下沉，但靠近断层的基底下沉速率大于远离断层的基底下沉速率，在缓坡带形成一沉积坡折［图 8-18(a)］。不同学者在不同的地区取名可能不同，如李思田等研究南阳凹陷层序地层时，将此种类型缓坡带取名为“弯折带”。

2）单断—斜坡型

单断—斜坡型缓坡带是由于缓坡带基底下沉速率较为一致，从而未形成明显的坡折带，其坡度也较小，与上述的宽缓斜坡带特征类似［图 8-18(b)］。这种类型的缓坡易形成 Vail 所述的Ⅱ型层序。

3）双断—构造坡折型

双断—构造坡折型通常由两条相向的、活动强度不同的同沉积断层控制形成，断层活动性强的可形成盆地的陡坡带，活动性弱的控制形成双断—构造坡折型缓坡带，如沾化凹陷南坡罗家鼻状构造带［图 8-18(c)］。这种类型有别于双断型盆地，因为双断型盆地的两条断层活动性均很强，不易形成缓坡。从对层序的控制来看，该类型与单断—沉积坡折型缓坡带有些类似，但也有差别。

3. 缓坡带体系域构成

不同类型缓坡带所发育的体系域及体系域的沉积体有差异（表 8-3）。

表 8-3　不同类型缓坡带体系域的构成（据李丕龙等，2003）

缓坡类型	体系域类型	沉积作用及体系	准层序叠加样式	主要的体系域
单断—沉积坡折型	HST	三角洲	进积	低位、湖扩和高位体系域均发育
	EST	滨浅湖	退积	
	LST	暴露、剥蚀，下切水道、低位扇	加积、进积	
单断—斜坡型	HST	滨湖—浅湖	进积、加积	湖扩及高位体系域
	EST	滨湖	退积	
	LST	暴露		
双断—构造坡折型	HST	扇三角洲、辫状河三角洲	进积	低位、高位体系域发育
	EST	滨浅湖	退积	
	LST	暴露、剥蚀，水下冲积扇	进积、加积	

1）单断—沉积坡折型

该体系域构成特征为：（1）低位、湖扩和高位体系域发育齐全，由于陆相断陷湖盆的多物源性，造成体系域沿盆地纵向配置样式与海相被动大陆边缘层序样式有类似性；（2）低位期较宽缓的构造坡折带内侧可形成大型浊积扇，如济阳坳陷东营凹陷梁家楼、牛庄、王家岗低位扇体等，外侧有大型的下切河谷充填；（3）湖侵期湖水面急速上升，盆内的骨架体系退积、消亡，深湖—半深湖相沉积层向盆缘上超，形成洼陷中广泛分布的巨厚的烃源岩层或盖层；（4）高位期大型水系入湖形成的较大型曲流河三角洲或辫状河三角洲。

2）单断—斜坡型

该层序体系域构成样式为：（1）低位体系域发育时该类缓坡带绝大部分趋于暴露状态，

并迅速填平补齐，因此低位体系域不发育；（2）湖扩期，湖平面上升迅速覆盖整个缓坡，形成向湖岸上超的滨浅湖相灰岩层、生物灰岩层或砂岩层；（3）高位期发育曲流河三角洲向盆地的进积或加积；（4）各层序发育时，始终趋于超补偿状态，导致缓坡带始终趋向于浅水环境。

济阳坳陷东营凹陷南部缓坡 $Es_2^{上}$-Ed 层序为该种类型，层序为冲积平原—滨浅湖—浅湖相沉积，地层结构为“碟状”上超形态。

3）双断—构造坡折型

该体系域构成样式为：（1）低位体系域主要发育于缓坡带生长正断层向盆地内侧，盆内为低位扇（水下冲积扇或浊积扇）沉积，断层向凸起缓坡带为暴露、剥蚀，常伴生有下切水道充填；（2）湖侵体系域为滨浅湖滩坝—浅湖韵律沉积（盆中），沉积厚度通常较薄；（3）高位体系域为扇三角洲、辫状河三角洲或水下冲积扇的进积。

济阳坳陷渤南洼陷南部斜坡带 Es_4 层序属该类型，低位期冲积扇、水下冲积扇体受构造坡折控制。

值得特别说明的是，下切谷作为层序地层学的一个重要概念，其存在与否是判别层序界面及体系域类型的重要标志。下切谷的作用过程分为河流下切与沉积物充填两部分。这两种作用过程均受到湖平面变化的控制。河流在湖平面下降时发生侵蚀下切，在湖平面静止及开始上升时发生充填。在陆相断陷湖盆中，下切谷常通达湖底，底部通常充填带状分布的河道砂体，其上被湖扩域的泥岩所覆盖，因此，下切谷具有良好的生、储、盖组合，是油气勘探的重要目标之一。但有的类型缓坡却不发育下切谷，这是因为河流的侵蚀与下切作用除受到相对湖平面变化的控制外，还与湖底地形有关。在沉积基准面下降期间，当新暴露的湖底地形坡度大于河流平衡坡面时，河流发生侵蚀、下切，地形坡度越陡，河流下切越深；当湖底地形坡度等于河流平衡坡面时，河流既不产生沉积，也不发生侵蚀，为沉积物路过区；当湖底地形坡度小于河流平衡坡面时，河流发生加积作用。

从上述分析可知，下切谷的形成须具备两个条件：一是沉积基准面下降，二是地形坡度较陡。单断-斜坡型缓坡地形坡度等于或小于河流平衡坡面，河流侵蚀、下切作用弱，下切谷很难识别或不发育。因此，只有在具明显沉积或构造坡折型的缓坡，在冲积基准面下降期间，河流侵蚀、下切作用才会明显，且易于识别。

4. 缓坡带层序模式

依据以上不同缓坡类型所控制形成的层序类型，将缓坡带层序总结为 3 种构成模式，即单断—沉积坡折模式、单断—斜坡模式和双断—构造坡折模式。

1）单断—沉积坡折模式

该模式为陆相箕状断陷盆地断陷早中期主要发育的缓坡带模式［图 8-19(a)］。其主要特征如下：

第一，缓坡带为受古地形影响的沉积坡折。穿过坡折带，地形坡度具有明显突变，从而使坡折带两侧的古水深、沉积相类型不同。

第二，沉积坡折带两侧体系域叠置类型不同。坡折带之上发育下切谷、湖扩体系域及高位体系域沉积；坡折带之下主要为低位体系域扇体、湖扩体系域及高位体系域沉积。

第三，低位体系域仅限于沉积坡折和构造坡折带之间的区域，为低位扇沉积。主要沉积类型有三角洲或浊积扇。低位体系域是隐蔽油气藏储层形成的重要时期，在地震反射上，低位体系域呈断续、杂乱、空白反射。

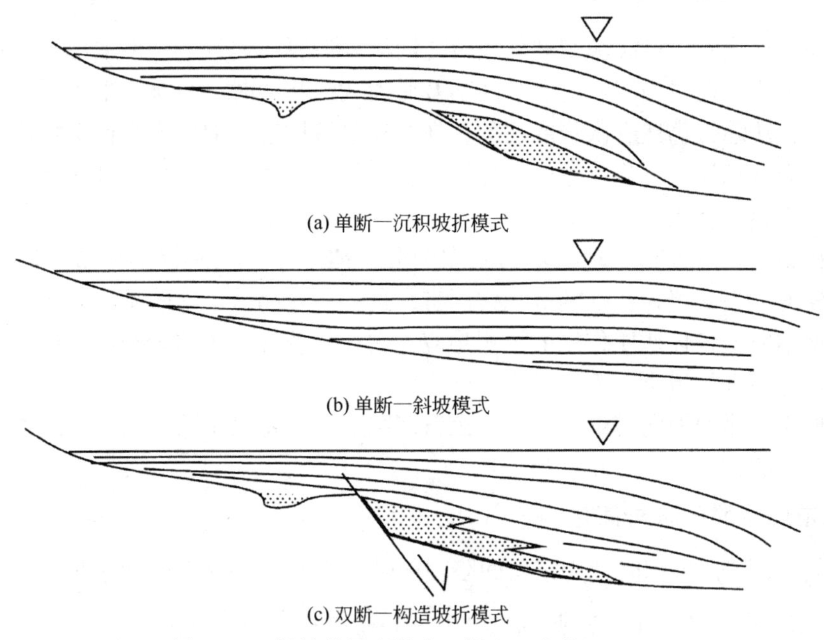

(a) 单断—沉积坡折模式

(b) 单断—斜坡模式

(c) 双断—构造坡折模式

图 8-19　缓坡带层序模式（据李丕龙等，2003）

2）单断—斜坡模式

该模式为陆相断陷盆地断陷晚期发育的缓坡带层序模式［图 8-19(b)］。其特征如下：

第一，块断成盆的大断裂依然活动（强度小），而缓坡带被充填补平，形成坡度小，无明显古地形坡折的地貌特征。

第二，盆地沉积具有“平盆浅湖”的特点。由于无明显坡折，基准面下降时缓坡带暴露带多发生过路不沉积现象，而无明显下切，低位体系域也不发育，沉积厚度薄。

第三，湖扩体系域、高位体系域是该类型缓坡的主要沉积体系域，以滨浅湖砂泥岩或三角洲沉积为主，碎屑物质供给不充分的条件下形成滨浅湖碳酸盐沉积。地震反射为强振幅、高连续、平行-亚平行反射。

3）双断—构造坡折模式

该模式为陆相断陷盆地断陷早期发育的缓坡带层序模式［图 8-19(c)］。其特征如下：

第一，由两条相向同沉积断层倾斜构成断陷盆地，其中一条伸展量小的断层控制形成缓坡带，断层处形成明显的构造坡折。

第二，低位体系域扇体控制在构造坡折带以内，通常沉积厚度大，为冲积扇、扇三角洲、浊积扇等沉积；下切水道的充填沉积发育于构造坡折带以外。

第三，湖扩体系域以滨浅湖相砂、泥岩沉积为主，沉积厚度小，尤其是坡折带以外地带。

第四，高位体系域在坡折带以外主要为滨浅湖、三角洲砂岩沉积，坡折带以内则为半深湖-深湖泥岩、油页岩沉积。

第五，地震反射具“双层”结构，低位体系域为弱振幅、断续、空白反射，湖扩与高位体系域为强振幅、高连续平行—亚平行反射。

（三）轴向带层序地层模式

陆相断陷盆地洼陷带指缓坡带和陡坡带之间沉积最厚的地带。一般地说，洼陷带与陡坡带有明显的分界线；在结构简单的箕状断陷基底无大的起伏时，与缓坡带无明显界限；在复杂断陷盆地中，洼陷带仍然有次级断裂的存在。洼陷带构造、地层发育情况相对简单，以较深水的细粒物质沉积为主，当盆地轴向边缘有较大物源注入时，洼陷带被以轴向进积三角洲为主体的轴向带逐步替代。

在以沉积物发育位置和活动特征为依据的分类体系中，轴向带指在断陷盆地轴向发育的、以大规模的进积充填为特征的沉积作用带。这一概念涵盖了断陷湖盆幕式充填序列中主充填期在盆地轴向上各种地质作用的沉积响应，它与陡坡带、缓坡带和洼陷带共同构成了断陷湖盆独具特色的沉积组合。

断陷盆地中最典型轴向带沉积体系是东营凹陷，以下将以东营凹陷轴向沉积体系来阐述轴向带沉积层序模式。

1. 轴向带层序的分布与演化

SSⅢ（Es_3—$Es_2^{下}$）沉积时期，东营凹陷轴向带主要发育河流三角洲及湖相碎屑岩沉积体系，可划分为 $SSⅢ_A$、$SSⅢ_B$、$SSⅢ_C$ 三个层序（图 8-12 和图 8-20）。

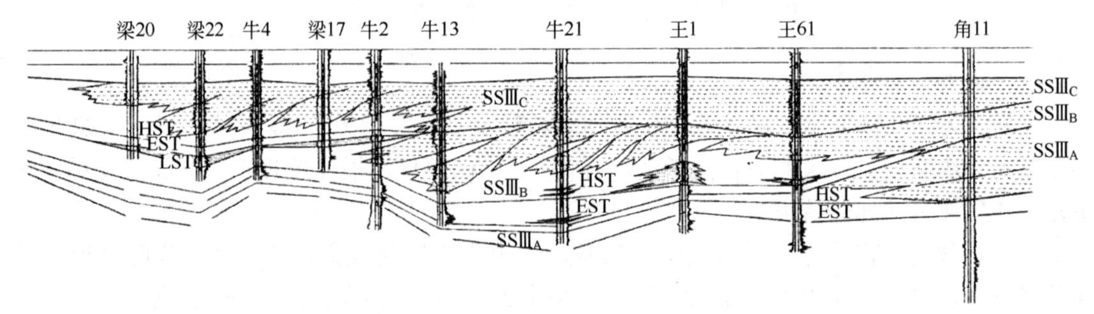

图 8-20　东营凹陷轴向带 93.6 测线层序地层剖面（据冯有良等，2010）

$SSⅢ_A$ 沉积时期，东营凹陷处于断陷扩张期，湖盆深陷，气候潮湿，湖水较深。轴向带上，仅在东部广利地区接受了粗碎屑沉积，低位期发育扇三角洲沉积，高位期发育厚度大、规模小的河流三角洲沉积，在牛庄洼陷及以西地区，沉积物以深湖相泥岩、油页岩为主，重力流沉积不发育。

$SSⅢ_B$ 形成时期是湖盆断陷扩张鼎盛时期，盆地的大部分处于深湖—半深湖沉积环境，湖盆周围与盆地内部地形高差大，低位期在牛庄洼陷发育了少量重力流扇体，规模较小，物源来自南部缓坡带；湖扩体系域沉积时期发育了区域分布、厚度稳定的油页岩及深湖相泥岩；高位体系域沉积时期，盆地轴向带东部及东南部、东北部发育稳定的河流三角洲体系，且随着沉积中心的向西转移，河流三角洲持续向盆地进积，其前缘可达史南地区。

$SSⅢ_C$ 沉积时期，盆地断陷活动减弱，气候由潮湿向干旱转变，湖泊水体萎缩，深湖—半深湖缩小，甚至消失，盆地沉积中心继续向西转移至利津洼陷。该期物源供给充足，低位期在梁家楼地区发育了大型浊积扇，湖扩体系域沉积时期发育浅湖泥岩，湖心处也发育分布局限的油页岩沉积，高位体系域沉积时期，三角洲砂体范围达到最大，向西可至利津洼陷西坡。

从纵向上来看，SSⅢ$_A$、SSⅢ$_B$、SSⅢ$_C$ 沉积充填具有明显且相似的旋回性：从层序底部到层序顶部，发育低位粗碎屑沉积—湖扩湖相泥岩—高位河流三角洲体系沉积，特别引人注目的是，每个层序的高位体系域三角洲规模非常大，而且由几个准层序组组成，这些准层序组向盆地内部连续沉积（图 8-21）。从平面上来看，随着沉积中心的转移，粗碎屑沉积物发育位置相应发生转移，总体是相带由东部转移至西部。

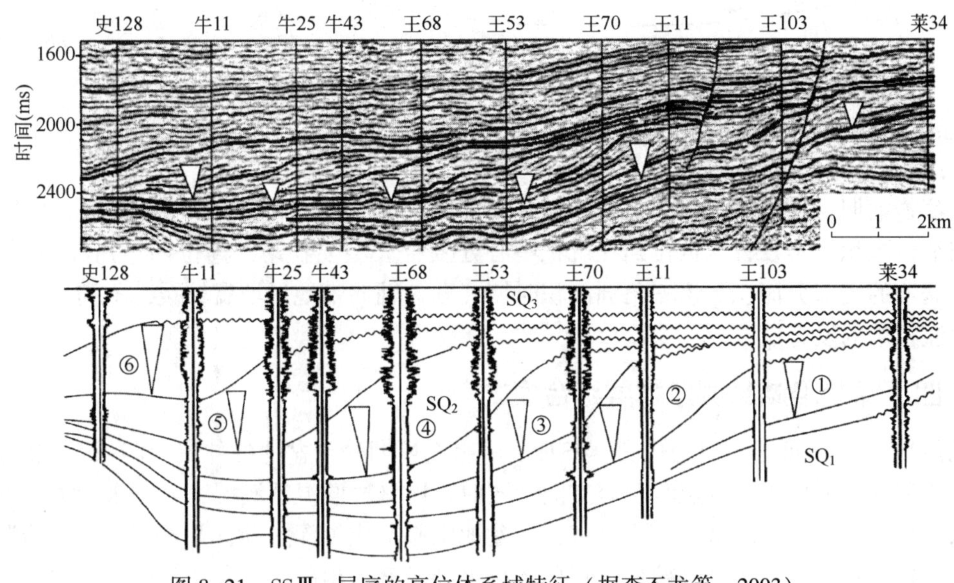

图 8-21　SSⅢ$_B$ 层序的高位体系域特征（据李丕龙等，2003）

2. 轴向带控制因素

在陆相湖盆中，碎屑岩沉积体系的发育主要受构造、气候、物源区特点及湖平面变化的影响。构造运动直接控制了湖盆的形式及古地形，为沉积体系的形成提供了场所。气候对沉积体系发育的控制主要表现在两个方面：一是对湖平面变化的影响，控制着沉积相的类型和展布；二是对物源区沉积物供给的影响，控制着沉积物供给量的多少。物源区特点主要指地形高差、剥蚀区面积、母岩性质等，共同决定了物源供给的数量和规模。

3. 轴向带层序模式

根据对东营凹陷轴向带 SSⅢ（Es_3—$Es_2^{下}$）内各层序、体系域及沉积体系的分析，结合湖盆构造演化特点，总结出了湖盆轴向带深断陷期层序、体系域发育模式（图 8-22）。

湖盆深断陷初期，相当于 SSⅢ$_A$ 沉积时期，湖盆水体较深，物源供给少，轴向带大部分地区沉积半深湖-深湖相泥岩和油页岩，仅在轴向物源输入处沉积粗粒碎屑岩，低位、高位期分别发育小型扇三角洲和三角洲沉积。

湖盆深断陷鼎盛期，相当于 SSⅢ$_B$ 沉积时期，湖盆大部分处于深湖环境，地形高差大，物源供给相对增多，沉积中心发育低位浊积扇，高位期发育大型进积三角洲，三角洲砂体前方发育数量众多的滑塌浊积扇，低位域和高位域之间发育区域性的深湖相泥岩、油页岩。与高位期三角洲同时发育的，还有来自盆地缓坡带的深水浊积扇，位于三角洲前缘下方。

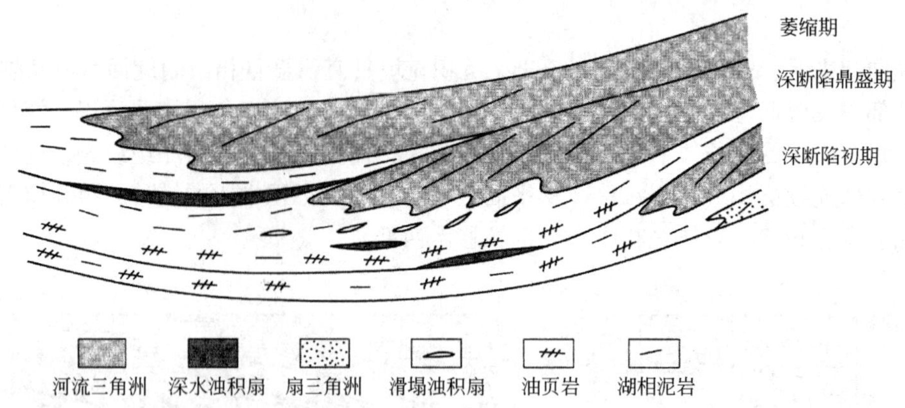

图 8-22　东营凹陷轴向带深断陷型盆地发育期层序地层模式（据李丕龙等，2003）

湖盆萎缩期，相当于 SSⅢ$_C$ 沉积时期，湖盆大部分处于浅湖环境，物源供给极其充足，深湖相细粒沉积物不发育，低位期在沉积中心处发育大型浊积扇，高位期三角洲强烈进积，占据了盆地的大部分面积。该三角洲沉积时期，湖盆轴向带地形坡度较缓，不利于三角洲前缘滑塌浊积扇的发育。

（四）深断陷湖盆层序地层综合模式

此种类型以 SSⅢ层序组为代表。SSⅢ层序组充填期处于盆地的伸展裂陷或强烈断陷幕，基底快速沉降，形成很大的沉积可容空间。同时，区域气候温暖潮湿，入湖水量大，湖水加深，水体扩大，含盐度降低，变为淡水，在盆地中心形成了深水湖，并长期保持。陆源碎屑物质供给越来越充分，各种粗碎屑沉积体系越来越发育。粗碎屑沉积体系的配置取决于坳陷的构造格架。半地堑式的东营、惠民和车镇凹陷，主控盆缘断裂带形成的陡坡边缘、冲积扇和扇三角洲发育；缓坡带较宽，并常被同沉积断裂活动所复杂化，形成断距较小的坡折带，如东营凹陷的南斜坡，发育滨浅湖滩坝沉积和大型扇三角洲或远岸浊积扇；轴向可发育大型河流三角洲。沾化凹陷有所不同，它具有多方向的断裂系统，周边和内部基岩断裂都比较发育，形成类似复杂地堑结构，陡坡带发育，缓坡带比较狭窄，各层序都以发育扇三角洲、浊积扇为主要特征。这个阶段形成的层序称为深断陷湖盆型层序。它们为不含盐膏的淡水沉积，其中的泥质岩类均为灰色或深灰色，这是与干旱盐湖型层序和浅断陷型层序的根本区别。以下重点讨论半地堑式深断陷湖盆的层序构成模式（图 8-23）。

1. 低位体系域

低位体系域（LST）的底界面为层序界面，在济阳坳陷常表现为明显的不整合。其上为初始湖泛面，湖泛层与低位体系域成上超关系。在不同的构造单元，发育不同的低位体系域沉积体系。

陡坡带主要发育冲积扇、近源水下扇和扇三角洲，其中近源水下扇砂体以重力流沉积为主，有较好的储集物性，且最靠近油源，生储盖条件最好，极易形成岩性油气藏，已证明是最有前景的勘探目标。东营凹陷北带已发现了以坨 71、利 131 和盐 18 等扇体为代表的一大批低位体系域砂体油气藏。

缓坡带，在 SSⅢ$_A$、SSⅢ$_B$ 和 SSⅢ$_C$ 等三个层序可分别发育滨浅湖相滩坝和扇三角洲、大型远岸浊积扇等低位体系域扇体，后者具有巨大的储油潜力，梁家楼砂体即为此种大型浊积扇体。

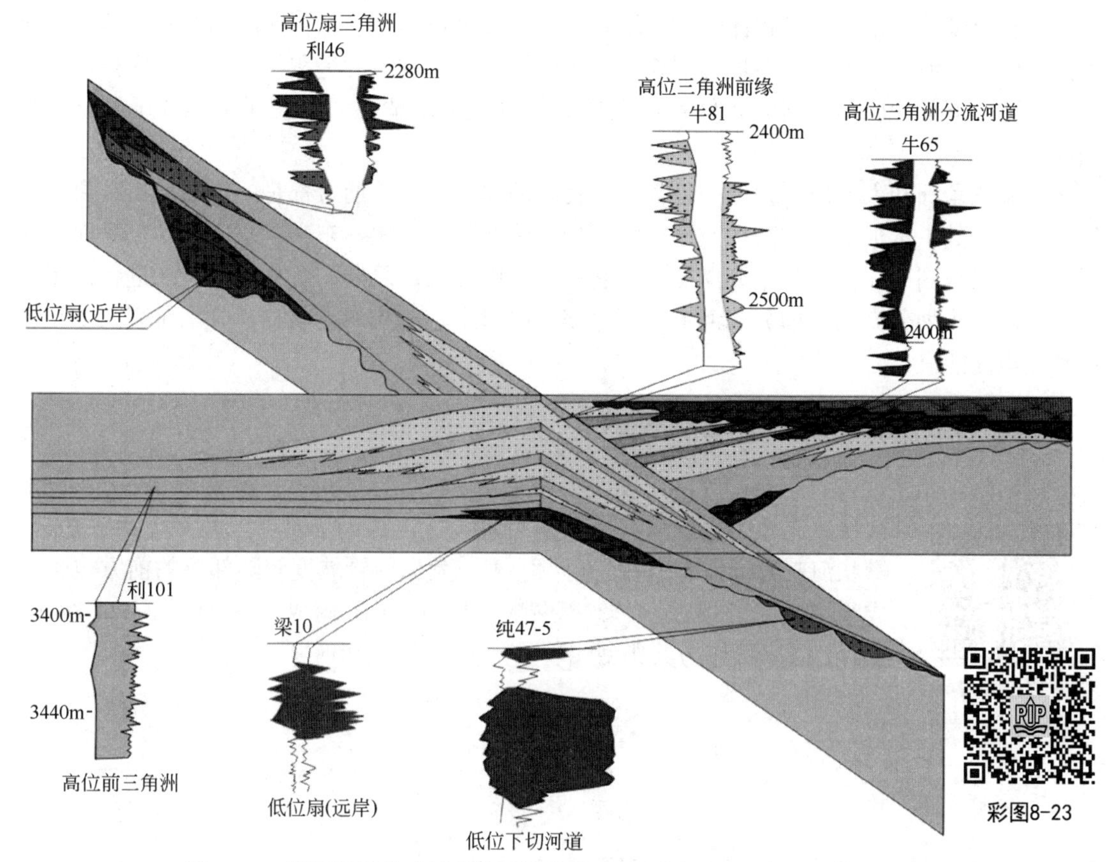

图 8-23　深断陷湖盆型层序体系域的构成（据潘元林和李思田等，2004）

断陷湖盆的重要特征，是沉积过程与断裂活动同时进行，同沉积断裂发育形成的断裂坡折带控制低位体系域砂体的发育。断裂坡折带主要发育在凹陷的边缘，尤其是陡坡边缘最为发育。但在凹陷内部也可以有断裂坡折带，如东营凹陷中央构造带的几条主要断裂就构成了断裂坡折带。因此，虽然低位体系域砂体主要发育在陡坡带和缓坡带，而且陡坡带阶状断裂坡折带的不同台阶可发育不同性质的扇体，但在凹陷内部也可有大量低位体系域砂体发育，尤其是 $SSⅢ_B$ 和 $SSⅢ_C$ 层序。

各种低位体系域砂体是岩性油气藏和构造—岩性油气藏的重要储集体。

2. 湖扩体系域

湖扩体系域（EST）由初始湖泛面和最大湖泛面界定。该体系域主要由半深湖—深湖相灰—深灰色泥岩、灰质泥岩、薄层碳酸盐岩及棕褐色油页岩组成，有时也夹有浊积岩砂体。它们主要分布在凹陷的沉积中心及其附近，其周围为浅湖相沉积。凹陷边缘也可发育小型三角洲、扇三角洲、水下扇和滩坝砂体。

湖扩体系域的泥岩、油页岩及碳酸盐岩是优质烃源岩，也是良好的地层对比标志层。

3. 高位体系域

位于最大湖泛面与层序上界面之间的高位体系域（HST），在层序构成中常占有最大的厚度比例。Mitchum、Wagoner 等将高位理解为在层序中的位置而非高的湖平面或海平面条件。高位体系域沉积充填阶段，河流三角洲和扇三角洲等进积体最为发育，其后方形成三角洲平原和泛滥冲积平原。进积体迅速充填湖盆使湖面迅速缩小。东营凹陷的东营三角洲即属于高位体系域河流三角洲，在地震剖面上，其前缘显示了清晰的进积结构，并可区分出多个进积单元，下部的底超及向湖扩体系域上界面的收敛也很清楚，在较深湖部位还可形成凝缩段。

河流三角洲和大型扇三角洲一般都具有良好的储集性能，通常都是一个凹陷最重要的油气储集体，其中常形成大中型构造油气藏，如东营凹陷的胜坨、东辛、永安镇、王家岗等油田，东营三角洲砂体都是其重要储层。但它们又是内部构成复杂的沉积体系，在进行储层研究时需进一步划分微相，如分流河道、河口坝、决口扇、分流河道间等，分别研究其分布特征和储集性能。

四、浅断陷湖盆层序地层模式

浅断陷湖盆主要发育于裂陷晚期阶段，沉降速度慢，可容空间小，物源补给充分，湖泊被快速充填，是断陷盆地的萎缩阶段，以浅湖为主，三角洲、扇三角洲、辫状河三角洲发育，在三角洲、扇三角洲前缘坡度较陡部位的前方也可形成小规模的滑塌浊积体。浅断陷湖盆层序的构成模式如图 8-24 所示，SSⅣ$_A$ 层序可作为其典型代表。

彩图 8-24

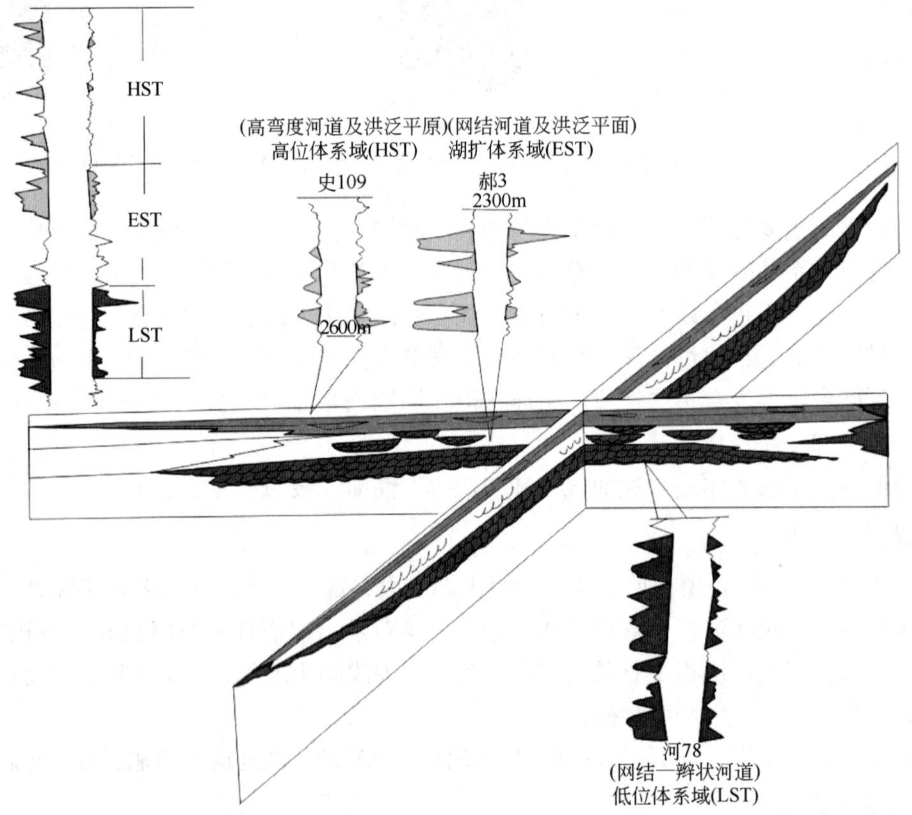

图 8-24　浅断陷湖盆型层序体系域构成（据潘元林和李思田等，2004）

在区域不整合面的背景上，因构造缓慢沉降使基准面缓慢上升，发育了由曲流河及辫状河、辫状河三角洲、冲积扇、浅湖滩坝等沉积体系构成的层序低位体系域（LST，相当于原

$E_{2-3}s_2^{上}$）；而后构造持续沉降、气候变得潮湿，沉积基准面快速上升，发育了以生物滩、滩坝砂体为主兼有油页岩的广泛发育的浅湖沉积，形成层序的湖扩体系域（EST，相当原 $E_3s_1^{下-中}$）；最后，湖域萎缩，沉积基准面缓慢下降，发育浅湖、三角洲沉积体系作为该层序的高位体系域（HST，相当于原 $E_3s_1^{上}$）。

与大陆边缘盆地以海相为主的层序不同，在建立层序模式时，必须考虑古气候的影响及其与海平面变化的关系。例如，虽然 SSⅠ$_B$ 和 SSⅡ$_A$ 层序沉积充填期与 SSⅢ层序组沉积充填期的构造样式相似，但前者形成于干旱气候条件下，而后者为温湿气候下的沉积，二者的沉积相和层序构成有显著差别。

五、干旱盐湖层序地层模式

济阳断陷盆地的初始裂陷幕，SSⅠ和 SSⅡ层序组沉积充填期，盆地构造活动逐步加强，湖盆与周边地形高差大，提供了沉积可容空间。气候的周期性变化，导致湖泊水体和含盐度的变化及沉积充填特征的差异。SSⅠ层序组充填后期和 SSⅡ层序组充填前期，气候炎热干旱，湖盆中水的注入量有限，注入量一般小于蒸发量，形成闭塞的盐湖环境，陆源碎屑供应不足。这个阶段形成的 SSⅠ$_B$ 和 SSⅡ$_A$ 层序，广泛发育泥岩及盐、膏沉积，粗碎屑沉积体系主要发育在湖盆边缘或大的同沉积断层附近，多为近源堆积。因此把它们称为干旱盐湖型层序（图 8-25）。

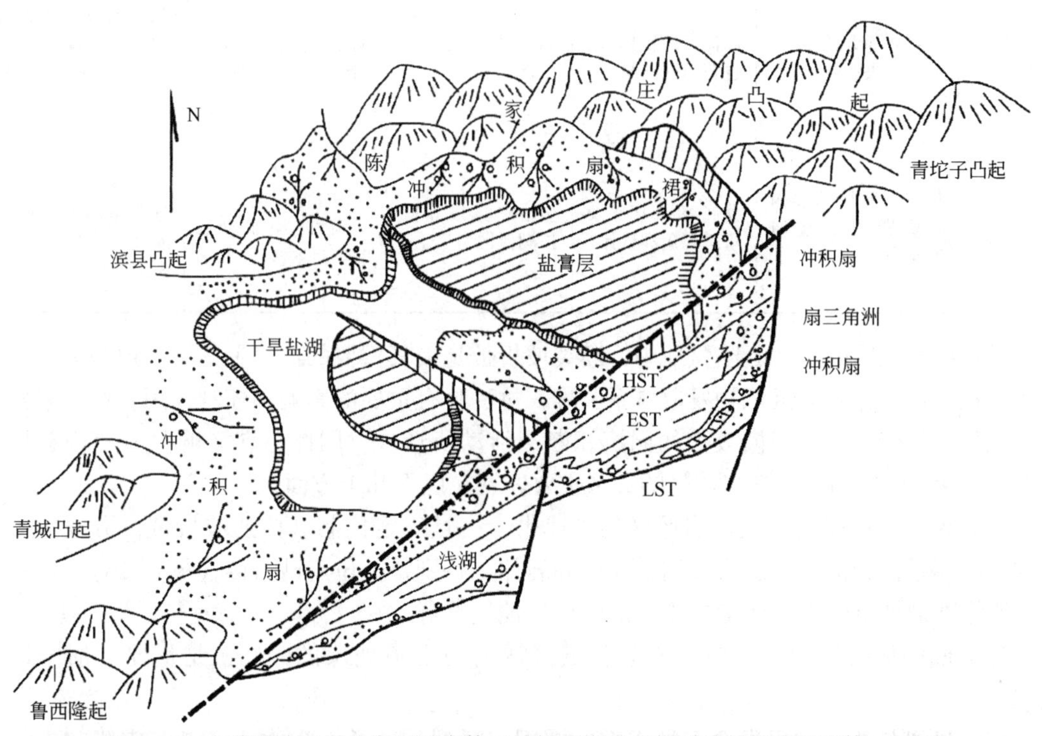

图 8-25　东营凹陷干旱盐湖型层序体系域构成模式（据潘元林和李思田等，2004）

以 SSⅠ和 SSⅡ层序组为代表的干旱盐湖型层序的体系域构成样式为：（1）低位体系域（LST），主要发育于生长正断层内侧，如东营凹陷北缘的陈南断裂内侧和博兴洼陷石村断裂东西两端发育冲积扇体系，盆内为盐湖沉积，南部缓坡带暴露、剥蚀；（2）湖扩体系域，为滨浅湖相和滩坝（南部缓坡侧）、浅湖韵律沉积（盆中）以及退积近岸扇三角洲（北部陡坡边缘)；(3) 高位体系域 (HST)，盆中为盐湖和韵律层沉积互层，北陡坡生长断层两侧发育冲积扇—扇三角洲，南部缓坡暴露、剥蚀。其层序样式以低位体系域为沉积主体，湖扩体系域和高位体系域比较难区分，垂向结构可划分出下部低位体系域粗碎屑夹膏盐层和上部湖扩和高位体系域盐膏层和韵律泥岩互层 (图 8-25)。

六、断陷湖盆层序结构与油气的关系

我国的勘探实践表明，断陷盆地蕴含着巨大的油气资源量，断陷盆地层序中各个体系域都与油气资源的生成、运移、储集和保存有密切关系 (表 8-4)，人们可以据此来评价和预测不同体系域的生油潜力、储集能力、该层分布及有利圈闭，从而找出有利的油气勘探目标区。

表 8-4 断陷湖盆层序结构与油气的关系 (据朱筱敏，2006)

体系域	烃源岩	储层	盖层	运移	圈闭
高位体系域	高位早期陡坡和深洼区较深水湖相泥岩，下伏生油密集段	缓坡三角洲、陡坡扇三角洲和深洼区浊积扇	高位期湖泛泥岩，缓坡和陡坡岩性侧向变化封堵	同期烃源岩直接供油，下伏生油密集段油气向上运移	缓坡三角洲前缘、深洼区浊积扇和陡坡扇三角洲前缘岩性圈闭
湖扩体系域	湖扩体系域顶部和向盆中央一侧	深洼区浊积扇、水进三角洲前缘	湖扩体系域顶部泥岩	生油密集段的侧向和向下油气运移	深洼区较孤立的浊积扇砂岩圈闭、水进三角洲前缘岩性圈闭
低位体系域	低位下部局部较深水泥岩，上覆生油密集段	盆底扇、深切谷及水进三角洲砂体	生油密集段和低位湖泛泥岩	生油密集段向下运移，深部油源的垂向运移	盆底扇、深切谷及水进三角洲前缘砂岩圈闭、不整合地层圈闭

需要特别说明的是，断陷盆地中，断裂坡折带是极其重要的油气聚集带。地貌上的突变形成沉积坡折带，它对沉积物发散体系和堆积过程具有重要的影响和控制作用。在断陷盆地中，沉积坡折带主要由规模较大的同沉积断裂活动所形成，因此，它又被称为“构造坡折带”或“断裂坡折带”。它与油气的关系主要体现在以下几个方面：

(1) 断裂坡折带往往是砂岩厚度的加厚带，一旦确定控制砂体的坡折带，沿坡折带走向的碎屑体系供给部位可能会找到加厚的砂岩体，特别是低位扇砂岩群 (图 8-26)，往往沿洼陷边缘断裂坡折带发育，形成连片的砂砾岩油气藏群。

(2) 断裂坡折带内的同沉积断裂沟通烃源岩与上覆地层的圈闭，是重要的油气运移通道。

(3) 断裂坡折带上可发育多种类型的圈闭：断裂的生长系数大，容易造成侧向岩性封堵，形成有利的断层封闭；同沉积断裂的强烈活动和砂体的发育还有利于滚动背斜的形成。渤海湾等古近纪断陷盆地，不论是陡坡还是缓坡的构造坡折带都是滚动背斜发育的有利部位。

(4) 坡折带还是不整合面开始发育的部位，对寻找不整合圈闭具有重要意义。

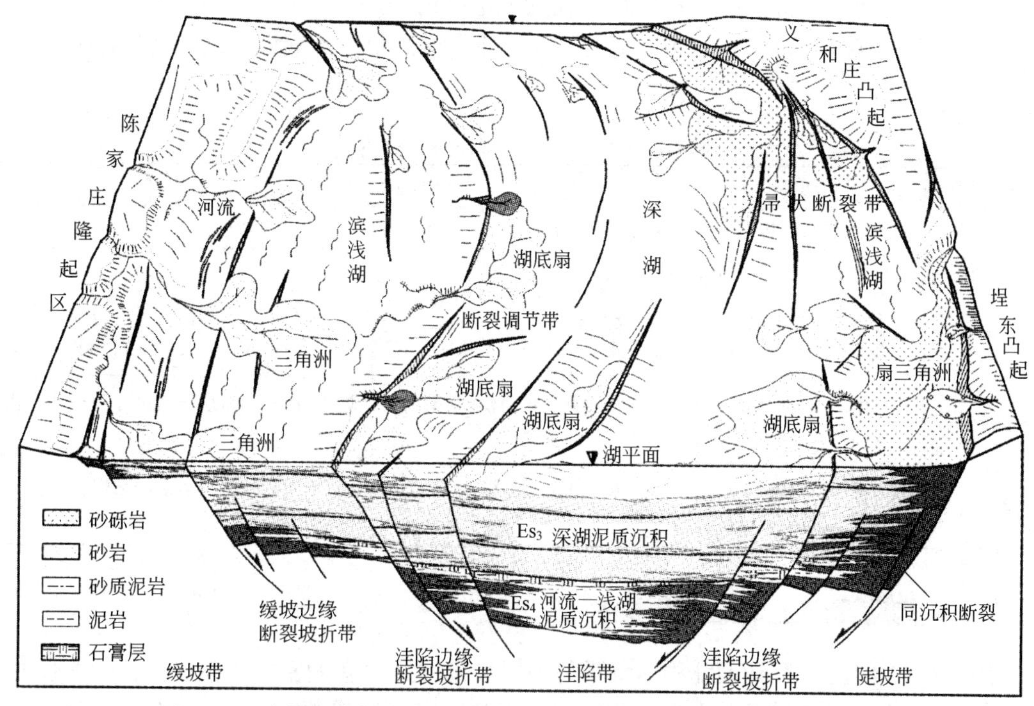

图 8-26　沾化凹陷断裂坡折带控砂模式（据潘元林和李思田等，2004）

第三节　坳陷湖盆层序地层模式

坳陷湖盆一般形成于构造断陷后期的热沉降，或在克拉通上发生坳陷，整个湖盆区及周边构造活动相对较弱，断裂不甚发育，地形高差相对变小。因而，湖盆长轴方向上通常为大型的宽缓斜坡，其上往往发育大规模的正常三角洲，而在短轴的两侧仅发育小型三角洲或滨浅湖沉积，只有部分地形相对较陡的地区发育少量扇三角洲，在部分浅湖和深湖区发育少量重力流沉积。另外，湖区面积大，且水体浅，如松辽盆地白垩系青山口组一段深湖区沉积面积占整个湖泊总面积的80%，湖水深度一般为30m。

朱筱敏（2006）根据松辽盆地的层序地层资料（魏魁生，1996）和柴达木盆地第四系层序地层的研究成果（康安，1999），对坳陷湖盆层序地层模式进行了系统的总结，本节将主要引述这一成果。

一、层序界面特征

确定坳陷湖盆层序地层样式的关键是如何准确地将互相嵌套的不同级次层序界面划分开来。在覆盖区，如松辽盆地，常以钻井、测井和地震资料，综合考虑构造运动界面、岩性岩相突变以及不整合等标志，来识别不同级次的层序界面（表 8-5）。在层序界面识别过程中，应遵循下述几个原则：

（1）界面间断原则，即所划分的各级层序内部不应存在比层序界面更为重要的沉积间断面；

（2）等时性原则，即所划分的各级层序均为同期沉积物的组合体；

（3）统一性原则，即所划分的层序应在盆地范围内统一（池英柳，1995）。

另外，还应遵循不同资料层序识别的一致性原则，即根据不同资料划分的层序界面是一致的，能相互验证。

表 8-5　坳陷湖盆层序界面的识别标志（据朱筱敏，2006）

资料类别	层序界面识别标志
构造资料	构造运动界面、构造应力场转换界面、大面积侵蚀不整合界面、大面积超覆界面
古生物资料	古生物组合类型和含量的突变、古生物的断带
岩心资料	古土壤层或根土层、颜色和岩性突变界面、底砾岩、湖泛滞留沉积、沉积旋回类型的转化界面、深水沉积相突变为上覆浅水沉积相、煤层、准层序组或体系域突变、有机质类型和含量的突变、地化指标的突变
测井资料	自然电位和自然伽马测井曲线突变接触界面、视电阻率的突然增大或降低、地层倾角测井的杂乱模式、密度测井的突变界面
地震资料	地震反射终止现象剥蚀、顶超、上超和下超，地震反射波组的产状，不同的地震反射的动力学特征，不同的地震反射的旋回特点

（一）构造资料上的层序界面特征

近年来，人们已认识到大陆构造背景与地层堆砌样式之间的密切关系，认为阶段性的构造运动是形成高级别层序或称之为构造层序的主控因素。解习农（1996a）将沉积盆地演化过程中的构造运动划分为两个级别。其中一级构造运动控制了盆地形成和消亡，构造作用持续时间长，波及范围广，相应的沉积记录为构造层序；二级构造运动是指导致沉降速率变化的构造事件，相应的沉积记录为层序。并以松辽盆地为例将上侏罗统至第四系划分成 3 个构造层序和 11 个层序（图 8-27）。层序界面在构造资料上的响应分别为古构造运动面、构造应力场转换面、大面积侵蚀不整合面和地层超覆界面。古构造运动代表盆地的基底面或盆地消亡阶段的古风化剥蚀面，通常代表一定规模的构造运动形成的区域不整合面，该不整合面可以在同一区域地质背景的盆地中进行等时对比，如松辽盆地上侏罗统与下伏变质古生界之间的区域不整合面。构造应力场转换面是由于盆地应力作用方式改变导致盆地沉降速率、盆地充填物发生变化的界面，该界面常与盆地内部的局部不整合界面相一致，如松辽盆地下白垩统登娄库组与泉头组之间的不整合面（图 8-27）。大面积侵蚀和超覆界面是在盆地边缘出现沉积间断、遭受侵蚀、后期又被上覆地层上超的界面，这种界面往往是个局部性的不整合界面，有时与构造应力转换面相一致。

（二）古生物资料上的层序界面特征

与较大规模的构造活动界面相一致，古生物化石也会出现较为明显的断带现象，例如松辽盆地上白垩统嫩江组发育的较咸水沟鞭藻 Dinogymniopsis 到了四方台组沉积时期已灭绝，并被淡水沟鞭藻 Adinium 所代替。这种古生物化石种属的断带现象反映了沉积环境的突然变化。

另外，生活在湖泊滨浅湖环境中的贝壳类生物，死亡以后受湖浪、沿岸流等营力冲刷破碎，形成贝壳碎屑层，其中壳体受到严重破坏，种属难辨且混杂堆积。后来湖平面快速上升，较深水环境的沉积物覆盖在贝壳碎屑层之上，构成准层序、准层序组或层序的界面。同样道理，还可以根据原生植物根迹和陆上以及极浅水的生物遗迹化石来推断当时的不连续沉积界面，进而确定湖泛面或层序界面的位置。

地层单位			厚度(m)	沉积柱状图	区域反射界面	沉积体系构成	层序	构造层序	构造幕		盆地演化阶段
第四系Q			140			冲积扇及洪泛平原沉积	$Ⅲ_D$	Ⅲ	挤压构造幕	挤压隆升盆地分化	盆地萎缩分化阶段
新近系	泰康组N		0～165				$Ⅲ_C$				
新近系	大安组N		0～123								
古近系	依安组E		0～222		T_{02}		$Ⅲ_B$				
上白垩统	明水组K_2m		0～576			曲流河—三角洲—滨浅湖沉积	$Ⅲ_A$				
上白垩统	四方台组K_2s		0～113		T_{03}						
上白垩统	嫩江组K_2n		279～1294		T_1	中型三角洲—大型半深—深湖沉积	$Ⅱ_B$	Ⅱ	热沉降构造幕	热冷却导致大面积坳陷作用(二幕)	主要坳陷阶段
上白垩统	姚家组K_2y		17～218								
上白垩统	青山口组K_2qn		263～503		T_2	曲流河—大型三角洲—大型半深—深湖沉积	$Ⅱ_A$				
下白垩统	泉头组K_1q	4	65～128								
下白垩统	泉头组K_1q	3	451～672								
下白垩统	泉头组K_1q	2	212～417								
下白垩统	泉头组K_1q	1	356～651		T_3						
下白垩统	登娄库组K_1d	4	134～212			砾质辫状河—三角洲—较大型湖泊沉积	I_D	I	引张构造幕	裂后热回沉作用	晚期裂陷阶段
下白垩统	登娄库组K_1d	3	250～621								
下白垩统	登娄库组K_1d	2	309～700								
下白垩统	登娄库组K_1d	1	119～220		T_4						
下白垩统	营城组K_1y		300～600		T_{4-1}	扇三角洲—三角洲—较深湖沉积(含煤沉积)	I_C			晚期裂陷作用(二幕)	
下白垩统	沙河组K_1sh		900～1500		T_{5C}	冲积扇—扇三角洲—三角洲—深湖沉积	I_B				
上侏罗统	兴安岭群		100～600			滨浅湖沉积夹凝灰岩	I_A			早期裂陷作用	早期裂陷阶段
上侏罗统	兴安岭群		>1000		T_{5B}	火山岩盆地形成或火山角砾沉积	I_o				
变质古生界及前古生界											

图 8-27　松辽盆地中—新生代层序地层划分（据解习农，1996a）

介形虫化石丰度和化石分异度的变化也被用来判断层序的界面。化石丰度是指化石个体的数量，化石分异度是指生物种属的多样程度。在滨浅湖环境，生物种类繁多，分异度加大；在半深湖和深湖环境，化石丰富但分异度低；在湖岸河流、三角洲沉积环境，化石含量相对少且分异度低。因此，化石丰度和化石分异度数值的变化可以说明最大湖泛面和层序界面的位置。凝缩层是由低速沉积的较深水沉积物构成的，含有丰富的化石，但种属较为单调；层序界面以较高化石丰度和低化石分异度为特征。柴达木盆地第四系介形虫化石丰度和分异度的垂向变化规律很好地说明了层序界面和最大湖泛面存在的位置（图8-28）。

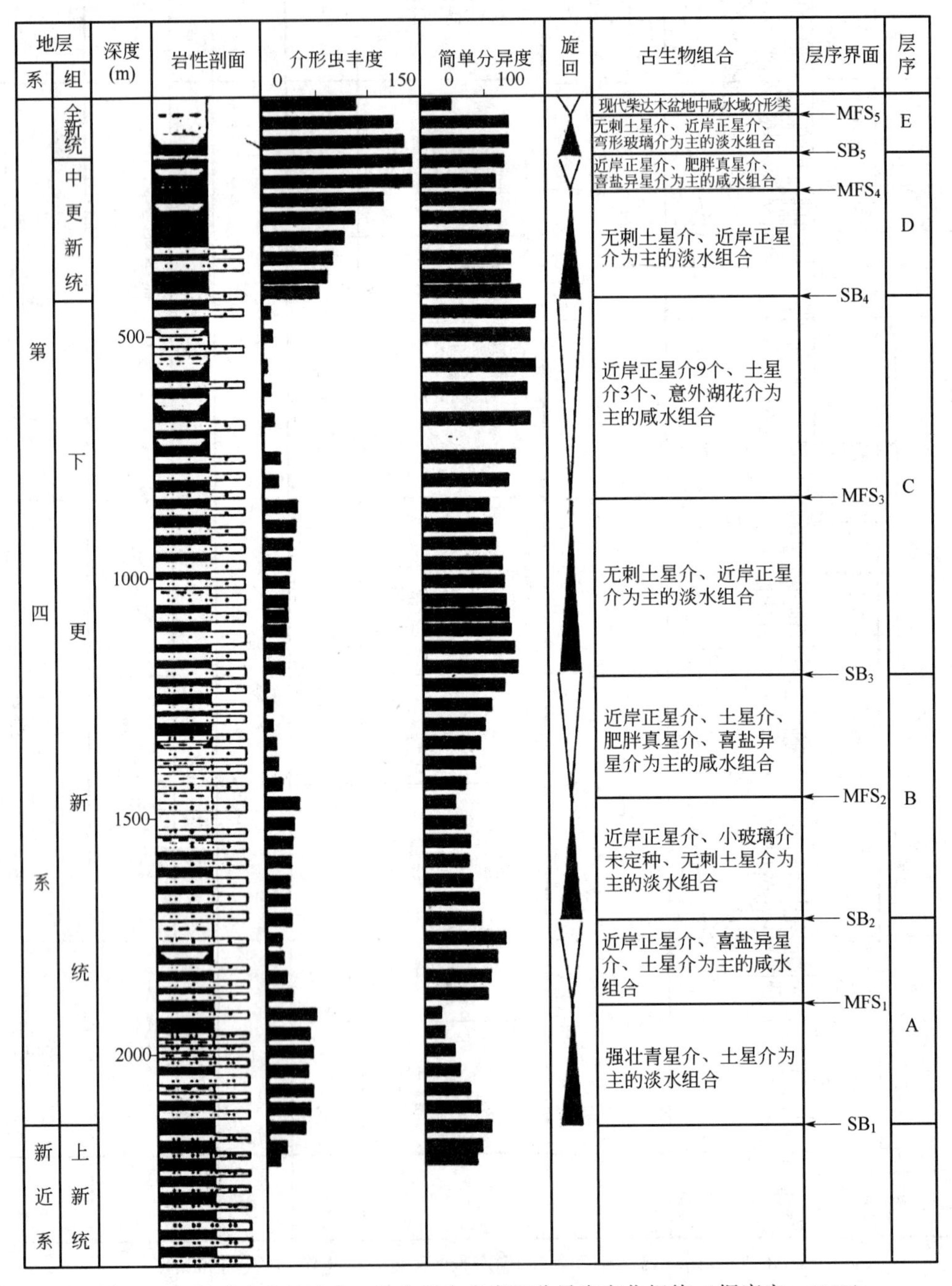

图8-28 柴达木盆地达参1井介形虫丰度和分异度变化规律（据康安，1999）

（三）岩心资料上的层序界面特征

岩心资料是分辨率很高的识别层序界面的可靠依据，它可以提供肉眼可辨认的层序界面识别标志（图8-29），也可以提供经室内分析化验所获得的层序界面地球化学识别标志（表8-5）。通过详细的岩心观察，人们可以在岩心上识别反映层序界面的特征，例如几厘米到几十厘米厚的棕褐色、浅灰白色古土壤层或灰白色根土层，具铁质侵染的碳质泥岩；由于湖泛面作用形成的厚几十厘米、具冲刷作用痕迹的滞留沉积砾岩和钙质结核；辫状河流棕红色砂砾岩与下伏浅湖浅灰色粉砂质泥岩直接接触，反映了岩性和颜色的突变以及向盆地方向的迁移；鲕粒灰岩和生屑灰岩与深湖相灰色、深灰色泥岩接触（松辽盆地J17井1876.4m；据魏魁生，1996）；与层序暴露界面对应的较深水区发育可用鲍马序列描述的浊积岩；较深水沉积直接覆盖在浅水沉积之上；准层序叠置样式的变化，如层序界面之上为准层序的退积叠置样式，层序界面之下为进积式准层序叠置样式；有时煤层也可以作为层序界面的岩性标志等（图8-29）。在岩心室内分析资料上也可以见到层序界面附近地球化学指标的突然变化。例如，具低值有机碳的灰褐色泥岩与下伏具有高值有机碳的灰色泥岩接触，层序界面上下地层微量元素含量发生明显变化等。

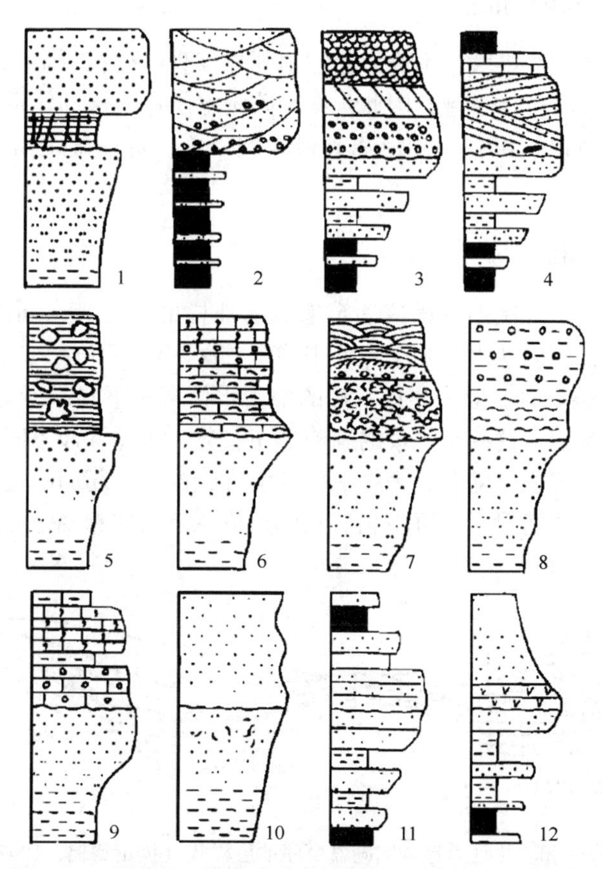

图8-29　层序界面部位的岩石学标志（据魏魁生，1996）

1—根土层；2—浅水相覆盖在深水相之上；3—河床滞留砾岩；4—水进滞留砾岩；5—钙质结核；6—上覆风暴岩；7—上覆洪积岩；8—上覆滑塌及碎屑流沉积；9—上覆鲕粒；10—上覆储集性能好的砂岩；11—沉积旋回变化；12—上覆火山岩

（四）地球物理资料上的层序界面特征

不同类型的测井资料可以从不同的角度反映层序界面的位置。在建立了岩电关系的前提下，若利用测井资料进行层序地层分析时，一般考虑地层的突变接触方式，测井曲线垂向上叠置样式的转变、地层倾角矢量模式的无序特点、井下电阻和微电阻率扫描成像识别不整合界面等。例如松辽盆地龙王1井东营组层序界面处，电阻率值及其地层旋回的测井响应样式均发生了变化。

地震资料是一种识别层序界面最好的资料，它能通过识别削蚀、顶超、上超和下超地震反射终止关系，地震波动力学特征和地震反射同相轴的产状，在盆地范围识别层序界面位置、层序不整合面的分布范围、层序界面湖岸上超点的迁移规律以及层序的厚度和空间展布、层序界面之上的深切谷规模和位置等，进而可在地震剖面上划分层序和体系域。

在实际工作中，应充分利用各种资料来识别层序的界面，并进行不同资料层序划分的一致性研究。若仅仅依靠某一种资料划分识别层序，会由于某种资料识别层序的局限性而导致层序划分的错误。

二、体系域界面特征

由于坳陷湖盆地形坡度平缓，不像海相盆地那样发育陆棚坡折带，从而难以像海相盆地那样确定低位、湖侵和高位体系域，因此，在坳陷湖盆层序地层和体系域研究中，重要的是如何在坳陷型盆地缓坡识别出首次湖泛面和最大湖泛面，进而确定出低位、湖侵和高位体系域。

（一）首次湖泛面

在坳陷湖盆缓坡确定首次湖泛面或确定像海盆那样的“陆棚坡折带”是困难的。根据坳陷湖盆的沉积特征，可以从以下几个方面来确定首次湖泛面。

（1）当湖泊水位很低时，原来连成一片的湖盆水体被水下隆起所分隔，形成相对孤立、连通性较差的小规模湖泊，这些小规模的湖泊形态各异，水体深浅不同，规模大小不一，发育河流以及小型三角洲沉积，随着后来湖平面的上升，湖岸上超向陆迁移并趋于使相对分隔的水体连成一片。在这种情况下，可将相邻水体连成一片的同相轴之下的上超点对应的界面称为首次湖泛面（图8-30）。

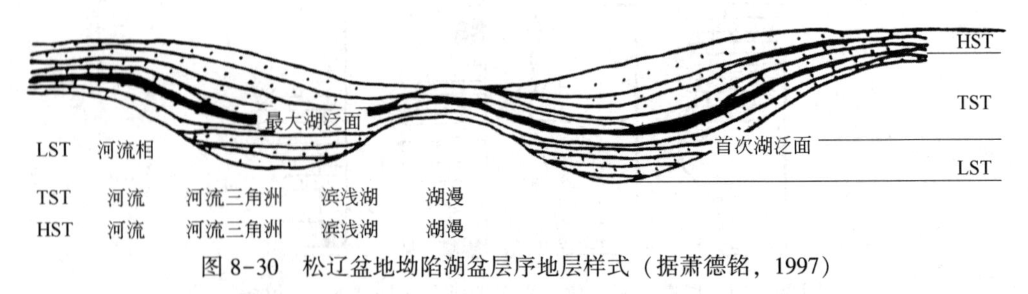

图8-30　松辽盆地坳陷湖盆层序地层样式（据萧德铭，1997）

（2）根据低位体系域和湖侵体系域准层序的叠置样式来确定首次湖泛面的位置。低位体系域以河流沉积为特征，具有典型的河流二元结构，常表现出垂向加积和退积序列，而湖侵体系域以较深水的湖相沉积为特征，常表现出向上泥岩厚度加大的退积式准层序组。

（3）首次湖泛面往往与层序界面——不整合面重合，因此，可根据层序界面来推断首次湖泛面的位置。

（4）可将坳陷型盆地斜坡带中发育的鲕粒灰岩及介屑灰岩作为小型碳酸盐岩台地，故而可将该台地边缘作为地形坡折，其下的沉积为低位体系域沉积，越过该台地边缘的湖泛面可定为首次湖泛面。

（5）首次湖泛面附近常存在火山活动物质，常发育根土层，首次湖泛面沉积物常由混杂堆积的生物碎屑、炭屑和钙质结核组成，反映了首次湖泛面期间较强水动力的湖泛作用。

（二）最大湖泛面

最大湖泛面是指在湖盆演化过程中，海平面达到最高、湖岸上超点达到向陆最远时期所对应的湖泛面，常形成分布范围广、色暗质纯、反映较深水环境的凝缩层。由最大湖泛面时期形成的松辽盆地凝缩层具备以下特征（据魏魁生，1996）：

（1）凝缩层由深灰色、灰黑色泥页岩、油页岩组成。暗色泥岩多由伊利石构成，含草莓状黄铁矿和白云石等自生矿物。

（2）凝缩层内微体和超微化石丰度高且分异度大。凝缩层微体化石的纵向分布具有规律性和对称性，即自下而上依次为介形虫灰岩—小型叠锥状叠层石—化石丰度低值带—介形虫富集带—介形类与叶肢介混生—叶肢介富集至混生带—介形类、藻类及叠锥状叠层石—超微化石高值带。

（3）在测井曲线上，生油密集段常以高自然伽马、低电阻率、平直自然电位为特征。

（4）在地震反射剖面上，凝缩层响应于强振幅、高连续、分布广泛的地震反射，其上往往存在着上覆层的系列下超点（图 8-30）。

（5）凝缩层有机碳含量高，自盆地中央向陆地方向有机碳含量有减少的趋势等。

三、坳陷盆地层序地层模式

（一）三分层序地层模式

在某些坳陷型陆相湖盆中，可以依据多种标志确定首次湖泛面和最大湖泛面的位置，进而便可在坳陷型湖泊层序中识别出低位、湖侵和高位体系域（图 8-30 和图 8-31）。

低位体系域是在湖平面下降速率大于盆地构造沉降速率时，湖平面下降到较低部位，以至于连成一片的水体出现分隔状态时形成的体系域。在低位湖平面一侧，出露地表的盆地缓坡发育冲积扇、河流沉积，可形成深切谷；在低位湖岸线附近可出现小规模的三角洲和扇三角洲沉积；在低位湖盆水体中，可发育由洪水作用形成的洪水型浊积扇和三角洲前缘形成的浊积扇，进而构成类似于具陆棚坡折海相盆地低位体系域的盆底扇、斜坡扇、低位楔状体及陆上暴露不整合界面（图 8-31）。

湖侵体系域是在气候温暖潮湿、洪水频繁发生、湖平面升降速率大于沉积物供给速率或由于盆地基底快速沉降、可容空间不断增大的情况下形成的。湖侵体系域可形成于两种沉积背景。一是湖平面缓慢上升，可容空间增加的速率略大于沉积物供给的速率，此时发育滨浅湖滩坝沉积体系和水进型三角洲沉积体系；二是湖平面快速上升，可容空间增加的速率明显大于沉积物供给速率，盆地处于缺氧饥饿状态，此时，可发育洪水型浊积扇、广泛分布的较深水暗色泥岩以及可能的湖侵期碳酸盐岩（生物碎屑灰岩）（图 8-31）。

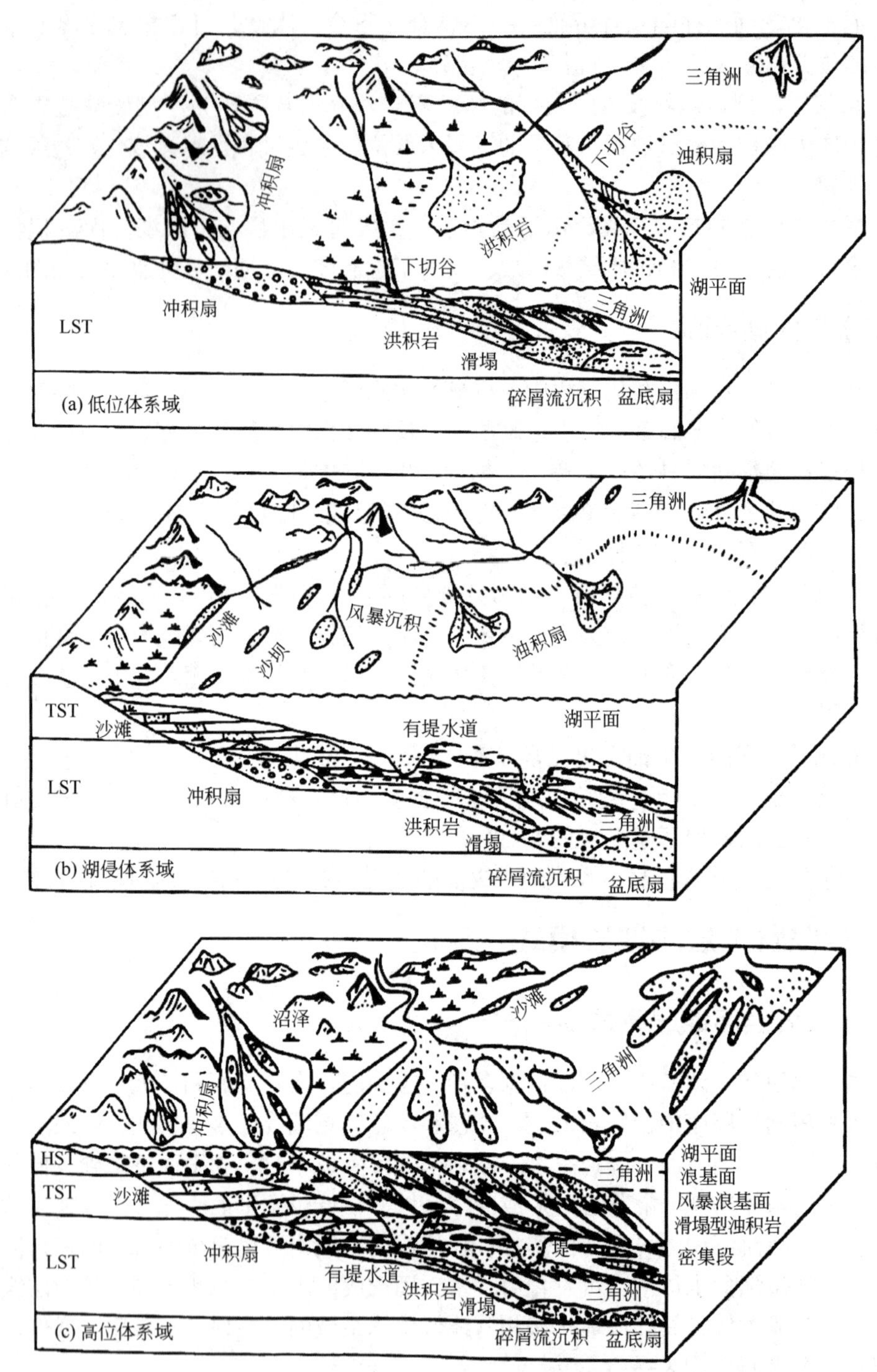

图 8-31　松辽盆地坳陷湖盆体系域特征（据魏魁生，1996）

高位体系域是在湖平面上升速度变缓、保持静止不动和开始下降时期形成的。此时沉积物的供给速度不断增加，因而可容空间逐渐变小，形成了一系列进积式沉积。在高位体系域发育的早期，可容空间依旧较大，因而携带陆源碎屑物质的洪水入湖后快速沉积，形成浊积扇。但是，高位体系域中最典型的沉积体系是水退型三角洲沉积。由于湖平面相对下降，可容空间减小，三角洲快速向湖盆中央推进，在其前方可发育三角洲前缘滑塌成因的浊积扇。

到了高位体系域发育的晚期可出现河流和冲积扇沉积。

（二）二分层序地层模式

在某些坳陷型盆地中，由于缺少地形坡度的明显变化以及缺乏确定初次湖泛面的其他标志，只能在该类盆地中确定出最大湖泛面，进而将该类盆地中的一个层序划分成水进和水退体系域或称为湖侵和湖退体系域。

对于难以确定首次湖泛面的坳陷型盆地层序地层分析来说，其关键就是在确定层序界面的基础上，确定最大湖泛面的位置。一般来说，与最大湖泛面对应的凝缩层常是由质纯、粒细、色暗的深水环境沉积物构成的，它富含有机质和生物化石，发育页理或季节纹理，可见自生黄铁矿等矿物。在地震剖面上，它不仅对应于滨岸最远的向陆上超点，而且向盆地中央方向具有明显的下超反射结构。在测井曲线上凝缩层表现为高伽马值泥岩等。进而，依据层序界面和最大湖泛面的位置，结合岩性、岩相、准层序叠置样式以及相对湖平面升降变化特征，可以将某一个层序划分成水进和水退体系域。水进体系域底界为层序界面，顶界为最大湖泛面，以湖泊水体不断扩张为特征；水退体系域底界为最大湖泛面，顶界为层序界面，以湖泊水体不断收缩为特征。

柴达木盆地第四系可被划分成由水进和水退体系域构成的5个层序，层序周期为（20~60）$\times10^4$a。水进体系域多由浅灰色粉砂岩、泥质粉砂岩、泥岩及鲕粒碳酸盐岩组成。砂岩中发育小型波状层理和生物钻孔，螺蚌化石丰富完整；泥岩中具水平纹层以及层面生物扰动构造。在垂向上，表现为向上砂岩减少、泥岩增多、砂泥比值降低的退积式准层序组，单个准层序厚10~20m左右。一个水进体系域可以包括2~3个退积式准层序组，沉积环境多以浅湖为主。水退体系域的主要岩性为浅灰色粉砂岩、泥质粉砂岩、棕灰色泥岩、碳质泥岩和薄层泥灰岩，砂岩中发育小型板状和波状交错层理，见有垂直虫孔。螺蚌化石丰富但多为碎片，含有层状植物化石。在垂向上，向上砂岩逐渐增多，泥岩减少，砂泥比值加大，构成进积式准层序组，其中的层序厚度为5~20m。有时，当物源供给不是十分充足时，水退体系域对应的沉积环境多为滨湖和沼泽（图8-32）。

柴达木盆地第四系层序的形成主要受控于5个构造旋回。构造活动的剧烈与平静交替影响了相对湖平面的升降变化和可容空间的大小。气候波动周期为（8~10）$\times10^4$a，它影响了湖盆的降水量和蒸发量。这种频繁变化的古气候使得湖平面不断处于上升或下降状态中，进而形成地层进积序列和退积序列的重复叠置，故可利用最大湖泛面将单个层序划分成水进体系域和水退体系域。水进体系域是在构造活动中比较强烈、物源供给充足、蒸发量小于降水量、湖平面相对上升时形成的。在具有直接物源供给的地区，发育了冲积扇、河流三角洲和湖泊沉积体系，而在缺乏直接物源供给的地区，则发育了偏砂质的滨浅湖沉积体系（图8-33）。水进体系域常由2~3个退积式准层序组构成，三角洲和滨浅湖砂体较发育，横向较连续，构成有利的储层。水退体系域是在构造活动比较平稳、物源供给量减少、蒸发量变大、相对湖平面下降时形成的。在缺乏物源供给的沉积区形成大面积的滨湖沼泽相碳质泥岩和棕灰色泥岩，有时发育鲕粒滩，垂向上呈加积或进积地层叠置样式；在有直接物源供给的沉积区，发育了冲积扇、河流三角洲和湖泊沉积体系，垂向上构成进积式准层序组。由于物源供给少，水退体系域单层砂体厚度薄，砂体不太发育，但鲕粒滩可以构成良好的储层（图8-34）。

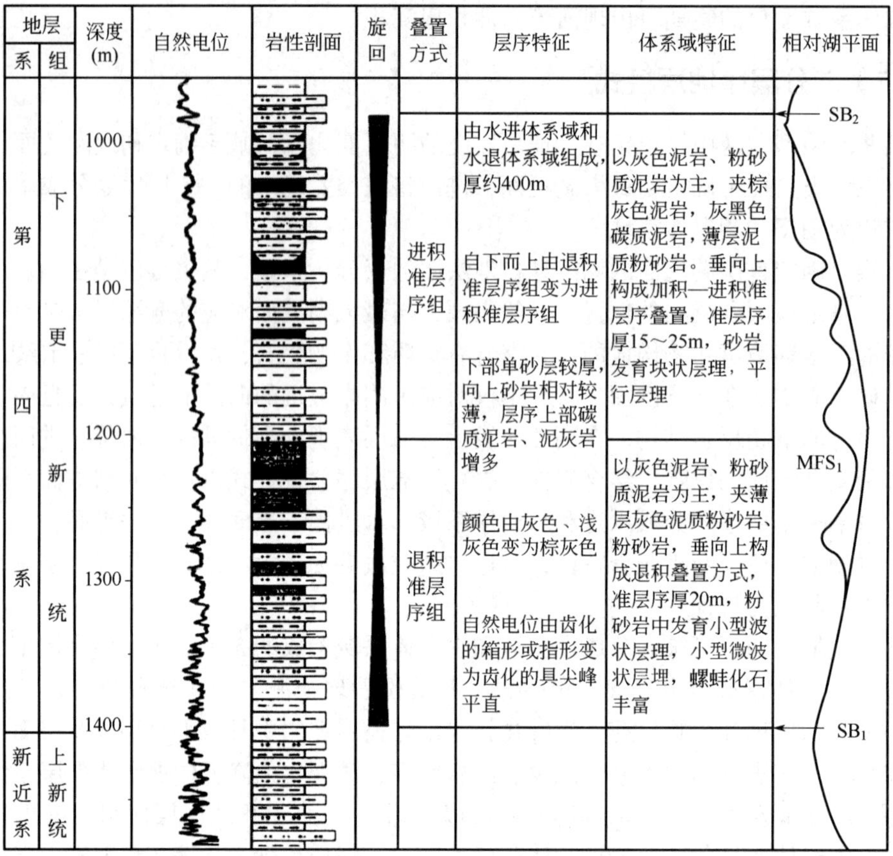

地层		深度(m)	自然电位	岩性剖面	旋回	叠置方式	层序特征	体系域特征	相对湖平面
系	组								
第四系	下更新统	1000 1100 1200				进积准层序组	由水进体系域和水退体系域组成，厚约400m 自下而上由退积准层序组变为进积准层序组 下部单砂层较厚，向上砂岩相对较薄，层序上部碳质泥岩、泥灰岩增多	以灰色泥岩、粉砂质泥岩为主，夹棕灰色泥岩，灰黑色碳质泥岩，薄层泥质粉砂岩。垂向上构成加积—进积准层序叠置，准层序厚15～25m，砂岩发育块状层理，平行层理	SB_2 MFS_1
		1300				退积准层序组	颜色由灰色、浅灰色变为棕灰色 自然电位由齿化的箱形或指形变为齿化的具尖峰平直	以灰色泥岩、粉砂质泥岩为主，夹薄层灰色泥质粉砂岩、粉砂岩，垂向上构成退积叠置方式，准层序厚20m，粉砂岩中发育小型波状层理，小型微波状层埋，螺蚌化石丰富	
新近系	上新统	1400							SB_1

图 8-32　柴达木盆地涩 23 井第四系层序 A 体系域特征（据康安，1999）

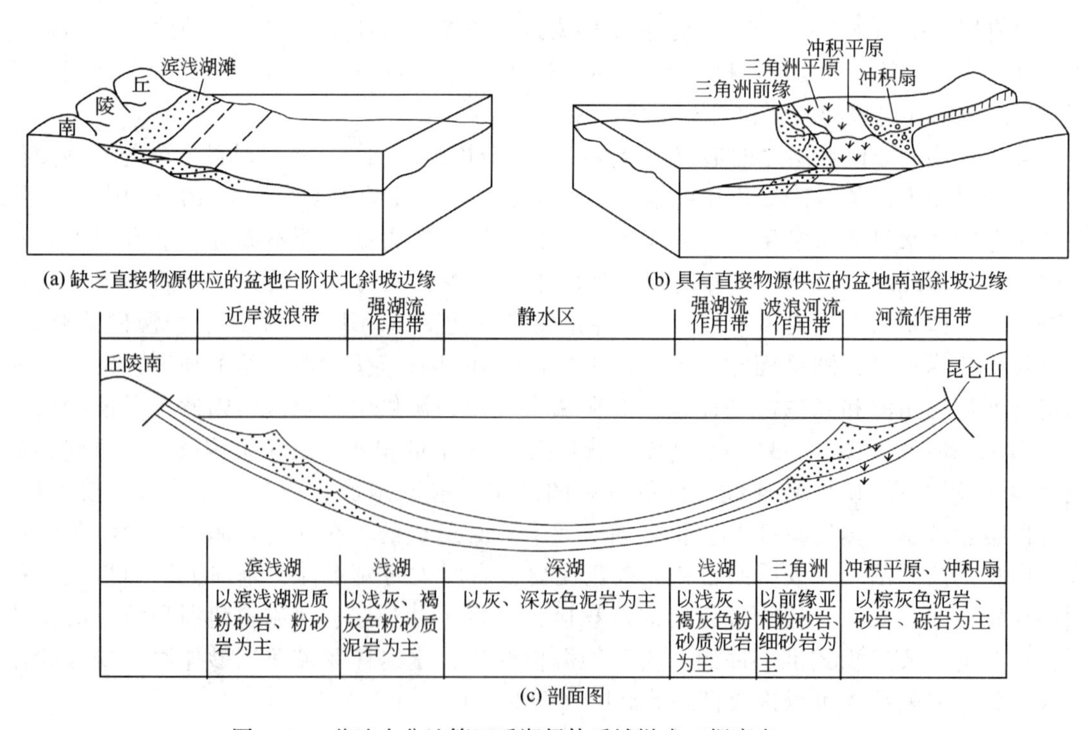

图 8-33　柴达木盆地第四系湖侵体系域样式（据康安，1999）

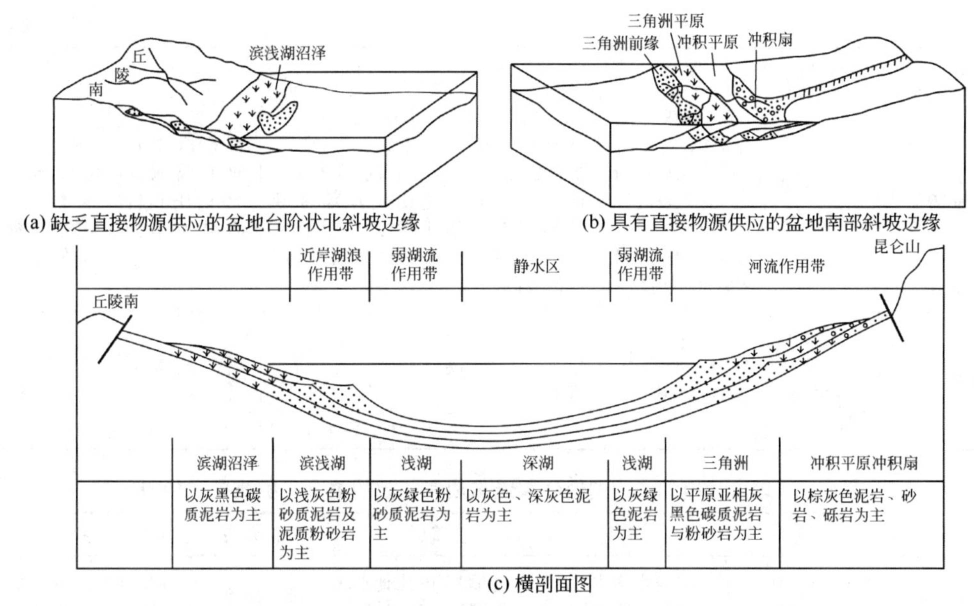

(a) 缺乏直接物源供应的盆地台阶状北斜坡边缘

(b) 具有直接物源供应的盆地南部斜坡边缘

(c) 横剖面图

图 8-34 柴达木盆地第四系湖退体系域样式（据康安，1999）

四、坳陷湖盆层序结构与油气的关系

层序地层学研究不断强调盆地内地层的叠置关系，而且也重视将层序地层学研究成果应用于油气勘探中，寻找有利的勘探目标。根据坳陷型湖泊层序样式（图 8-30、图 8-31、图 8-33、图 8-34）可以发现，由于湖平面升降变化和可容空间变化速率的差异，不同的体系域类型与烃源岩、储层以及圈闭的发育存在不同的关系（表 8-6、表 8-7）。

表 8-6 坳陷盆地低位、湖侵和高位体系域与油气圈闭的关系（据魏魁生，1996）

埋藏深度(m)	孔隙性质	储层	生油	封闭	运移	圈闭
<1700	原生孔隙发育	LST：辫状河道 TST：滩坝、网状河道 HST：曲流河道三角洲	来自下方深部生油层	顶部常有泥岩封闭，侧向封闭多变	垂向二次运移(通过断层)	构造圈闭
1700～2800	混合成因孔隙发育	LST：改造的冲积扇、水道及河道砂 TST：滩坝、浊积砂颗粒流砂、浅滩 HST：扇三角洲及三角洲前缘、河道砂	来自下方生油层	LST 及 TST：孤立砂体封闭性好，连续砂体顶部密集段为盖层，侧向及底部多变 HST：洪泛面常为盖层，侧向渗漏	垂向运移	LST 及 TST：孤立砂体形成地层圈闭，连续砂体要配置构造圈闭 HST：构造圈闭最佳
2800～3800	次生孔隙发育	LST：某些重力流沉积、洪积岩 TST：洪积扇、湖底扇、碳酸盐岩浅滩 HST：扇三角洲及三角洲前缘	LST 及 TST：顶部及侧向生油层良好；HST：产气和贫油的同期生油气岩，一般好油源在底部或深部	LST 及 TST：顶部封闭性好，侧向及底部多变 HST：底部封闭性好，洪泛面为顶部盖层，侧向渗漏	密集段生油向下或侧向运移；HST：好油源为垂向运移	LST 及 SST：地层圈闭或复合圈闭 HST：与构造圈闭有关

续表

埋藏深度(m)	孔隙性质	储层	生油	封闭	运移	圈闭
3800~5600	次生孔隙减少,裂缝可见	LST:某些重力流沉积、洪积岩 TST:洪积扇、湖底扇、碳酸盐岩浅滩 HST:扇三角洲及三角洲前缘	LST 及 TST:顶部及侧向生油层良好 HST:产气和贫油的同期生油岩,一般油源在底部或深部	LST 及 TST:顶部封闭性好,侧向及底部多变 HST:顶部封闭性好,洪泛面为顶部盖层,侧向渗漏	密集段生油向下或侧向运移;HST:好油源为垂向运移	LST 及 TST:地层圈闭或复合圈闭 HST:与构造圈闭有关
>5600	次生孔隙渐次消亡,裂缝局部发育,具随机性	裂缝可形成于各种岩石中	生湿气和凝析油	封闭性好	侧向或垂向运移	构造圈闭或非构造圈闭

表 8-7　坳陷盆地湖侵、湖退体系域与油气圈闭的关系（据康安，1999）

体系域	生气层	储集层	盖层	运移方式	圈闭
水进体系域	顶部最大湖泛面对应的凝缩层	滨浅湖砂体以及三角洲砂体	凝缩层和其他时期湖泛泥岩	垂直运移	同生背斜以及地层岩性与断层组合的圈闭
水退体系域	滨湖沼泽碳质泥岩	滨浅湖鲕粒砂岩和细砂岩	湖泛泥岩及膏岩层	垂直运移	同生背斜以及地层岩性与断层组合的圈闭

低位体系域是在湖平面下降到最低并开始上升时形成的。低位体系域虽缺少良好的烃源岩，但低位三角洲砂体和重力流成因的砂体临近烃源岩，若埋深较浅，孔隙度和渗透率等储集物性较好，可形成侧向砂体尖灭的地层油气藏。低位体系域深切谷河道砂体侧向相变快，常上覆湖泛期的泥岩，若有较充分的油源供给，可形成富集油气的地层油气藏。低位体系域沉积时期大面积出露地表形成的不整合面不但是良好的油气运输通道，而且可以形成次生溶孔发育的储层，进而形成与不整合面相关的地层油气藏。

湖侵体系域是在湖平面较快上升时期形成的。随着湖平面的持续上升，湖岸砂体不断受到波浪的淘洗，形成分选和磨圆均较好的沿岸沙坝储层，向盆地方向，它上覆的地层是与密集段相关的优质烃源岩和盖层，可形成砂体向陆方向尖灭或滩坝砂体侧向尖灭的油气藏，如松辽地区斜坡 Ta2 井上倾尖灭地层油气藏（据魏魁生，1996）。在湖侵体系域发育期间，由洪水作用形成的重力流也可在较深水区形成浊积砂体。该砂体完全位于优质烃源岩之中，自身储集物性较好，易形成地层油气藏，如松辽盆地古龙凹陷湖泛期浊积砂体已获得工业油流。

高位体系域中具代表性的沉积体系是进积型三角洲，它以沉积速率快、砂体发育为特征。三角洲前缘砂体受河流、湖泊等多种河流作用改造，细粒沉积物被淘洗干净，从而形成储集物性良好的储集体。该储集体下伏优质生油密集段，上覆湖泛面泥岩，加之又发育同生断层和逆牵引背斜，从而易形成地层油气藏以及地层与构造配置的油气藏。另外，由于进积三角洲不断向湖盆中央推进，三角洲前缘界面不断变陡，其沉积物易向前滑塌形成规模不大但储集物性良好、又被烃源岩包裹的地层油气藏。

对于层序被划分成水进和水退体系域的坳陷型盆地油气勘探来说，首先要明确烃源岩发育的部位。水进体系域最大湖泛面对应的凝缩层不仅有机质含量较高，而且分布面积广，沉积厚度可达到数十米，构成重要的烃源岩。水退体系域滨湖沼泽碳质泥岩也可构成良好的烃源岩。滨湖沼泽中草本植物和水生植物及藻类均繁盛，可形成富含有机质的数十层碳质泥岩，构成较为重要的烃源岩。有利的储层主要发育于水进体系域的三角洲砂体和滨浅湖砂体之中。因为在水进体系域发育时期，淡水注入量大于湖盆水体的蒸发量，物源供给较为明显，三角洲砂体和滨浅湖砂体不仅单层厚度较大，而且层数多，可形成良好的储层。水退体系域由于淡水注入量小于湖水蒸发量，在缺少陆源碎屑注入的地区，形成了原生孔隙极为发育、杂基含量很少、滩坝成因的鲕粒砂岩，尽管其分布相对局限，但这类储层的物性却很好。盖层的分布发育与烃源岩分布是密切相关的，最大湖泛面对应的凝缩层主要是由较深湖相暗色泥岩和滨浅湖相浅灰色、棕灰色泥岩构成的，其单层厚度可达几十米，分布面积可占全沉积盆地的90%以上，构成了良好的区域性盖层（表8-7）。实际上，水进体系域沉积地层砂泥岩交互，形成了生、储、盖层频繁交替，有利于烃源岩生成的油气直接进入富砂质的滨浅湖和三角洲前缘砂体之中，在构造圈闭遮挡下，形成油气藏。

值得注意的是，在具有浅水、缓坡条件的大型坳陷盆地中，气候变化可导致湖区水域大幅度扩张与收缩，同时湖岸线长距离向湖和向岸迁移，可形成大型浅水三角洲砂体与湖相泥岩互层（图8-35），形成良好的生储盖组合关系，这正是当前大型浅水三角洲成为研究热点的原因之一。

彩图8-35

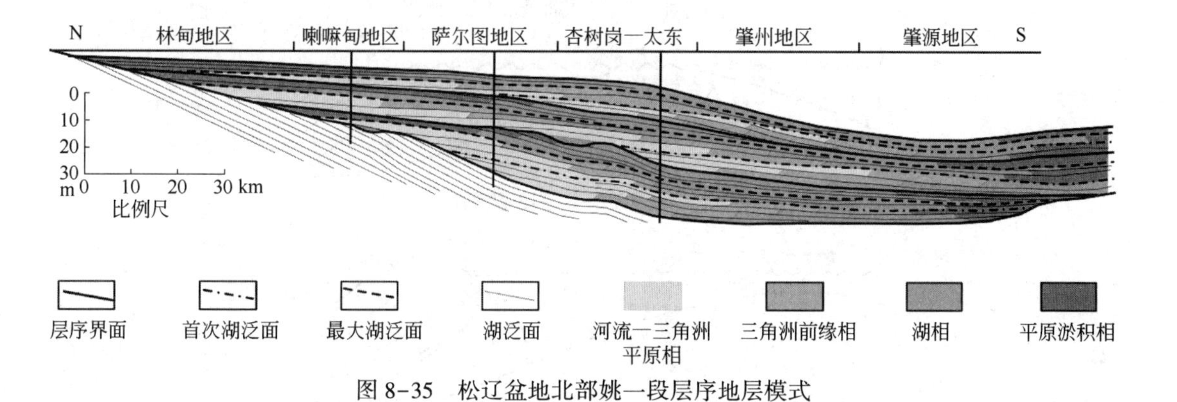

图8-35　松辽盆地北部姚一段层序地层模式

第四节　前陆盆地层序地层模式

根据大地构造位置（造山带类型）和构造演化阶段，前陆盆地（foreland basin）可以归纳为大陆边缘发育的陆缘型前陆盆地和大陆内部发育的陆内型前陆盆地。从动力学背景上看，陆内型前陆盆地是板块碰撞远程传递的陆内挤压应力所形成，中国中西部前陆盆地均属于陆内型前陆盆地，张渝昌等（1997）曾将其称为前渊盆地、中国式前陆盆地。

造山带的构造活动对前陆盆地的层序发育起着重要的控制作用，而通过研究前陆盆地不同级别的地层层序、旋回及其成因，揭示构造运动、沉积作用和海/湖平面变化之间的内在联系，进一步研究前陆盆地的沉积—构造演化，又可为资源勘探提供理论依据。

一、前陆盆地的特点

前陆（foreland）最初是由Suess（1883）提出的一个术语，指造山带相邻的稳定地区，且造山带的岩层向它逆冲或掩覆。前陆是地壳的大陆部分，是克拉通或地台区的边缘。前陆盆地分布于造山带和前陆隆起之间，并且与它们的走向平行，具有不对称盆地形态，往往呈犁形，靠近造山带一侧沉积物较厚，靠克拉通一侧沉积物较薄。

在前陆盆地形成早期，造山带逆冲负载，前陆挠曲变形（图 8-36、图 8-37）。盆地边缘造山带由于受到强烈挤压作用，形成一系列向克拉通方向推进的叠置逆冲席，引起地壳岩石圈增厚（贾进华，1995）。在地壳均衡作用下，邻近造山带的克拉通前陆区岩石圈向下发生挠曲，表现为下挠沉陷，形成前渊，而在远离造山带的地区，由于受到的挤压作用相对较弱，地貌载荷相对较少，因而沉陷速度相对较缓慢，沉陷也就相对较浅，这样就形成一个从造山带向克拉通前陆方向逐渐变浅的不对称盆地，即前陆盆地。在邻近造山带一侧，强烈的构造沉陷造成沉积物具厚度大、沉积速度快、成分复杂和变形作用强烈的特点，它们是与构造作用同期的产物，物源是来自邻近的造山带（Heller 等，1988）。横向上从造山带到克拉通方向，相同层位的沉积物粒度逐渐从粗变细，古水流的方向也从垂直造山带变为近平行造山带。

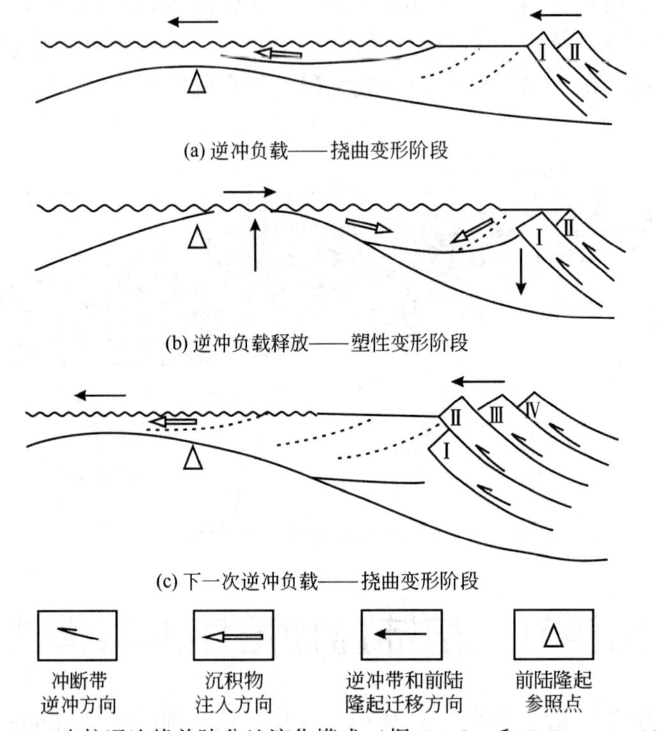

图 8-36　克拉通边缘前陆盆地演化模式（据 Quinlan 和 Beaumont，1984）

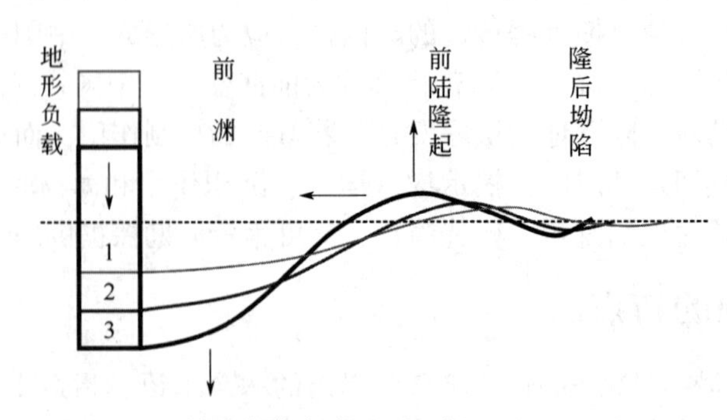

图 8-37　前陆挠曲变形过程（据 Emmegail，2008）

在前陆盆地形成晚期，造山带逆冲负载释放，前陆发生塑性变形（图8-36）。随着造山带活动的减弱，其挤压运动逐渐减弱，挤压应力也相应减小，在地壳均衡作用下，盆地岩石圈会弹性回跳，导致前陆盆地整体向上隆起，隆起强度随着远离造山带逐渐降低，同时沉积中心逐渐向克拉通方向迁移。此时期造山带隆起区遭受剥蚀，沉积物被搬运，再沉积在远离造山带的前陆盆地区，因而在邻近造山带的前陆盆地区形成明显的侵蚀不整合，在远离造山带的前陆盆地区为席状展布的粗粒和细粒沉积，盆地的不对称性逐渐减弱（贾进华，1995）。

前陆盆地在多次逆冲负载与弹性回跳过程中，逐渐充填，形成了独具特色的沉积特征（赵玉光等，1997）：

（1）前陆盆地沉积物多具有双方向物源特点。在逆冲推覆—挠曲变形阶段表现为单向的来自逆冲断块的沉积物，此时水下隆起未露出水面。在逆冲负载释放—塑性变形阶段表现出明显的双向物源。物源供给形式主要受与冲断造山有关的地形起伏的影响，物源区的地层构成和演变决定了前陆盆地沉积碎屑物类型。

（2）多次逆冲推覆与释放，沉积中心会逐渐向克拉通方向迁移，盆地的对称性会逐渐变好。

（3）前陆盆地的构造沉降速率极高，比被动大陆边缘和克拉通盆地的沉降速率大，并且有自盆地中心向盆缘递增的趋势。

二、前陆盆地层序发育的主控因素

根据经典层序地层学理论，构造沉降、全球海平面变化、沉积物供给和气候变化等多种因素综合作用控制了层序的发育。在前陆盆地中，虽然海/湖平面变化、物源供给、气候变化等对层序地层发育也有重要影响，但是起主导作用的是构造活动。

活动边缘逆冲块群的周期性逆冲可导致前陆的沉降，并且是沉积物容纳空间变化的主要贡献者。层序是可容空间的函数，而前陆盆地背景的可容空间严格受边缘周期性构造逆冲带活动的影响。因此，构造效应大大地超过了全球海平面升降对层序形成的效应，从而表现为构造效应显著的地层记录。构造活动对前陆盆地层序地层主控作用主要表现在以下几个方面（刘景彦和林畅松，2000）。

（一）逆冲构造对不整合面的影响

沉积盆地等时地层格架的建立首先依赖于各种级别的不整合及其相应的整合界面的存在。在前陆盆地中主要的不整合层序界面往往是构造逆冲作用或构造与海平面变化叠加作用的结果。

Wagoner等（1995）的研究表明，美国Book Cliff前陆盆地的主要层序界面常由逆冲褶皱带端（近端）的角度不整合到远端的相对整合面所组成，近端的不整合面主要是构造挤压抬升引起的多个三级不整合面的复合。在海相前陆盆地中，近端的层序界面可能是构造隆升作用与三级海平面变化复合的产物，而远端的层序界面则起因于次一级的构造起伏产生的水上暴露和河谷下切。在怀俄明西南部上白垩统前陆盆地的研究也揭示了高级别层序界面与逆冲作用的成因联系（Devlin等，1993）。

Schwans等（1995）在美国犹他州白垩纪前陆盆地的研究中还指出，前陆盆地不同演化阶段发育的层序界面也不同。早期逆冲形成的层序界面仅为轻微削截界面，沉积相带向盆地方向发生有限的迁移，而晚期相对静止，形成的层序界面多为广泛分布的构造增强的侵蚀不整合面。这与前陆盆地从早期快速沉降的“饥饿”盆地向晚期过补偿盆地的演化有关。早期逆冲推覆强烈，盆地迅速挠曲沉降，可容空间增长较快，盆地处于欠补偿的“饥饿”状态，因此以沉积作用为主，只在局部发生轻微的削截；晚期造山带卸载，逆冲推覆体向前陆推进速度缓慢，导致前陆盆地基底发生弹性回跳而抬升，使可容空间大大降低，盆地处于过补偿状态，因此削截作用占主导，不整合面广泛分布。

（二）构造活动对可容空间的影响

前陆盆地逆冲推覆构造活动对盆地的可容空间可产生深刻的影响，从而对盆地充填和层序叠置样式起重要的控制作用。逆冲期和相对静止期（塑性变形阶段）形成的盆地充填样式显然不同。Catuneanu 等（1998）的研究发现，Karro 前陆盆地的充填过程受造山负载和卸载旋回的控制。在造山负载沉降期，逆冲推覆带近端可容空间增加，而远端隆起，可容空间减小；在卸载期，由于盆地整体回弹上隆，因此逆冲带近端的可容空间减小，而远端的可容空间增加。

这一过程对层序的发育及其沉积中心的迁移起重要的控制作用。在逆冲变形期，岩石圈最初常以瞬时的弹性变形来响应逆冲负载，此时沉降速率大，可容空间增加。大量的粗碎屑物堆积在山前，在逆冲带近端的层序叠置呈加积或退积；在远端，前隆仍然处在水面以下，尚未遭受剥蚀形成物源，因此远端的沉积物主要是来自造山带的越过沉积中心的少量细粒沉积物。而在构造相对静止期，岩石圈均衡回弹产生整体相对上隆，在逆冲带近端上隆更为显著，产生进积式层序结构，随后成为沉积物搬运过路带，在盆地远端的沉降中心（此时沉降中心逐渐移向了远端）发生沉积；而前隆此时露出水面遭受剥蚀形成物源，也向沉积中心发育进积式层序结构。

（三）盆地基地构造对层序的影响

前陆盆地构造作用对层序发育的影响还表现在盆地基底构造作用的参与。基底构造可把盆地分隔成不连续的小盆地，它们对逆冲过程的响应不同，导致沉积和层序叠置形式及相带分布等的差异。同时，前陆盆地的逆冲和基底卷入的相对时间也是地层充填形式的主要控制因素之一。Devlin 等（1993）把在逆冲相对静止期发生的基底隆起运动称为“阶段外”运动，而把基底隆起和逆冲同时发生的运动称为“阶段内”事件。“阶段外”期间，逆冲带相对静止和基底隆起使可容空间减小，导致了构造增强的低位沉积和显著的进积。标志性的角度不整合面下伏于这些沉积之下。“阶段内”的构造更为复杂，在逆冲负载使可容空间增大的同时，基底上隆又使可容空间减小。若局部基底隆起上隆到水上，隆起区将形成一个或多个不整合面，剥蚀物以进积的三角洲复合体形式再沉积，沿邻近盆地边缘形成相对陡的低位沉积楔形体。

（四）构造对高频层序的影响

前陆盆地内的高频层序的发育也与构造作用密切相关。在逆冲负载沉降期，叠加在高的构造沉降之上的全球海平面变化将导致相对海平面上升，层序界面与广泛下切无关，而以沉积相向盆地方向作有限的迁移和层序叠置方式的逆转为特征，低位体系域不发育。逆冲静止期，叠加在总体低的构造沉降之上的高频全球海平面变化潜在地增强了低位和高位体系域的进积部分。最近，Daniel 等（2000）也探讨了 Appalacians 前陆盆地构造与海平面变化叠加对层序发育的控制作用。Joseph 等（1998）应用定量模型探讨了构造和海平面变化共同控制前陆盆地碳酸盐台地的层序发育过程。

以上阐述的是构造对陆缘型前陆盆地层序的影响，构造活动对陆内型前陆盆地层序发育的控制作用也可照此类比。

三、库车前陆盆地层序地层模式

林畅松等（2002）对库车前陆盆地古近—新近系构造层序进行了详细研究，提出的前陆盆地构造层序模式非常具有代表性。

（一）区域构造特征

古近—新近纪库车坳陷是在南天山强烈逆冲导致的挠曲沉降背景下发育的前陆盆地。库车坳陷从北向南可大体划分为天山南缘冲断带、北缘山前冲断—单斜带、中部凹陷变形带及南部斜坡—前隆带等次级构造单元（田作基等，1999）（图 8-38）。天山南缘冲断带由多个向南逆冲的断褶带组成，南天山古生代浅变质岩和三叠—侏罗系地层逆冲到新生代地层之上，形成大规模的地表冲断构造和隐伏的楔入构造。北缘山前冲断—单斜带包括巴什基奇克、塔桑哈克等强烈挤压冲断带，构成坳陷的逆冲变形主体。中部的凹陷变形带由中—新生代的线型逆冲断褶带及其间的次级凹陷或微型盆地所组成，包括秋立塔克线型逆冲断褶带和拜城、库车、阳霞等次级凹陷。由于古近系盐层的存在，在强烈挤压作用下形成了盐层上、下不协调的极为复杂的构造样式（图 8-38）。总体上，变形构造由北向南显示出逐渐变新变弱的趋势。古近—新近纪的盆地构造变形是在盆地形成和充填过程中进行的，对沉积充填产生重要的影响（林畅松等，2002）。

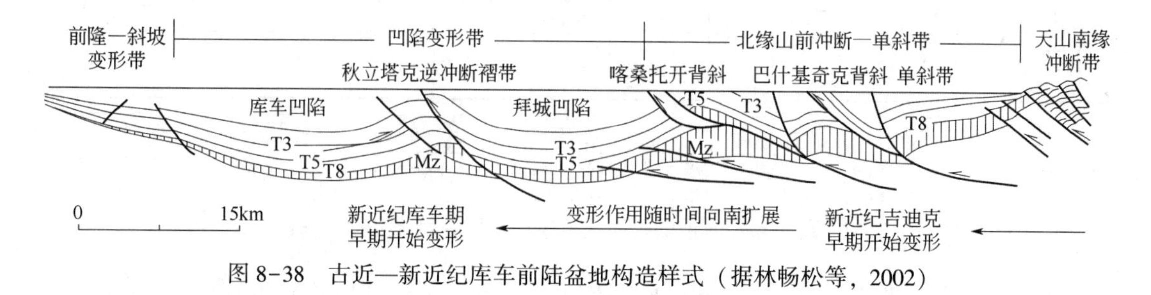

图 8-38 古近—新近纪库车前陆盆地构造样式（据林畅松等，2002）

（二）二级和三级层序划分

区内的古近—新近系可划分为 4 个区域性的沉积旋回或构造层序，分别厚 400~1000 多米，由坳陷内可追踪的不整合或区域性冲刷、间断面所分隔。每一构造层序的时间跨度大约在 4~40Ma，并具有随时间变小的趋势（图 8-39）。这反映了古近—新近纪南天山向库车前陆盆地的逆冲作用随时间不断加强。

构造层序Ⅰ由库姆格列木组和苏维依组组成，底界为古近系与白垩系之间的不整合面。在库车河等野外剖面上可观察到微角度不整合的接触关系。沿不整合面可见经长期风化淋滤的暴露面和杂色、灰白色风化壳残积砂砾岩（其中发育充填钙质的垂直裂隙）。在地震剖面上该界面呈削截接触关系。

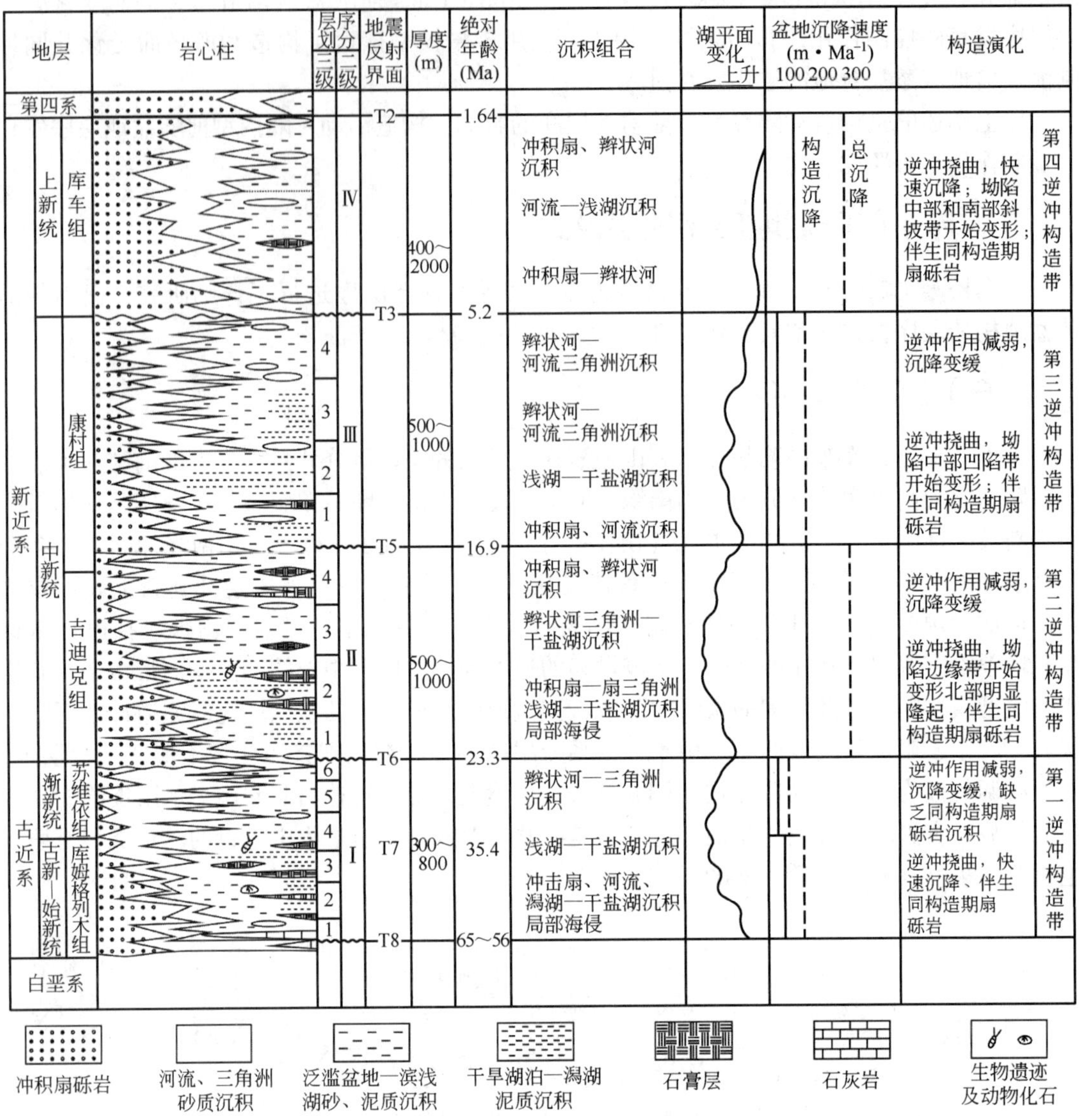

地层			层序划分 三级	层序划分 二级	地震反射界面	厚度(m)	绝对年龄(Ma)	沉积组合	盆地沉降速度(m·Ma⁻¹) 100 200 300	构造演化	
第四系											
					T2		1.64				
新近系	上新统	库车组		Ⅳ		400~2000		冲积扇、辫状河沉积 河流—浅湖沉积 冲积扇—辫状河	构造沉降 总沉降	逆冲挠曲，快速沉降；坳陷中部和南部斜坡带开始变形；伴生同构造期扇砾岩	第四逆冲构造带
					T3		5.2				
新近系	中新统	康村组	4 3 2 1	Ⅲ		500~1000		辫状河—河流三角洲沉积 辫状河—河流三角洲沉积 浅湖—干盐湖沉积 冲积扇、河流沉积		逆冲作用减弱，沉降变缓 逆冲挠曲，坳陷中部凹陷带开始变形；伴生同构造期扇砾岩	第三逆冲构造带
					T5		16.9				
新近系	中新统	吉迪克组	4 3 2 1	Ⅱ		500~1000		冲积扇、辫状河沉积 辫状河三角洲—干盐湖沉积 冲积扇—扇三角洲浅湖—干盐湖沉积局部海侵		逆冲作用减弱，沉降变缓 逆冲挠曲，坳陷边缘带开始变形北部明显隆起；伴生同构造期扇砾岩	第二逆冲构造带
					T6		23.3				
古近系	渐新统	苏维依组	6 5 4	Ⅰ				辫状河—三角洲沉积		逆冲作用减弱，沉降变缓，缺乏同构造期扇砾岩沉积	第一逆冲构造带
					T7	300~800	35.4	浅湖—干盐湖沉积			
古近系	古新—始新统	库姆格列木组	3 2 1					冲击扇、河流、潟湖—干盐湖沉积局部海侵		逆冲挠曲，快速沉降、伴生同构造期扇砾岩	
					T8		65~56				
白垩系											

（图中另有“岩心柱”“湖平面变化 上升”两栏，为图形。）

图例：冲积扇砾岩；河流、三角洲砂质沉积；泛滥盆地—滨浅湖砂、泥质沉积；干旱湖泊—潟湖泥质沉积；石膏层；石灰岩；生物遗迹及动物化石

图 8-39 古近—新近纪库车前陆盆地充填序列和层序划分（据林畅松等，2002）

构造层序Ⅱ由吉迪克组及康村组的底部所组成。在卡普沙良河等野外剖面上，吉迪克组底界面与下伏地层呈角度不整合接触。在坳陷内，该界面也表现为微角度不整合接触或区域性的冲刷关系。在南部塔北等相对隆起或斜坡带，沿该界面广泛发育下切谷或河道充填。地震剖面上，可较清晰地观察到低位体系域的底超和上超，或削截关系。

构造层序Ⅲ以康村组中下部的一个区域性冲刷面为界。在库车河野外剖面上，该界面之上为康村组中下部的大套河流沉积砂岩和砂砾岩，界面之下为干盐湖泥质或河流细粒沉积。在西北缘，该界面上的厚层灰色扇砾岩体呈冲刷不整合于褐红色的吉迪克组砂砾岩沉积之上。在坳陷南部塔北隆起一带，该界面上发育了大套辫状河砂砾岩，标志着明显的水退作用。

构造层序Ⅳ大体与库车组相当，在盆地北缘由巨厚的扇或辫状河沉积砂砾岩组成，发育高达 10 余米的大型交错层理，底界为微角度不整合或强烈冲刷接触，在坳陷内呈区域性的

冲刷或明显水退界面，在地震剖面上表明为下切、削截关系。

区内的构造层序大体相当于二级层序或三级层序组（Vail 等，1977），其内可进一步划分出若干三级层序和体系域，并有序地叠置成总体从水进到水退的沉积序列。三级层序的界面主要依据下列标志进行确定：

（1）发育下切谷充填或具有明显冲刷下切的水道砂砾岩沉积；

（2）沉积体系叠置样式的转化或沉积环境的突变界面；

（3）风化壳、古土壤层的存在，在野外剖面一些层序界面上可观察到经过风化淋滤的暴露面或风化壳残积物。

三级层序在整个坳陷内基本可以对比和追踪，其内据初始和最大湖进面还可划分出低位体系域、水进体系域和高位体系域。最大湖进面在坳陷内可对比，但体系域和准层序在横向上的稳定性相对较差，变化较大。

（三）构造层序的特征

研究区古近—新近系的构造层序均表现为区域性的、从水进到水退的沉积旋回。最大的水进期一般位于构造层序中下部，据此可把一个构造层序划分为下部和上部沉积序列。下部沉积序列一般从底部的加积或局部的进积向上过渡为总体的水进序列，而构造层序的上部则往往为水退或加积的沉积序列（图 8-40）。

在盆地西北缘，下部沉积序列以发育厚的边缘扇、粗粒辫状河或扇三角洲的砂砾岩沉积为特征（图 8-40）。构造层序Ⅰ~Ⅳ的底界面之上都发育了厚数十至数百米的边缘扇和辫状河砂砾岩充填，见有多层叠置的、含有漂砾的泥石流堆积，反映形成于陡的构造活动边缘。从下往上，均显示了典型的水进序列，即从扇砾岩沉积、辫状河到曲流河和干旱盐湖沉积。在凹陷中部，这些层序界面之上迅速过渡为湖相沉积，在层序的中下部达到最大的水进期。这反映了北缘构造的明显活动和快速的沉降背景。

每一构造层序的上部沉积序列广泛发育辫状河和河流三角洲体系，向盆地中部过渡为宽阔浅湖沉积。河流—三角洲体系显示出不断向盆地方向推进的趋势，形成了总体向上变粗的充填序列。但北缘近端的冲积扇沉积却明显衰减。这反映了构造作用的变弱和盆地沉降变缓。

（四）构造作用对层序的控制

据广泛应用于前陆盆地沉降分析的弹性挠曲理论，一次逆冲加载将导致挠曲快速沉降。随后逆冲作用的变弱和停止而使沉降减慢，并由于剥蚀和应力松弛等造成回弹隆起。这一过程可通过正演模拟加以重现（Catuneanu 等，1998）。

从应用回剥法恢复的构造沉降速率上大体可看出，每一构造层序位的发育都是从沉降速率迅速加快开始的（图 8-39）。从区内构造层序的内部构成看，一个构造层序事实上代表了从逆冲挠曲快速沉降到逆冲减弱、回弹隆起的沉积充填。构造层序发育早期的逆冲作用一方面由于强烈造山、形成山前巨厚的扇砾岩带，在构造层序Ⅰ~Ⅳ的下部沉积序列都发育有同逆冲构造期的冲积扇沉积；另一方面，逆冲体重力加载引起快速挠曲沉降，导致了区域性的水进。随后由于逆冲造山作用减弱，山前高差减小，缺少反映构造活动明显的边缘扇砂砾岩带。

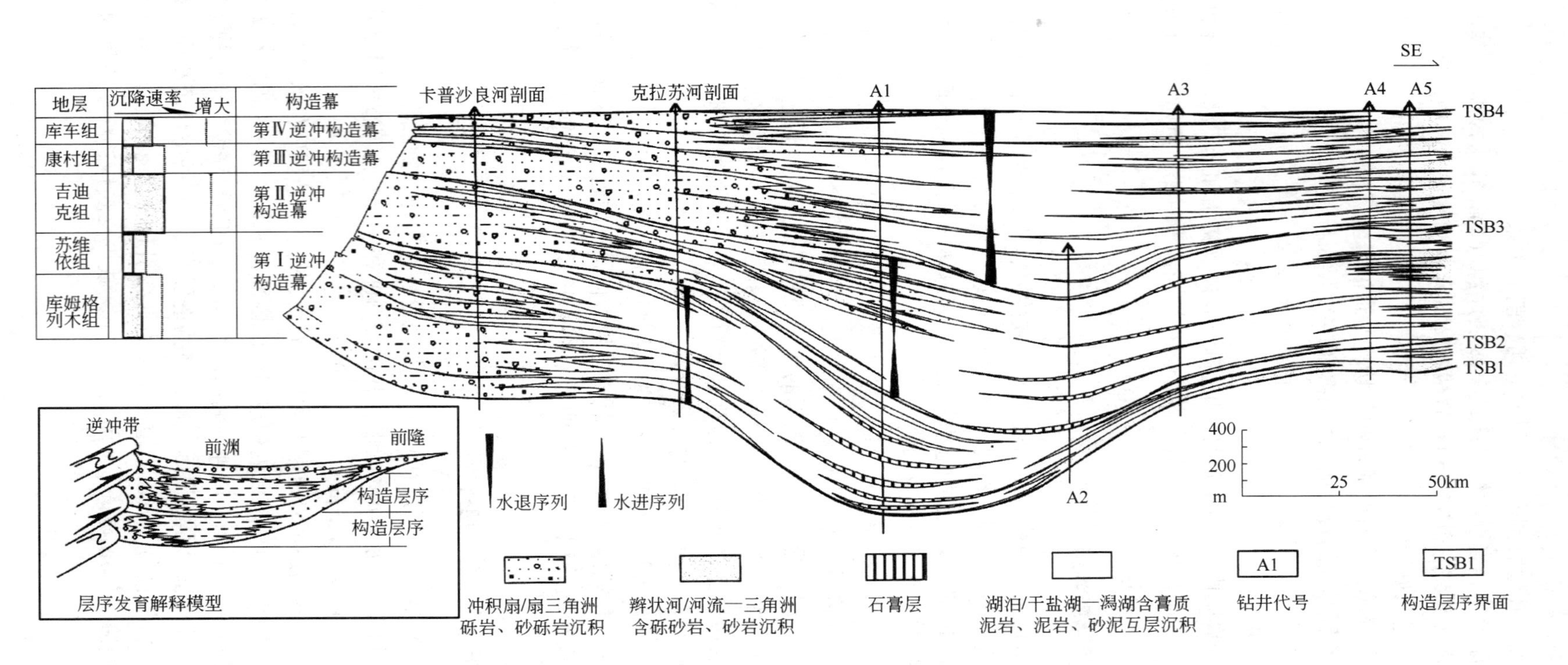

图 8-40　库车前陆盆地古近—新近系构造层序模式(据林畅松等，2002)

同时，由于逆冲挠曲作用减弱，盆地沉降变缓，以河流和河流三角洲沉积为主的碎屑体系向盆地推进，形成了构造层序上部的水退序列。如苏维依组、吉迪克组和康村组上部都广泛发育了辫状河或河流三角洲体系，形成总体的水退序列。

因此，每一构造层序的沉积构成反映了从前陆逆冲挠曲沉降到回弹上隆的演化过程，构造层序界面的形成与回弹隆起、遭受剥蚀和随后的逆冲变形作用有关。

思考题

1. 我国的陆相盆地有哪些主要类型？各有什么特点？
2. 陆相盆地层序的主控因素有哪些？它们是如何影响层序的？
3. 试述深断陷湖盆的陡坡、缓坡和轴向层序地层模式。
4. 试述断陷湖盆中断裂坡折带在油气勘探中的重要意义。
5. 坳陷湖盆层序的体系域如何划分？
6. 简述具有浅水缓坡的大型坳陷湖盆中层序与油气的关系。
7. 试述前陆盆地的构造特征及层序地层模式。

拓展阅读资料

[1] 纪友亮，张世奇，李红南. 东营凹陷下第三系陆相湖盆层序地层学研究 [J]. 地质论评，1994，40（S1）：97-104.

[2] 解习农，任建业，焦养泉，等. 断陷盆地构造作用与层序样式 [J]. 地质论评，1996，（3）：239-244.

[3] 解习农，程守田，陆永潮. 陆相盆地幕式构造旋回与层序构成 [J]. 地球科学，1996，（1）：30-36.

[4] 张世奇，纪友亮. 东营凹陷早第三纪古气候变化对层序发育的控制 [J]. 石油大学学报（自然科学版），1998，（6）：29-33.

[5] 任建业，陆永潮，张青林. 断陷盆地构造坡折带形成机制及其对层序发育样式的控制 [J]. 地球科学，2004，（5）：596-602.

[6] 冯有良，周海民，任建业，等. 渤海湾盆地东部古近系层序地层及其对构造活动的响应 [J]. 中国科学：地球科学，2010，40（10）：1356-1376.

[7] 王华，廖远涛，陆永潮，等. 中国东部新生代陆相断陷盆地层序的构成样式 [J]. 中南大学学报（自然科学版），2010，41（1）：277-285.

[8] 林畅松，潘元林，肖建新，等. "构造坡折带"：断陷盆地层序分析和油气预测的重要概念 [J]. 地球科学，2000（3）：260-266.

[9] 冯有良，邹才能，蒙启安，等. 构造及气候对后裂谷盆地层序建造的影响：以松辽盆地西斜坡晚白垩世为例 [J]. 地球科学，2018，43（10）：3445-3461.

[10] 辛仁臣，蔡希源，王英民. 松辽坳陷深水湖盆层序界面特征及低位域沉积模式 [J]. 沉积学报，2004，（3）：387-392.

[11] 邹才能，薛叔浩，赵文智，等. 松辽盆地南部白垩系泉头组—嫩江组沉积层序特征与地层—岩性油气藏形成条件 [J]. 石油勘探与开发，2004，（2）：14-17.

[12] 邹才能，赵文智，张兴阳，等. 大型敞流坳陷湖盆浅水三角洲与湖盆中心砂体的形成与分布 [J]. 地质学报，2008，（6）：813-825.

[13] 朱筱敏，邓秀芹，刘自亮，等. 大型坳陷湖盆浅水辫状河三角洲沉积特征及模式：以鄂尔多斯盆地陇东地区延长组为例 [J]. 地学前缘，2013，20（2）：19-28.

[14] 朱筱敏，刘媛，方庆，等. 大型坳陷湖盆浅水三角洲形成条件和沉积模式：以松辽盆地三肇凹陷扶余油层为例［J］. 地学前缘，2012，19（1）：89-99.

[15] 朱筱敏，赵东娜，曾洪流，等. 松辽盆地齐家地区青山口组浅水三角洲沉积特征及其地震沉积学响应［J］. 沉积学报，2013，31（5）：889-897.

[16] 郑荣才，朱如凯，翟文亮，等. 川西类前陆盆地晚三叠世须家河期构造演化及层序充填样式［J］. 中国地质，2008，35（2）：246-254.

[17] 刘君龙，纪友亮，杨克明，等. 川西须家河组前陆盆地构造层序及沉积充填响应特征［J］. 中国石油大学学报（自然科学版），2015，39（6）：11-23.

第九章

河流相层序地层学

第一节　河流沉积与河流相层序概述

一、河流的分类与基本特征

（一）河流的分类

河流分类的研究已有300余年历史，已提出了10余种方案。Davis在19世纪末根据河流侵蚀的旋回特征将河流分为幼年期（youth stage）、壮年期（maturity stage）和老年期（old stage）河流。Schumm（1963）及Galloway（1977）根据河流对沉积物的搬运方式及底负载的百分比将河流分为悬载河道、混载河道、底载河道。1957年L. B. Leopold和M. G. Wolman综合野外工作和水槽试验，明确地提出了三种河流分类方案，即曲流河（meandering river）、辫状河（braided river）和顺直河（straight river），这是现今沉积学中河流分类方案的基础。

Jackson于1834年提出网状河（anastomosing river），但没有给出明确的定义，以至于T. C. Chamberlin和R. D. Salisbury在应用这一术语时把Davis定义的辫状河Platte河当作网状河。直到20世纪70年代末和80年代初，J. D. Smith和B. R. Rust等根据加拿大Columbia河以及澳大利亚的一些现代河流，才明确提出网状河是第四种有其本身特点的河型。Smith把网状河定义为“迅速填积的、稳定的、多条互相连接的、低坡降、低弯度、侧向受限制的砂质或砾质河床的河道”。网状河地貌形态近似辫状河，都是由心滩分隔的多河道，但重要差别是网状河的心滩和河道是稳定的，因此，网状河主要砂体是限制性河道内的沉积；而辫状河的心滩和河道都是不稳定的，主要砂体是心滩坝沉积。1979年，第一届国际河流沉积会议报告集主编加拿大的A. D. Miall在综述中肯定了这种分类，这种独立的网状河概念和河型四分法已逐渐被多数人所接受。1982年美国石油地质家协会主编的《砂岩沉积环境》一书中，正式使用了这种河型四分的分类方案（表9-1、图9-1）。

表9-1　河流分类（据Rust，1978，有改动）

弯度	单河道(河道分岔系数<1)	多河道(河道分岔系数>1)
低弯度(弯度指数≤1.5)	顺直河	辫状河
高弯度(弯度指数>1.5)	曲流河(蛇曲河)	网状河

后来，Brice提出了分汊河（anabranched channel），即由较单河道更大的江心洲隔开、相距较远、位置较固定、在正常水位下某河道不一定过水但仍为活跃的、明显可辨的河槽，

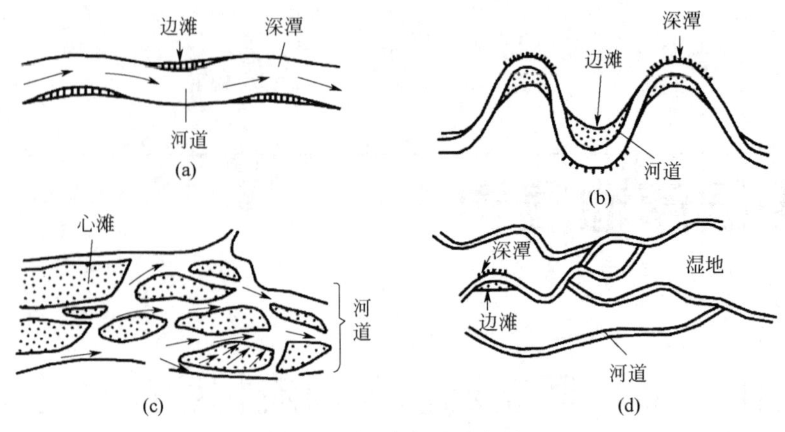

图 9-1　河流类型示意图

（a）顺直河；（b）曲流河；（c）辫状河；（d）网状河

主要特点是单河道与分汊河道并存，如我国的皖江（长江安徽段）。根据王随继等的研究，分汊河是处于网状河与曲流河之间的一种过渡类型。仅从皖江的形态来看，分汊河有可能是曲流河通过截弯取直演变而来的。分汊河具有分流排洪的功能，因此这一术语在水力学上应用较多，但在沉积学中仍被广泛接受，四分方案依然是主流。

（二）河流的基本特征

辫状河为多河道，而且多次分叉和汇聚构成辫状［图 9-1(c)］。河道宽而浅，弯曲度小，其宽/深比值>40，弯度指数<1.5，河道沙坝（心滩）发育。河流坡降大，能量高，河道不固定，迁移迅速，故又称“游荡性河”。由于河流经常改道，河道沙坝位置不固定，容易形成大面积连片砂砾体，故相对于曲流河而言，其天然堤和河漫滩发育较差。由于坡降大，沉积物搬运量大，并以底负载搬运型式为主，多为粗粒沉积物。这种河流多发育在山区或河流上游河段以及冲积扇上。

曲流河又称蛇曲河，为单河道，其弯度指数大于 1.5，河道较稳定，宽/深比低，一般小于 40。侧向侵蚀和加积作用使河床向凹岸迁移，凸岸形成点沙坝［边滩，图 9-1(b)］。由于河道的弯曲度较大，常发生河道截弯取直作用。曲流河河道坡度较缓，流量稳定，搬运形式以悬浮负载和混合负载为主，故沉积物较细，一般为泥、砂沉积。因河道相对固定，其侧向迁移速度较慢，故泛滥平原和点沙坝较为发育。它主要分布于河流的中下游地区。现代世界上一些著名大河的中下游，如密西西比河和长江，都具有曲流河的特征。

网状河是一种低能量的多河道河流体系［图 9-1(d)］，河道坡降小，一般几千米或十几千米坡降 1m，比辫状河、曲流河都小。沉积物搬运以悬浮负载为主，沉积厚度与河道宽度成比例变化。网状河道之间常被半永久性的冲积岛和泛滥平原或湿地分开，这些分隔物多由细粒物质和泥岩组成，其位置和大小比较稳定，占据网状河的 60%~90% 面积。河道窄而深，比较稳定，河道砂体呈狭带状分布，两侧被天然堤所限，为“限制性河”。

顺直河弯度小，弯度指数<1.5，通常仅出现于大型河流某一河段的较短距离内，或属于小型河流。河道内凹岸为冲坑（深槽），沿此发生侵蚀作用，凸岸因加积作用形成沙坝［图 9-1(a)］，从而可产生侧向迁移而逐渐向曲流河发展。

虽然受地形坡度、流域岩性、气候变化、构造运动及河水流量负载方式等因素的影响，在同一条河流的不同阶段或同一条河流发育过程的不同时期，河道类型可能是不同的，甚至同一时期的同一河段，因水位不同，河流类型也有变化，但一般显示为辫状河—曲流河—网状河过渡，是一条河流从物源区向湖盆/海盆推进过程中的发展变化规律（图 9-2）。

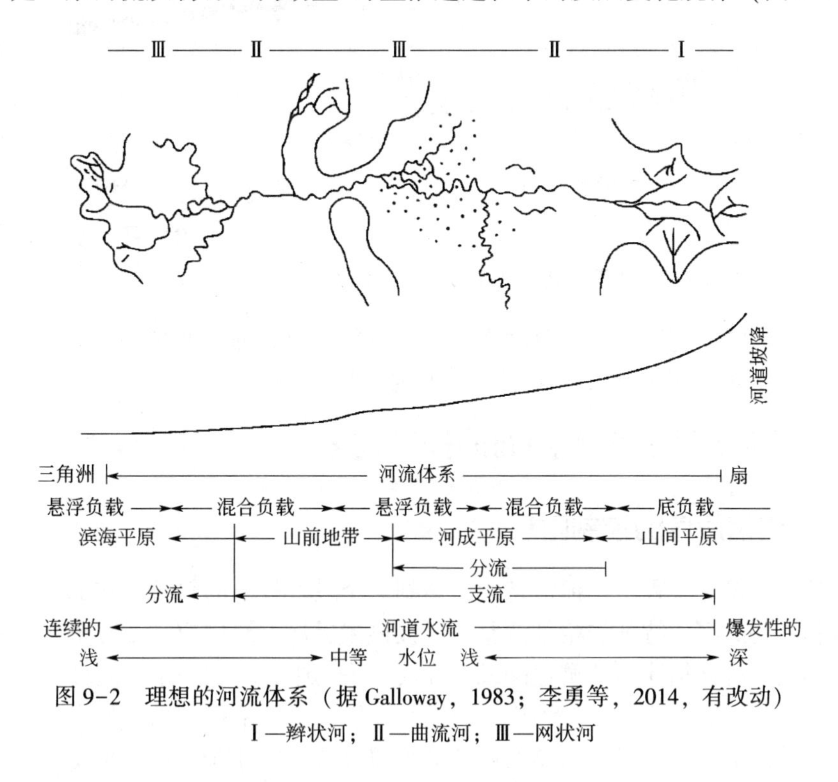

图 9-2 理想的河流体系（据 Galloway，1983；李勇等，2014，有改动）

Ⅰ—辫状河；Ⅱ—曲流河；Ⅲ—网状河

二、河流相层序的基本概念

河流平衡剖面也叫河流均衡剖面、基准面，它是一个侵蚀作用与沉积作用达到平衡的面（Sloss，1962），在“该面之上，沉积物不能停留，在该面之下，可能发生沉积作用和埋藏作用”，在此面上既没有侵蚀作用也没有沉积作用发生，故也叫均衡面（equilibrium surface），又由于上游搬运来的沉积物在此地路过而不沉积，因此也叫过路不留面（bypassing surface）。

河流可容空间是指河流平衡剖面与河床底部之间的空间。可容空间的大小直接决定着沉积物的堆积方式和堆积特征。

另一个重要概念是河流平衡剖面原理，表述为：当河床底部高于该剖面时，可容空间为负，发生向下侵蚀作用；当河床底部与河流平衡剖面重合时，可容空间为 0，沉积作用与侵蚀作用达到动态平衡，既不沉积也不侵蚀，上游来的沉积物只是路过河流平衡剖面；当河床底部低于该面时，可容空间为正，发生沉积作用（图 9-3）。

从长远来看，河流无论发生侵蚀作用还是沉积作用，其终极目标都是为了让物理界面（河床和沉积物表面）向平衡剖面接近；从可容空间变化的角度看，无论可容空间是正（平衡剖面高于河床）还是负（平衡剖面低于河床），其变化都是向着可容空间最终为 0 的方向发展，表现为“削峰填谷”。由于平衡剖面是一个动态的抽象面，它随着时间不断发生变化，所以只有局部的河床在短时间内与平衡剖面达到了“平衡”，随着时间的推移，平衡剖面发生变化和调整，以达成的“平衡”再次被打破。因此，河流剖面上各处的“平衡”是

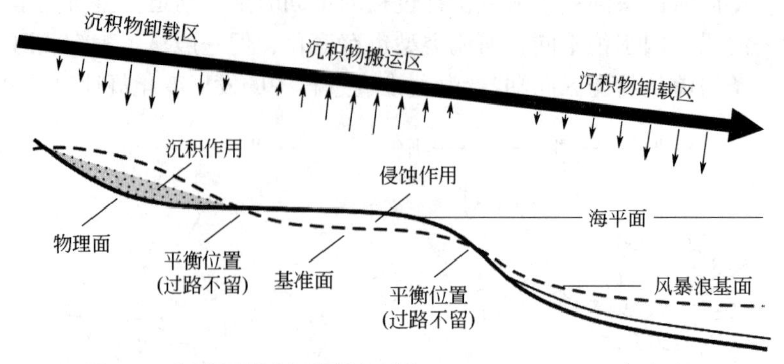

图 9-3　河流平衡剖面原理（据 T. A. Cross，1994，有改动）

短暂的，不是永久的，它们绝大部分时间内都是不平衡的，都是处在趋向平衡的过程中，这就是河流作用（沉积、侵蚀和过路不沉积）的内在驱动力。

三、河流相层序及平衡剖面的控制因素

（一）河流相层序的控制因素

河流在其自然发展过程中，河流将力图达到一个最大效率的斜坡，在那里，斜坡可通过现有的排量和主要的河床特征作精细调整，以提供搬运从上游供应的全部负载恰好需要的水流速度。这样的河流被描述为均衡递降或处在动态平衡中，即有一个恒定而平衡的物质流入和流出这个体系，将导致不发生侵蚀作用或沉积作用。这种平衡剖面的形态是上游陡、下游缓，坡度呈指数式下降。在毗邻河口的三角洲平原（或滨海平原），坡度极缓，可能已接近水平面，与滨海处的基准面衔接（图 9-4）。

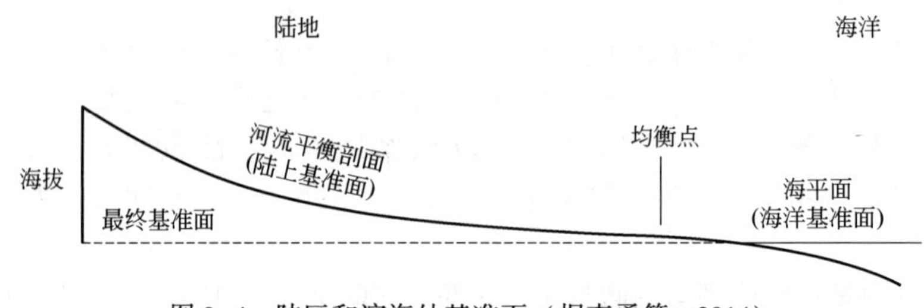

图 9-4　陆区和滨海处基准面（据李勇等，2014）

这样，在一个特定的河流体系内，河流相沉积记录就是河流在一个较长时间内未能达到平衡而向上加积或向下侵蚀作用的结果，加积的上限或侵蚀的下限就是当时河流剖面所能达到的极限位置，也是陆区可容空间的顶部界面。河流平衡剖面上陡下缓的形态对于 Exxon 模式中在高位体系域中河流沉积的解释具有特别重要的意义。然而，也正是这种形态才引发了一些异议，即当河流达到平衡时，它的向源侵蚀也将终止，这就与持续进行的准平原化过程不符。按经典理论，除非准平原化过程完全结束，否则，河流永远不会达到平衡，至少在它的近源部分不会平衡，或者河流剖面在准平原化结束时变成了平衡剖面，那么它的形态也不大可能呈指数式下降，而是一个与大地均夷表面（最终基准面）相当的极低起伏的面。由此，有人提出了陆区的基准面究竟是河流平衡剖面还是与大地均夷表面相当的地貌基准面（geomorphologic base-level），或者这两种基准面之间究竟有何关系的问题。总的来看，这两

种基准面的近海部分很可能是重合或至少是接近的，而且都要受海平面变化的影响。它们的主要区别在内陆区，尤其在河流的近源区。但内陆区或近源区是许多因素交互或重叠作用的地区，河流在这个区域的沉积、无沉积或侵蚀作用极为复杂，人们的认识还很不深刻，因而对这两种基准面的讨论目前还难以充分展开。因此，在实际工作中，大多数人仍以河流平衡剖面作为处理河流层序问题的基础，认为河流平衡剖面的升降及其引起的可容空间变化是河流层序的控制因素。

（二）河流平衡剖面的控制因素

河流平衡剖面的实际坡度是排水量或体积、沉积物负载的体积和结构的函数（Rubby，1952），它与排水量成反比而与粒度成正比，随着排水量的增加和粒度的降低，下游方向的坡度逐渐降低，这种降低为指数型的（Shulits，1941；Strahler，1952），所以河流平衡剖面主要受上游因素的控制。但是，自更新世以来，由于全球海平面下降，美国密西西比河的下切作用从河口开始一直往北延伸了240km，至少改变了下游河流平衡剖面的形态。再如Exxon经典模式和许多引用者认为河流平衡剖面的变化主要是由下游因素引起的，这是通过与海相层序的对比，将河流相地层纳入由海相层序划分的等时地层格架的理论基础，当然，他们关注的主要是近海河流，因此认为下游因素（主要是海平面变化）控制下游的河流平衡剖面也是合理的。因此，Olsen（1995）等认为，将河流相沉积记录中的某一次变化单纯地归因于上游因素或下游因素是过于简单化了，无论是上游还是下游因素对整个流域系统都有影响。但是，总体而言，下游因素对河流上游影响很小，即使有影响也是局部的，上游区主要受上游因素的控制，如影响美国科罗拉多河的主要因素是短期的气候变化，只有下游的海岸平原才受到海平面的影响。

构造沉降、海平面升降和气候变化才是影响河流平衡剖面和可容空间的关键，河流平衡剖面和可容空间变化是构造沉降、海平面升降和气候变化的函数。在河流上游环境中，构造和气候对河流平衡剖面贡献较大；在河流下游环境中，河流平衡剖面由构造沉降、海平面升降和气候变化这三个因素共同决定，相当于相对海平面（图9-5）。也有观点认为基准面与相对海平面不重合，而是处于风暴浪基面之下（图9-3），即便如此，海平面的升降也是影响下游河流平衡剖面的主要因素。

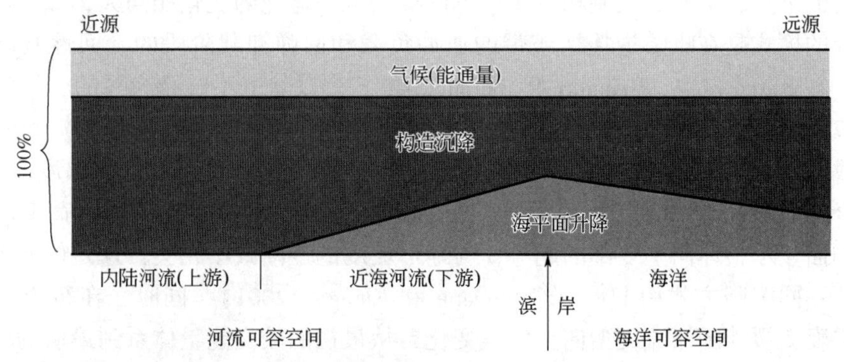

图9-5 气候、构造沉降和海平面升降对拉张型盆地可容空间的影响（据Catuneanu，2006，有修改）

1. 海平面变化对河流层序的影响

海平面的变化和与之有关的滨线迁移只能影响从滨线向河流上游方向有限范围内的河流

作用（图 9-5 的河流下游），这段距离大概几十千米到上百千米。如 Blum（1993）解释得克萨斯州科罗拉多河上游的冲积体系，强调了气候在河流层序变化方面的重要驱动作用，而从海岸向上游延伸，超过 100km，海平面变化对冲积层序没有影响（Blum 和 Valastro，1994）。低坡度河流最大超过 200km，如爪哇大陆架的更新世河流体系（Posamentier，2001），再如我国长江口的潮汐能够影响到安徽铜陵。超过这一范围，河流主要受控于气候和构造作用的综合影响。

2. 气候变化对河流层序的影响

影响河流层序的气候变化主要是由轨道变化引起的，即河流层序受 $10^4 \sim 10^5$ 年周期冰川消长的米兰科维奇旋回控制。气候变化对河流的流量有直接影响，因而改变河流搬运能力和沉积物载荷之间的平衡（Catuneanu，2006）。河流载荷参数的任何变化可以改变河流梯度剖面的位置，使其在地形上下移动。超过载荷的河流搬运能力（能量）将使新的均衡剖面（即梯度剖面）位于地形之下（负河流可容空间），并引发河流的深切作用。超过搬运能力的沉积载荷将使新的均衡剖面位于地形之上（正河流可容空间），并触发河流的加积作用。在间冰期，冰的融化增加了河流体系的流量，从而引起河流的深切作用，而在冰期，低河流流量改变载荷参数有利于沉积载荷作用，从而引起河流加积作用。Blum（1994，2001）已经根据对墨西哥湾岸区新生代晚期的河流地层记录的研究发表了此气候驱动模式，这些研究表明河流旋回受气候控制，可能与受海平面变化控制的旋回完全不一样。

气候变化对河流加积和退积作用的影响在内陆构造稳定区尤其明显，例如沿着前陆体系的克拉通边缘区，该区远离基准面变化的影响（Gibling 等，2005）。位于 Gangetic 平原南部的以不整合为界的第四纪晚期河流层序即为一个实例，由气候控制的季节性降水量的波动引起洪泛平原旋回性的加积和退积作用，其时间超过 10^4 年。在此实例中，层序记录了洪泛平原被淹没和经历持久加积作用的时间，然而在部分河间地带，不断减少的洪泛会导致低起伏剥蚀面、崎岖沟壑和局部土壤的发育（Gibling 等，2005）。

3. 构造沉降对河流层序的影响

在长期稳定的气候条件下，高频叠置的构造沉降和上升旋回也会导致河流沉积旋回性的发育。这种不整合为界的河流层序模式，其形成不受海洋的影响，需要适应单一的构造条件，因为构造沉降、上升的机制和方式在不同类型沉积盆地的变化相当大，如弧后前陆体系的前渊部分的模式是在毗邻逆掩褶皱带的逆冲负载和回弹卸载阶段的旋回性基础上建立的（图 9-6）。在 Karoo 盆地，Beaufort 群 Balfour 组由 6 个以陆上不整合为界的三级河流层序组成（图 9-7）。这些河流层序的形成不受海平面升降的影响，受逆冲（加载）和静止（侵蚀或延伸卸载）造山旋回的时间控制。沉积物堆积发生在挠曲沉降和地形梯度变平缓阶段，然而不整合界面形成于平稳上升和地形梯度变陡阶段（图 9-6）。在造山负荷期间，每个层序的垂直剖面显示整体向上变细的趋势，与地形坡度的逐渐减小相关，这是由向造山带方向速率变大的不同沉降方式引起的（Catuneanu 和 Elango，2001）。同时，在每个层序沉积期间，坡度梯度变缓伴随河流类型向上发生变化，从最初的较高能量体系到最后的较低能量体系。每个地点的实际河流类型取决于古斜坡梯度和与造山带前缘相关的地层剖面的位置。近端层序显示从辫状河到曲流河体系的改变，而更多远端层序显示从砂岩河床到细粒曲流河体系的变化（图 9-7）。Balfour 地层旋回的平均持续时间为 0. 66Ma，即 4Ma 发育 6 个旋回。该期间没有气候波动的记录，为长期适宜的潮湿气候条件。此例中，在每个层序沉积期间，河流可容空间的形成完全归因于挠曲沉降。这与海平面上升产生的河流可容空间或由于气候变冷导致河流流量变小产生河流可容空间的情况相反。

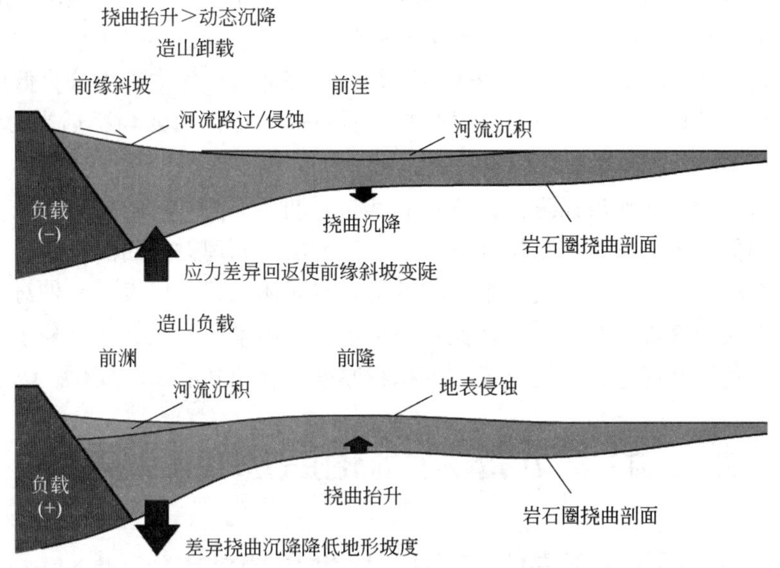

图 9-6　过补偿阶段可容空间与沉积充填相互作用对前陆盆地河流沉积的影响（据 Catuneanu，2004）

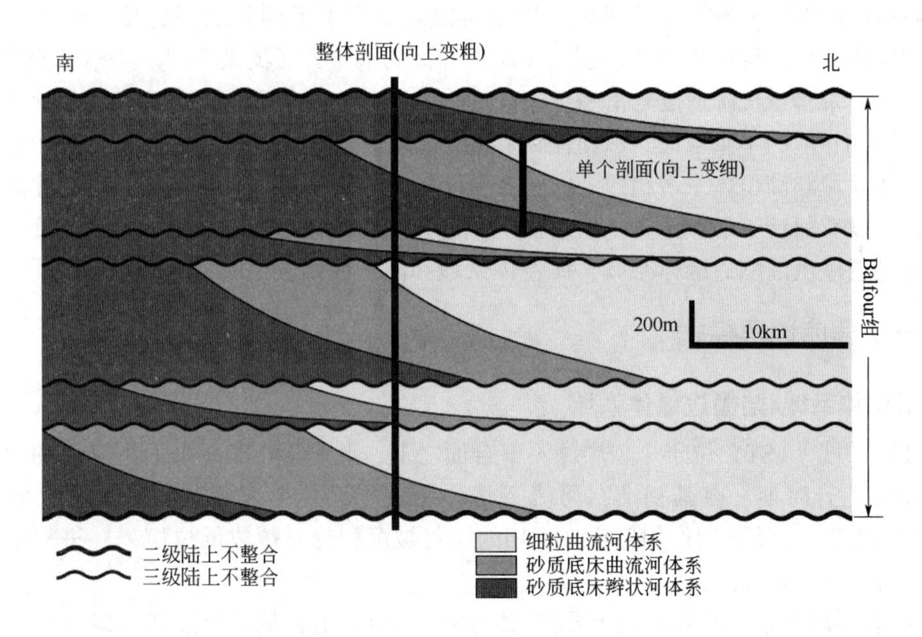

图 9-7　Karoo 盆地 Balfour 组河流沉积层序（Catuneanu 和 Elango，2001）

注意每一个层序都具有向上变细的规律，因为河流形态从高到低的能量体系随着时间变化。与此同时，整个地层垂直剖面向上变粗，对应于造山带前缘的进积作用。在每个层序沉积过程中从低到高可容空间的变化是渐变的

四、河流相层序体系域的划分

河流相层序体系域的划分主要有两种方案，即常规体系域和非常规体系域（章轩玮，2013；陈留勤等，2014）。

常规体系域的划分源自对近海河流层序的研究。在近海沉积区域，控制河流层序形成的

影响因素包括构造升降、海平面变化、气候变化，这些影响因素最终都会转化为基准面变化这个主控因素，基准面变化最终控制了河流层序的形成（Miall，1996）。因此，Exxon学派的地质学家们在解释那些沉积在被动大陆边缘海岸冲积平原上的河流相地层与海平面变化的关系时，均强调海平面的变化直接控制着河流沉积层序的形成，相对海平面的变化近似等同于基准面的变化（Posamentier et al.，2000），并将近海河流层序内部划分为低位体系域、海侵体系域和高位体系域（Wright et al.，1993；Shannely et al.，1994），后来Catuneanu又补充了强制海退体系域，但这些体系域与海相层序中同名的体系域的含义有所不同。

对于远离海洋的内陆河流而言，无法建立其与同期海平面升降的对应关系，因此不能再使用海侵和海退的概念。学者们根据高分辨率层序地层学原理对内陆河流层序进行研究，提出了非常规体系域——高可容空间体系域和低可容空间体系域，代表了一种对内陆沉积环境下复杂地层记录较为客观的解释，引入低—高可容空间体系域的概念，有利于识别研究层段基准面的演化过程，并通过纵向上叠置的沉积物厚度来反映基准面的变化。

第二节　近海河流相层序地层模式

一、Posamentier等的河流相层序地层模式

Posamentier等（1988）在经典的层序地层模式中识别了两种层序类型，分别为Ⅰ型层序和Ⅱ型层序。两种层序类型的差别在于层序界面的不整合面类型不同。不整合面类型的形成取决于滨岸带构造沉降速度与海平面下降速度的比值。在构造沉降速度较小的地方，可形成Ⅰ型层序和相应的不整合面，以河流回春和河流下切作用为特征，该Ⅰ型层序由低位体系域、海侵体系域和高位体系域组成。在构造沉降速度较大的地方，可形成Ⅱ型层序和相应的不整合面，没有河流下切作用发生，河流沉积停止，河流侵蚀减缓，随后逐渐演变为剥蚀地貌。该Ⅱ型层序由陆棚边缘体系域、海侵体系域和高位体系域组成。

（一）层序地层模式

1. 低位体系域/陆棚边缘体系域

低位体系域（LST）位于Ⅰ型层序不整合面之上，形成于相对海平面下降后的间歇期及随后的缓慢上升时期。在其初期，河流下切作用发生，并在滨海平原形成低位扇（海底扇）；在其后期，河流下切作用停止，下切的河谷被沉积物充填成低位楔，并进积于低位扇之上和上超于不整合面之上。

陆架边缘体系域（SMST）位于Ⅱ型层序不整合面之上，沉积于陆架边缘，由缓慢的海平面下降逐渐过渡到相对上升（拐点）的阶段。Posamentier等（1988）认为在拐点处河流沉积作用停止，三角洲顶积层增厚。在其早期阶段，地表可容空间没有增加，并一直持续到海平面下降速度变成零。在其晚期阶段，随着新的可容空间的加速增长，短时间的洪水泛滥会发生聚煤作用。

2. 海侵体系域

海侵体系域（TST）开始于低位期海平面最大衰退后的初始海泛面。在其早期阶段，在Ⅰ型层序中，沉积物被限制于下切河谷内。在其后期阶段以及Ⅱ型层序中，没有河流下切作

用发生。

3. 高位体系域

高位体系域（HST）的沉积作用发生在海平面变化的高位期，即处于当海平面上升速度逐渐减慢最终倒转的时期。在高位体系域阶段，河流体系受河流平衡剖面的平衡点是垂向移动还是水平移动的影响。当平衡点向盆地内移动时，地表的可容空间增加，可导致广泛的冲积作用发生。如果有持续不断的沉积物供给，河流沉积物可填充新增的可容空间。在高位期的早期阶段，新的空间快速增长，沉积速度很快，可形成多样化的复杂的垂向河流沉积序列，但其侧向连续性较差。在高位期的晚期阶段，随着可利用的可容空间的减少，河流沉积作用也做相应的改变，河流加积速度减慢。这个阶段以较低沉积速率和较多的侧向连续性（河道开始侧向迁移）河流沉积物为特征。高位体系域的顶界面可以是Ⅰ型层序不整合面或Ⅱ型层序不整合面。其中Ⅰ型层序不整合面是平衡点和河流下切作用向盆地内垂向迁移的产物，Ⅱ型层序不整合面是平衡点和河流沉积物向盆地内水平迁移的产物。

（二）讨论

总的来说，Posamentier 等（1988）提出了与相对海平面变化相关的两种以碎屑岩为主的河流相层序地层模式。在Ⅰ型层序中河流沉积物是由线性的或弯曲的河流沉积物形成的下切河谷堆积物组成，有典型的低位和高位早期体系域。直到高位晚期，下切河谷被充填完后，广阔的泛滥平原才会发生广泛的、无限制的河流沉积。在Ⅱ型层序中，仅在高位后期发育广泛分布的河流沉积，没有下切河谷。Posamentier 等（1988）指出他们提出的模式是普遍适用的，且在应用于具体的盆地时，应该根据当地的构造地质、气候和沉积物来源的变化等因素进行修改。Miall（2001）曾对这种河流相层序地层学模式进行了详细的评论，并指出要充分重视平衡剖面变化对河流相层序地层发育有复杂的控制作用。因为河流体系本身所具有的复杂性和气候因素的复杂性导致在河流体系中形成的沉积序列具有较大的可变性，因此，简单的由基准面控制的河流相层序地层模式对大多数河流体系层序地层学研究不一定适用。

二、Wright 和 Marriott 的河流相层序地层模式

Wright 和 Marriott（1993）在 Posamentier 等（1988）的河流相层序地层学基础上，提出了一个冲积（河流）相层序地层三分模式（图 9-8）。该模式将海平面（基准面）变化、可容空间、冲积建造和古土壤的发育联系起来，阐述它们之间的相关性。

（一）层序地层模式

1. 低位体系域

河流沉积可以出现在陆架边缘层序的低位期，但是这一时期河流沉积很有可能是停止的，而河流下切改造已有的地层是主要的。

在低位期，Ⅰ型不整合面之上河流下切作用发育，形成下切河谷。在河谷两侧的阶地上可发育有成熟的、排水良好的土壤（图 9-8），其保存程度取决于海侵的速率和特点。下切谷中为粗粒沉积，主要是相互叠置切割的河道砂体。

在Ⅱ型不整合面之上所发育的低位体系域很少或不发育下切谷，几乎没有河流下切作用

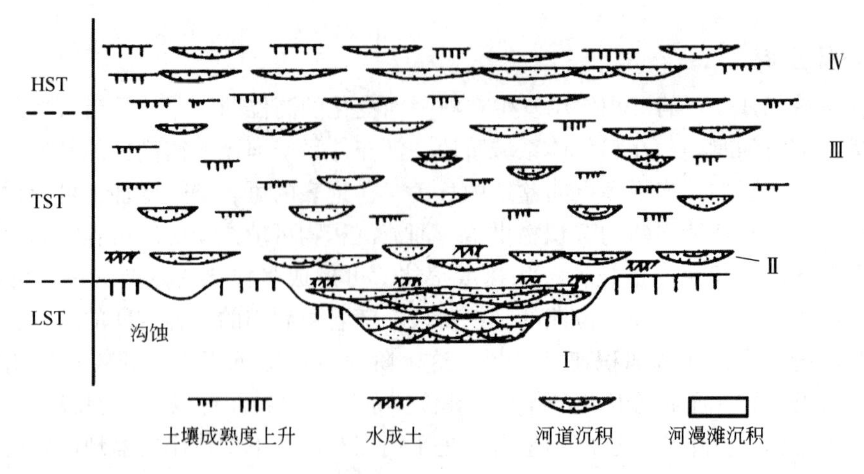

图 9-8　河流相层序地层模式图（Wright 和 Marriott，1993）

Ⅰ—低位体系域以高坡降、低弯度、粗粒的辫状河道沉积为主，河流阶地发育成熟、疏松的土壤；Ⅱ—水进体系域早期，可容空间增速较低，多层砂岩与泛滥平原泥岩被河道切割、侵蚀，随着基准面的上升，水成土发育；Ⅲ—可容空间增速提高，导致泛滥平原和孤立河道发育，疏松的土壤发育较少；Ⅳ—高位体系域时期，可容空间减小，泛滥平原增速降低，土壤发育，同时泛滥平原被改造的概率和河道砂体的密度增加，河道砂岩的粒度变细，低坡降的泛滥平原易发生洪泛形成浅湖

发生，随着海平面下降的相对速度的减小，河道可能恢复其蜿蜒的样式，河道的梯度最终将变得更加平缓。由于河流搬运粗颗粒沉积物的能力下降，侵蚀作用可能减弱，河流的沉积载荷和河流沉积物的粒度也同样会减小。由于可容空间的缺失，河道的侧向迁移对泛滥平原进行强烈改造，从而阻止了泛滥平原的垂向加积。在河道间孤立的泛滥平原上可能发育成熟的土壤，但它们的保存程度仍然是低的，主要原因是河道侧向迁移对泛滥平原的改造。

2. 海侵体系域

海平面上升对河流体系有两方面的影响：第一，当基准面上升时，为沉积物在泛滥平原沉积提供了可容空间；第二，河流洪泛的频率增加，提高了沉积物的垂向加积速率。这种环境为水成土的大量形成创造了条件。如果沉积体系被下切，海侵初期的沉积层将被限制在下切谷中；如果海平面/基准面的上升还未越过下切谷，随后的基准面下降将侵蚀掉部分甚至全部初期的沉积物。下切谷中的侵蚀下切作用和沉积充填作用将形成复合的沉积层（图 9-8）。

随着海平面/基准面的大幅度上升，周围残余的洪泛平原将会变得活跃，发生沉积物的沉积。当可容空间增加速率较快时，垂向加积迅速，形成相对受限的河道和不太发育的土壤，表现为河道单元彼此相对孤立，河道间的连通率较低（Allen，1978；Bridge and Leeder，1979），河道砂体被厚厚的泛滥平原中细粒的、成熟度较低的古土壤包围（图 9-8）。海平面/基准面大幅上升可能会导致河道决口更加频繁，但具体的原因还不明确。

然而，如果基准面的上升速率较慢，海侵体系域将表现为可容空间增速较缓，冲积层表现为相互叠置的河道砂体。

在海侵体系域的后期阶段，海平面/基准面上升较慢，可容空间形成的速度减小，河流储存和垂向堆积的潜力也在下降，导致大量成熟的土壤在泛滥平原上形成，河道的相对密度增加，侧积变得相对频繁，结果是泛滥平原与河道之比下降，河道连通率略有上升（图 9-8）。这一阶段，土壤的保存潜力是下降的。

3. 高位体系域

在高位早期，当海平面上升速率逐渐降为0时，可容空间虽然仍然在形成，但增速减慢，可容空间对于沉积物存储的有效性也在降低，导致河道像梳子一样“梳理”泛滥平原，对已存的沉积物进行改造。沉积作用的主要表现形式为侧积，同时伴有少量的垂向加积。低速加积可能导致成熟土壤的发育，尽管它们可能因为河道侧向迁移改造而无法保存在地层中。

在高位晚期，海平面开始下降，海平面的下降快慢以及最终是否下降到陆棚边缘以下，将决定其发育的沉积体系类型。海平面下降将增加河流的梯度，导致上游的侵蚀作用加强和河流中沉积物载荷增加。如果流量不变，河流坡降增加将会形成辫状河体系（Leopold and Wolman，1957），辫状河具有更大的碎屑搬运能力（Schumm and Khan，1972）。

海平面的缓慢下降可能导致辫状河的形成和沉积物粒度的增加，这可能适用于Ⅱ型不整合。海平面快速下降将导致河道下切，在泛滥平原上形成典型的Ⅰ型不整合和阶地，沉积物最终路过陆架而不沉积，因此河流沉积终止。

（二）讨论

在该模式中，河流沉积物从堆积到形成的主要时期是海侵体系域和高位体系域阶段，而Posamentier和Vail（1988）的模式中河流沉积物在低位体系域的后期就开始形成。然而，Posamentier和Vail主要将讨论的焦点集中在海岸平原和三角洲层序中的河流沉积，一般来说，Posamentier和Vail的模式检验了河流沉积是否发生，而不是河流体系对基准面变化有何响应，例如，在Ⅱ型层序的高位和陆棚边缘体系域中，他们认为河流沉积的终止不是没有河流沉积发生，而是已有的沉积物被改造。因此，实际的最大和最小海平面变化在冲积层序中是难以识别的。

在对Kaiparowits高原上白垩统河流和浅海层序地层研究中，Shanley和McCabe（1991）识别出了冲积体系结构与可容空间变化之间的关系。但是，他们采纳了Posamentier和Vail的模式，认为海侵到高位早期平衡点向陆迁移，引起可容空间的增加，从而导致河道砂体从叠置变为孤立。他们也注意到Tibbet Canyon段存在这样的响应，所不同的是有限的可容空间形成于高位晚期，冲积层仅仅位于河道中。

Legarreta等根据Argentinian盆地层序地层格架对非海相层序进行了全面的回顾。他们用前进体系域（forestepping systems tract）、后退体系域（backstepping systems tract）和加积体系域（aggradational systems tract）分别代替低位体系域（lowstand systems tract）、海侵体系域（transgressive systems tract）和高位体系域（highstand systems tract）。他们以巴约山（Cerro Bayo）中—上白垩统Chubut群河流相层序为例，提出了河流相层序模式。然而，模式中的前进体系域（forestepping systems tract，FST）以主要的侵蚀面为界，与Wright和Marriott的模式是不一致的。FST非常厚，有150m，在峡谷中没有出现下切。FST下部河道与泛滥平原之比很低，说明层序界面形成后紧接着出现了至少是中等速率的加积作用。FST上部表现为粒度变粗和可容空间的减小。向上变粗的趋势是识别基准面下降的关键依据之一，但是Wright和Marriott模式将FST早期解释为高位晚期，将FST晚期解释为低位体系域，主要的下切面的缺失可能是因为处于Ⅱ型层序中。

然而，因为Wright和Marriott的模式与主控因素（基准面变化）相关就将其应用到所有的河流层序中，是不合适的。河流体系对于小的气候和构造活动是非常敏感的。河流体系是储层还是释放沉积物，是一个极为复杂的问题，Graf 等（1991）在研究 Utah 和 Arizona 的 Paria 河流域盆地时已经证明了这一点。从根本上来讲，冲积体系对外部因素表现出复杂响应是其固有的、内在的特征（Schumm，1973，1975）。对于这一河流层序的概念模型而言，在同一流域盆地中，或同一河流体系的不同位置，相同的外部因素变化可能不会出现相同的响应（Schumm，1975；Nason，1986）。简而言之，河流的变化是非常复杂的（图 9-9），要明确哪种因素引起了什么变化是非常困难的。

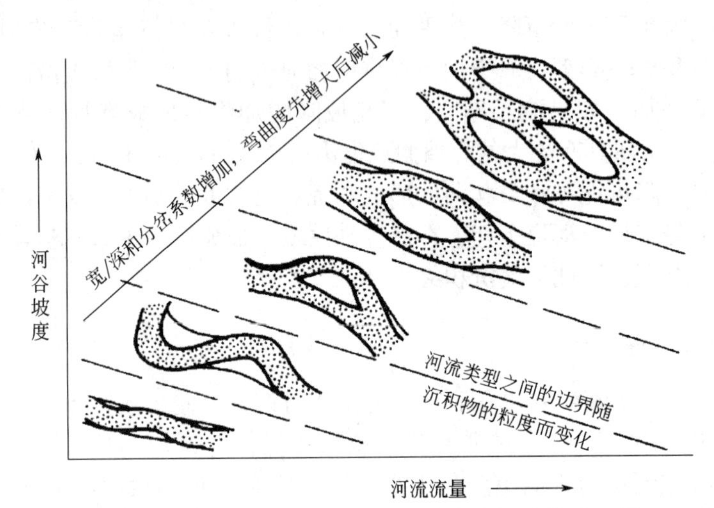

图 9-9　河道弯曲度和分岔系数与流量、坡度和粒度之间的关系（据 Bridge，2006）

河流体系极容易受到环境因素的影响。在三级层序发育的周期内，其他因素，尤其是气候的变化可能在层序中产生一些“噪声”。Schumm（1975）主张将河流相地层旋回与较大的构造周期相对应，认为冲积层序旋回具有层次性和集成性，其中二级和三级旋回与地貌和气候因素相关，而四级和五级旋回分别与河流的复杂变化和季节性变化相关。

在流域盆地中，当坡降增大或者减小时，基准面的变化会影响到水流的侵蚀速率。沉积物供给的速率对体系域某一特定部分的形成有极大的影响。在 Wright 和 Marriott 模式中，在高位期的早期—中期，由较低的泛滥平原加积速率和减小的坡降引起的河道侵蚀加强、河道与泛滥平原之比增加，可导致沉积物的供应速率下降和粗粒沉积物减少，河道沉积应该比高位晚期和低位时期的更细，且占比较高。

以上的这种简单模式是对河流体系沉积物横断面的简单的假设，还有必要考虑从河流体系的源头到远端部分河流层序是如何变化的，以及海平面变化引起深泓线长度变化时河流中会发生什么变化。

需要考虑的一个主要问题是，什么级别的基准面/海平面变化能影响到整个河流体系。Miall（1999）认为，基准面的上升可能仅仅影响河流下游，而不能波及较远的上游，也许小幅的高频海平面变化（五级以及一些四级旋回）不会对河流体系产生任何影响。如果不考虑冰川的形成，四级海平面旋回仅仅能产生小于 10~20m 的海平面变化幅度，这种变化仅仅能影响到海岸平原。令人感兴趣的是，Olsen（1990）已经在格陵兰岛上泥盆统河流层序中发现了包含 1~5 级旋回的数据体，它们很像米兰科维奇周期中 20000 年的岁差周期和 110000 年的偏心率周期，这些研究可能给出答案。

三、Shanley 和 McCabe 的河流相层序地层模式

（一）层序地层模式

Shanley 和 McCabe（1991，1993）描述了位于 Utah 州南部的 Kaiparowits 高原的河流相层序地层实例，冲积地层可以追踪到同时期的海相地层单元，在冲积地层内，海进和高位体系域可以通过形态和沉积学的标志来识别，并可追踪到同时期的海相地层中，据此提出了一个河流相层序地层模式（图 9-10）。该模式揭示了临滨和河流沉积结构与基准面（海平面）变化的关系，据此划分了四个体系域：下降体系域［图 9-10(a)］，以下切谷与河流阶地为特征；低位体系域［图 9-10(b)］，由下切谷中充填的相互叠置切割的河道砂体组成；海侵体系域［图 9-10(c)］，潮汐影响代表海侵的开始，为薄层、相对孤立的河道沉积物与细粒的冲积平原沉积物和受潮汐影响的河道充填沉积物互层；高位体系域［图 9-10(d)］，以细粒的泛滥平原沉积、孤立的河道砂体及不连续的薄煤层和碳质页岩沉积为特征。

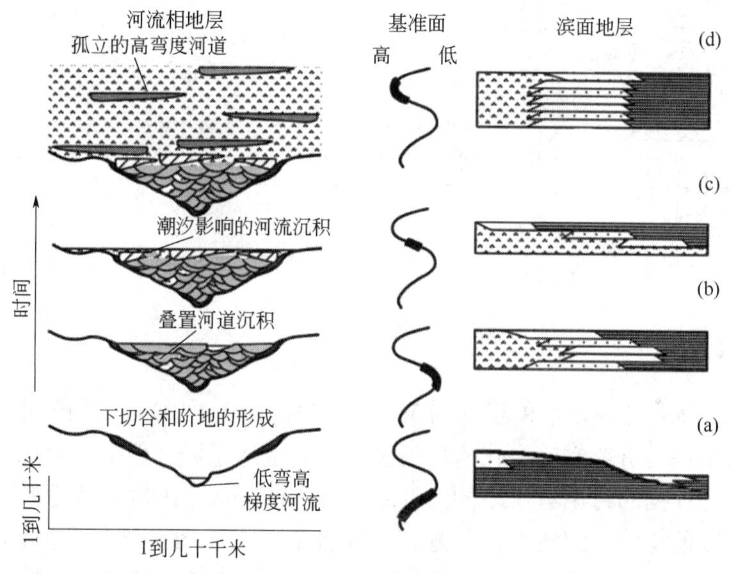

图 9-10　Shanley 等的近海冲击—河流相层序地层模式（据 Shanley and McCabe，1993）

（a）低的基准面上升速率导致基准面的下降；（b）基准面下降速率的减小以及对基准面缓慢上升的变化；（c）基准面上升速率增加；（d）基准面上升速率下降，并且与沉积速率近于平衡

另外，Shanley 和 McCabe（1993）还强调，沉积层序尺度的地层结构演化，与内在的沉积过程到沉积体系演化一样，受可容空间变化速率的控制；地层学的解释和类比应用必须反映对根本控制因素的理解。

在此基础上，Shanley 和 McCabe（1994）在对阿根廷一些内陆盆地河流相地层研究之后又提出了一个包括有低位体系域、海侵体系域和高位体系域的河流相层序地层模式（图 9-11）。在该模式中，低位体系域以砂质床底载荷沉积为特征，构成相互叠置、向上变粗和单层厚度增大的河道充填复合体，以辫状河沉积物为特征；海侵体系域是以床底载荷与悬移载荷共存为特征，构成粒度向上变细、岩层厚度向上变薄的层系，以曲流河沉积物为特征；高位体系域则以悬移载荷沉积物和土壤的大量出现，以及网状河沉积物为特征。

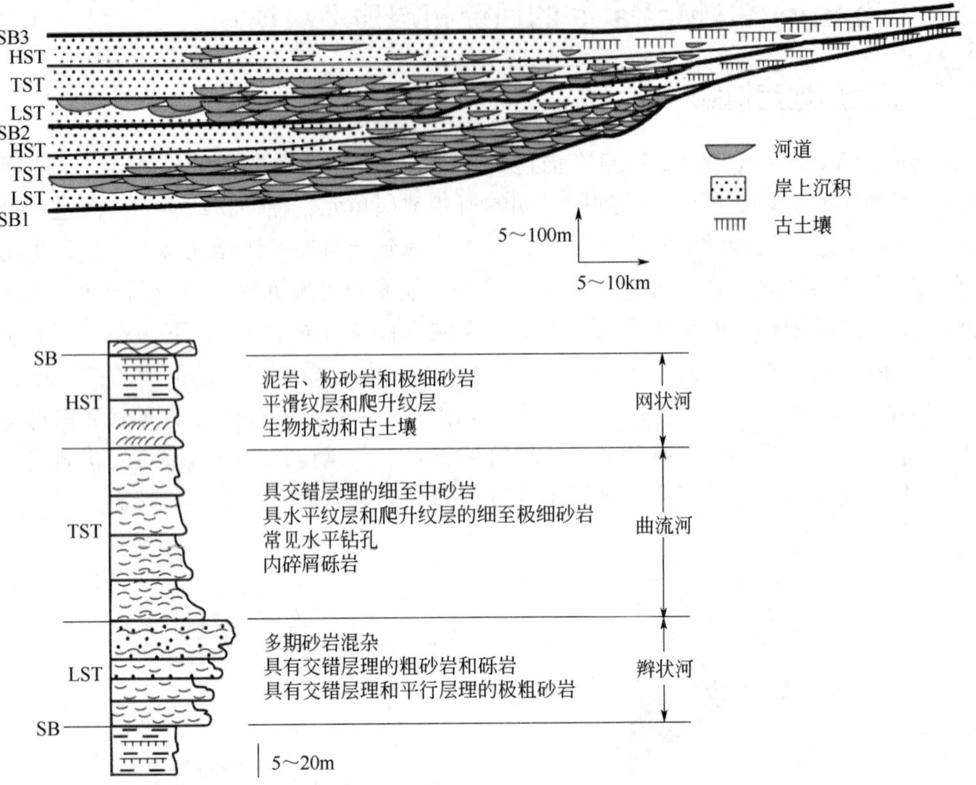

图 9-11　Shanley 等的近海冲击—河流相层序地层模式（据 Shanley and McCabe，1994）

（二）讨论

Shanley 和 McCabe（1993）的模式与 Wright 和 Marriott（1993）的模式有相似之处，都是根据冲积层的结构与可容空间变化速率的关系来确定体系域，但他们对保存在河流体系中最大海泛面的响应证据的讨论有所不同。Shanley 和 McCabe（1993）认为海侵期滨岸的退积导致了潮汐侵入以前单纯由河流控制的地区，在他们对 Utah 的研究中记录了潮汐对内陆的入侵达到 65km（Shanley 等，1992）。Wright 和 Marriott（1993）的模式虽然也是基于几个河流体系的实例得出来的，给出了不同体系域的特征，但是并没有提出识别体系域界限的确切证据，包括最大海泛面的证据。

另外，两种模式还讨论了多大幅度的基准面/海平面上升才能使海岸平原的河流沉积越过下切谷。Wright 和 Marriott（1993）认为四级海平面上升不足以使海平面越过下切谷，寄希望于米兰科维奇周期影响的气候能给出答案。Shanley 和 McCabe（1994）回顾了 M. Blum 的研究，也认为气候变化能做到这一点。M. Blum 研究了墨西哥湾海岸更新世到全新世的河流沉积，并证明海岸的加积和剥蚀与气候变化而不是海平面升降相关。

在高位体系域的特征方面也有所不同。Wright 和 Marriott（1993）模式的高位体系域河道密度较大，部分河道之间可以连通，同时发育低坡度的泛滥平原和成熟的土壤，而 Shanley 和 McCabe（1993）模式的高位体系域以泛滥平原和孤立的高弯度河道为主。后来 Catuneanu（2006）在标准化过程中，对 Shanley 和 McCabe（1993）模式进行了修改（图 9-12），调整了各个体系域的时限，更为重要的是将高位体系域修改为孤立到叠置的河道砂体。

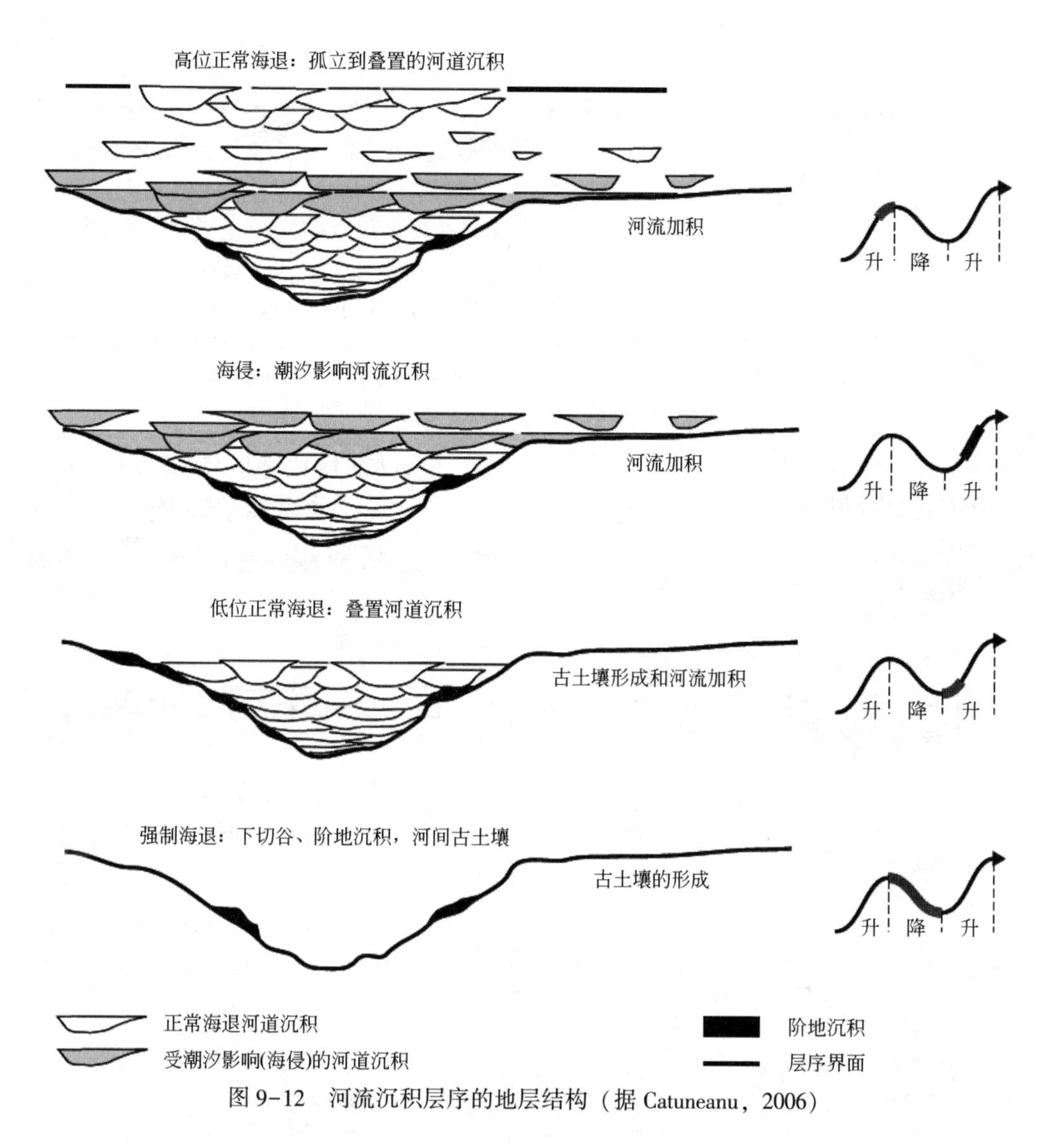

图 9-12　河流沉积层序的地层结构（据 Catuneanu，2006）

区域性延伸的层序界面的解释经常以冲积切割为基础，尽管这些是沉积岩记录中常见的特征，但是应注意是否为正常状况，由于地层基准面的变化产生的切割作用受浅海陆架和冲积平原之间坡度差异影响（图 9-13）。现在，大多数浅海陆架具有比其邻近冲积平原更陡的梯度，同时相对海平面的变化导致了切割作用的产生（Miall，1991），然而，在低斜坡环境，靠近海岸线的河流剖面的坡度与浅海陆架的深水剖面相似，地层基准面的降低可能仅产生微小的河流切割作用。在这些条件下，河流剖面仅是延伸，也可能伴有河道形式的变化。因此，基准面的降低可能伴有输入海盆的细粒沉积物体积的增加。在海洋陆架梯度小于其邻近河流剖面的情况下基准面的降低可能伴有重要的沉积物沉积作用和无切割作用。考虑到没有下切或者微弱下切的情况，Strien 在 Shanley 和 McCabe（1993）模式、Catuneanu（2006）修正模式的基础上，补充了一个基准面下降阶段没有下切谷、河道只是过路不沉积的模式（图 9-14）。然而，无论是 Catuneanu 的修正还是 Strien 的补充，都应该基于研究实例，而不仅仅是基于理想和假设。

Shanley 和 McCabe（1993）模式认为下切谷的形成与充填是两个阶段，并予以分开，从

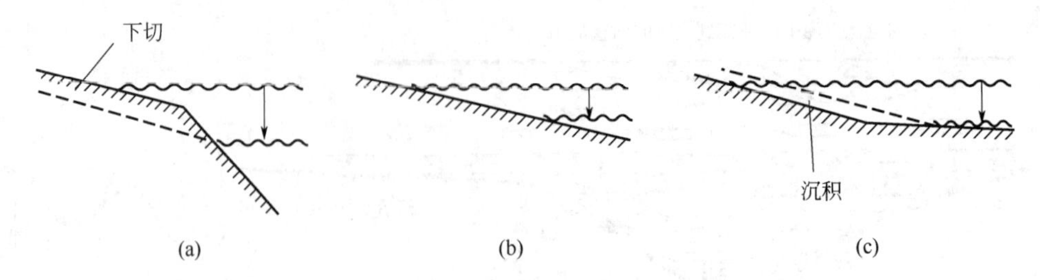

图 9-13　河流基准面与河流坡度及陆棚坡度的关系（据 Posamentier 等，1992）

（a）陆棚坡度大于平衡剖面坡度，发生下切作用；（b）陆棚坡度接近平衡剖面坡度，极少发生下切作用；（c）陆棚坡度小于平衡剖面坡度，河流剖面则可能延伸而产生沉积作用

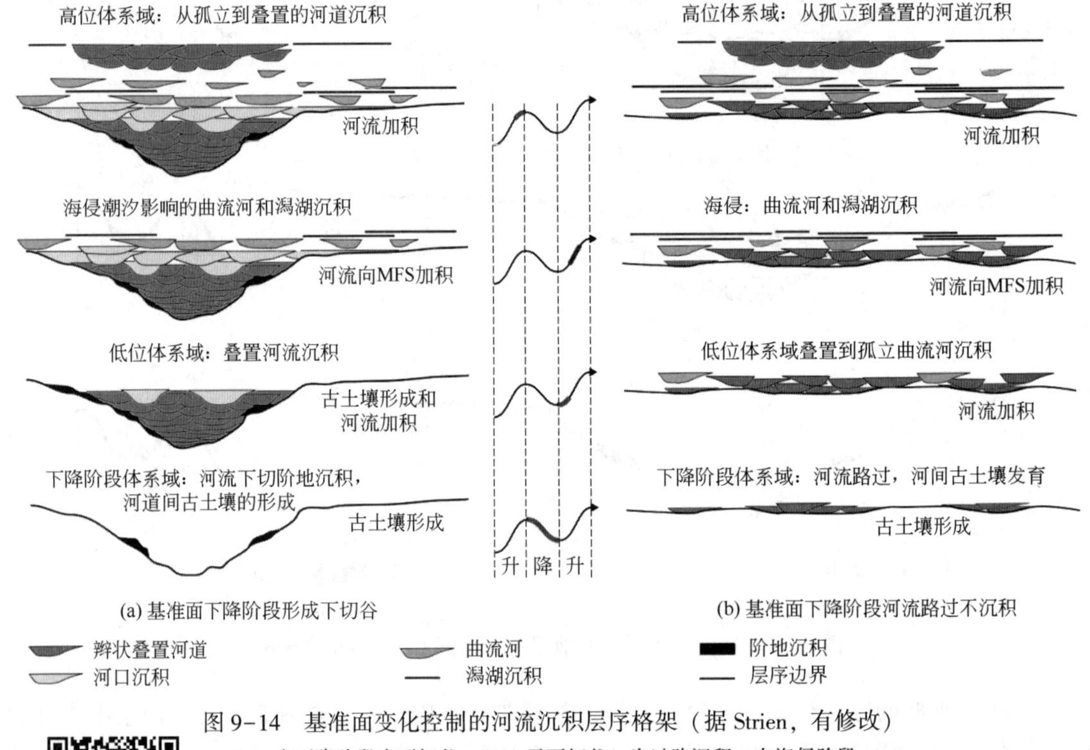

图 9-14　基准面变化控制的河流沉积层序格架（据 Strien，有修改）

（a）在下降阶段有下切谷，（b）无下切谷，为过路沉积；在海侵阶段，下切谷顶部洪泛形成的河道受到了潮汐的影响，在无下切谷的模式中则表现为潟湖沉积更加发育

彩图 9-14

而符合层序地层学等时性的内涵，而 Wright 和 Marriott（1993）模式没有这样做。即便如此，两种模式都认为基准面下降形成下切谷，接着基准面上升下切谷被充填，然后基准面继续上升引起下切谷以上的可容空间被充填。一般理解为地层谷（stratigraphic valley，即被充填的下切谷）的规模和形态在充填开始前就定型了，为地形谷（topographic valley），充填过程中不会发生变化，即认为地层谷与地形谷是一样的。Strong 和 Paola（2008）通过模拟实验证明，下切谷在充填过程中，地形谷还在发生变化（图 9-15）。这一特征可能会影响到人们对层序界面的识别。

Wright 和 Marriott（1993）模式与 Shanley 和 McCabe（1993）模式都是将基准面、可容空间与体系域特征联系起来，特别是 Shanley 和 McCabe（1993）在 Utah 州南部的工作中，

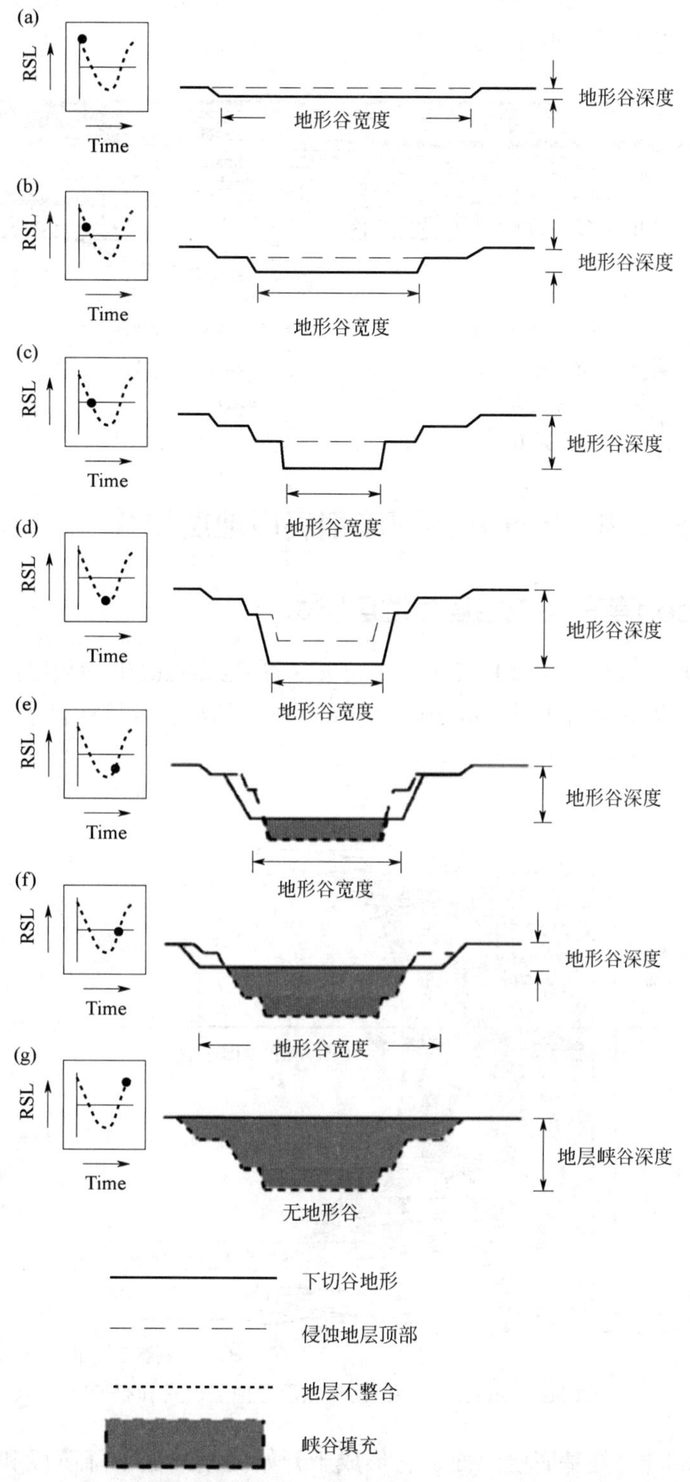

图 9-15　一个完整的基准面旋回中地形谷的形成过程（据 Strong 和 Paola，2008）

将冲积地层追踪到同时期的海相地层单元，试图通过海相层序的追踪，明确与海相层序体系域同期沉积的河流相层序的体系域特征。从根本上来说，他们所说的基准面实际就是海平面，这也是他们工作的基础和前提。综合他们的工作，Miall（2010）建立了一个涵盖海相层序和河流层序的综合层序地层模式（图 9-16）。

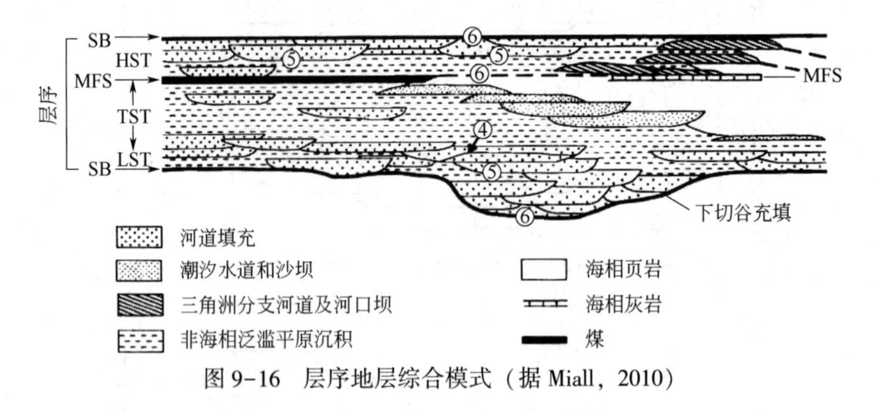

图 9-16　层序地层综合模式（据 Miall，2010）

四、Olsen 等和 Currie 的河流相层序地层模式

（一）Olsen 等的河流相层序地层模式

Olsen 等（1995）对 Utah 州 Book Cliff 的 Price 谷 Castlegate 组冲积层序进行了研究，他们认为该冲积层序是基准面相对于沉积面上升和下降的结果，且该保存下来的冲积层序可以划分为 4 段（图 9-17）：

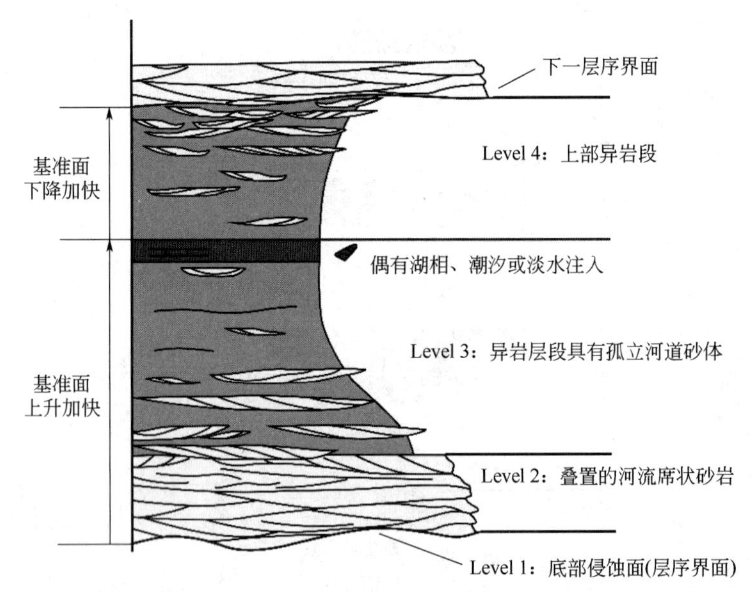

图 9-17　Utah 州 Mesaverde 群理想的河流相层序地层模式（据 Olsen 等，1995）

第一段（Level 1）是基底侵蚀面。它形成于开始的基准面下降阶段和随后的基准面上升阶段的一部分，因此这一区域性的侵蚀面是一个复合面。

第二段（Level 2）是叠置的河流相席状砂岩。这一席状砂岩位于层序界面之上，粒度较粗，砂体相互叠置切割，以致侵蚀面密集，仅仅很少的河床和沙坝能保存下来，表明可容空间很有限，沉积改造强烈。

第三段（Level 3）为异岩层段，具有孤立的河道砂体。该段位于层序的中上部，形成时基准面的上升速率快于第二段，因此具有较少的侵蚀和河道改造，使得载荷中更多的碎屑得以沉积，更多的细粒物质得以保存下来，河床和沙坝得到了较为完整的保存。砂体通常较窄，是平直到中等弯曲度河流的沉积结果。这一段的最上部可见淡水湖泊，或微咸水湖泊，甚至海水入侵的记录，它在整个层序中砂泥比最低，此时基准面的上升速率达到最大，富砂的河流体系向盆地边缘退缩，海洋或湖泊扩大，侵入到以前被河流沉积覆盖的区域。

第四段（Level 4）为上部异岩段。该段具有向上粒度变粗、砂泥比增加、砂体由孤立变为叠置的趋势。向上变粗的趋势被解释为基准面上升速率降低、冲积平原向盆地进积的结果。虽然这段中的河流与第三段类似，但减小的可容空间造成了砂体叠置的趋势。层序顶部大范围的侵蚀面表明基准面的上升速率减小到了极点，随后下降。

（二）Currie 的河流相层序地层模式

Currie（1997）在对 Utah 和 Colorado 的上侏罗统和下白垩统 Morrison 和 Cedar Mountain 组进行分析后，得到了一个非海相的层序地层模式（图 9-18），在这一模式中，非海相沉积的主控因素是盆地可容空间和基准面变化。

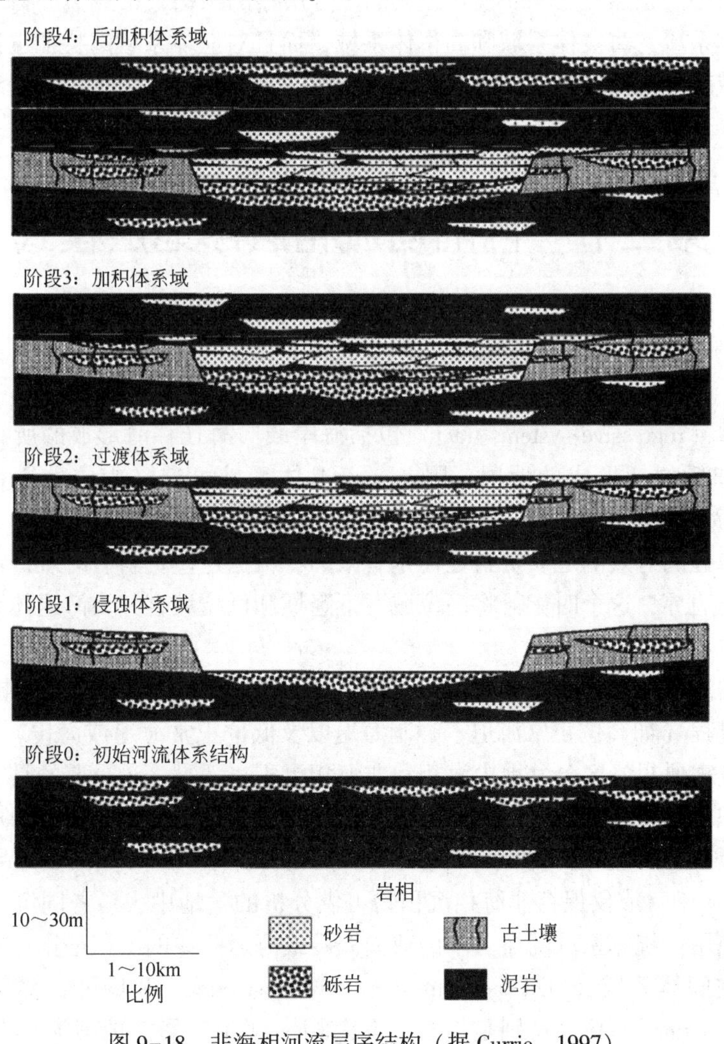

图 9-18 非海相河流层序结构（据 Currie，1997）

Currie 的层序模式划分为三个体系域，即侵蚀体系域（degradational systems tract）、过渡体系域（transitional systems tract）和加积体系域（aggradational systems tract），分别相当于低位体系域、海侵体系域和高位体系域。侵蚀体系域位于不整合的层序界面之上，由粗粒的、低弯度河流组成，河流沉积于下切谷中，或者呈薄席状广泛分布于浅的侵蚀面上。过渡体系域形成于侵蚀体系域之后可容空间增加的过程中，其特点是从侧向连续的、低弯度（辫状河）河道砂岩和砾岩向上过渡到透镜状、条带状的曲流河和网状河砂岩。加积体系域以曲流河—网状河河道砂岩、大量细粒溢岸沉积和湖泊沉积为主。

（三）讨论

与 Shanley 和 McCabe（1993）模式及 Wright 和 Marriott（1993）模式明显不同的是，Olsen 等（1995）模式和 Currie（1997）模式采用的体系域术语完全不同于海相层序的体系域术语，这代表人们已经逐渐意识到，河流相层序的控制因素已经不是或者说不完全是海平面，继续沿用海相层序体系域的术语是不合适的。

当然，也需看到 Olsen 等（1995）模式和 Currie（1997）模式虽然改变了体系域的名称，但本质上采用的仍然是 Exxon 模式经典的三分层序的结构，按照顺序各个体系域不仅分别对应于低位体系域、海侵体系域和高位体系域，而且对应体系域的特征也比较类似。所以这种改换体系域名称的做法意义不大，从根本上讲，这两种模式依然属于近海河流相层序模式的范畴。

第三节　内陆河流相层序地层模式

一、低、高可容空间体系域的概念

海退体系域（regressive systems tract）包括海岸线向海迁移时形成的所有地层，包括高位期、下降期和低位期形成的地层。因此，海退体系域可定义为向盆进积，它是 Embry（1992）提出的海侵—海退层序的一部分。

研究人员掌握的有效的地质资料往往是有限的，根据这些资料有时难以识别高位域、下降域和低位域的边界，这个时候，将高位域、下降域和低位域合并为海退体系域就显得更为方便和实用。

识别所有的海退体系域（高位域、下降域和低位域）和海侵体系域依赖于重建同沉积时的滨线变化过程（如高位正常海退、强制海退以及低位正常海退或海侵）。因此，应用传统体系域的观点需要很好区分盆地内海相和非海相沉积。而且，最重要的是，保存下来的古滨线和近滨沉积能够揭示沉积作用时期滨线变化的类型。进积或者退积相的样式以及海相盆地沉积物入口是识别以上任何体系域的关键。但是如果在以非海相沉积界面为主的盆地（如过补偿盆地）中，或仅保存非海相沉积物可供分析的盆地中，参考同沉积滨线变化就是多余的，而且使用传统体系域的命名术语缺失海侵或海退滨线的沉积证据，解决问题的办法是引进高可容空间体系域（high-accommodation systems tract）和低可容空间体系域（low-accommodation systems tract），特别是描述不受海相（湖相）影响的河流相沉积，或者因数据来源或保存有关的无法建立同时代滨线的情况。这些体系域主要根据河流建造单元来定义，包括相关的河道充填和越岸沉积对河流岩石记录的相对贡献量，并且允许参考沉积作用时河流可容空间的大小。低可容空间体系域和高可容空间体系域可以参考低可容空间和高可容空间“序列”（Olsen 等，1995；Arnott 等，2002）。

河流沉积中应用层序地层的研究开始于 20 世纪 90 年代早期，Shanley 等（1992）、Wright 和 Marriott（1993）都做过研究，Shanley 和 McCabe（1993，1994，1998）后来对这些模型进行了修改。总的来说，河流层序地层的模型与同时代海相沉积有联系，描述了河流相的变化和基准面变换并使用传统低位—海侵—高位体系域术语。在这种背景下，河流体系域（低和高可容空间）意味着定义的突破（Dahle 等，1997），他们定义的非海相层序地层单元与海洋基准面变化和滨线变化无关。低和高可容空间体系域的差异可以通过观察岩石记录中河流建造单元的分布，并且用河流可容空间情况在层序地层中随着时间变化进行解释。高和低可容空间体系域替代三分层序地层模型（低位、海侵和高位体系域），尽管对于这些概念的对比有可能建立在一般的地层叠置模式上（如 Boyd 等，1999；Ramaekers 和 Catuneanu，2004；Eriksson 和 Catuneanu，2004）。

谈到非海相层序地层模型，重要的一点是区分出低、高可容空间体系域（low-and high-accommodation systems tract）和低、高可容空间环境（low-and high-accommodation setting）。尽管这些概念用的是相似的术语（低可容空间、高可容空间），但其主要不同在于，不整合为界的河流沉积层序可以进一步划分出的体系域，低和高可容空间体系域是河流沉积层序的建造块（building block），它们独立于相应的海相沉积，形成于不同的正可容空间速率阶段时，在垂向层序中彼此相邻。这就意味着，当处于负河流可容空间下，层序界面形成；而当可容空间再次出现，沉积作用变得可能，沉积速率由低到高。相反，低和高可容空间环境指的是沉积盆地中特定的区域，该区域具有一定大小的可容空间。如前陆体系中近源和远端，分别具有高或低的可容空间。定义低和高可容空间建立在构造环境中的沉降模式上，并且不受有无海洋作用对河流沉积作用的影响。因此，图 9-5 中河流的上游和下游都有可能发育于低或者高可容空间环境中，同样，低和高可容空间环境中也可能发育部分河流沉积层序，是传统低位—海侵—高位体系域的一部分（Leckie 和 Boyd，2003），或者全部为河流沉积，且与海洋基准面变化无关（Boyd 等，2000；Zaitlin 等，2000，2002；Arnoot 等，2002；Wadsworth 等，2002，2003；Leckie 等，2004）。

（一）低可容空间体系域

在河流地层中，低可容空间条件产生下切谷充填类型的层序格架，主要具有多期河流充填并且缺少洪泛平面沉积，沉积方式是进积，伴随低速率的加积作用，常常受到下伏下切谷地形的影响，与低位体系域相似（Boyd 等，1999；表 9-2）。低可容空间体系域一般包括河流沉积地层的最粗粒沉积组分，部分有可能与河流回春（rejuvenation）沉积物源有关，也有可能与河流体系域中的高能量有关，构成了部分低位层序。低可容空间体系域与低位体系域等同，反映了早期基准面上升缓慢（或者河流可容空间产生速率低，缺少海洋的影响），造成洪泛平原沉积可容空间受到限制。低可容空间体系域的主要沉积特征见图 9-19。

彩图 9-19

图 9-19　河流层序中低可容空间底部特征（据 Catuneanu，2006）

（a）并列辫状河道充填物（Katberg 组，下三叠统，Karoo 盆地）；（b）、（c）块状砂体河道充填，下游形成的巨厚层，是辫状河高能量的产物（Balfour 组，上二叠统—下三叠统，Karoo 盆地）；（d）并列辫状河充填，注意河流的底对下部河道充填物的顶部进行了冲蚀作用，仅有少量的洪泛平原沉积物在层序中可以保存下来（地质锤的左侧）（Molteno 组，上三叠统，Karoo 盆地）；（e）、（f）并列辫状河道沉积，下游具有巨厚层[（e）为 Molteno 组，上三叠统，Karoo 盆地；（f）为 Frechman 组，密西西比系，西加拿大沉积盆地]；（g）、（h）并列辫状河基底存在撕裂上卷的泥质碎片，是由于不能辨认的辫状河道的侧向移动时从洪泛平原上侵蚀下来的，伴有河道侵蚀的低可容空间可以解释为低可容空间体系域内缺少洪泛平原相[（g）为 Katberg 组，上三叠统，Karoo 盆地；（h）为 Frechman 组，密西西比亚系，西加拿大沉积盆地]

表 9-2 低可容空间体系域和高可容空间体系域的识别特征（据 Catuneanu，2003）

特征 \ 体系域	低可容空间体系域	高可容空间体系域
沉积趋势	早期进积	加积
沉积能量	早期增加,后期下降	随时间下降
粒度	底部向上变粗	向上变细
颗粒大小	粗	细
形态	规则,不连续	板状或楔状
砂/泥比	高	低
储层结构	并列河道充填	孤立条带状砂体
洪泛平原相	稀少	丰富
厚度	薄	厚
煤层	稀少或者缺失	非常发育
古土壤	非常发育	不发育

低可容空间体系域一般在陆上不整合面之上形成，反映了早期阶段非海相沉积区沉积物重新沉积，但此阶段河流可容空间比较有限。基于盆地的位置、沉积物源的相对距离，低可容空间体系域的底部沉积物粒度可能具有向上变粗的特征，形成进积型沉积趋势。这种进积趋势在从显生宙（Heller，1988；Sweet 等，2003，2005；Catuneanu 和 Sweet，2005）到前寒武纪（Ramaekers 和 Catuneanu，2004）的各种沉积盆地中都有分布，反映了陆源粗粒沉积物由物源区逐渐溢散到盆地的过程，表现为粗碎屑沉积于细粒的洪泛平原或者湖相沉积之上的沉积特征。当粗碎屑到达盆地远端时，低可容空间体系域的底部进积（向上变粗）将会变成楔状，向远端方向逐渐变厚，与下部远离源区的、年轻的沉积物形成穿时接触。因此，河流地层中的近源处的底部可能不包括向上变粗的序列，因为在近源区，细粒物质沉积与粗碎屑到达的时间差很小；而在远离源区的远端，这种时间差是不能忽略的，因此在远端这种进积特征就比较明显，厚度可达几米不等（Sweet 等，2003，2005；Ramaekers 和 Catuneanu，2004）。图 9-20 提供了河流层序底部部分相转变的一个例子，其底部进积序列中砾石层位于细粒沉积之上，而二者属于正可容空间的同一沉积旋回。尽管河流底部冲刷面被充填，但这种相变是整合的，二者形成于连续加积过程中。实际的层序界面（低可容空间体系域的底部）位于下部下伏的细粒沉积层内（Sweet 等，2003，2005；Catuneanu 和 Sweet，2005）。这种层序界面以及最早细粒相沉积和上覆低可容空间体系域的粗粒沉积体系的整合相接触在图 9-21 中表现出来。在这一例子中，Battle 组相对较厚的湖相沉积的形成时间与陆源粗碎屑到达前渊区远端所需的时间相对应。图 9-19 指示了 Frenchman 叠置河流的河道充填内部详细建造，进积在最早湖相沉积层序的顶部，是低可容空间体系域的沉积特征。额外的低可容空间沉积相的钻孔照片显示沉积在陆上不整合面之上，而且以整个非海相沉积层序下部为典型特征，如图 9-22 所示。这些实例研究，对大家接受的陆上不整合面总是出现在区域性展布的粗粒沉积单元的底部提出质疑，表明了地层缺失中生物地层记录的重要性（Sweet 等，2003，2005；Catuneanu 和 Sweet，2005）。

图 9-20 低可容空间体系域相（Sweet 等，2005）

显示了砾石质河流体系覆盖在细粒沉积物上的进积作用，岩石相在 Brazeau 组和上覆的 Coalspur 组（密西西比亚系，Alberta 盆地）的接触是穿时的，向盆地方向比较年轻（如进积/粗粒沉积物的散布方向）。其实，真实的陆上不整合面（层序界面）是在地层的下部位置，Brazeau 组粉砂质碎屑岩中的孢粉分析可以证明这一点

低可容空间体系域的底进积部分表明沉积能量逐渐增加，从开始的低能量的洪泛平原或湖相沉积环境至较高能量的河床负载为主的河流体系（Sweet 等，2003，2005；Catuneanu 和 Sweet，2005，图 9-20、图 9-21）。这些河床负载的河流一般代表了整个沉积序列中最高能量的河流体系；一旦它们越过被过量充填的盆地，随着时间变化沉积能量趋于逐渐下降，一直到正可容空间旋回结束，反映了侵蚀区的侵蚀作用和河流剖面逐渐变浅的作用。低可容空间的较粗沉积常常为负可容空间的前期充填被侵蚀物质（如构造隆升或者气候导致河流卸载增加）。因此，这种体系域常常不连续，具有不规则的地形。低可容空间同样控制了这种体系域的其他沉积特征，包括河道充填与越岸沉积的高沉积比，缺少煤层或煤层不发育，发育古土壤（表 9-2）。

彩图9-21

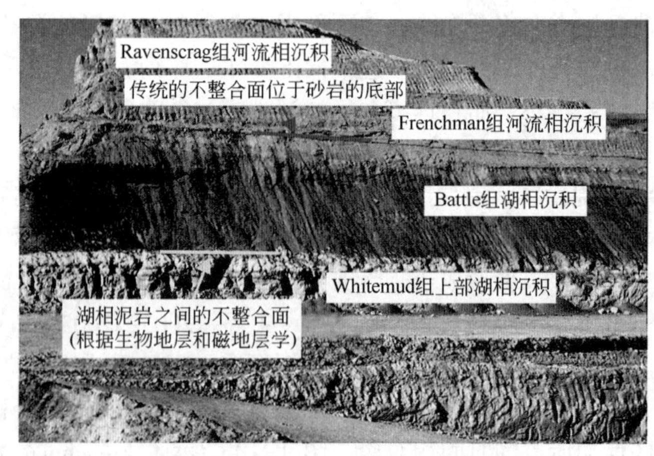

图 9-21 高可容空间体系域（Whitemud 组上部的湖相沉积）和其上的低可容空间体系域之间的不整合接触

低可容空间体系域由粉砂质沉积物（Battle 组的湖相沉积）和其上的 Frenchman 组的进积型粗粒砂相沉积（并列河道充填）组成。相对较薄的低可容空间体系域的底部是典型的沉积盆地边缘环境。低可容空间体系域（红线）在河流相和湖泊相之间是整合接触，但时间穿时（平行不整合），向盆地方向变年轻。图中的相接触是物理连续的，但比图 9-20 中接触的相要年轻

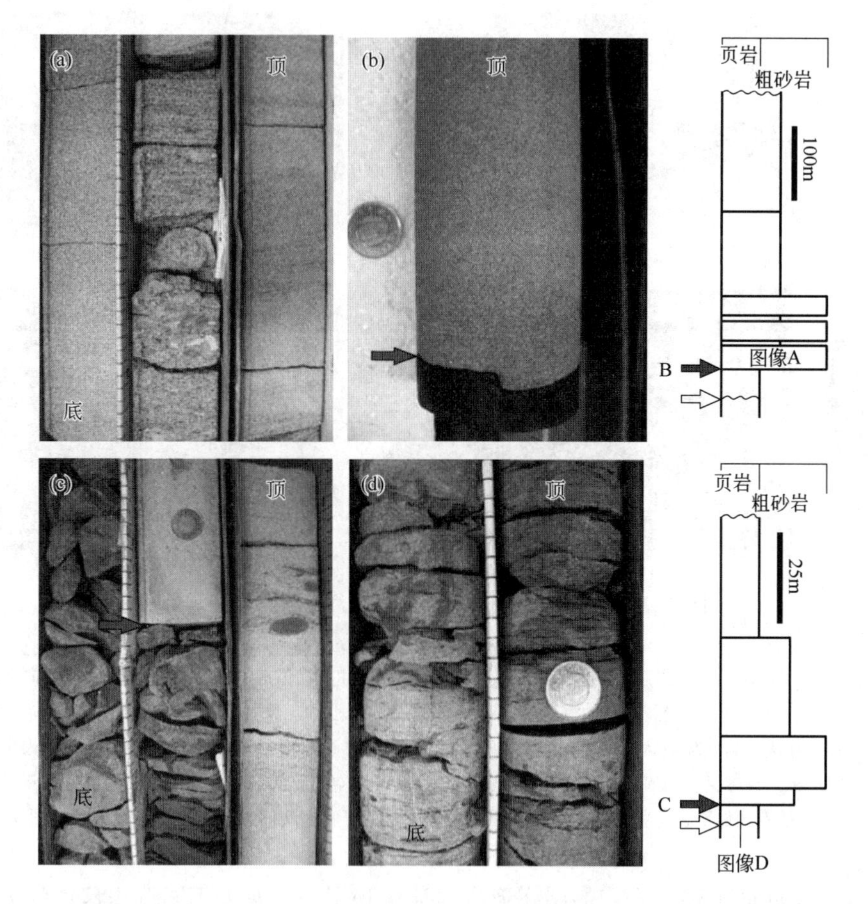

图 9-22 低可容空间体系域具有的岩心相组合分析实测（Maastrichtian-古近纪 Alberta 中部）

陆上不整合面（层序界面，图片中没有表现，在纵向剖面中以空心箭头表示）从岩性上看是不明显的，存在于粉砂质（低沉积能量）层序和下伏的较粗粒地层中。(a)、(b) 说明了位于古近系层序界面之上的岩相。每一种相组合都是以粉砂质沉积物开始，向上渐变为粗粒沉积相（沉积能量随时间增加）。低可容空间体系域的这两个主要因素被整合相沉积分割（实心箭头）。古近纪低可容空间体系域：(a) 并列河道充填（Paskapoo 组下部）；(b) 越岸泥岩（Scollard 组上部）和上覆的河道砂体（Paskapoo 组下部）之间的岩相整合接触。Maastrichtian 低可容空间体系域：(c) 湖相泥岩（Battle 组）和下伏河道砂（Scollard 组下部，年代与图 9-19 和图 9-21 中的 Frenchman 组一致）的岩相整合接触；(d) 湖相沉积直接覆盖在陆上不整合面之上（Battle 组，见图 9-21）

（二）高可容空间体系域

高可容空间环境（造成河流可容空间的高速率）造成相对较为简单的河流地层格架，包括较高比例的细粒越岸沉积，与海侵和高位体系域的模式相似，这种沉积模式是加积的，受下伏地形地貌或构造的影响较小（Boyd 等，1999）。高可容空间体系域具有与地形轮廓相关的高位特征、低能量体系和细粒沉积物的沉积特征。河道充填物在层序中依稀可见，但是在洪泛平原相中被孤立起来（表 9-2）。高可容空间体系域主要的沉积特征详见图 9-23。

高可容空间体系域的沉积一般紧跟层序界面侵蚀地貌，导致河流沉积物慢速进积式充填到正在发育的盆地中。同时，相对于下伏低可容空间体系域，高可容空间体系域具有更为一致的外形，随着时间变化沉积能量逐渐减弱，在高可容空间环境下河流相继续发育导致向上

图 9-23　高可容空间体系域在野外河流沉积层序顶部非常普遍
（Burgersdorp 组，中—下三叠统，Karoo 盆地）

（a）在越岸沉积相中向上变细的孤立型河流充填物，注意河道底部的侵蚀地貌；（b）侧向沉积的巨厚层（点沙坝），在曲流河中沉积下来；（c）越岸沉积相中近源决口扇（厚约 4m，颗粒向上变粗），注意在决口扇底部虽然有突变，但是与下部是整合接触（没有侵蚀作用）；（d）洪泛平原为主的曲流河沉积，具有孤立的河道充填物和远端决口扇。高可容空间体系域的砂体可能成为细砂洪泛平原相包围的石油储层。这些潜在的储层缺少连通性，是低可容空间体系域储层的典型模型（图 9-20）

变细的轮廓。这些向上颗粒变细的层序形成河流沉积层序。有关不同沉积盆地的大量研究资料都有记录（Catuneanu 和 Sweet，1999，2005；Catuneanu 和 Elango，2001；Sweet 等，2003，2005；Ramaekers 和 Catuneanu，2004）。其他定义高可容空间的标志包括潜在发育的煤层（如活动型沉降盆地内的高水位和逐渐降低的沉积物供应量，图 9-24）和不发育的古土壤（表 9-2）。

图 9-24　高可容空间体系域内发育良好的煤层（古近系，Coalspur 组，西加拿大沉积盆地）

相比低可容空间体系域，高可容空间体系域最有可能具有经济煤层的潜力。由于环境因素（高位、缺少沉积物注入），造成高可容空间环境下泥炭的堆积

（三）讨论

使用高和低可容空间体系域最合适的地方是被过于充填的盆地，或者海洋基准面变化影响以外的沉积盆地部分。在这些沉积区，沉积作用主要受控于沉积物源区和盆地本身的构造作用，同时也受气候改变引起的风化侵蚀以及沉积物搬运作用的控制。

低可容空间体系域和高可容空间体系域术语背后的基本假设是在负可容空间（形成地表不整合和层序边界）阶段结束后，进入正可容空间阶段，河流可容空间的形成速率在每个沉积旋回中从低到高逐渐增加。随时间变化在每个沉积旋回中，物源区逐渐剥蚀，河流地貌的斜坡梯度降低，使得运移到盆地的粗碎屑沉积物减少，意味着可以观察到颗粒向上变细的趋势（Catuneanu 和 Elango，2001；Ramaekers 和 Catuneanu，2004）。每一个这样的沉积旋回被物源区的变化事件所终结，通常是构造作用，此时伴随着陡峭的河流地貌的形成，陆上不整合形成了。

低可容空间和低位体系域间的联系以及高可容空间和海侵到高位体系域的关系一样，仅仅是假设，建立在河流建造的相似性上。但这两个词汇不能交换，除非能很好地控制同时代滨线的变化模式。如果缺少这样的控制，最大海退面就不应作为低和高可容空间体系域的界面。因为没有证据表明该接触面是海退和海侵环境的转折点。实际上，从低可容空间体系域到上覆的高可容空间体系域的变化通常是逐渐变化的，并不是突变的。这一研究在过于充填的前渊研究中有很多例子。

世界许多盆地中都发现随着时间变化河流沉积体系由低可容空间环境到高可容空间环境的变化，包括了西班牙的 Ainsa 盆地（Dahle 等，1997）、南非的 Karoo 盆地（Catuneanu 和 Bowker，2001；Catuneanu 和 Elango，2001）、加拿大西部沉积盆地（Catuneanu 和 Sweet，1999；Arnott 等，2002；Zaitlin 等，2002；Wadsworth 等，2002，2003；Leckie 等，2004）、加拿大 Athabasca 盆地、南非 Transvaal 盆地。Karoo 盆地二叠纪末期至中三叠世的 Beaufort 群是典型的河流沉积序列，展示了河流沉积随时间变化颗粒向上变细的趋势，从高能量到低能量体系。每个层序的高能量体系早期都充填了混合型河道沉积，它被看作是低可容空间环境下沉积的结果（如低可容空间体系域）。每个河流层序的能量体系的上部保存了穿插在漫溢细粒沉积物中条带状河道充填砂，反映了高可容空间环境下的沉积作用（如高可容空间体系域），每个层序内从低到高可容空间体系域的转变是渐变的，任何试图在这之间确立层序界面都是试验性的（图 9-7 中没有这种划分）。在这种研究下，每个层序旋回中的低到高可容空间环境变化与造山带负载和差异沉降阶段地形梯度的逐渐变低有关（Catuneanu 和 Elango，2001）。层序界面对应于差异均衡反弹的时间（图 9-6），同时也与地层缺失有关，地层缺失标志着盆地重建阶段，穿过不整合面的古水流方向变化也表明了这一点。

低和高可容空间体系域的定义最先起源于显生宙层序中，这是大量的植被有利于高可容空间环境下越岸细粒沉积物和孤立河道充填物的保留。近来，这些概念也已被应用在前寒武纪地层岩石中。正如研究里所说的一样，缺少植被的前寒武纪界定河流体系需要一个新的标准才能更符合实际情况。前寒武纪河流层序中一般缺少溢岸细粒沉积物，有可能形成无明确界限的河流体系。这里的席状相往往被显生宙曲流河体系所代替。无植被的富砂环境中缺少细粒沉积物有可能更多地受到风力的影响。因此，沙尘暴有可能从裸露的地面更有效地带走泥沙。砂泥比率与河流格架元素有关，因此，在前寒武纪沉积中辨认低和高可容空间体系就显得不那么重要了。在已有的辨别显生宙河流层序的标准中，所有等级变化的河流沉积的特征不规则、不成熟、也不连续，但仍然可以应用到前寒武纪沉积研究。从盆地外部粗粒沉积相不断进积和局部被侵蚀的泥岩、砂岩、河堤角砾，有可能造成前寒武纪低可容空间体系域底部颗粒向上变粗的趋势。古元古代 Athabasca 盆地就有此记录（Ramaekers 和 Catuneanu，2004）。

在岩心中理解这些沉积构造是困难的，但是如果露头出露的话相对较为容易。相反，可识别的复合层序高角度槽状层理有可能在高可容空间环境中形成。

在每一个沉积旋回中，随海侵进积作用的粗粒沉积物搬运到盆地内，在前寒武纪和显生宙环境下，细粒沉积物中也有可能发育层序界面。它在前一个层序海水下降阶段的沉积物从下一个正可容空间旋回沉积的相似岩石中分割出来，但是位于粗粒沉积物溢出盆地之前（Sweet 等，2003，2005；Catuneanu 和 Sweet，2005）。这挑战了层序界面应该出现在粗粒碎屑岩中的传统思想，为了确定地层序列中主要缺失的位置应该运用其他方法或者标准确定层序界面。考虑到前寒武纪沉积很难达到高分辨率的控制，主要的沉积间断对应于盆地再造的各个阶段，跨过层序不整合面上古水流方向上的突变是良好的证据（Ramaekers 和 Catuneanu，2004）。这一方法对显生宙层序同样实用，但是需要更多的生物地层、磁学地层和高分辨率放射学等其他的约束。Scollard 和 Coalspur 组的对比是一个不整合界定的河流沉积层序的良好实例（晚 Maastrichtian—早古近纪，Alberta 前渊）。根据岩性标准，传统的层序下部界面应定在 Coalspur 组砾岩的底部。然而根据孢粉学记录，沉积间断发生在下伏 Battle 组下部的湖相泥岩中，发生在较粗粒沉积物溢出盆地之前（Catuneanu 和 Sweet，1999，2005；Sweet 等，2005）。相似的沉积在 Yukon 地台中部 Santonian 到 Campanian Bonnt Plume 组中都有记录（Sweet 等，2003）。厚约 300m 的煤地层构成 8 个沉积层序，每个层序都包括底部颗粒向上变粗（含煤泥岩到砾岩）和上覆的向上变细的沉积（砾岩到泥岩）。少数例外，孢粉区在煤层或者底部出现，在位于较粗粒碎屑岩之上的岩石中出现。这些研究实例提供了新的曙光，体现了层序分析中时间控制的价值，有利于更好地理解在高可容空间体系域和低可容空间体系域中的沉积作用。

二、Martinsen 等（1999）的河流相层序地层模式

Martinsen 等（1999）将地层基准面的概念、可容空间与沉积物供给之比（A/S）用于分析美国怀俄明州西南部 Rock Springs 隆起的上白垩统 Campanian 阶 Ericson 砂岩的 Rusty 段和 Canyon Greek 段。Ericson 砂岩沉积于河流至河口条件下的前陆盆地环境中，该前陆盆地受 Sevier 式（逆冲带）构造作用和局部为 Laramide 式前陆隆起的影响。该沉积环境距离最近的海岸线几十到几百千米，因此，同期海岸线的海平面变化对 Rock Springs 隆起的沉积建造几乎没有影响，即使有影响也很微弱。Martinsen（1999）研究后提出了一个将体系域和界面与地层基准面变化联系起来的方案，以替代传统的受海岸线迁移控制的层序地层命名方案。

（一）主要界面

Trail 段顶部是一个区域性的突变面，其下 Trail 段为多层的河道复合体，其上 Rusty 段为以泥岩为主的三角洲平原沉积（图 9-25），它标志着从压缩的多层过渡到扩张的单层结构的转变，因此，该面是一个扩张面（expansion surface）。

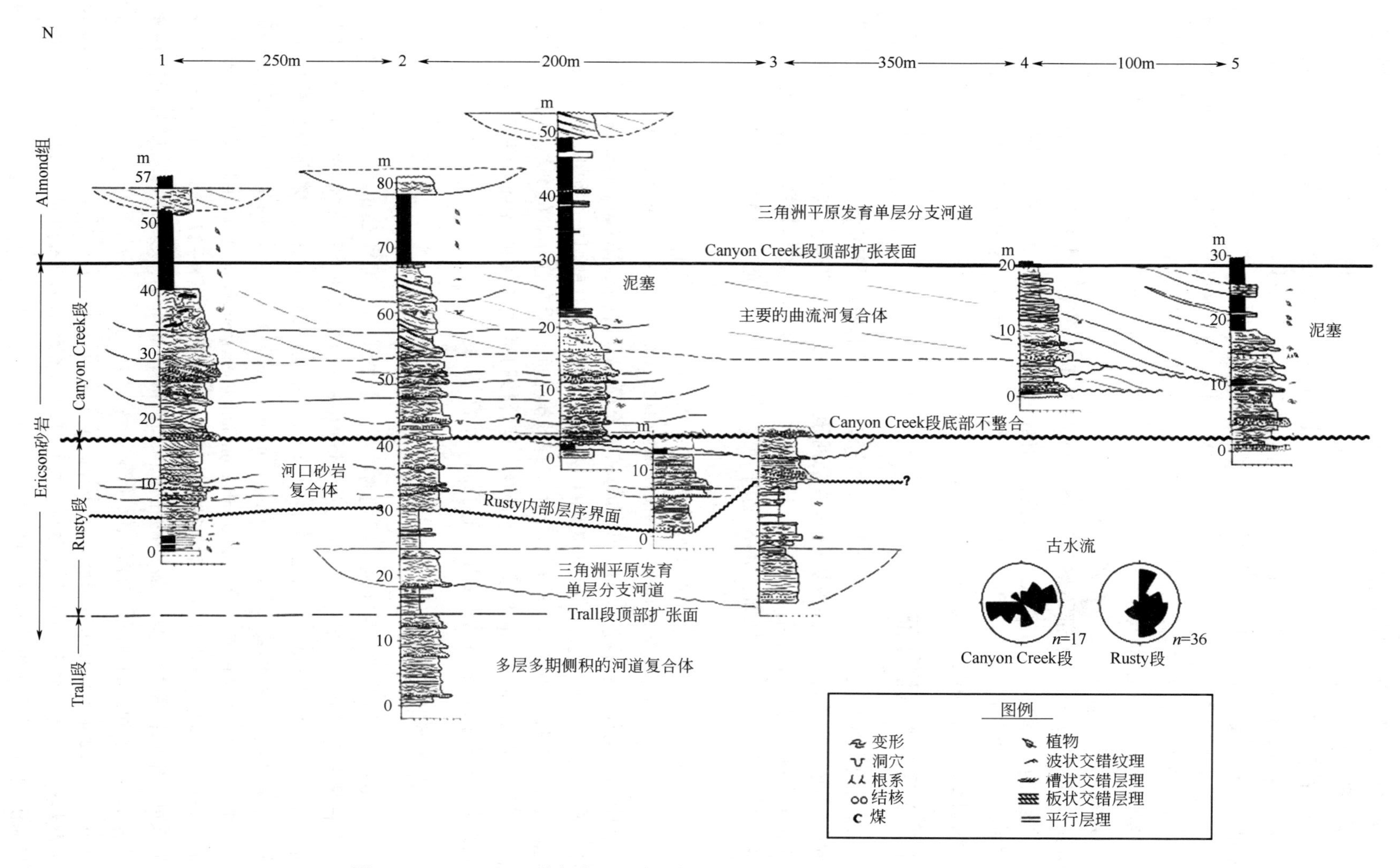

图 9-25 Rock Springs隆起中Ericson砂岩剖面（据Martinsen等，1999）

Canyon Greek 段底部的不整合面是一个重要的层序界面（图 9-25），在所有位置都表现为河道席状砂岩底部的侵蚀面，起伏小于 5m，较为平缓。水槽实验模型（Koss et al.，1994）、理论模型（Posamentier et al.，1993；Schumm et al.，1993）和露头研究（Shanley 和 McCabe，1991）均表明，这种平缓的不整合面和席状河流相砂岩，一般形成于低坡降条件下基准面下降期到上升早期，完全不同于陆架坡折出的下切谷。

Canyon Greek 段顶部也是一个贯穿整个 Rock Springs 隆起区的、平缓的突变面，其下为 Canyon Greek 段富砂的多层河道沉积，其上为 Almond 组的单层河道沉积，代表着从 Canyon Greek 段富砂向 Almond 组富有机质的泥岩过渡，并且在有些地方，Almond 组下切侵蚀到 Canyon Greek 段内。该面也是一个扩张面。

Rusty 段内部的下切谷底部不整合面标志着 *A/S* 的重要变化，其上下存在着与三角洲平原相关的相的差异和古流向的变化，因此它们被解释为次级层序界面。下切谷充填物顶部界面是突变、平缓的界面，标志着沉积环境和沉积结构的突然变化，被解释为次级层序的扩张面，其级别要低于 Trail 段和 Canyon Greek 段顶部的扩张面。

（二）各段的沉积特征

Rusty 段由多层河道砂岩填充的下切河谷和三角洲平原沉积物交替组成旋回，前者的古流向向南，后者为不受潮汐影响的单层河道，且古流向向东。这种旋回被解释为：Wind River 山脉向北的反复抬升，导致 *A/S* 降低和山谷下切；在构造静止期，由于来自西部冲断带的沉积物供应增加，*A/S* 上升使下切谷得以填充，随后三角洲平原得以重建。

Canyon Greek 段底部一个区域不整合削截了 Rusty 段，代表了 Laramide 构造抬升引起 *A/S* 的显著减小。Canyon Greek 段是一个多层的河道砂岩复合体，河道保存程度和厚度向上增加，表明 *A/S* 增加。从观察到的沉积结构和填充模式来看，尽管 Canyon Greek 段河道富砂，仍被解释为曲流河，且由于相对较低的 *A/S*，细小物质保存的可能性很低。

Canyon Greek 段的顶部是一个区域上可追踪的扩张面，标志着 *A/S* 的突然增加。穿过该扩张面，从下伏的 Canyon Greek 段层河道砂岩复合体过渡到上覆的 Almond 组单层冲积结构，且细粒物质的保存率很高，表示可容空间的突然增加。

（三）体系域的划分

在 Ericson 砂岩的上部，存在两种级别的层序。由 Trail 段底部和 Canyon Greek 底部区域性不整合面所限定的是两个层序，Trail 段顶部和 Canyon Greek 顶部是这两个层序中的主要扩张面。Martinsen 等（1999）将下部层序中与 Canyon Greek 段有相似冲积体系结构的 Trail 段划分为低可容空间体系域（low-accommodation systems tract），将内部发育次级层序的 Rusty 段划分为高可容空间体系域（high-accommodation systems tract）（图 9-26），其根据是考虑到地层基准面必须上升以便可容空间能够容纳沉积层段（图 9-27）。Canyon Greek 段被划分为低可容空间体系域，具有多层的特征；上覆的 Almond 组被划分为高可容空间体系域，具有单层河道和高的河间细粒沉积保存率。

在 Rusty 段内部发育有次级层序，层序界面位于下切谷的底部，扩张面位于下切谷的顶部。因此将这类层序也划分为两个体系域，多层下切谷充填砂岩为低可容空间体系域，而三角洲平原沉积物则为高可容空间体系域。

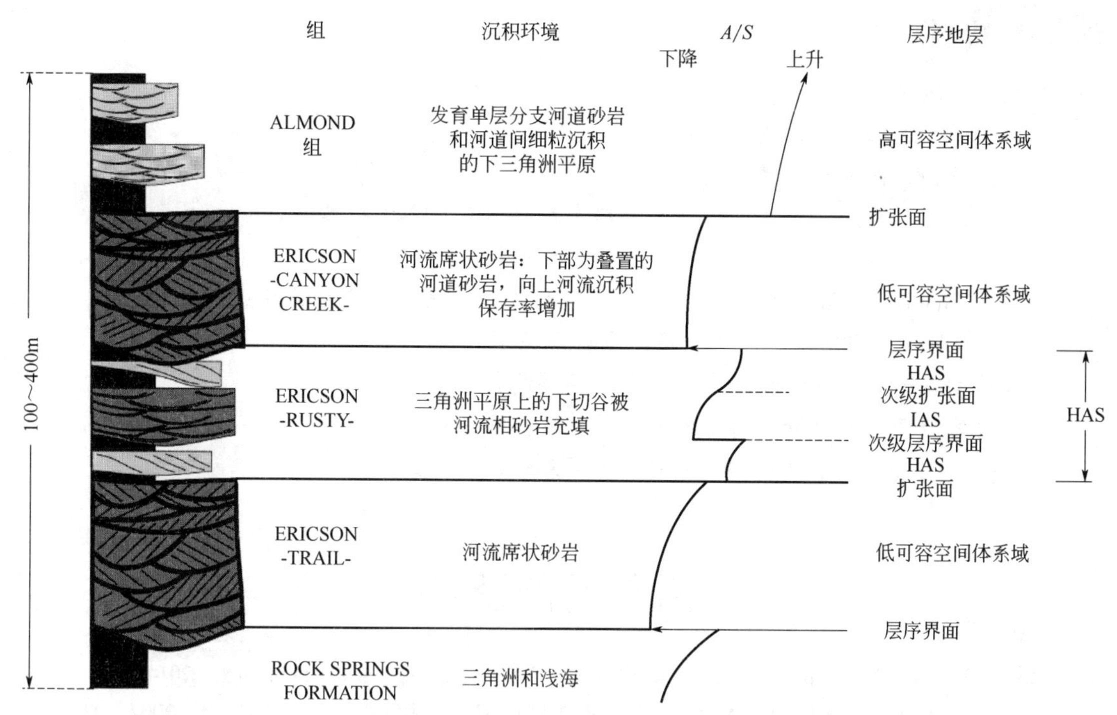

图 9-26　Rock Springs 隆起 Ericson 砂岩的层序地层模式（据 Martinsen 等，1999）

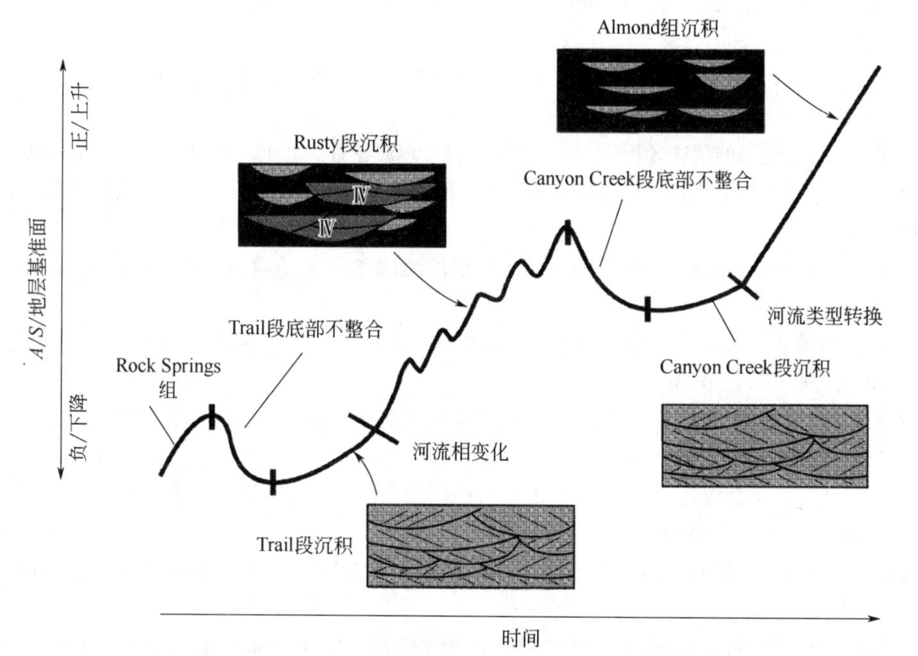

图 9-27　Rock Springs 隆起 Ericson 砂岩的地层基准面变化曲线（据 Martinsen 等，1999）

Martinsen 等（1999）主张在非海相地层中定义两种体系域和两种关键界面（层序界面和扩张面），对于重构非海相层序地层结构既简单又合乎逻辑。当与海岸线地层的相关性不明确或无法确定时，或者当构造和气候是重要的控制因素时，这种方案是很有意义的。

思考题

1. 简述河流分类的发展历程。
2. 河流平衡剖面原理的内涵是什么？
3. 河流平衡剖面的控制因素有哪些？
4. 对于河流相层序，常规的体系域和非常规的体系域各有哪些？
5. 简述 Wright 和 Marriott（1993）的河流相层序地层模式。
6. 简述 Shanley 和 McCabe（1993）的河流相层序地层模式及相关修正模式。
7. 简述 Olsen（1995）的河流相层序地层模式。
8. 简述 Currie（1997）的河流相层序地层模式。
9. 低可容空间体系域和高可容空间体系域各有哪些识别特征？
10. 简述 Martinsen 等（1999）的河流相层序地层模式。

拓展阅读资料

[1] Miall A. Fluvial Depositional Systems [M]. NewYork：Springer International Publishing，2014.

[2] 邓宏文，王红亮，阎伟鹏，等. 河流相层序地层构成模式探讨 [J]. 沉积学报，2004，22（3）：373-379.

[3] 邓宏文，吴海波，王宁，等. 河流相层序地层划分方法：以松辽盆地下白垩统扶余油层为例 [J]. 石油与天然气地质，2007，28（5）：621-627.

[4] 郑荣才，柯光明，文华国，等. 高分辨率层序分析在河流相砂体等时对比中的应用 [J]. 成都理工大学学报（自然科学版），2004，31（6）：641-647.

[5] 张周良. 河流相地层的层序地层学与河流类型 [J]. 地质论评，1996，42（增刊）：188-193.

[6] 董春梅. 基于河水位变化的层序地层模式：以济阳坳陷孤东油田为例 [J]. 石油实验地质，2006（3）：249-252.

[7] 国景星，戴启德，吴丽艳，等. 冲积—河流相层序地层学研究 [J]. 石油大学学报，2003，27（4）：15-19.

[8] 高志勇，韩国猛，张丽华. 河流相沉积中的准层序：以四川中部须家河组为例 [J]. 石油与天然气地质，2007，28（1）：59-68.

[9] 胡光明，王军，纪友亮，等. 河流相层序地层模式与地层等时对比 [J]. 沉积学报，2010，28（4）：745-751.

[10] 章轩玮. 从常规体系域到非常规体系域：河流相层序地层学研究的一个重要进展 [J]. 海相油气地质，2013，18（1）：39-46.

[11] 陈留勤，郭福生，梁伟. 河流相层序地层学研究现状及发展方向 [J]. 地层学杂志，2014，38（2）：227-233.

[12] 王宝成，白连德. 河流相地层层序发育特征及构成模式 [J]. 特种油气藏，2008，15（4）：13-17.

[13] 刘建民，李阳，关振良，等. 孤岛地区馆陶组河流沉积地层的高分辨层序地层样式 [J]. 石油勘探与开发，2000，27（6）：31-32+44.

第十章

层序地层学研究工作流程与方法

第一节　层序地层学研究工作流程

层序地层学的研究与开展工作中所利用的资料丰富程度和精度成正比，因此在开展工作时，需要尽量整合露头、岩心、测井和地震等各类数据进行综合研究。在成熟探区，丰富的资料能够支撑建立良好约束的层序地层格架模型；而在新探区，由于资料相对较少，层序地层相关工作则主要是应用层序地层学的原理及地质模型，建立可信的预测模型以指导石油及其他矿产资源的勘探（Posamentier 和 Allen，1999）。

Catuneanu（2006）总结了开展系统的层序地层学研究的基本工作步骤，主要包括构造研究、古沉积环境分析和层序地层格架的建立。这几项步骤在实际研究中并不一定都要按固定的顺序进行，可以根据研究区的实际特殊情况灵活开展，这些特殊情况由区域地质背景（如盆地类型、沉降和沉积史）和可利用的数据决定。

在采用以上步骤开展研究时，通常基于研究精度由粗到细的原则，先进行大比例尺的大地构造和沉积分析，再进行小比例尺的精细研究，才可能最有效地解决问题并建立合乎地质规律的模型。此外，随着资料程度和技术水平的发展，所建立的地质模型的精度还需要进一步改进。

一、构造研究（盆地类型分析）

盆地类型是层序地层研究时首先要确定的最基础的变量。不同构造类型的盆地都有其独特的沉降模型、层序结构以及由此产生特征的盆内沉积体系充填。例如拉张型盆地（地堑、半地堑、裂谷和离散大陆边缘盆地）通常以盆地远端沉降速率增加为特征（图 10-1）。与之相反，前陆盆地是造山带之下的岩石圈由于重力作用俯冲形成的，其沉降模型以近端沉降

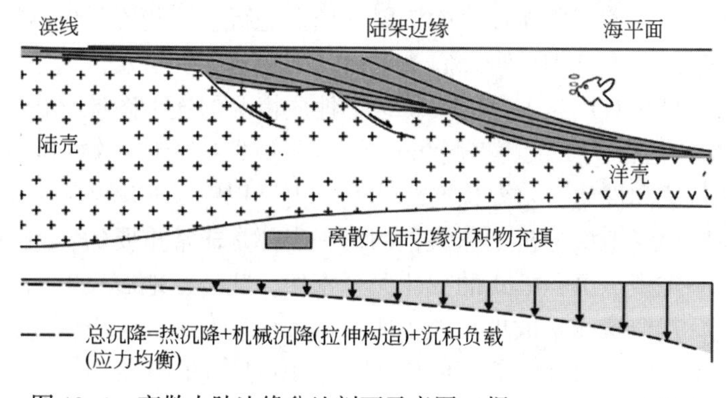

图 10-1　离散大陆边缘盆地剖面示意图（据 Catuneanu，2006）

速率增加为特征（图 10-2）。这些沉降模型反映了构造对沉积盆地内充填物几何形态和结构的首要控制作用，即对盆地近端或远端边界随时间离散或聚合的反映。在建立层序地层模型之前必须对盆地构造背景有较详细的研究。

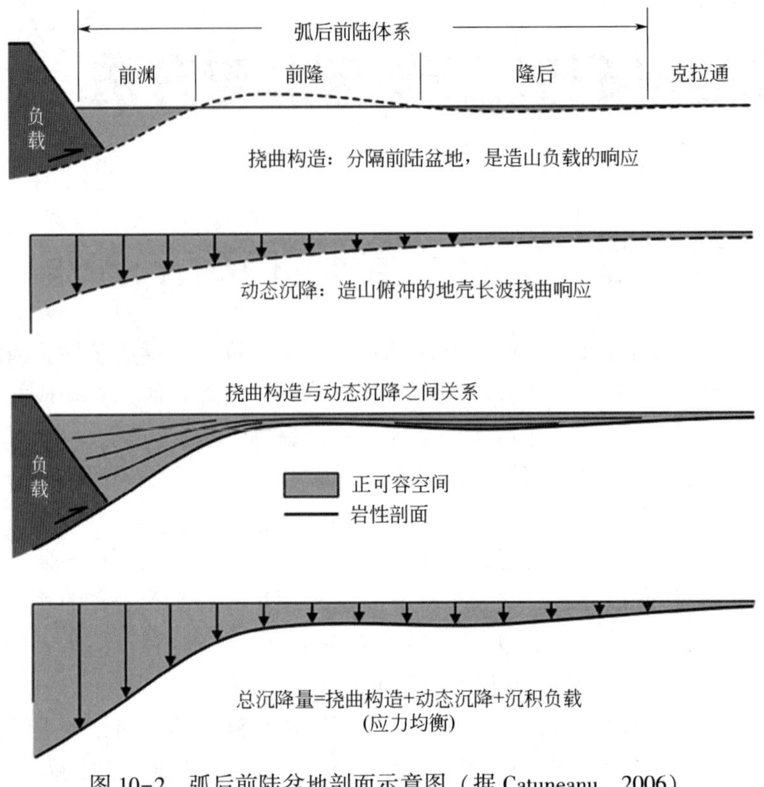

图 10-2　弧后前陆盆地剖面示意图（据 Catuneanu，2006）

此外，为研究同沉积沉降趋势，有必要开展构造与沉积地层及其空间关系的研究。例如在离散大陆边缘，可以预测在大陆架主要发育河流相及浅海相沉积，而越过陆架边缘（大陆坡和洋底）则主要发育深海沉积。由于沉积环境跨度较大，可以从陆相（冲积相、湖泊相）到浅海相，再到深海相（Leeder 和 Gawthorpe，1987），预测其他张性盆地如裂谷盆地、地堑或半地堑的古地理环境相对要难一些。通常前陆盆地所跨越的沉积环境也比较广泛，这取决于盆地沉降与沉积之间的关系（图 10-3）。这意味着构造分析，尤其是几何学和地层结构分析，能够缩小可能的层序地层解释范围，并为建立地质模型提供重要的帮助。

重构原型盆地必须在该区所能提供的资料基础上进行，这些资料包括地震数据、经过岩心校正以后的测井剖面、大比例尺野外露头剖面、生物地层资料及古生态资料。区域地震剖面对于区域构造研究最为有用，因其能反映地下地质情况的连续图像（Posamentier 和 Allen，1999）。地震资料研究通常从二维地震测线开始，通过对二维测线的分析对盆地内地层的倾向和走向、断层的位置和性质、主要构造样式及盆内沉积地层充填结构形成基本认识。地层的倾向和走向资料对层序地层分析工作流程的每一步都是非常重要的，因为它能指示滨线的迁移，并与沉积体系类型、沉积模式的变化关系密切。此外，地震反射同相轴通常被认为与时间轴相似，因此，其会聚或发散也反映了所给剖面沉降模式的关键信息。在大多数盆地，各处的沉降模式是不同的，通常沿着倾向变化（图 10-1、图 10-2）。

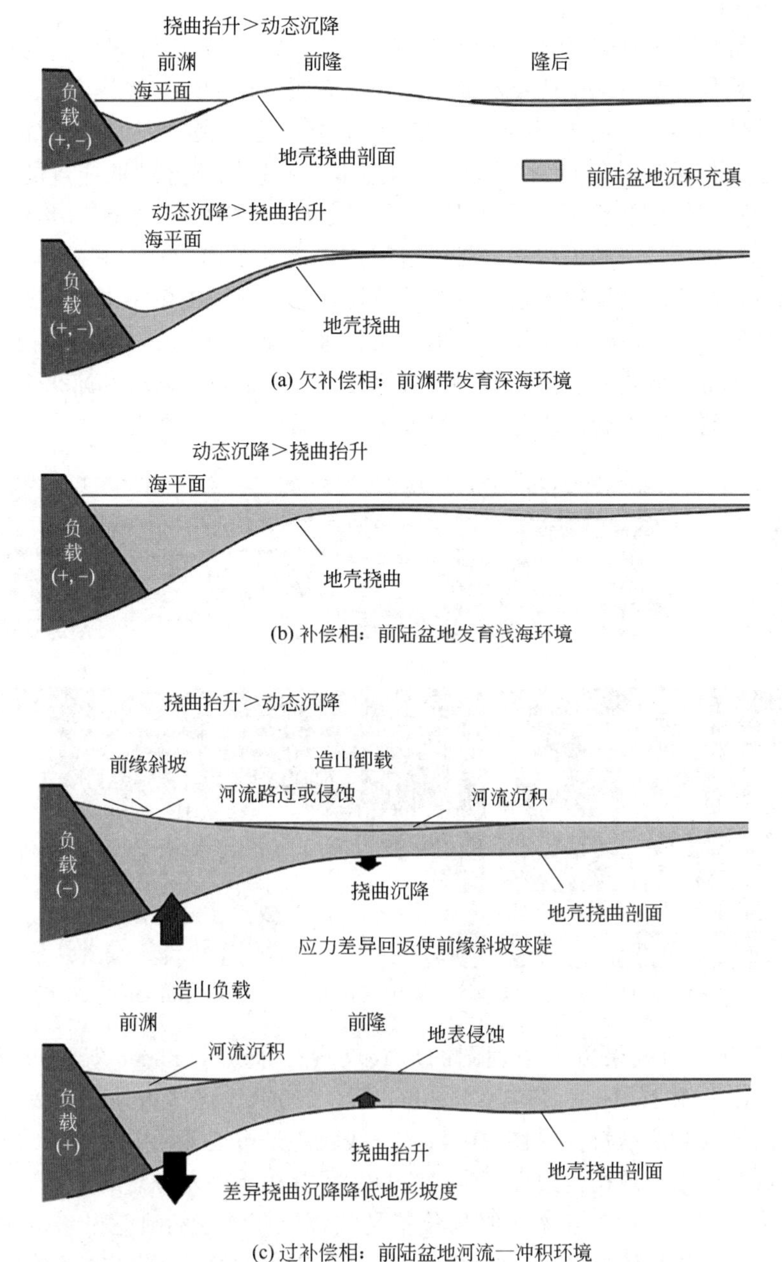

图 10-3　前陆盆地可容空间与沉积速率间的关系对沉积样式的影响（据 Catuneanu，2006）

二、古沉积环境分析

古沉积环境分析是层序地层分析中的另一关键步骤。在古构造背景和地层结构解释完成后，需要对盆内充填物的沉积体系类型进行放大和精细解释。古沉积环境的重建在层序地层学研究中非常重要，沉积体系间的时空关系及其随时间的迁移方向，都是判断层序界面和体系域的基本依据。在层序地层框架内，油气储集砂体、煤层或砂积矿床的形成、分布和几何形态都可以通过对与其对应的沉积环境的沉积过程和规律推断出来。在古沉积环境分析中，一些特殊沉积单元的识别也很重要，因为其形态与有利地层单元的经济评价直接相关。

古地理环境解释的成功依赖于多种数据（地震、测井、岩心和露头）的相互补充、综合应用，因为每种数据都有它的优点和缺陷。如前面所讨论的地球物理资料（地震和测井）具有较好的连续性，但是它所提供的是地质体的间接信息。另一方面，岩石资料（岩心和露头）可以提供直接的地质信息，但这些资料通常是盆地内不连续取样点的信息。因此地球物理资料和岩石资料相互标定之后才最能获得接近的地质模型。在这一步骤中，三维地震资料的作用要比二维地震资料大得多。二维地震资料揭示了构造样式和总体地层分布样式，但在准确识别沉积体系时就显得不足；三维地震切片技术可以提供突出的地貌细节，可以帮助判断古沉积环境（图 10-4）。利用三维地震资料进行地貌研究时，需结合构造背景、测井资料和本区或邻区可用的岩心、露头资料开展综合分析。通过对岩心和露头进行孢粉学、化石学和遗迹化石学研究，综合的古生态学研究也可以帮助确定沉积环境。

彩图10-4

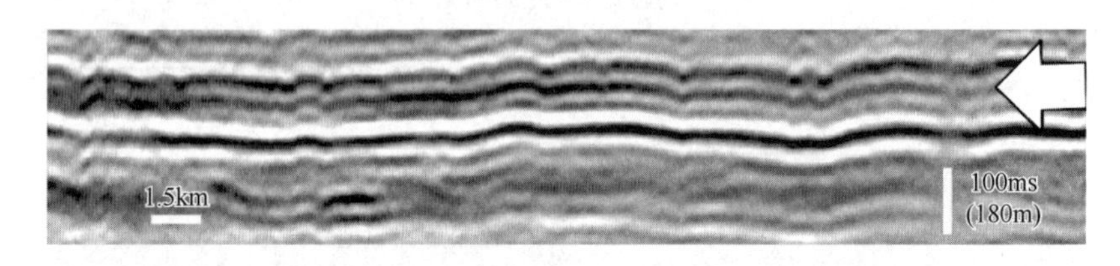

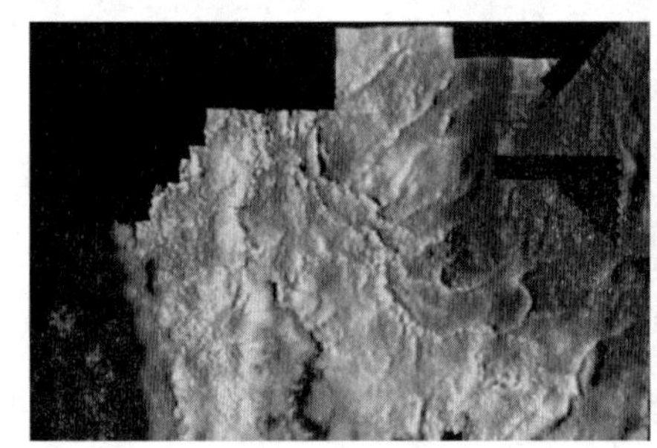

图 10-4　西加拿大沉积盆地泥盆系河流沉积体系（据 Catuneanu，2006）

古沉积环境重建的成果以古地理图的形式展现出来（Kauffman 等，1984；Mossop 和 Shetsen，1994；Long 和 Norford，1997；Fielding 等，2001），这些古地理图展现了在特定地史时期研究区的地貌和沉积特征（图 10-4）。滨线轨迹是古地理图中最重要的元素之一，相对于盆地边缘或其他重要的构造边界而言，它显示了沉积物进入海盆的位置。如在上述离散大陆边缘例子中，滨线相对于陆架边缘的位置是陆源沉积物能否到达陆坡和盆底的关键因素，这也决定了深水储集体的发育。滨线也是控制煤矿和砂积矿床横向发育的关键因素，不同成因类型油气储层的分布与其有密切关系。

三、层序地层格架的建立

层序地层格架（sequence stratigraphic framework）在沉积事件界面和其所隔开的地层之间建立了成因联系，通过这种联系建立起一个综合模型来解释盆地内充填沉积物在时空上的关系。从根本上讲，层序地层格架是一种能够更高效寻找自然资源的地质模型，在成因地层格架内可以预测沉积相的分布，进而预测矿产资源的分布。

沉积趋势及其变化也代表了一种基本的地层属性，可用于建立后续研究所需的年代地层格架。沉积趋势的识别是基于沉积相横向和垂向的关系进行的，这是古环境重建中的重要内容，同时也是基于对地层界面及其终止关系的几何学研究进行的。有些地层终止关系是特殊沉积的特征表现，如海岸上超是海侵（退积）的标志，而下超是海退（进积）的标志。只有在沉积趋势确定以后，才能划分标记出代表沉积趋势变化的相应的层序界面（如最大洪泛面通常划在退积地层和进积地层的转换处）。因此，层序地层格架识别要以地层终止关系识别开始，然后识别层序界面，在此基础上才能将沉积地层分为不同的层序和体系域。

（一）地层终止关系

地层终止关系是指地层和它所终止的层序界面之间的几何关系，可以通过大比例尺的外露头或二维地震剖面等观察到。地层终止关系的类型（如上超、下超、退覆等）可以提供关于沉积期滨线移动方向和类型的关键信息。地层终止关系也可以通过大比例尺的野外露头（图10-5）和连井对比剖面来推断，因为在特定沉积环境中沉积体系的分布及其变化趋势是可以预测的。

图10-5 进积型（向左）吉尔伯特三角洲前缘（Panther Tongue，犹他州，据Catuneanu，2006）

（二）地层界面

层序地层界面用于为盆内沉积地层建立年代地层格架。其识别标志有如下几种：地层接触类型（整合或不整合）；界面处的沉积体系类型；与界面相关的地层终止关系；地层界面上下的沉积趋势变化。层序地层界面类型及其识别标志已经在第四章中作了详细介绍。在此需要指出的是，除了确切的等时标志层（如火山灰层等）外，这些界面中绝大多数只是在对比剖面中最接近等时线的界面。因此，在剖面上划出沉积相的横向变化及相之间接触关系之前，要首先划分出层序地层界面。

对于应用连续数据（如地震剖面、大比例尺野外剖面等）而言，追踪层序地层界面是很直观的，除非盆地被构造复杂化了；如果盆地被构造复杂化，则需要独立的时间控制（生物地层、磁性地层、同位素地球化学研究或岩性—时间标定）研究来进行层序地层对比。当对比研究是基于盆内分散区块的不连续数据（小的露头、岩心和测井资料）时，同样需要单独的时间控制研究。依据所能获得的资料，建立最可信的层序地层模型需综合利用各种来源的、直接或间接的地质信息来进行。

（三）体系域和层序

这是层序地层工作流程中的最后一步，所有的层序界面及其间充填的沉积体都已按成因解释完成以后才可进行。当层序界面类型及位置都已识别完成后，从剖面上识别体系域就是很直接的步骤了。用于定义体系域的术语随层序地层模型的变化而变化，但是在这些语义学细节之后每类体系域都有其明确特征，这种特征通过其地层堆积方式（沉积趋势）及其在层序地层界面中的位置体现出来。岩石地层中的每种数据都可以为沉积趋势识别提供有用的信息，但是大尺度野外露头和地震数据是其中最为有用的。在层序地层学研究流程的不同阶段所需要的资料类型见表 10-1 和表 10-2。

表 10-1　各种资料在构造重建和层序地层解释中的应用（据 Catuneanu，2006）

研究内容	岩石数据			地球物理数据		
	露头		岩心	测井资料	地震资料	
	大比例尺	小比例尺			二维	三维
构造	中	差	差	中	好	好
岩相	好	好	好	中	差	中
沉积单元	好	中	中	中	差	好
沉积体系	好	中	中	中	差	好
沉积趋势	好	中	中	中	中	好
地层终止关系	好	差	差	差	好	好
接触关系	好	好	好	中	中	中

表 10-2　层序地层解释中各种类型资料的作用（据 Catuneanu，2006）

数据类型	在层序地层研究中的应用
地震数据	连续界面成图、大地构造及构造样式、区域地层结构、沉积单元成像、地貌研究
测井数据	垂向堆积模式、粒度趋势、沉积体系、沉积单元、相变趋势、地震数据校正
岩心数据	岩石学、沉积结构与构造、地层接触特征、岩石物性、定向取心古水流方向、地震和测井数据校正
露头数据	沉积相结构三维形态、沉积过程研究、岩相研究、沉积单元、沉积体系和其他岩心数据所能提供的应用
地球化学数据	沉积环境、沉积过程、成岩作用、绝对年龄、古气候
古生物数据	沉积环境、沉积过程、水体能量、相对年龄

通过对沉积趋势的观察，可以解释沉积期的滨线变化，而滨线变化又与沉积作用及可容空间相互影响。所有的这些方面都是统一的层序地层模式的一部分，最终通过层序地层模式可以解释岩相在盆地内的分布。沉积作用和可容空间一样重要，因此物源、风化速率与古气候之间的关系、沉积物搬运方式和搬运距离以及沉积物入海点的位置（河口环境）研究都为研究区勘探潜力和沉积模式的理解提供了关键信息。盆内物源也很重要，通过盆内物源的研究可以解释某些似乎与盆外物源无关的区域出现储层的原因。

沉积环境是可预测的基准面变化的反映，层序地层模式提供了从重建沉积史开始的盆内基准面波动的第一手解释资料。这种关系的可预测性使层序地层学成为一种寻找盆地内自然资源极为有效的工具，通过它可以追踪盆地演化不同阶段沉积相的横向变化。通过突出沉积事件的时间及与关键界面间的联系，层序地层学可以帮助认识有经济价值的沉积相，如砂积矿床、油气储层、烃源岩和盖层在时间和空间范围内的发育过程。这种对沉积过程的强调也导致了油气勘探从构造圈闭向复合圈闭的转变（Bowen 等，1993；Posamentier 和 Allen，1990），在层序地层概念的指导下一个全新的油气勘探领域显现出来。

第二节　层序地层学综合研究思路方法

国内外许多专家对层序地层学的工作方法进行过总结和论述，比较有代表性的观点包括池秋鄂和龚福华（2001）的三元分析法、Vail 等（1991）提出的构造—地层分析法及王华和陆永潮等（2002）提出的“点、线、面、体、时”，下面介绍这三种方法的研究思路、工作流程和研究方法。

一、三元分析法

池秋鄂和龚福华（2001）认为以地震剖面、钻（测）井资料和露头、岩心资料的古生物分析为基础的层序地层三元分析法是层序地层学分析的基本方法。层序地层学原理发展的重大突破就是利用了地震反射资料，这是由 Vail 等人（1977）提出来的。根据层序的几何形态和反射终止方式，能够对地震横剖面进行层序分析。钻（测）井层序主要以岩心、岩屑、钻井岩性剖面和测井曲线为基础资料，辅以各种分析、化验、测试资料综合研究分析判断，进行纵向相旋回变化分析和作图，以建立一维层序地层格架。钻井高分辨率层序划分与对比是在确定层序界面即基准面旋回的基础上，来划分不同级次的地层基准面旋回。通常岩心、测井资料用于确定低级次的基准面旋回，而地震剖面用于确定高级次的基准面旋回。露头或岩心资料的古生物地层分析是确定层序年代地层的基础，与地震和测井资料的层序分析结合可以精确地确定层序的形成条件与演化史。

二、构造—地层分析法

Vail 等（1991）曾提出在构造活动地区应采用综合构造—地层分析来进行层序分析，其步骤如下：

（1）对露头、测井资料和地震资料中的层序、准层序和体系域进行解释，并以高分辨率生物地层资料来确定其年龄，以确定实际年代地层格架。

（2）根据层序界面年龄，恢复地质历史、整个构造沉降史和构造沉降曲线。

（3）进行构造—地层分析，包括：①将主要的水进—水退相旋回与构造事件结合起来；②将构造沉降曲线速率的变化与板块构造事件结合起来；③区域构造作用形成不整合的原因分析；④将岩浆作用与区域构造沉降曲线联系起来；⑤对构造—地层单元作图；⑥确定构造—地层单元内构造的类型和方向；⑦模拟地质历史。

（4）在体系域和准层序或简单的层序内确定沉积体系和相组合。

（5）对最终的横剖面、平面图和年代地层图进行古地貌、地史和地层特征的解释。

（6）对可能的远景区确定可能的储层和烃源岩。

三、“点、线、面、体、时”

王华和陆永潮等（2002）在层序地层学研究中采取“点、线、面、体、时”的研究思路、工作流程和研究方法，并始终贯穿在露头层序地层学、单井层序地层学以及高精度层序地层学研究过程中，这样更能直观、全面和科学地对盆地进行层序地层学研究。

在实际的层序地层学研究工作中常将层序地层学、沉积学研究与油气成藏条件分析相结合，体现出“静态”“动态”分析相结合的工作路线。其中“静态”分析即是对基础资料进行分析与作图，而“动态”分析则是进行时空演化分析。下面从五个方面，结合所使用的技术手段来简述其研究方法。

（一）地震资料的层序地层学研究

地震资料以其覆盖面积大，能反映地层相互接触关系和沉积体宏观的三维形态为特征，虽然地震资料的垂向分辨率比测井和岩心资料低，但其连续的地震反射具有相对年代地层意义。地震资料的反射终止关系，如上超、下超、顶超、削截和同相轴的振幅强弱、连续性及横向延展方向的变化等能提供有关层序、沉积、构造等方面的地质信息。

依据常规叠加偏移地震资料在断陷盆地可以划分层序、体系域等层序单元，研究地层叠加方式、体系域内的沉积体系组成，分析基准面变化规律。通过井震层位的标定，可建立层序地层格架。在坳陷盆地由于地层厚度较小，利用常规地震资料可以划分出层序单元，而划分出体系域较难，但如果利用高分辨率地震资料，将测井层序分析的结果进行标定，可研究层序内部体系域特征，体现关联学科间的交叉与融合性。

（二）钻井高分辨率—高频层序地层分析

钻井高分辨率—高频层序地层分析，体现了垂向演化的动态性和“点、线”关系。钻井资料的分析主要是通过对井中的岩心、测井资料进行分析研究，划分井中地层的准层序、体系域、各级层序，分析其沉积相和沉积体系的配置关系，并配合岩心中的生物地层学资料和同位素年龄资料，确定井中年代地层格架，为联井层序地层的对比奠定基础。在测井曲线的分析中，应着重识别层序界面（sequence boundary）、初始洪泛面（first flooding surface）和密集段（condensed section）的标志，因为它们不仅是体系域的界面，同时也是层序划分的基础。

在地震剖面中划分层序地层单元、体系域，并在地震剖面上分析层序内地层的沉积相、沉积体系展布时，以地震剖面上特殊的反射终止类型（顶超、削截、上超及部分下超等）识别不整合面作为划分层序的主要依据，并兼顾内部总体反射特征。另外，钻井层序地层的联井对比，主要是以“点”分析的资料为基础，对比井间的层序地层中各沉积相、沉积体系的侧向空间展布。在地震剖面上识别的层序界面、体系域、沉积相和沉积体系特点要与“点”分析中的识别结果相印证。

对研究区的每一个重要构造选择代表性的钻井（较深、钻遇目标层位的）进行观察、分析，划分高级层序单元（高频层序）和识别其体系域。钻井层序地层分析，即上面提到的“点、线”分析，主要包括以下的内容：

（1）岩心相分析：提取各种相标志信息，包括岩石颜色、岩石类型、碎屑颗粒结构、沉积构造、古生物、地球化学标志等，绘制代表层段的高频层序关系图；

（2）测井相分析：根据多种电性曲线形态特征及其组合特点、准层序的叠加方式，绘制其层序展布体系域类型、沉积相特征及其各微相类型图；

（3）强调利用高分辨率过井地震剖面配合：尤其是在确定层序界面、最大湖泛面、初始湖泛面和古水深时，更应强调剖面分析与钻井分析的相互校正与印证；

（4）井间的层序地层和沉积相的对比分析：可进行划分到四级层序或体系域对比，标定层序界面最大湖泛面、初始湖泛面及其横向变化。

（三）沉积体系和相的空间配置关系研究

沉积体系和相的空间配置关系研究，体现了层序地层格架的宏观控制性，表现为“面”的研究。沉积体系和相的分布是指沉积体系分布和构成样式、沉积相展布、沉积环境分区等；引用钻井的层序地层学解释结果，并结合地震剖面的解释及闭合，以三级层序的体系域为单元进行平面沉积相、沉积体系图的编绘工作。在地震资料完善区（三维地震测线覆盖区），可采用加密的测网密度进行高精度地震剖面的解释，以服务于重点研究区块的四级层序划分和更精细的沉积体系、沉积相及重要的储集体描述和作图。其主要目的是展示研究区内沉积期的古地貌、主要沉积体的分布、物源方向、沉积分区等，为预测盆地中的隐蔽砂体展布、生油岩段、盖层的分布提供地质理论基础。

（四）层序地层及沉积体系研究中的三维空间上的结构与展布样式分析

层序地层及沉积体系研究中的三维空间上的结构与展布样式分析，体现“体”的分析。层序地层及沉积体系研究中的三维图示应包括沉积模式的立体图、沉积相—沉积体系的立体图、古地貌—古环境立体图。它们是将研究区沉积时的沉积相—沉积体系的平面分布，具体展现在研究区同沉积期的立体古地貌图上得到的。其中，结合古地貌、古气候、古沉降速率等资料，进行同沉积期古地貌作图。在同沉积期古地貌图上分析研究区内同沉积期的地貌特点、沉积分区、重要沉积体分布、物源方向等，并在古地貌图上表示出主要沉积体的分布、沉积坡折带的位置、物源方向等。三维立体图展示能直观地反映同沉积期的地貌特点，为预测隐蔽油气藏的低位、浊流砂体的储层提供有力的地质基础。

（五）层序地层演化分析

层序地层演化分析是重建研究区层序地层、准层序组、准层序及沉积体系等在时间上的演化过程，是体现层序发育的动态性及“时”的分析。其具体的研究方法是分别对研究区每一个层序的沉积相、沉积环境作图，通过时间、空间的叠置、对比和分析，在层序地层格架图的基础上，作等时地层格架图，对等时地层格架图进行层序地层演化分析。最后，应用高分辨率—高频层序地层分析的手段及其预测的精度，对有利储层、盖层及主力烃源岩区（或层段）进行判断，并对其三维展布关系、储层的物性特征、重要盖层的平面展布等作出合理的判别和分析。

四、地震勘探与层序地层学及其在油气勘查中的应用研究

在目前的地震勘探技术中，三维地震仍是主流技术，提高三维地震的分辨率是进一步提高三维地震解决地质问题能力的主要发展方向。三维叠前深度偏移技术将进一步发展并成为常规处理技术，全三维可视化解释将使三维地震信息得到更充分的利用。

三维地震数据量大，可抽取任意方向、任何深度的连续的剖面或切片，能比较精细地反映地下地质情况；三维数据体经过了三维偏移，空间归位正确，使地震与地质的空间对应关系简单化。三维地震是比较成熟的技术，高分辨率地震的优越性表现在下面几点：

（1）精细的构造解释：由于分辨率的提高，地震剖面更清晰，小断层、小幅度构造、水道等细微的地质现象都表现出来了，有利于精细的构造解释。

（2）含气层的直接标志——亮点和平点：高分辨率地震能得到较好的平点反射，可利用亮点和平点直接找油气。

（3）层序地层学、沉积相研究及岩性预测：高分辨率地震表现了层序内部结构，有利于岩性的推断。

（4）正确的反演：高分辨率地震具有频谱宽、频率成分齐全的优点，是正确反演的先决条件，无论是岩性预测，还是油气田的评价、油藏描述，正确的反演无疑都是极其重要的。高分辨率地震在频率域增加了信息量，其地质效果是显著的。

五、露头层序地层学的研究方法

各种类型露头的层序地层研究工作主要采用综合的层序地层划分方法，在露头上找出切实可行的适合于研究区的各级地质界面的识别标志，密切注意准层序叠加样式、沉积相和沉积物颜色的变化。这样既照顾了单个剖面层序划分的精度，又为全区层序地层的对比打下了良好的基础。为此野外层序地层学的研究手段和研究方法也多围绕此目的来选择。一般来说，所要研究的露头的选择应基于以下几个标准：层序地层各级单元及其界面类型特征明显；露头剖面沉积体系和相的类型较齐全，地质现象丰富；所选类型与油田具有较好的可比性。

（一）野外露头剖面写实与写真

选择典型的露头剖面进行层序地层学、沉积学写实和实绘垂向层序剖面图，以正确表现和客观描述各级层序地层单元的内部构成以及沉积相的空间配置关系，从而为总结沉积模式奠定基础。这是露头层序地层学和沉积学研究的重要步骤。该项工作可以用素描、照相等方法直接进行大剖面写实。例如李思田等（1992）在鄂尔多斯盆地东北部针对侏罗系地层开展了大量的露头层序地层学和沉积学的研究工作，完成了大量的露头大剖面的写实工作，并较早地探索了一套在内陆盆地条件下进行层序地层学和沉积体系分析的方法；van Wagoner（1990）描述并对潮汐坝的多级内部构成进行写实，也用照片镶嵌法将露头剖面真实地体现，然后对应照片进行沉积学解释。也可以在露头上选取若干个点，建立每个点的垂直剖面，然后进行对比，以达到写实并反映各类界面和研究目标内部构成和分布特征的目的。另外，还可以在有条件的露头上开展钻井、测井工作，根据测井剖面进行对比研究。

（二）露头样品的获取

野外露头“标本”的获取主要是为了求得与层序地层分析以及与油气生储盖相关的各种室内测试资料，如孔隙度、渗透率、压汞试验、铸体薄片、电镜扫描和砂岩基质的X光衍射分析等。精细露头研究的最终目的在于建立高精度的层序地层格架、识别高级别层序地层单元构成特征以及进一步建立储层地质模型，并常常用于开展露头与地下地质的对比分析。

（三）在露头上开展钻井、测井及少量的地震工作

油气勘探常常因为地震资料达不到足够的精度以及解释工作量等原因而难以正确揭示地下地质体的形态及内部相变，这为依靠地下信息建立层序地层格架、划分高精度层序地层单元以及建立地质模型带来了难以克服的困难，为此，需要对露头进行钻探并取心，在地表的露头上获取三维数据体，以便获得重要的数据和信息用于对比研究。

第三节　层序地层学研究关键技术

一、海平面变化曲线制作

全球海平面升降变化是指在全球规模上，海平面相对一个固定基面（如地心）的高程变化。在研究中，往往只能确定全球海平面的相对变化。由于全球海平面的升降幅度不能直接测定，所以，众多地质学家提出了许多估算全球海平面相对变化的方法，如利用大陆被海相沉积物覆盖的面积的变化，测定海相沉积物旋回的厚度和古海岸线之间的高程和距离；热升降曲线叠加地壳沉降曲线，测量深海沉积物中氧同位素的变化等。

在确定海平面变化的规模以及构造运动幅度和沉降速率变化的方面，Vail（1977）提出主要利用大陆边缘沉积物上超，结合氧同位素信息来估算全球海平面相对变化的方法。该技术认为连续地震反射近似相当于地层年代界面，上超地震反射的位置受控于标志着平均高水位的沉积界面，因此，可将大陆边缘海岸上超作为海平面变化的可靠标志，即海平面相对上升的可靠标志是海岸上超向陆迁移，海平面相对静止的可靠标志是海岸沉积物的顶超现象，海平面下降的标志是海岸上超向盆地中央方向的迁移。盆地边缘的高分辨率地震剖面是确定海岸上超迁移规律和海岸顶超位置的最好资料。在实际工作中，由于现今地层展布并不完全相同于古代海岸沉积物沉积时的状况，所以应对差异沉降作用和后期成岩作用造成的地层厚度变化以及原始沉积界面的坡度变化进行必要的校正。

需指出的是，海平面的相对上升与海进、海退之间没有必然的联系。在海平面相对上升期间，可能发生海岸线的海进或海退、海底的变浅或变深。一个海岸线的海进以一定地层单元中滨海相向陆地方向迁移为标志，而海退以滨海相向海方向迁移为标志。当海平面相对上升时，由于沉积物供给速率的差异，可以发生海进、海退以及海岸线的停滞不动。

区域性海平面相对变化曲线的编制是在掌握区域地质背景的基础上进行的，具体的编制海平面变化曲线的步骤如下：

（1）熟悉研究区盆地类型和结构、盆地古地理特征以及盆地构造演化历史。

（2）选择那些穿过不同构造单元和不同盆地地形带的高分辨率地震测线构成区域地震测网。地震剖面应具有清楚的海岸上超记录、较为简单的构造变形和较充足的控制井。

（3）根据不整合的地震反射终止关系，结合钻井、测井资料划分沉积层序，并追踪反映海岸沉积的海岸上超点和顶超点的靠近物源方向的沉积界面。利用同位素测年、古生物组合和合成地震记录对沉积层序进行尽可能详细的年代标定。

（4）编制层序年代地层对比图，将地震剖面上解释的层序地层剖面转换成纵坐标为地质年代、横坐标为距离的剖面图，以反映各个层序的地质时代范围、各层序相对接触关系及

其空间展布。

（5）确定海平面相对升降周期、海岸上超的垂向分量即海岸加积量（图 10-6）及其与地质年代的对应关系，进而确定同一层序内各个海岸上超点处的海岸加积量及它们的累计量，即这个层序的海平面相对上升幅度。然后测定该层序的最远上超点与上覆另一个层序的最低海岸上超点之间的海岸加积量，并以此作为海平面下降的幅度，再重复上述步骤，便可得出各层序的海平面相对变化曲线。

需说明的是，用此方法做出的海平面升降变化曲线往往是不对称的，反映出缓慢的海平面上升到相对静止。但是，若对盆地差异沉降、古地形和古水深变化以及沉积环境类型和后期压实作用的影响进行校正后，便可得出近似正弦曲线的海平面相对升降变化曲线。

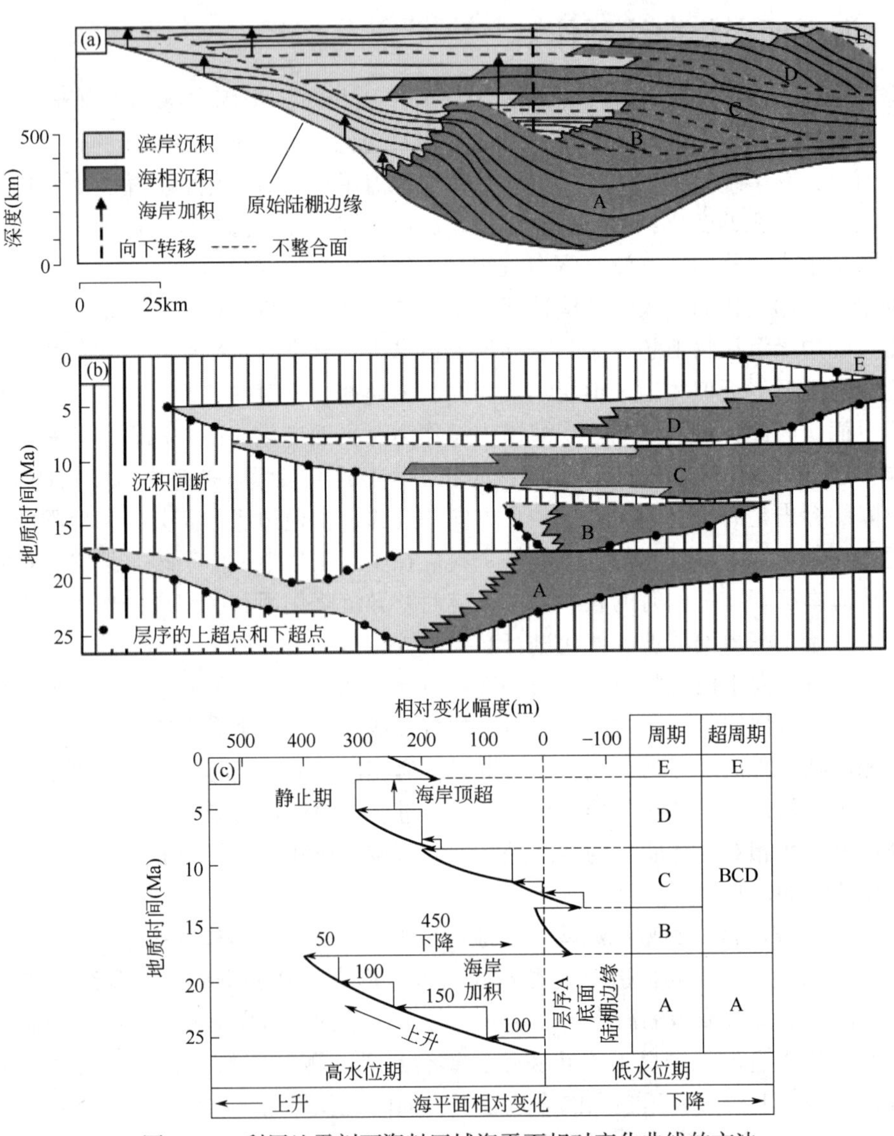

图 10-6　利用地震剖面资料区域海平面相对变化曲线的方法

（据 Vail et al.，1977，转引自许艺炜和胡修棉，2020）

二、费希尔图解

费希尔图解（Fischer plots）是经线性沉降校正之后把米兰科维奇（米级）旋回层序的累积厚度与时间的变化作图而得出的一种图解方法。早先它被用来定义米兰科维奇级别（10^4~10^5 年）的相对海平面振荡变化的一种定量方法，后来 Read 等、Osleger 把它用于估算三级海平面变化旋回（1~10Ma）的变化幅度，在区域对比的基础上可以用来定义区域性三级海平面变化旋回。这种方法可以消除在野外确定长周期旋回层序界面的偏差，通过均衡沉降与压实作用校正以后，可以作为一个定量地估计长周期海平面变化幅度的途径。具体的步骤如下：

（1）计量一段地层内的所有米级旋回数，以及每个米级旋回的厚度。每层岩石根据岩性和埋深进行压实校正，然后利用去压实的地层总厚度除以旋回数，获得平均旋回厚度。平均旋回厚度代表了每个旋回的沉降量（图 10-7）。

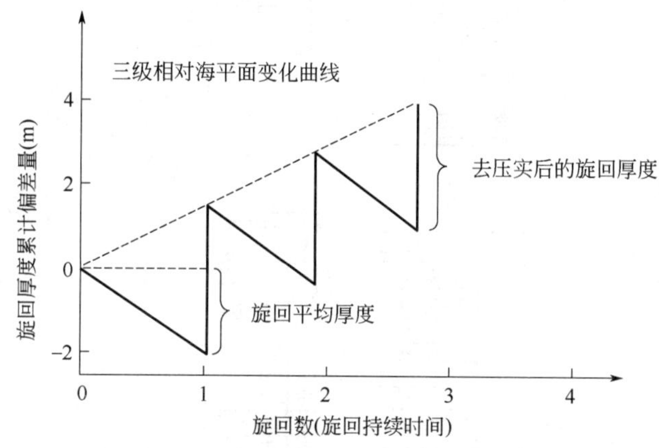

图 10-7　利用费希尔图解恢复区域相对海平面变化的方法

（据 Tucker，2011；转引自许艺炜和胡修棉，2020）

（2）进行费希尔投图，横坐标为旋回数，纵坐标为每个旋回去压实厚度与平均厚度的差异值，这样可以显示出一个层序内可容空间的系统变化。

该方法使用的时候有两个假设前提：（1）每个旋回的持续时间相同；（2）整个层序的沉降速率（平均旋回厚度）保持恒定。因此每个旋回的厚度与平均厚度差异代表了该旋回内的可容空间变化。

梅冥相等利用费希尔图解估算了天津蓟州区剖面中元古界雾迷山组的三级海平面变化幅度。该地层是一套厚 3300m 的碳酸盐岩地层，广泛发育叠层石生物层及凝块石生物丘。这些生物层及生物丘与潮坪相白云岩和砂泥质白云岩一起构成具有近似对称相序组构的环潮坪型碳酸盐米级旋回层序，将其命名为“雾迷山旋回层”。这些旋回层常由潟湖相白云质泥页岩覆盖，在其顶常发育古土壤层，由此而表明雾迷山旋回层的界面多为瞬时暴露间断面。根据雾迷山旋回层在长周期三级层序中的有序叠加形式，可在雾迷山组中识别出 26 个三级层序，它们还可进一步归为 6 个二级层序。在露头发育良好的雾迷山组中上部共识别出 626 个旋回层；考虑到雾迷山组的总体厚度（3300m）及其大致的总体形成时限（103Ma±20Ma 左右），可假定雾迷山组沉积期的总体地壳沉降速率为 2~4m/10^5a。在上述假定的基础上，运用费希尔图解来估算三级海平面的变化幅度（图 10-8）。

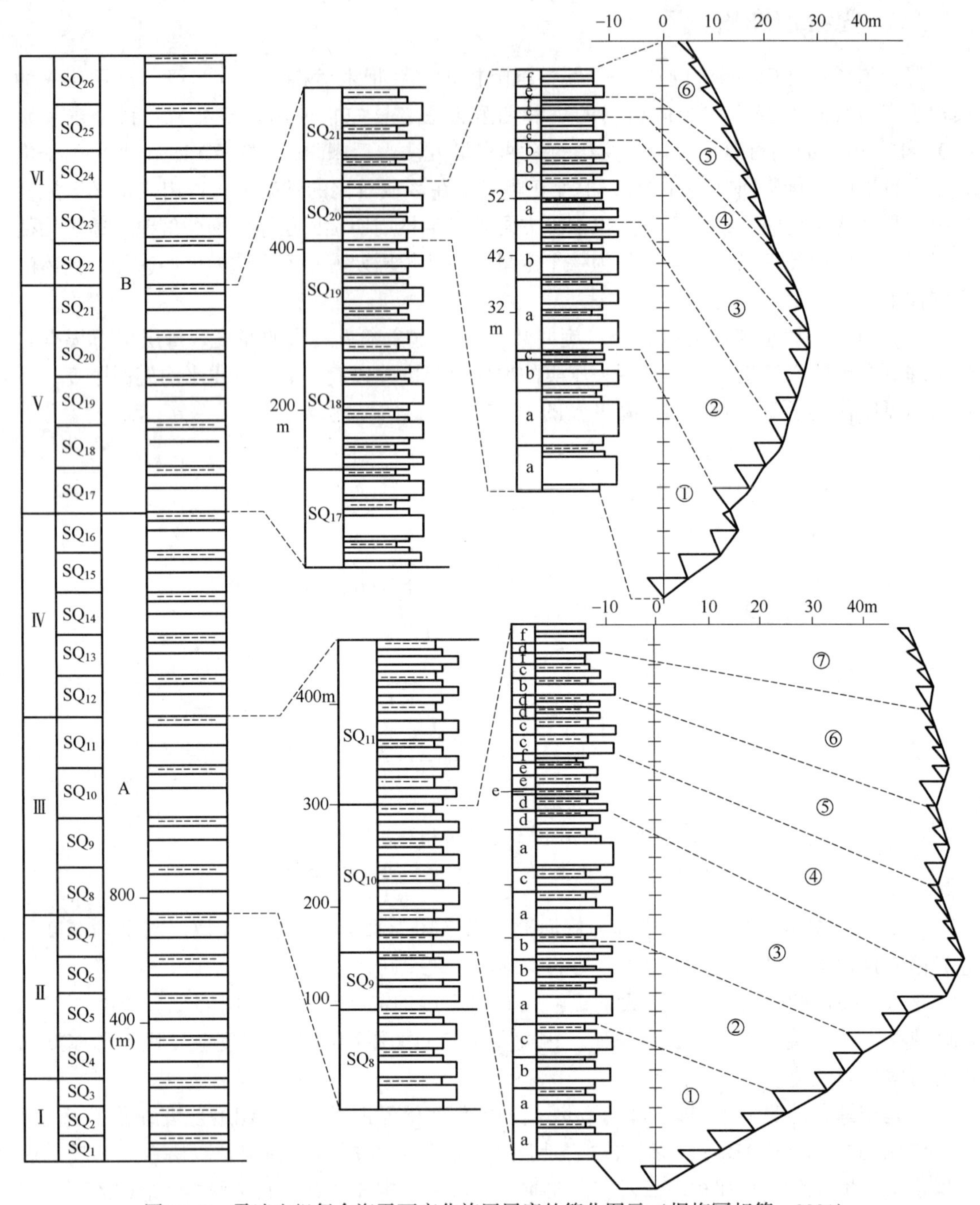

图 10-8 雾迷山组复合海平面变化旋回层序的简化图示（据梅冥相等，2001）

三、测井曲线定量分析技术

随着层序地层研究精度的增加，利用测井资料进行高分辨率的处理，以开展高精度的定量层序地层研究变得越来越重要。目前国内外利用测井资料定量识别层序地层单元的主要技术和方法有时频分析技术、INPEFA 技术、多尺度小波分析技术、经验模态分解法、测井曲线分形分析和测井多尺度数据融合方法等。以下重点介绍三种技术。

（一）时频分析技术

时频分析始于20世纪40年代，其主要目的是描述信号的频谱含量如何随时间变化。时频分析技术与传统的层序地层划分方法相比，能够将微小的时频差异显现出来，减少人为因素的影响。时频分析由傅里叶变换（FT）、短时傅里叶变换（STFT）、小波时频分析发展到非对称广义S变换。小波时频分析实质上就是深—频分析，将测井数据从一维深度—尺度域转换为二维深度—尺度域，使信号能同时在深度位置和尺度空间进行描述。测井信号在经过小波变换处理后，频率结构得以暴露，并可以探测到各个频率段之间的突变点或者突变区域，这些突变点或者突变区域对应于各个不同的地层界面。由多个不同周期沉积旋回叠加的测井曲线，通过小波变换，被分解成各个周期独立的沉积旋回，通过考察小波时频能量图局部能量团的变化和多种伸缩尺度的周期性震荡特征，可以与各级层序界面建立对应关系。非对称广义S变换是短时傅里叶变换和小波分析的组合，它引入了宽度与频率呈反向变化的高斯窗，具有与频率有关的分辨率。目前，广义S变换已经成功运用于地震资料处理和时频信息提取中，而广义S变换运用于精细测井资料处理和沉积旋回划分则需要更深入的研究。

（二）INPEFA技术

INPEFA技术是Nio等（2005）和de Jong等（2009）提出的一种基于气候地层学划分高频层序的新方法。最大熵频谱分析MESA（maximum entropy spectral analysis）是按信息熵最大准则外推得到自相关函数的方法。预测滤波误差分析PEFA（prediction error filter analysis）是在MESA的基础上，通过计算每一个深度点的MESA预测值并与对应的测井曲线深度值进行对比得到数据差值，从而得到一条沿着垂线变化的不规则的锯齿状PEFA曲线。INPEFA曲线是对PEFA曲线采取特定的积分处理后所获得的能根据曲线趋势及其拐点来判断水进、水退和层序界面的曲线。一般情况下，INPEFA曲线中一个完全趋于正的趋势意味着气候逐渐湿润的水进过程；一个完全趋于负的趋势意味着气候逐渐干旱的水退过程；负向拐点（曲线形态由升高到降低）代表可能的层序界面，正向拐点（曲线形态由降低到升高）代表可能的洪泛面，不同级别的拐点指示不同级别的等时界面。

INPEFA技术应用于层序地层研究的基本思路是：首先确定较高级别的地层界面，然后在较高级别的地层界面内划分较低级别的地层界面。在具体应用时分别采用整体INPEFA分析、分段INPEFA分析、局部INPEFA分析。朱红涛等（2011）对西湖凹陷BYT2井利用INPEFA曲线开展层序地层单元定量划分，认为INPEFA曲线的正向趋势表示气候逐渐湿润的水进过程，负向趋势表示气候逐渐干旱的水退过程，层序界面位于INPEFA曲线从正向趋势变为负向趋势的拐点处，洪泛面位于INPEFA曲线从负向趋势变为正向趋势的拐点处，不同级别的拐点代表不同级别的层序界面（图10-9）。对比发现用INPEFA方法与用传统方法划分的层序界面存在良好的对应关系（图10-9）。

（三）多尺度小波分析技术

多尺度小波分析理论是一种对信号进行分解并产生统计框架的数学算法，可以划分不同大小的空间尺度和不同级别的时间尺度，可用于识别地质体的不均匀性。小波分析是在传统傅里叶分析的基础上发展起来的，其优点在于它可以局部精细分析测井数据的时间域和频率域信息。因此小波分析又被誉为“数学显微镜”。多尺度小波分析可以将测井信息中所含的时频信息从高级别到低级别依次进行划分，从而进行各级别层序单元的划分。高达等（2016）利用自然伽马能谱测井中 Th/U（钍/铀）比值曲线使用小波变换，对塔中地区上奥陶统良里塔格组碳酸盐岩开展了高频层序研究。结果表明 Th/U 比值曲线滑动平均滤波处理后，能清晰、客观地反映沉积旋回，该井良里塔格组可划分为 3 个三级层序、8 个四级层序和 32 个五级层序；三～五级层序分别与小波变换得出一维离散曲线的振荡趋势非常吻合（图 10-10）；分析认为四级和五级层序极有可能分别反映了米兰科维奇旋回中地球偏心率长周期旋回（0.4Ma）和短周期旋回（0.1Ma）。

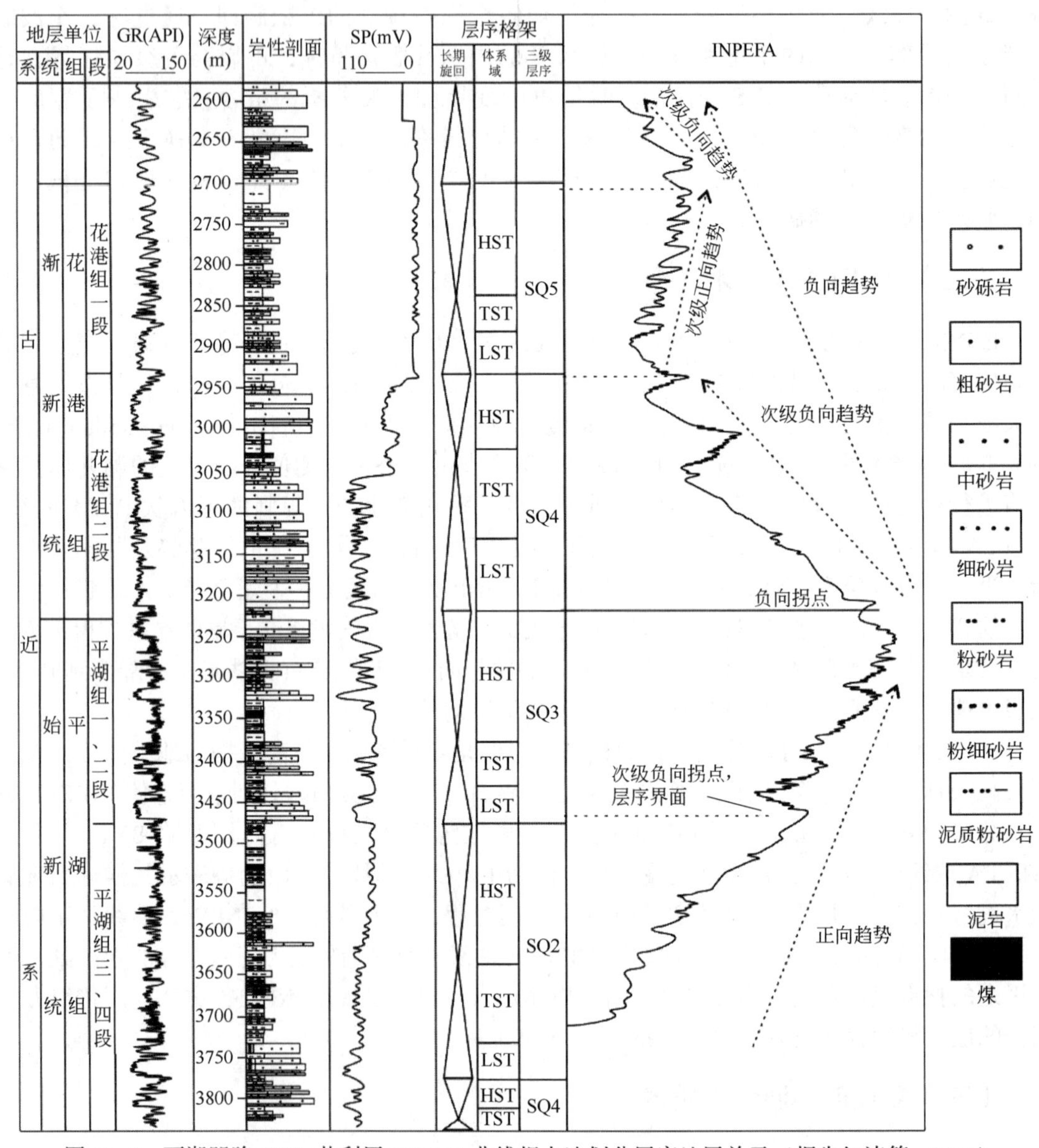

图 10-9 西湖凹陷 BYT2 井利用 INPEFA 曲线拐点法划分层序地层单元（据朱红涛等，2011）

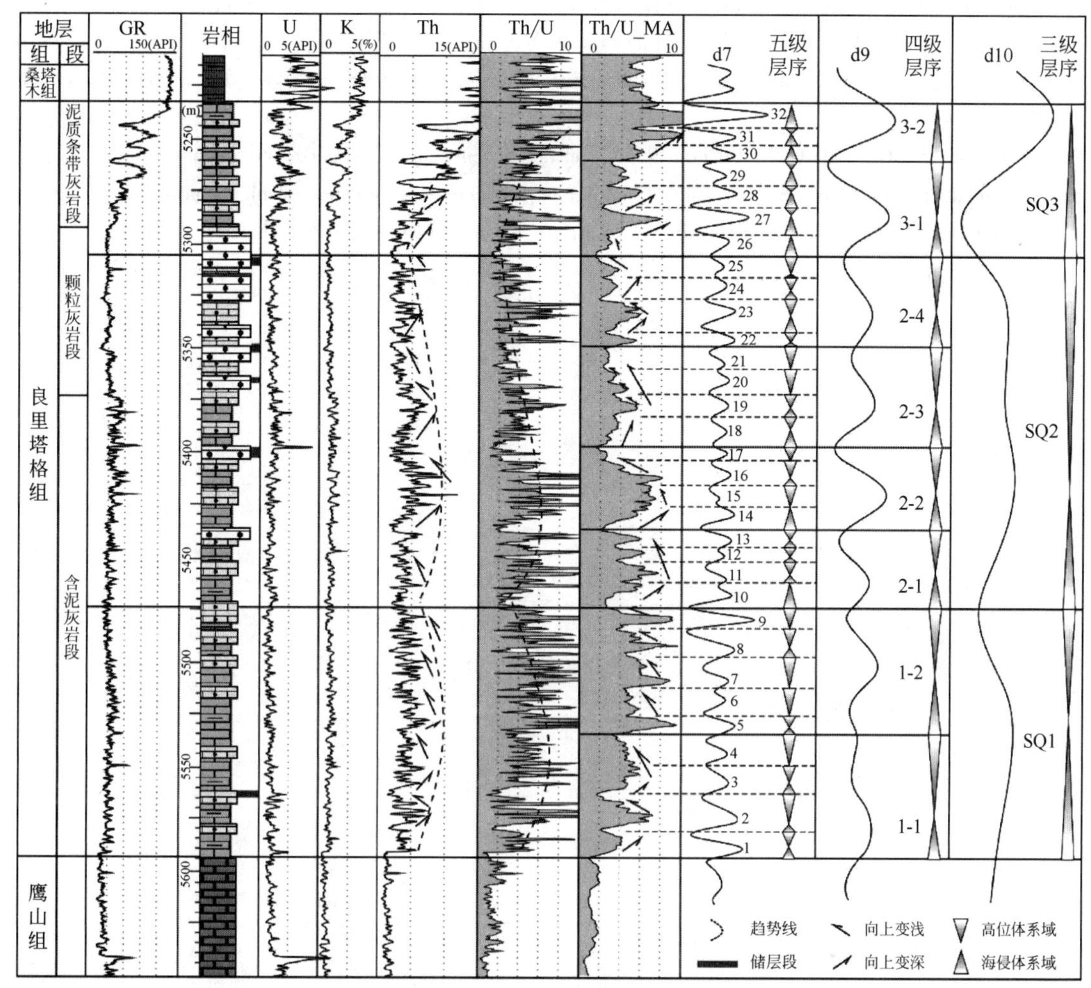

图 10-10 塔中地区 T1 井利用自然伽马能谱测井的小波变换方法进行高频层序地层划分（据高达等，2016）

思考题

1. 简述系统开展层序地层学研究的工作流程和主要步骤。
2. 简述层序地层学研究流程的不同阶段所需要的资料类型及其在研究中的作用。
3. 简述利用测井资料识别层序地层单元技术与方法。

拓展阅读资料

［1］ Omidpour A，Moussavi-Harami R，Mahboubi A，et al. Application of stable isotopes，trace elements and spectral gamma-ray log in resolving high-frequency stratigraphic sequences of a mixed carbonate-siliciclastic reservoirs［J］. Marine and Petroleum Geology，2021，125.

［2］ Liu D，Huang C，Kemp D B，et al. Paleoclimate and sea level response to orbital forcing in the Middle Triassic of the eastern Tethys［J］. Global and Planetary Change，2021，199.

［3］ Masgari A A A，Elsaadany M，Abdul L A，et al. Seismic Sequence Stratigraphic Sub-Division Using Well

Logs and Seismic Data of Taranaki Basin, New Zealand [J]. Applied Sciences, 2021, 11 (3).
[4] Sherif F, Khaled A K, Sreepat J, et al. Isotope stratigraphy ($^{87}Sr/^{86}Sr$, ^{13}C) and depositional sequences of the Aruma Formation, Saudi Arabia: Implications to eustatic sea level changes [J]. Geological Journal, 2020, 55 (12).
[5] Magalhães A J C, Raja G P, Fragoso D G C, et al. High-resolution sequence stratigraphy applied to reservoir zonation and characterization, and its impact on production performance-shallow marine, fluvial downstream, and lacustrine carbonate settings [J]. Earth-Science Reviews, 2020, 210.

附录一　习题

习题 1　岩性地层对比与层序地层对比的比较

附图 1 中分别提供了 5 口井的 GR 测井曲线和岩性解释剖面（具体岩性见图例），砂岩和煤层通常具有较低的 GR 值（GR 曲线偏左），而泥岩具有较高的 GR 值（GR 曲线偏右）。请分别在（a）和（b）图中进行岩性地层学对比和层序地层学对比，并对结果的差异进行分析。

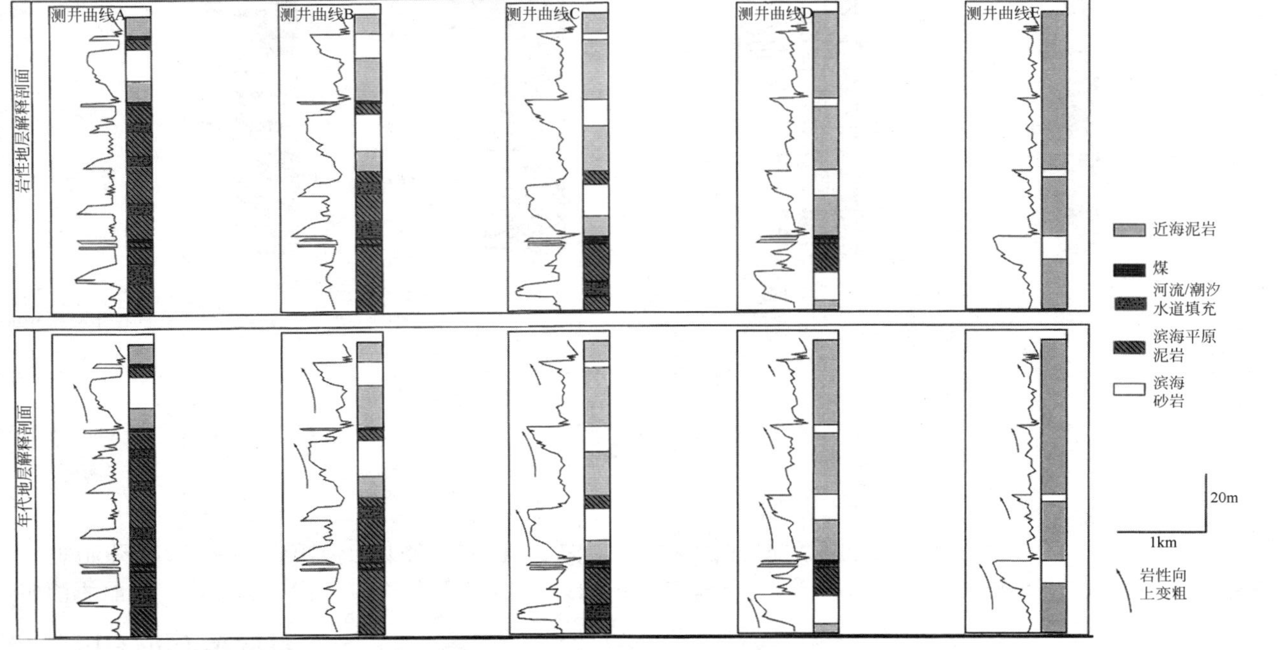

附图 1　岩性地层对比剖面（a）和层序地层对比剖面（b）（据 Vitor Abreu 等，2010）

习题 2　准层序的划分与对比

基于经典层序地层学理论，结合准层序与准层序组的概念完成以下工作：（1）识别并标示出附图 2 中每一个岩性柱子中的海泛面；（2）在海泛面识别的基础上，尝试进行准层序连井对比；（3）根据对比结果说明准层序的堆砌样式。

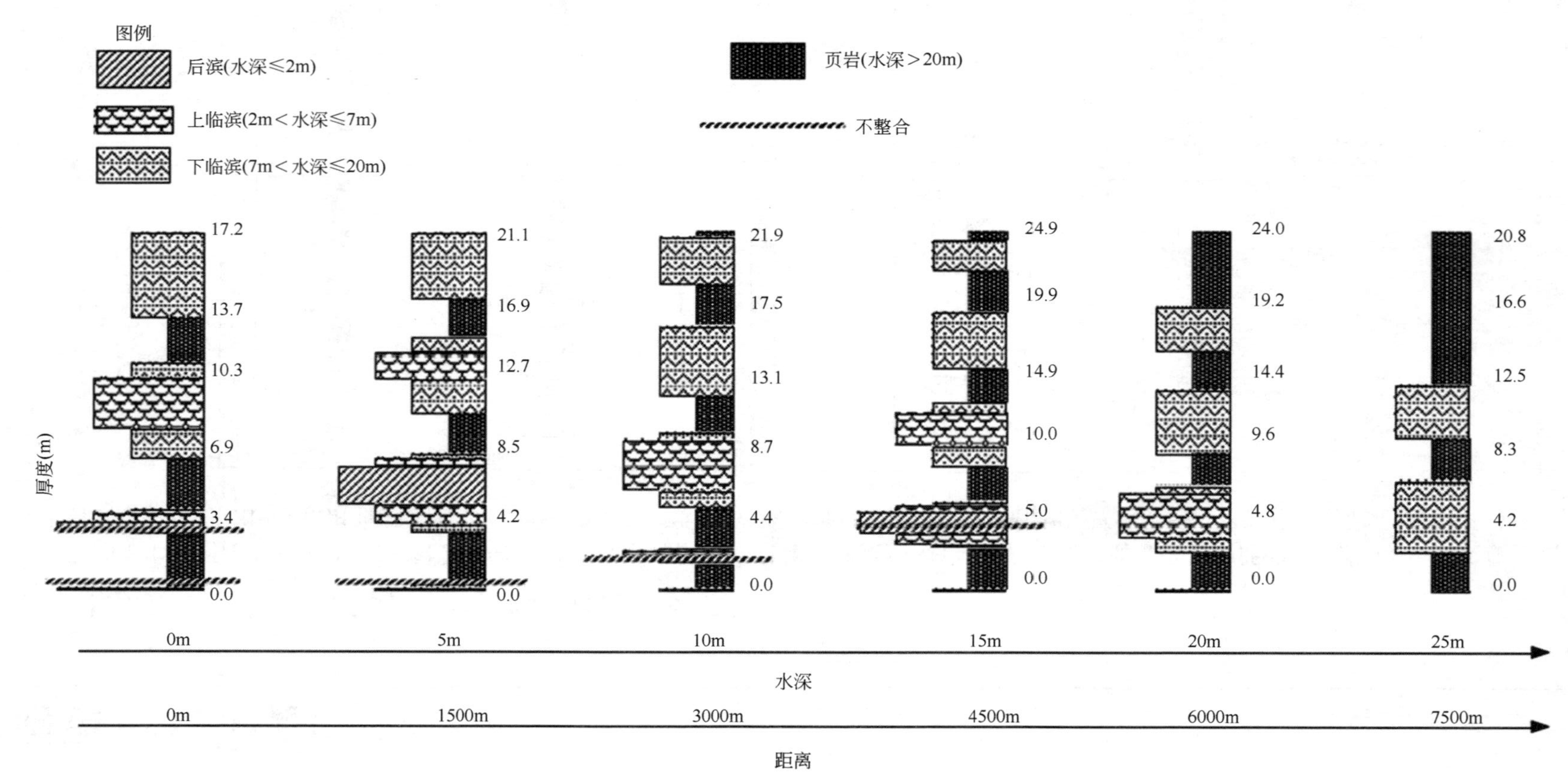

附图 2　基准面旋回对比剖面

习题 3　测井剖面层序地层对比

附图 3 给出了 5 口井的测井曲线，各井的深度已经经过了海拔校正，D 为水平面。在 Well 5 中根据电阻率曲线已识别出了一些明显的准层序界面（泥质标志层），请据此分别在其他井中识别出相应的准层序界面，然后运用经典层序地层学理论进行准层序对比，进而确定准层序的叠加样式、划分体系域。

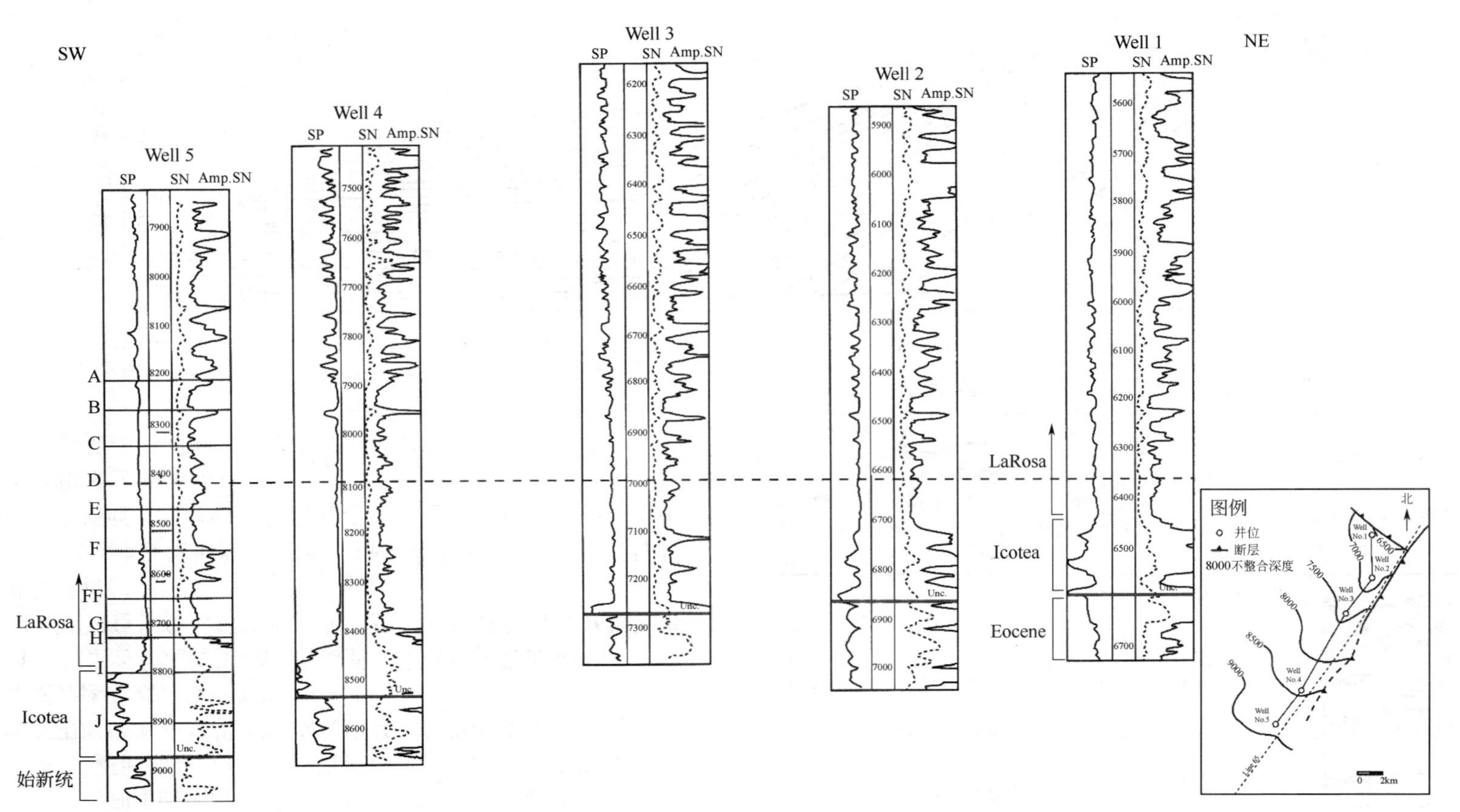

附图 3　测井剖面上层序地层划分与对比（据 Vitor Abreu 等，2010）

习题 4　理想层序中界面的识别和体系域的划分

附图 4 为理想的地震反射终止类型、准层序堆积样式（准层序组类型）、不同体系域和层序界面的特征；附图 5 为理想的地震剖面的沉积层序解释结果。根据附图 4，在附图 5 中识别各种界面，并划分体系域，步骤如下：

（1）识别各种地震反射终止类型，并用红色箭头标注；

（2）用蓝色三角形标注出各期坡折所在位置位置，并识别准层序堆积样式；

（3）综合地震反射终止类型、准层序堆积样式识别层序界面、初始海泛面、海侵面和最大海泛面等主要界面，并分别用橙色、蓝色和绿色线条标注；

（4）最后将不同的体系域涂成不同的颜色。

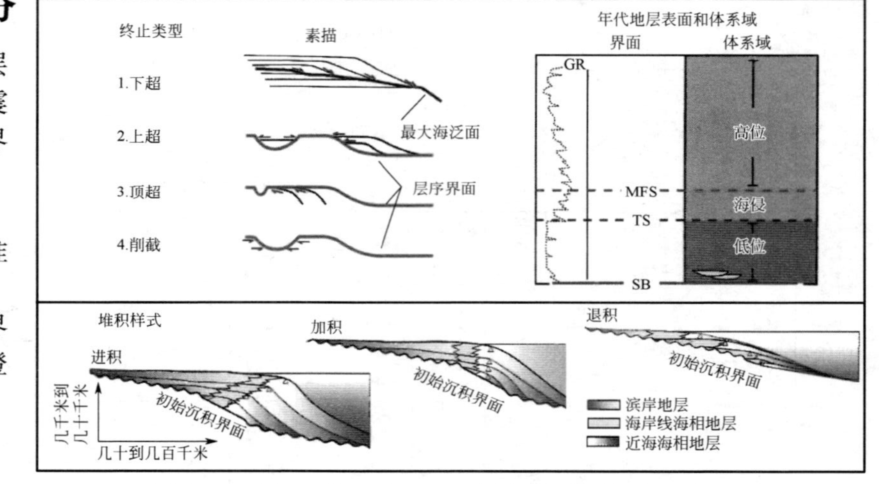

附图 4　地震反射终止类型、堆积样式、体系域和层序界面（据 Vitor Abreu 等，2010）

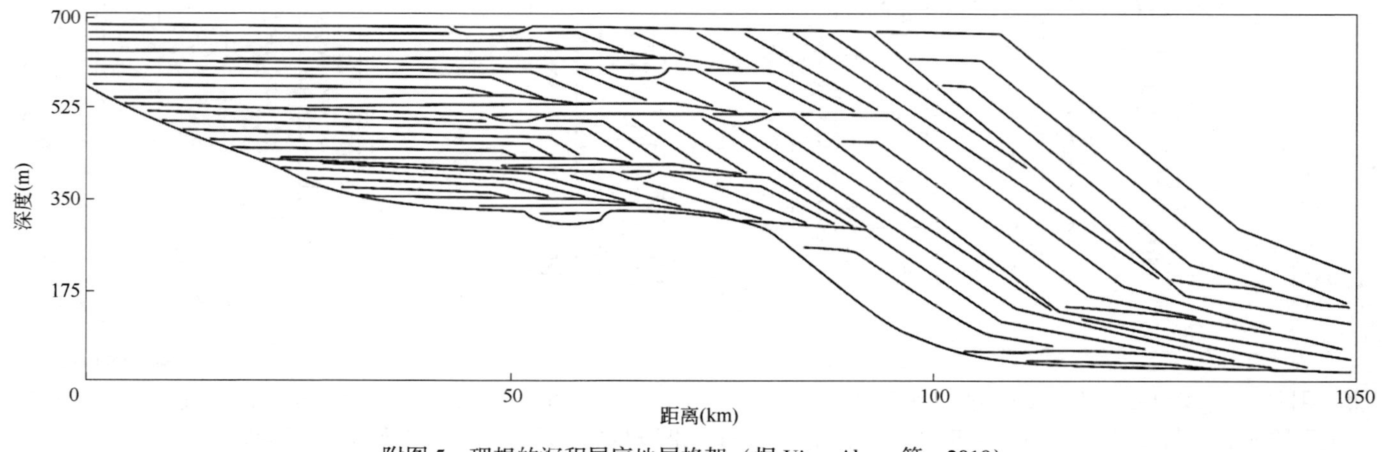

附图 5　理想的沉积层序地层格架（据 Vitor Abreu 等，2010）

习题 5　地震解释剖面中层序界面的识别与体系域的划分

附图 6 是基于地震解释结果的沉积层序格架，请用不同颜色的线条标注出层序界面和体系域的界面，并划分体系域，将不同的体系域涂成不同的颜色。

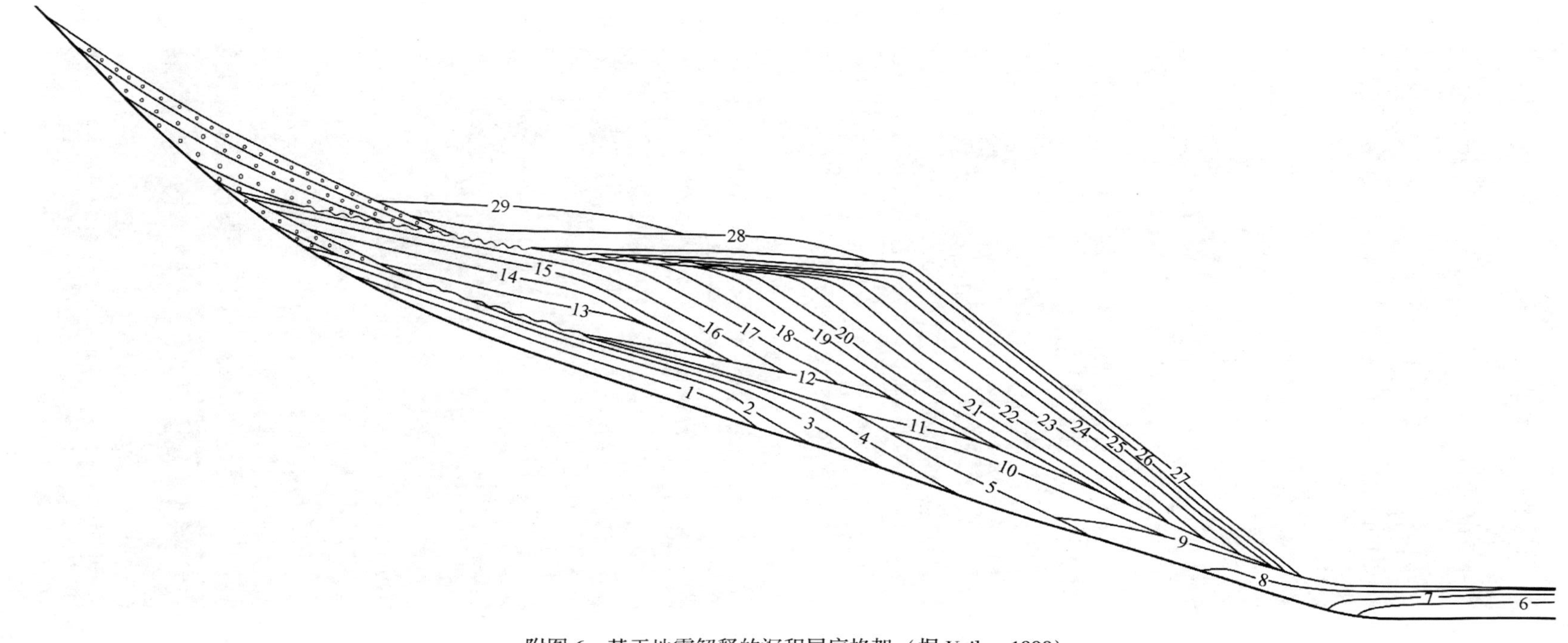

附图 6　基于地震解释的沉积层序格架（据 Vail，1990）

习题 6　小型箕状断陷地震剖面的层序地层学解释

附图 7 为某一小型箕状断陷的二维地震剖面的一部分，请在其中用箭头标出地震反射终止类型，用蓝色线条标注出最大湖泛面，并划分体系域。

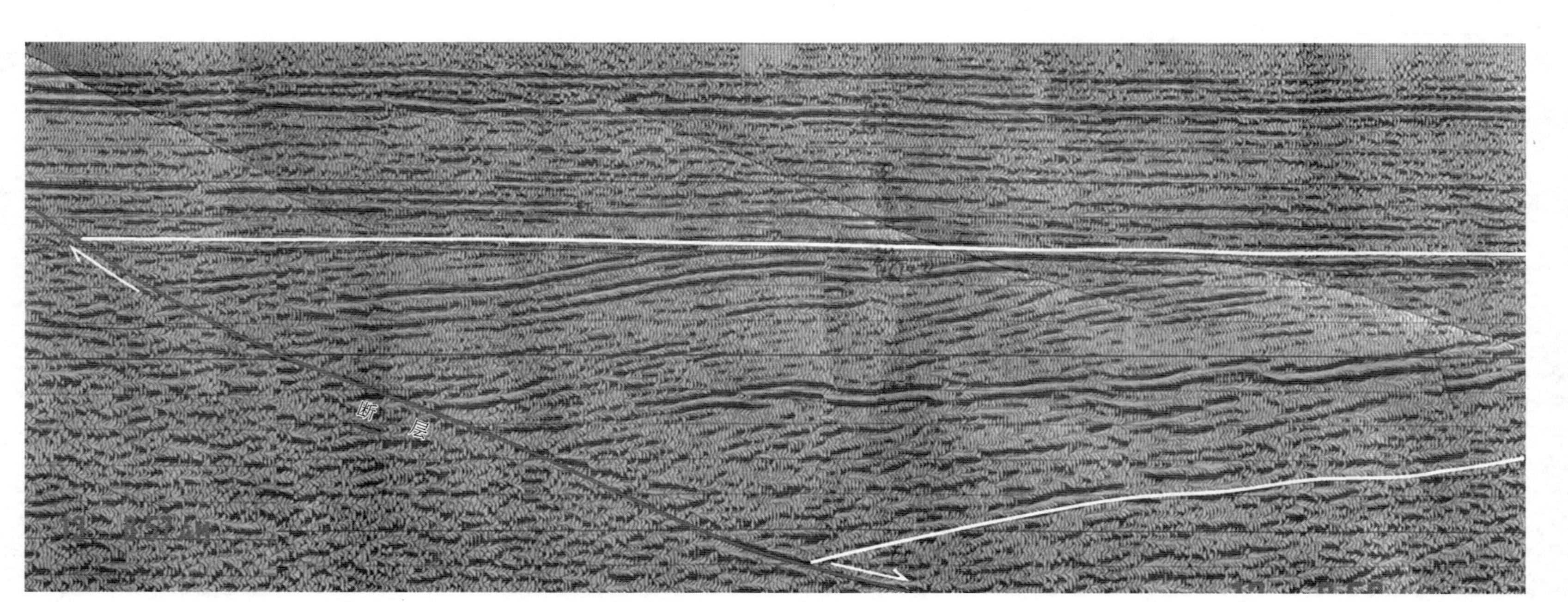

附图 7　某一小型箕状断陷的二维地震剖面（胡光明提供）

习题 7　碳酸盐岩地震剖面的层序地层学解释

附图 8 为塔中地区奥陶纪碳酸盐台地的三维地震剖面，请首先解释主要断裂，再用箭头标出地震反射终止类型，分别用红色和蓝色线条标注出层序界面和最大海泛面，分析层序结构。

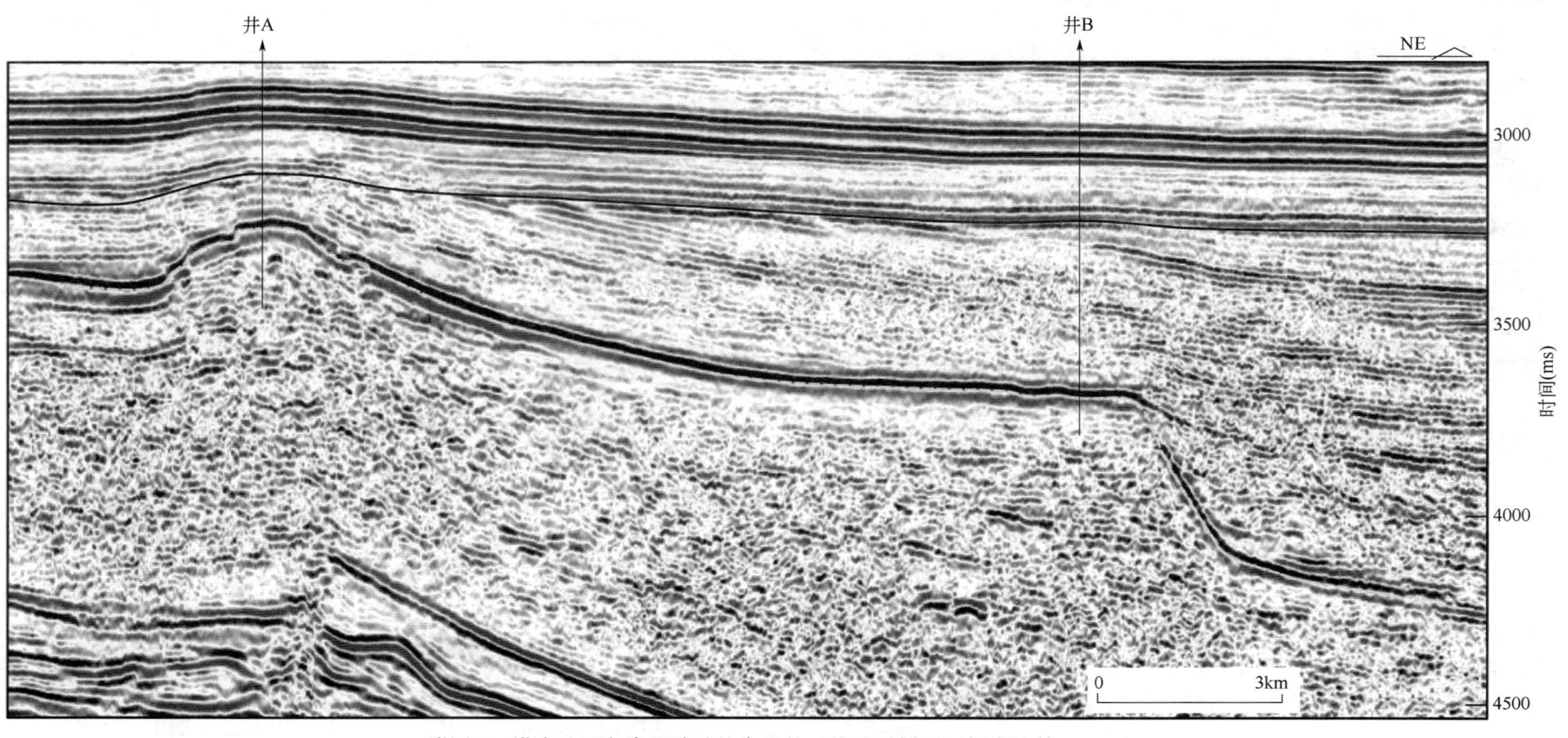

附图 8　塔中地区奥陶纪碳酸盐台地的三维地震剖面（据高达等，2013）

习题 8　井—震结合对地震剖面进行层序地层学解释

附图 9 是对附图 10 中井—震标定的放大，附图 10 是对附图 11 中 Well No. 1 所在位置地震剖面的放大。要求：

（1）在附图 9 中，根据测井曲线识别层序、体系域、准层序组和准层序界面；

（2）根据测井识别的界面，结合井—震标定，在附图 10 的地震剖面中识别各种界面；

（3）根据附图 10 识别结果，在附图 11 中识别层序界面和各种体系域界面，划分体系域。

（资料来源：SEPM 在线层序地层学课程网站）

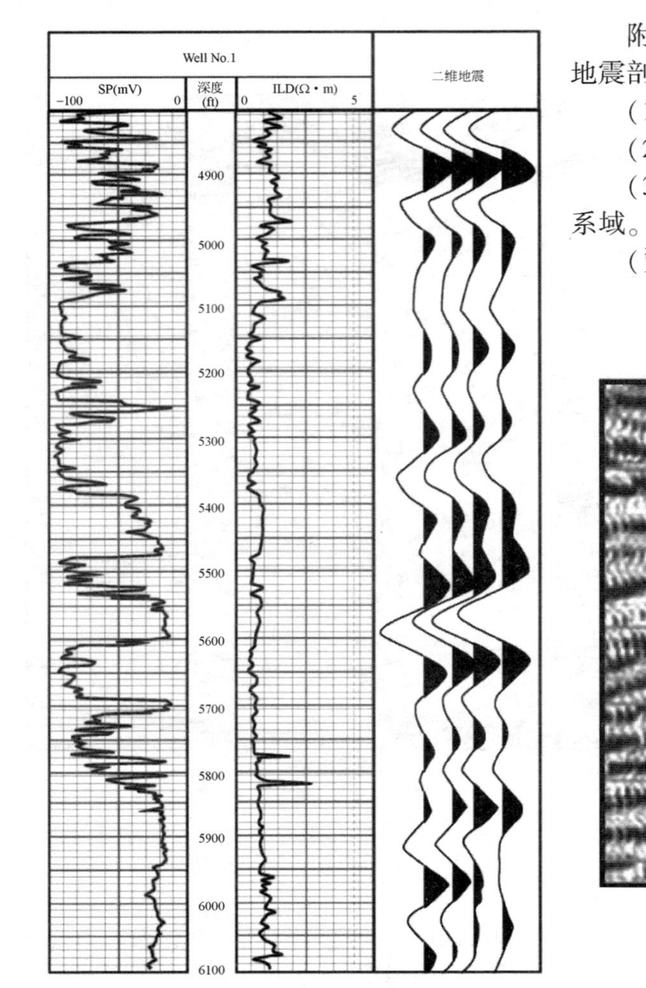

附图 9　Well No. 1 的井—震标定特征

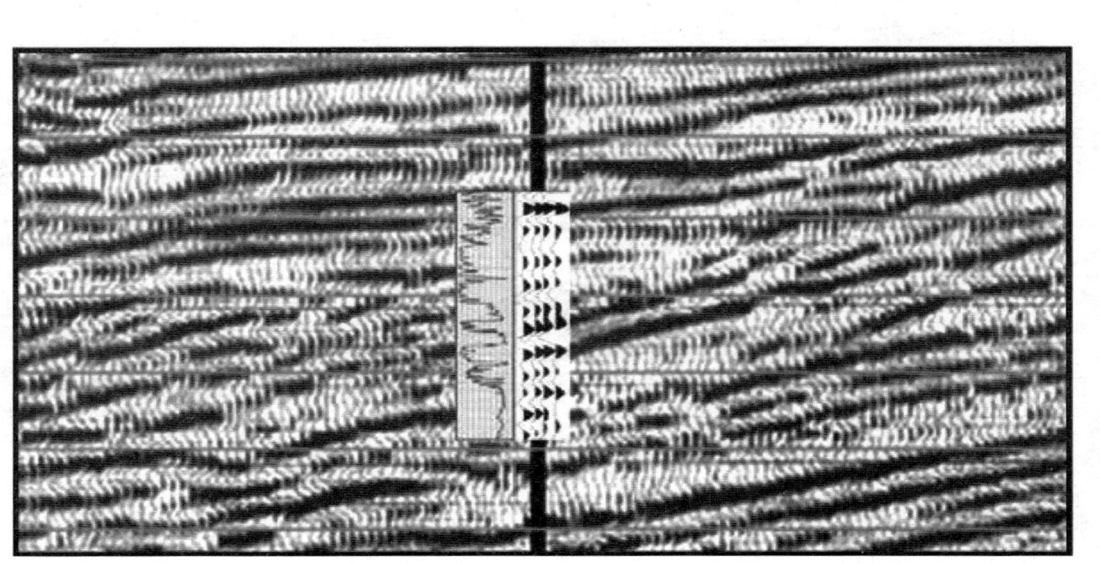

附图 10　Well No 1 在地震剖面中的位置及井—震标定特征

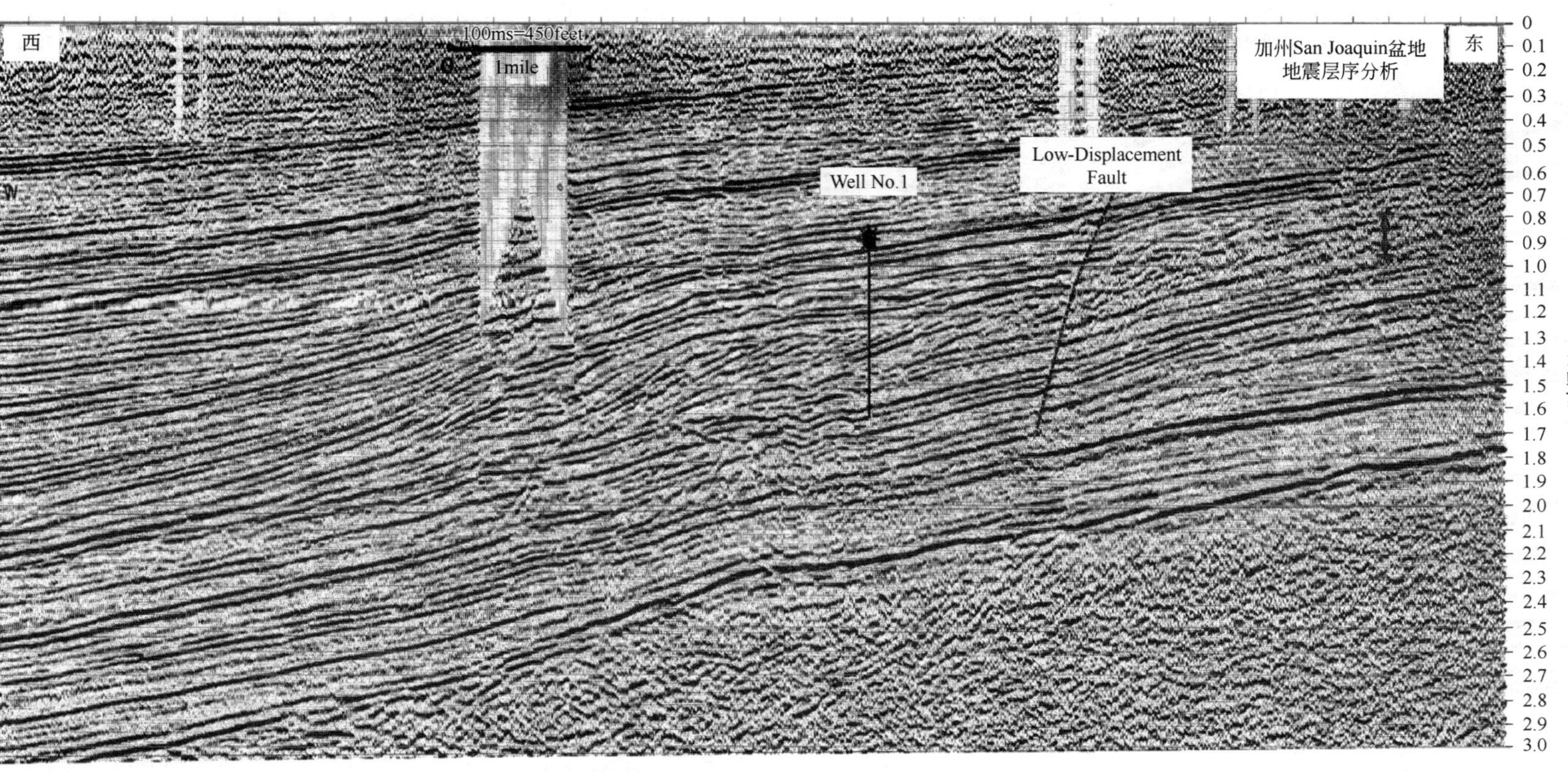

附图 11　地震剖面及钻井位置

习题 9　地震剖面的层序地层解释

（1）在附图 12 所示的二维地震剖面中识别各种地震反射终止类型（用箭头表示）；
（2）根据地震反射终止类型，识别体系域和层序界面（用不同颜色线条标注）；
（3）划分体系域（将不同体系域涂成不同颜色）。

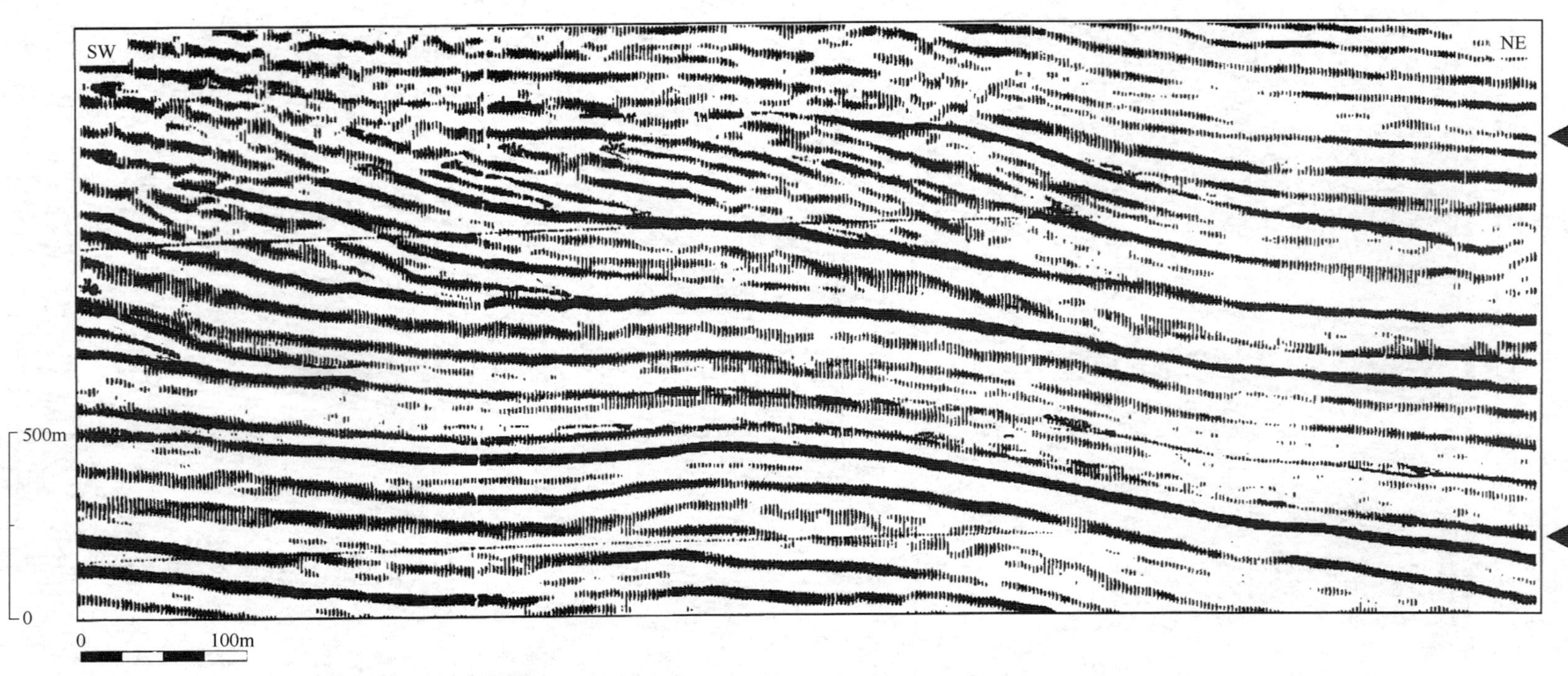

附图 12　通过古新统 Fort Union 组 Waltman 页岩段的二维地震剖面（据 Liro 和 Pardus，1990）

附录二

常用词汇及短语英汉对照

地层学门类：
biostratigraphy 生物地层学
chemostratigraphy 化学地层学
chronostratigraphy 年代地层学
lithostratigraphy 岩性地层学
magneticstratigraphy 磁性地层学
sequence stratigraphy 层序地层学

层序地层学派别：
depositional sequence 沉积层序
genetic sequence 成因层序
genetic stratigraphic sequence 成因层序地层学
transgressive-regressive sequence 海侵—海退层序（T-R 层序）
high resolution sequence stratigraphy 高分辨率层序地层学

层序及其构成单元：
sequence 层序
parasequence set 准层序组
parasequence 准层序（PS）
systems tract 体系域
sequence stratigraphic framework 层序地层格架

体系域类型：
lowstand systems tract 低位体系域（LST）
transgressive systems tract 海侵体系域（TST）
expanding systems tract 湖扩体系域（EST）
highstand systems tract 高位体系域（HST）
forced regressive systems tract 强制海退体系域（FRST）
shelf margin systems tract 陆棚边缘体系域（SMST）
degradational systems tract 侵蚀体系域
transitional systems tract 过渡体系域
aggradational systems tract 加积体系域
backstepping systems tract 后退体系域
forestepping systems tract 前进体系域
low-accommodation systems tract 低可容空间体系域
high-accommodation systems tract 高可容空间体系域
progradational systems tract 前积型体系域
retrogradational systems tract 退积型体系域
filling-stage systems tract 充填阶段体系域
fallstage systems tract 下降阶段体系域

地震反射终端及各种界面：
onlap 上超
downlap 下超
base lap 底超
toplap 顶超
truncation 削截
apparent truncation 视削蚀
concordance 整一
discordance 不整一
conformity 整合
unconformity 不整合
type Ⅰ unconformity Ⅰ型不整合
type Ⅱ unconformity Ⅱ型不整合
subaerial unconformity 地表不整合
hiatal surface 沉积间断面
bypassing surface 过路不留面
expansion surface 扩张面
condensed section 凝缩层，密集段
starved section 饥饿段
first flooding surface 首次洪泛面
marine flooding surface 海泛面
maximum flooding surface 最大海泛面（MFS）
sequence boundary 层序界面（SB）

基准面与可容空间：
base level 基准面
geomorphologic base-level 地貌基准面
base level cycle 基准面旋回
equilibrium surface 均衡面
eustacy 海平面变化
global sea level change 全球海平面变化
accommodation 可容空间
accommodation/sediment supply *A/S* 比

沉积体类型：
lowstand progradational complex 低位前积复合体
lowstand prograding wedge 低位进积楔状体
lowstand wedge 低位楔状体
shelf margin wedge 陆棚边缘楔状体（SMW）
basin floor fan 盆底扇
slope fan 斜坡扇
transgressive lag 海侵滞留沉积
paleosol 古土壤
terrace 阶地

台地类型：
rimmed shelf carbonate platform 镶嵌陆棚型碳酸盐台地
carbonate ramp 缓坡型碳酸盐台地
epeiric carbonate platform 陆表海型碳酸盐台地
isolated carbonate platform 孤立型碳酸盐台地

其他：
aggradation 加积
retrogradation 退积
transgression 海侵
regression 海退
forced regression 强制海退
normal regression 正常海退
transgressive-regressive cycle 海进—海退旋回
keep up 并进型
catch up 追补型
subsidence 沉降
uplift 抬升
rejuvenation 河流回春
incised valley 深切谷
stratigraphic valley 地层谷
topographic valley 地形谷
volumetric partitioning 沉积物体积分配
facies differentiation 相分异
stacking pattern 堆积样式

参考文献

蔡东梅，姜岩，宋保全，等，2019. 喇萨杏油田不同类型砂体井震结合成因层序地层对比［J］. 长江大学学报（自然科学版），16（10）：16-22，4.

蔡希源，李思田，2013. 陆相盆地高精度层序地层学：隐蔽油气藏勘探基础、方法与实践［M］. 北京：地质出版社，36-41.

操应长，2005. 断陷湖盆层序地层学［M］. 北京：地质出版社.

CATUNEANU O，2009. 层序地层学原理［M］. 吴因业，等译. 北京：石油工业出版社.

陈国俊，薛莲花，王琪，等，1999. 新疆阿克苏—巴楚地区寒武—奥陶纪海平面变化与旋回层序的形成［J］. 沉积学报（2）：27-32.

陈留勤，段凯波，霍荣，2009. 旋回地层学研究现状和新进展［J］. 新疆地质，27（3）：254-258.

陈留勤，郭福生，梁伟，2014. 河流相层序地层学研究现状及发展方向［J］. 地层学杂志，38（2）：227-233.

陈文学，姜在兴，鲜本忠，等，2011. 层序地层学与隐蔽圈闭预测：以河南泌阳凹陷为例［M］. 北京：石油工业出版社.

池秋鄂，龚福华，2001. 层序地层学基础与应用［M］. 北京：石油工业出版社.

池英柳，张万选，张厚福，等，1996. 陆相断陷盆地层序成因初探［J］. 石油学报（3）：19-26.

邓宏文，1995. 美国层序地层研究中的新学派：高分辨率层序地层学［J］. 石油与天然气地质（2）：89-97.

邓宏文，王洪亮，李熙喆，1996. 层序地层基准面的识别、对比技术及应用［J］. 石油与天然气地质，17（3）：177-184.

邓宏文，2002. 高分辨率层序地层学：原理及应用［M］. 北京：地质出版社，2002.

邓宏文，王红亮，祝永军，等，2002. 高分辨率层序地层学原理及应用［M］. 北京：地质出版社.

邓宏文，王红亮，阎伟鹏，等，2004. 河流相层序地层构成模式探讨［J］. 沉积学报，22（3）：373-379.

邓宏文，吴海波，王宁，等，2007. 河流相层序地层划分方法：以松辽盆地下白垩统扶余油层为例［J］. 石油与天然气地质，28（5）：621-627.

董春梅，2006. 基于河水位变化的层序地层模式：以济阳坳陷孤东油田为例［J］. 石油实验地质（3）：249-252.

董清水，刘招君，方石，等，2003. 论陆相层序地层学四分方案的可行性［J］. 沉积学报，21（2）：324-327.

EMBRY A，2012. 实用层序地层学［M］. 邓宏文，肖毅，王红亮，等，译. 北京：石油工业出版社.

房强，2015. 晚古生代冰期末期米兰科维奇旋回在华南的记录及环境响应. 北京：中国地质大学（北京）

冯斌，李华，何幼斌，2019. 深水等深流沉积中记录的米兰科维奇特性：以陕西富平地区上奥陶统赵老峪组为例［J］. 地球科学与环境学报，41（1）：69-82.

冯有良，1999. 东营凹陷下第三系层序地层格架及盆地充填模式［J］. 地球科学（6）：635-642.

冯有良，李思田，解习农，2000. 陆相断陷盆地层序形成动力学及层序地层模式［J］. 地学前缘（3）：119-132.

冯有良，周海民，任建业，等，2010. 渤海湾盆地东部古近系层序地层及其对构造活动的响应［J］. 中国科学：地球科学，40（10）：1356-1376.

冯有良，邹才能，蒙启安，等，2018. 构造及气候对后裂谷盆地层序建造的影响：以松辽盆地西斜坡晚白垩世为例［J］. 地球科学，43（10）：3445-3461.

GALLOWAY W E，1989. 盆地分析中的成因地层层序Ⅰ：以淹没面为界的沉积单元的结构和成因［J］. 李培廉，译. 海洋地质译丛（1）：13-22，12.

高达，胡明毅，李安鹏，等，2021. 川中地区龙王庙组高频层序与沉积微相及其对有利储层的控制［J］. 地球科学，46（10）：1-15.

高达，林畅松，胡明毅，等，2016. 利用自然伽马能谱测井识别碳酸盐岩高频层序：以塔里木盆地塔中地区T1井良里塔格组为例［J］. 沉积学报，34（4）：707-715.
高达，林畅松，杨海军，等，2013. 塔中地区良里塔格组沉积微相及其对有利储层的控制［J］. 地球科学：中国地质大学学报，38（4）：819-831.
高振中，罗顺社，何幼斌，张吉森，唐子军. 鄂尔多斯地区西缘中奥陶世等深流沉积［J］. 沉积学报，1995（04）：16-26.
高志勇，韩国猛，张丽华，2007. 河流相沉积中的准层序：以四川中部须家河组为例［J］. 石油与天然气地质，28（1）：59-68.
龚承林，RONALD J STEEL，彭旸，等，2021. 深海碎屑岩层序地层学50年（1970—2020）重要进展［J］. 沉积学报，2021，DOI：10. 14027/j. issn. 1000-0550. 2021. 108
龚一鸣，张克信，2007. 地层学基础与前沿［M］. 武汉：中国地质大学出版社.
龚一鸣，杜远生，童金南，等，2008. 旋回地层学：地层学解读时间的第三里程碑［J］. 地球科学（4）：443-457.
顾家裕，1995. 陆相盆地层序地层学格架概念及模式［J］. 石油勘探与开发（4）：6-10，108.
顾家裕，范土芝，2001. 层序地层学回顾与展望［J］. 海相油气地质，6（4）：15-25.
顾家裕，张兴阳，2004. 陆相层序地层学进展与在油气勘探开发中的应用［J］. 石油与天然气地质（5）：484-490.
顾家裕，郭彬程，张兴阳，2005. 中国陆相盆地层序地层格架及模式［J］. 石油勘探与开发（5）：11-15.
郭建华，1998. 高频湖平面升降旋回与等时储层对比：以辽河西部凹陷欢50块杜家台油层为例［J］. 地质论评（5）：529-535.
郭少斌，2006. 陆相断陷盆地层序地层模式［J］. 石油勘探与开发（5）：548-552.
郭少斌，陈成龙，2007. 利用米兰科维奇旋回划分柴达木盆地第四系层序地层［J］. 地质科技情报（4）：27-30.
郭巍，刘招君，董惠民，等，2004. 松辽盆地层序地层特征及油气聚集规律［J］. 吉林大学学报（地球科学版），34（2）：216-221.
郭彦如，2004. 银额盆地查干断陷闭流湖盆层序的控制因素与形成机理［J］. 沉积学报，（2）：295-301.
国景星，戴启德，吴丽艳，等，2003. 冲积—河流相层序地层学研究［J］. 石油大学学报，27（4）：15-19.
何登发，马永生，刘波，等，2019. 中国含油气盆地深层勘探的主要进展与科学问题［J］. 地学前缘，26（1）：1-12.
何幼斌，罗顺社，高振中，1997. 深水牵引流沉积研究进展与展望［J］. 地球科学进展（3）：247-252.
何幼斌，王文广，2017. 沉积岩与沉积相［M］. 2版. 北京：石油工业出版社.
何治亮，高志前，张军涛，丁茜，焦存礼，2014. 层序界面类型及其对优质碳酸盐岩储层形成与分布的控制［J］. 石油与天然气地质，35（6）：853-859.
侯明才，陈洪德，田景春，2001. 层序地层学的研究进展［J］. 矿物岩石，21（3）：128-134.
胡光明，王军，纪友亮，等，2010. 河流相层序地层模式与地层等时对比［J］. 沉积学报，28（4）：745-751.
胡光明，倪超，王军，等，2011. 河流层序地层学研究现状与存在问题［J］. 地质科技情报，30（6）：55-59.
胡明毅，钱勇，胡忠贵，王延奇，2010. 塔里木柯坪地区奥陶系层序地层与同位素地球化学响应特征［J］. 岩石矿物学杂志，29（2）：199-205.
胡明毅，魏欢，邱小松，等，2012. 鄂西利川见天坝长兴组生物礁内部构成及成礁模式［J］. 沉积学报，30（1）：33-42.
胡小强，杨木壮，2006. 万安盆地可容纳空间变化分析［J］. 海洋地质动态（6）：29-32，40.
胡忠贵，胡明毅，廖军，等，2014. 鄂西建南地区长兴组沉积相及生物礁沉积演化模式［J］. 天然气地球科学，25（07）：980-990.
黄春菊，2014. 旋回地层学和天文年代学及其在中生代的研究现状［J］. 地学前缘，21（2）：48-65
黄彦庆，张尚锋，张昌民，等，2006. 高分辨率层序地层学中自旋回作用的探讨［J］. 石油天然气学报（2）：6-8.
纪友亮，张世奇，等，1996. 陆相断陷湖盆层序地层学［M］. 北京：石油工业出版社.
纪友亮，张世奇，等，1998. 层序地层学原理及层序成因机制模式［M］. 北京：地质出版社.
纪友亮，张世奇，李红南，1994. 东营凹陷下第三系陆相湖盆层序地层学研究［J］. 地质论评，40（S1）：97-104.
纪友亮，2005. 层序地层学［M］. 上海：同济大学出版社.
纪友亮，周勇，2020. 层序地层学［M］. 北京：中国石化出版社.
贾承造，1997. 中国塔里木盆地构造特征与油气［M］. 北京：石油工业出版社.
贾承造，刘德来，赵文智，等，2002. 层序地层学研究新进展［J］. 石油勘探与开发（5）：1-4.
贾进华，1995. 前陆盆地层序地层学研究简介［J］. 地质科技情报，（1）：23-28.
姜在兴，李华启，等，1996. 层序地层学原理及应用［M］. 北京：石油工业出版社.
姜在兴，2010. 沉积体系及层序地层学研究现状及发展趋势［J］. 石油与天然气地质，31（5）：535-540.
姜在兴，2012. 层序地层学研究进展：国际层序地层学研讨会综述［J］. 地学前缘，19（1）：1-9.
金之钧，范国章，刘国臣，1999. 一种地层精细定年的新方法［J］. 地球科学（4）：379-382.
康安，1999. 柴达木盆地第四系层序地层学研究［D］. 北京：中国石油大学（北京）.
康玉柱，2012. 中国三大类型盆地油气分布规律［J］. 新疆石油地质，33（6）：635-639.
李国玉，吕鸣岗，等，2002. 中国含油气盆地图集［M］. 北京：石油工业出版社.
李继红，2002. 复杂断块油藏地质模型与剩余油分布研究［D］. 西安：西北大学.
李丕龙，等，2003. 陆相断陷盆地油气地质与勘探［M］. 北京：石油工业出版社.
李倩，万丽芬，侯林秀，2019. 北部湾盆地涠西南凹陷南部复杂断块区成因地层分析［J］. 海洋石油，39（4）：11-18.
李绍虎，2010. 对国外层序地层学研究进展的几点思考及 L-H-T 层序地层学［J］. 沉积学报，28（4）：735-744.
李绍虎，贾丽春，2011. 层序地层学四分模型的非周期性与层序边界调整［J］. 沉积学报，29（1）：105-117.
李绍虎，2012. 浅议层序边界［J］. 地学前缘，19（1）：20-31.
李绍虎，李树鹏，胡言烨，等，2017. 层序地层学：问题与讨论［J］. 地球科学，42（12）：2312-2326.
李祥辉，张洁，1999. 海平面及海平面变化综述［J］. 岩相古地理，19（4）：61-72，41.
李勇，廖前进，肖敦清，等，2014. 河流相层序地层学：以黄骅坳陷新近系为例［M］. 北京：科学出版社.
林畅松，张燕梅，刘景彦，等，2000a. 高精度层序地层学和储层预测［J］. 地学前缘（3）：111-117.
林畅松，潘元林，肖建新，等，2000b. "构造坡折带"：断陷盆地层序分析和油气预测的重要概念［J］. 地球科学（3）：260-266.
林畅松，刘景彦，张燕梅，等，2002. 库车坳陷第三系构造层序的构成特征及其对前陆构造作用的响应［J］. 中国科学：D 辑地球科学（3）：177-183.
林畅松，张燕梅，李思田，等，2004. 中国东部中新生代断陷盆地幕式裂陷过程的动力学响应和模拟模型［J］. 地球科学（5）：583-588.
林畅松，杨海军，蔡振中，等，2013. 塔里木盆地奥陶纪碳酸盐岩台地的层序结构演化及其对盆地过程的响应［J］. 沉积学报，31（5）：907-918.
林孝先，侯中健，2014. 高分辨率层序基准面变化（半）定量分析方法及其在松辽盆地泉四段的应用［J］. 成都理工大学学报（自然科学版），41（2）：157-170.
刘光泓，张世红，吴怀春，2020. 前寒武纪旋回地层学研究的进展与挑战［J］. 地层学杂志，44（3）：

239-249.
刘建民，李阳，关振良，等，2000. 孤岛地区馆陶组河流沉积地层的高分辨层序地层样式［J］. 石油勘探与开发，27（6）：31-32，44.
刘景彦，林畅松，2000. 前陆盆地构造活动的层序地层响应［J］. 地学前缘，7（3）：265-266.
刘君龙，纪友亮，杨克明，等，2015. 川西须家河组前陆盆地构造层序及沉积充填响应特征［J］. 中国石油大学学报（自然科学版），39（6）：11-23.
刘星，陆友明，程守田，等，2002. 垦西油田馆陶组河流沉积高分辨率层序地层研究［J］. 沉积学报（1）：101-105，111.
LOUCKS R G，SARG J F，2003. 碳酸盐层序地层学：近期进展及应用［M］. 马永生，刘波，梅冥相，等，译. 北京：海洋出版社.
陆元法，李文汉，1989. 旋回地层学［J］. 沉积与特提斯地质（1）：31-40.
罗笃清，姜贵周，1993. 松辽盆地中新生代构造演化［J］. 大庆石油学院学报（1）：8-15.
罗立民，王英民，李晓慈，等，1997. 运用层序地层学模式预测河流相砂岩储层［J］. 石油地球物理勘探（1）：130-136，154.
罗顺社，何幼斌，2002. 深水等深积岩丘及其含油气潜能［J］. 海相油气地质（4）：8-12，4.
马雪莹，邓胜徽，卢远征，等，2019. 华南上奥陶统宝塔组天文年代格架及其地质意义［J］. 地学前缘，26（2）：281-291.
毛家仁，2005. 贵阳乌当上古生界的海侵—海退层序［J］. 现代地质（1）：119-126.
梅冥相，1996. 从地层记录的特性论岩石地层学的困惑［J］. 地层学杂志（3）：207-212.
梅冥相，1999. 费希尔图解法在识别和定义长周期海平面变化中的应用［J］. 岩相古地理，15（1）：44-51.
梅冥相，2010a. 从正常海退与强迫型海退的辨别进行层序界面对比：层序地层学进展之一［J］. 古地理学报，12（5）：549-564.
梅冥相，2010b. 长周期层序形成机制的探索：层序地层学进展之二［J］. 古地理学报，12（6）：711-725.
梅冥相，2011. 从旋回的有序叠加形式到层序的识别和划分：层序地层学进展之三［J］. 古地理学报，13（1）：37-54.
梅冥相，2015. 从沉积层序到海平面变化层序：层序地层学一个重要的新进展［J］. 地层学杂志，39（1）：58-73.
孟万斌，张锦泉，2000. 陕甘宁盆地中部马五 1 潮缘碳酸盐沉积旋回及其成因探讨［J］. 沉积学报（3）：419-423.
MIALL A D，1992. 地层层序及其年代地层对比［J］. 梅冥相，译. 地质科学译丛（1）：32-39.
潘元林，宗国洪，郭玉新，等，2003. 济阳断陷湖盆层序地层学及砂砾岩油气藏群［J］. 石油学报（3）：16-23.
潘元林，李思田，等，2004. 大型陆相断陷盆地层序地层与隐蔽油气藏研究：以济阳坳陷为例［M］. 北京：石油工业出版社.
齐永安，胡斌，张国成，2001. 遗迹学在沉积环境分析和层序地层学研究中的应用［M］. 徐州：中国矿业大学出版社.
覃建雄，曾允孚，陈洪德，等，1999. 碳酸盐斜坡沉积层序地层研究［J］. 石油实验地质，21（2）：110-118.
钱宁，1985. 关于河流分类及成因问题的讨论［J］. 地理学报（1）：1-10.
钱奕中，陈洪德，刘文均，1994. 层序地层学理论和研究方法［M］. 成都：四川科学技术出版社.
裘亦楠，1985. 河流沉积学中的河型分类［J］. 石油勘探与开发（2）：72-74.
任建业，陆永潮，张青林，2004. 断陷盆地构造坡折带形成机制及其对层序发育样式的控制［J］. 地球科学（5）：596-602.
施振生，杨威，郭长敏，等，2007. 塔里木盆地志留纪沉积层序构成及充填响应特征［J］. 沉积学报（3）：

401-408.
石巨业，金之钧，刘全有，2019. 基于米兰科维奇理论的湖相细粒沉积岩高频层序定量划分［J］. 石油与天然气地质（6）.
宋万超，刘波，宋新民，2003. 层序地层学概念、原理、方法及应用［M］. 北京：石油工业出版社.
孙湘君，汪品先，2005. 从中国古植被记录看东亚季风的年龄［J］. 同济大学学报（自然科学版），33（9）：1137-1143.
田军，汪品先，成鑫荣，2005. 从相位差探讨更新世东亚季风的驱动机制［J］. 中国科学：地球科学（2）：158-166.
田作基，宋建国，1999. 塔里木库车新生代前陆盆地构造特征及形成演化［J］. 石油学报（4）：15-21，3.
汪品先，1991. 气候与环境演变中的非线性关系：以末次冰期为例［J］. 第四纪研究（2）：97-103.
王宝成，白连德，2008. 河流相地层层序发育特征及构成模式［J］. 特种油气藏，15（4）：13-17.
王冠民，姜在兴，2000. 关于深切谷的研究进展［J］. 石油大学学报（自然科学版），24（1）：117-121.
王鸿祯，1995. 地层学学科发展的回顾［A］//王鸿祯. 中国地质学科发展的回顾［C］. 武汉：中国地质大学出版社：59-63.
王鸿祯，2006. 地层学的几个基本问题及中国地层学可能的发展趋势［J］. 地层学杂志，30（2）：97-102.
王华，2008. 层序地层学基本原理、方法与应用［M］. 武汉：中国地质大学出版社.
王华，廖远涛，陆永潮，等，2010. 中国东部新生代陆相断陷盆地层序的构成样式［J］. 中南大学学报（自然科学版），41（1）：277-285.
王龙樟，刘海兴，1998. 基准面变化与层序地层：以塔里木盆地陆相地层为例［J］. 岩相古地理（3）：3-8.
王嗣敏，刘招君，2004. 高分辨率层序地层学在陆相地层研究中若干问题的讨论［J］. 地层学杂志（2）：179-184.
王随继，倪晋仁，王光谦，2000. 河流沉积学研究进展及发展趋势［J］. 应用基础与工程科学学报（4）：362-369.
王颖，王英民，王晓洲，等，2005. 松辽盆地西部坡折带的成因演化及其对地层分布模式的控制作用［J］. 沉积学报（3）：498-506.
魏魁生，徐怀大，1993. 华北典型箕状断陷盆地层序地层学模式及其与油气赋存关系［J］. 地球科学（2）：139-149，247.
魏魁生，1996. 非海相层序地层学：以松辽盆地为例［M］. 北京：地质出版社.
魏魁生，叶淑芬，郭占谦，等，1996. 松辽盆地白垩系非海相沉积层序模式［J］. 沉积学报（4）：51-61.
魏魁生，徐怀大，叶淑芬，1997a. 鄂尔多斯盆地北部下古生界层序地层分析［J］. 石油与天然气地质（2）：48-55，90.
魏魁生，徐怀大，叶淑芬，等，1997b. 松辽盆地白垩系高分辨率层序地层格架［J］. 石油与天然气地质（1）：9-16.
WILGUS C K，等，1993. 层序地层学原理（海平面变化综合分析）［M］. 徐怀大，魏魁生，洪卫东，等，译. 北京：石油工业出版社.
邬金华，余素玉，1996. 一个湖泊—三角洲沉积总体中泥质岩成因地层研究的元素统计分析［J］. 沉积学报（1）：59-68.
吴和源，2011. 层序地层学研究现状及进展：模式多样化［J］. 地质科技情报，30（6）：60-64.
吴和源，2017. 朝向层序地层学标准化：层序地层学研究的一个重要科学命题［J］. 沉积学报，35（3）：425-432.
吴怀春，张世红，冯庆来，等，2011. 旋回地层学理论基础、研究进展和展望［J］. 地球科学，36（3）：409-428.
吴怀春，房强，2020. 旋回地层学和天文时间带［J］. 地层学杂志，44（3）：227-238.
吴胜和，马晓芬，陈崇河，2001. 测井约束反演在高分辨率层序地层学中的应用［J］. 地层学杂志，25

（2）：140-143.
吴因业，陈丽华，等，2008. 中国中西部前陆盆地油气储层层序地层学［M］. 北京：石油工业出版社.
吴因业，张天舒，张志杰，等，2010. 沉积体系域类型、特征及石油地质意义［J］. 古地理学报，12（1）：69-81.
吴因业，朱如凯，罗平，等，2011. 沉积学与层序地层学研究新进展：第 18 届国际沉积学大会综述［J］. 沉积学报，29（1）：199-206.
夏文臣，1991. 中国东部中、新生代断陷盆地的成因地层格架及其与油气的关系［J］. 地质科技情报，（1）：41-48.
夏文臣，周杰，雷建喜，1993. 沉积盆地中等时性地层界面的成因类型及其在成因地层分析中的意义［J］. 地质科技情报（1）：27-32.
肖飞，2020. 华北地台中东部寒武系层序地层与岩相古地理研究［D］. 北京：中国地质大学（北京）.
萧德铭，蒙启安，1997. 松辽盆地北部低渗透薄互层油气藏勘探的实践与认识［J］. 大庆石油地质与开发，（3）：13-16，78.
解习农，程守田，陆永潮，1996a. 陆相盆地幕式构造旋回与层序构成［J］. 地球科学（1）：30-36.
解习农，任建业，焦养泉，等，1996b. 断陷盆地构造作用与层序样式［J］. 地质论评（3）：239-244.
解习农，任建业，2013. 沉积盆地分析基础［M］. 武汉：中国地质大学出版社.
辛仁臣，蔡希源，王英民，2004. 松辽坳陷深水湖盆层序界面特征及低位域沉积模式［J］. 沉积学报（3）：387-392.
徐道一，1983. 天文地质学概论［M］. 北京：地质出版社.
徐怀大，1991. 层序地层学理论用于我国断陷盆地分析中的问题［J］. 石油与天然气地质（1）：52-57，99-100.
徐怀大，1995. 如何推动我国层序地层学迅速发展［J］. 地学前缘（3）：103-113.
徐怀大，1996. 寻找非构造油气藏的新思路［J］. 勘探家（1）：43-47，10.
徐文，刘鹏程，于占海，等，2020. 苏里格气田召 30 区块高分辨率层序地层旋回划分与对比方法［J］. 西安石油大学学报（自然科学版），35（1）：28-33，41.
许艺炜，胡修棉，2020. 深时全球海平面变化重建方法的回顾与展望［J］. 高校地质学报，26（4）：395-410.
薛良清，2000. 成因层序地层学的回顾与展望［J］. 沉积学报（3）：484-488.
薛培华，1991. 河流点坝相储层模式概论［M］. 北京：石油工业出版社.
闫建平，言语，彭军，等，2017. 天文地层学与旋回地层学的关系、进展及其意义［J］. 岩性油气藏，29（1）：147-156
严德天，王华，王清晨，2008. 中国东部第三系典型断陷盆地幕式构造旋回及层序地层特征［J］. 石油学报，29（2）：185-190.
杨华，席胜利，魏新善，等，2016. 鄂尔多斯本地大面积致密砂岩气成藏理论［M］. 北京：科学出版社.
杨香华，陈开远，石万忠，等，2002. 东濮凹陷盐湖层序结构与隐蔽油气藏［J］. 石油与天然气地质（2）：139-142.
姚益民，徐道一，李保利，等，2007. 东营凹陷牛 38 井沙三段高分辨率旋回地层研究［J］. 地层学杂志（3）：229-239.
袁选俊，林森虎，刘群，等，2015. 湖盆细粒沉积特征与富有机质页岩分布模式：以鄂尔多斯盆地延长组长 7 油层组为例［J］. 石油勘探与开发，42（1）：34-43.
袁选俊，薛良清，池英柳，等，2003. 坳陷型湖盆层序地层特征与隐蔽油气藏勘探：以松辽盆地为例［J］. 石油学报，24（3）：11-15.
伊海生，2011. 测井曲线旋回分析在碳酸盐岩层序地层研究中的应用［J］. 古地理学报，13（4）：456-466.
尹太举，张昌民，赵红静，等，2001. 依据高分辨率层序地层学进行剩余油分布预测［J］. 石油勘探与开发，

（4）：79-82.
张昌民，张尚锋，李少华，等，2004. 中国河流沉积学研究 20 年［J］. 沉积学报（2）：183-192.
张昌民，朱锐，冯文杰，等，2020. 分支河流体系基本特征与研究进展［M］. 武汉：中国地质大学出版社.
张春生，刘忠保，施冬，等. 扇三角洲形成过程及演变规律［J］. 沉积学报，2000（04）：521-526，655.
张德武，冯有良，邱以钢，等，2004. 东营凹陷下第三系层序地层研究与隐蔽油气藏预测［J］. 沉积学报（1）：67-72.
张金川，陈建文，1996. 米兰柯维奇理论与地层旋回［J］. 海洋地质动态，（8）：7-9.
张利萍，陈轩，张昌民，等，2010. 河流相层序地层及岩性油气藏油气富集规律：以准噶尔盆地红 29 三维工区为例［J］. 吉林大学学报（地球科学版），40（5）：1004-1013.
张善文，王英民，李群，2003. 应用坡折带理论寻找隐蔽油气藏［J］. 石油勘探与开发（3）：5-7.
张尚锋，张昌民，李少华，2007. 高分辨率层序地层学理论与实践［M］. 北京：石油工业出版社.
张哨楠，2001. 河流沉积对于气候和海平面变化响应的讨论［J］. 矿物岩石（3）：23-26.
张世奇，纪友亮，1998. 东营凹陷早第三纪古气候变化对层序发育的控制［J］. 石油大学学报（自然科学版），22（6）：29-33.
张世奇，纪友亮，王金友，等，2001. 陆相断陷湖盆中可容空间变化特征探讨［J］. 矿物岩石（2）：34-37.
张世奇，任延广，2003a. 松辽盆地中生代沉积基准面变化研究［J］. 长安大学学报（地球科学版）（2）：1-5.
张世奇，纪友亮，高岭，2003b. 平衡剖面分析技术在松辽盆地构造演化恢复中的应用［J］. 新疆地质（4）：489-490.
张守信，1989. 理论地层学：现代地层学概念［M］. 北京：科学出版社.
张万选，张厚福，曾洪流，1998. 陆相断陷盆地区域地震地层学研究［M］. 东营：石油大学出版社.
张渝昌，等，1997. 中国含油气盆地原型分析［M］. 南京：南京大学出版社.
张周良，1996. 河流相地层的层序地层学与河流类型［J］. 地质论评，42（增刊）：188-193.
张自力，朱筱敏，张锐锋，等，2020. 典型箕状断陷湖盆层序划分及层序结构样式：以霸县凹陷古近系为例［J］. 地球科学，45（11）：4218-4235.
章轩玮，2013. 从常规体系域到非常规体系域：河流相层序地层学研究的一个重要进展［J］. 海相油气地质，18（1）：39-46.
赵波，张顺，林春明，等，2008. 松辽盆地坳陷期湖盆层序地层研究［J］. 地层学杂志（2）：159-168.
赵澄林，朱平，陈方鸿，2001. 高邮凹陷高分辨率层序地层学及储层研究［M］. 北京：石油工业出版社.
赵庆乐，2010. 磁化率在碳酸盐岩地层旋回分析中的应用［D］. 北京：中国地质大学（北京）.
赵文智，王新民，郭彦如，等，2006. 鄂尔多斯盆地西部晚三叠世原型盆地恢复及其改造演化［J］. 石油勘探与开发（1）：6-13.
赵玉光，许效松，刘宝珺，1997. 克拉通边缘前陆盆地动力层序地层学［J］. 岩相古地理（1）：4-13.
郑荣才，柯光明，文华国，等，2004. 高分辨率层序分析在河流相砂体等时对比中的应用［J］. 成都理工大学学报（自然科学版），31（6）：641-647.
郑荣才，吴朝容，叶茂才，2000a. 浅谈陆相盆地高分辨率层序地层研究思路［J］. 成都理工学院学报（3）：241-244.
郑荣才，尹世民，彭军，2000b. 基准面旋回结构与叠加样式的沉积动力学分析［J］. 沉积学报（3）：369-375.
郑荣才，彭军，吴朝容，2001. 陆相盆地基准面旋回的级次划分和研究意义［J］. 沉积学报（2）：249-255.
郑荣才，朱如凯，翟文亮，等，2008. 川西类前陆盆地晚三叠世须家河期构造演化及层序充填样式［J］. 中国地质，35（2）：246-254.
中国石油天然气集团公司油气储层重点实验室，2002. 陆相层序地层学应用指南［M］. 北京：石油工业出版社.
中国石油天然气总公司勘探局，1998. 层序地层学原理及应用［M］. 北京：石油工业出版社.

周海民，董月霞，等，2006. 陆相断陷盆地层序地层学工作方法图集［M］. 北京：石油工业出版社.
周丽清，邵德艳，刘玉刚，等，1999. 洪泛面、异旋回、自旋回及油藏范围内小层对比［J］. 石油勘探与开发（6）：75-77.
朱红涛，黄众，刘浩冉，等，2011. 利用测井资料识别层序地层单元技术与方法进展及趋势［J］. 地质科技情报，30（4）：29-36.
朱剑兵，纪友亮，赵培坤，等，2005. 小波变换在层序地层单元自动划分中的应用［J］. 石油勘探与开发（1）：84-86.
朱筱敏. 层序地层学［M］. 东营：石油大学出版社，2000.
朱筱敏，王贵文，谢庆宾，2001. 塔里木盆地志留系层序地层特征［J］. 古地理学报（2）：64-71.
朱筱敏，康安，王贵文，2003. 陆相坳陷型和断陷型湖盆层序地层样式探讨［J］. 沉积学报（2）：283-287.
朱筱敏，刘媛，方庆，等，2012. 大型坳陷湖盆浅水三角洲形成条件和沉积模式：以松辽盆地三肇凹陷扶余油层为例［J］. 地学前缘，19（1）：89-99.
朱筱敏，邓秀芹，刘自亮，等，2013a. 大型坳陷湖盆浅水辫状河三角洲沉积特征及模式：以鄂尔多斯盆地陇东地区延长组为例［J］. 地学前缘，20（2）：19-28.
朱筱敏，潘荣，赵东娜，等，2013b. 湖盆浅水三角洲形成发育与实例分析［J］. 中国石油大学学报（自然科学版），37（5）：7-14.
朱筱敏，赵东娜，曾洪流，等，2013c. 松辽盆地齐家地区青山口组浅水三角洲沉积特征及其地震沉积学响应［J］. 沉积学报，31（5）：889-897.
朱筱敏，2016. 层序地层学［M］. 东营：中国石油大学出版社.
邹才能，薛叔浩，赵文智，等，2004a. 松辽盆地南部白垩系泉头组—嫩江组沉积层序特征与地层—岩性油气藏形成条件［J］. 石油勘探与开发（2）：14-17.
邹才能，池英柳，李明，等，2004b. 陆相层序地层学分析技术油气勘探工业化应用指南［M］. 北京：石油工业出版社.
邹才能，赵文智，张兴阳，等，2008. 大型敞流坳陷湖盆浅水三角洲与湖盆中心砂体的形成与分布［J］. 地质学报（6）：813-825.
ABELS H A，DUPONT-NIVET G，XIAO G，et al，2011. Step-wise change of Asian interior climate preceding the Eocene-Oligocene Transition（EOT）［J］. Palaeogeography Palaeoclimatology Palaeoecology，299（3-4）：399-412.
ABREU V，NEAL J E，BOHACS K M，et al，2010. Sequence stratigraphy of siliciclastic systems-The ExxonMobil methodology：Atlas of exercises［M］. SEPM Concepts in Sedimentology and Paleontology：9.
ALLEN G P，POSAMENTIER H W，1993. Sequence stratigraphy and facies model of an incised valley fill：The Gironde estuary，France［J］. Journal of Sedimentary Petrology，63（5）：487-489.
ALLEN J R L，1974. Studies in fluviatile sedimentation：implications of pedogenic carbonate units，Lower Old Red Sandstone，Anglo-Welsh outcrop［J］. Geol J，9：181-208.
ALLEN J R L，1978. Studies in fluviatile sedimentation：an exploratory quantitative model for the architecture of avulsion-centrolled alluvial suites［J］. Sediment Geol，21：129-147.
ANADÓN P，CABRERA L，JULIÀ R et al，1991. Sequential arrangement and asymmetrical fill in the Miocene Rubielos de Mora Basin（northeast Spain）//ANADÓN P，CABRERA L，KELTS K. Lacustrine Facies Analysis. Special publication 13 of the IAS，13：257-275.
BARRELL J，1917. Rhythms and the measurement of geologic time：Geological Society of America，Bulletin，28：745-904.
BETZLER C，FÜRSTENAU J，LÜDMANN T，et al，2012. Sea-level and ocean-current control on carbonate-platform growth，Maldives，Indian Ocean［J］. Basin Research，25（2）：172-196.
BJERSTEDT T W，KAMMER T W，1988. Genetic stratigraphy and depositional systems of the upper Devonian-

lower Mississippian Price-Rockwell deltaic complex in the central Appalachians, USA [J]. Sedimentary Geology, 54 (4): 265-301.

BOGGS JR S, 2012. Principles of sedimentology and stratigraphy [M]. 5th ed. Columbus: Merrill Publishing Company.

BRIDGE J S, LCEDER M R, 1979. A simulation model of alluvial stratigraphy [J]. Sedimentology, 26: 617-644.

BRIDGE J S, 1984. Large scale facies sequences in alluvial overbank environments [J]. Sediment Petrol, 54: 583-588.

BROWN F L, BENSON JR J M, BRINK G J, et al, 1995. Sequence stratigraphy in off shore South African divergent basin [J]. AAPG, Studies in Geology, 41.

BURCHETTE T P, WRIGHT V P, 1992. Carbonate ramp depositional systems [J]. Sedimentary Geology, 79: 3-57.

BUSCH D A, 1959. Prospecting for stratigraphic traps [J]. AAPG Bulletin, 43: 2829- 2843.

CATUNEANU O, HANCOXT P J, RUBIDGE B S, 1998. Reciprocal flexural behaviour and contrasting stratigraphies: a new basin development model for the Karoo retroarc foreland system, South Africa. Basin Research, 10: 417-439.

CATUNEANU O, 2006. Principles of Sequence Stratigraphy [M]. Amsterdam: Elsevier.

CATUNEANU O, ABREU V, BHATTACHARYA J P, et al, 2009. Toward the standardization of sequence stratigraphy [J]. Earth-Science Reviews, 92: 1-33.

CHRISTIE-BLICK N, LEVY M, 1989. Stratigraphic and Tectonic Framework of Upper Proterozoic and Cambrian Rocks in the Western United States [M]. New York: Wiley.

CHUNJU H, HESSELBO S P, HINNOV L, 2010a. Astrochronology of the late Jurassic Kimmeridge Clay (Dorset, England) and implications for Earth system processes [J]. Earth and Planetary Science Letters, 289 (1): 242-255.

CHUNJU HUANG, JINNAN TONG, LINDA HINNOV, 2010b. Timing of Permo-Triassic mass extinctions: Global correlation by high-resolution astronomical tuning [J]. Journal of Earth Science, 21 (S1): 135-136.

CHUNJU H, LINDA H, 2019. Astronomically forced climate evolution in a saline lake record of the middle Eocene to Oligocene, Jianghan Basin, China [J]. Earth and Planetary Science Letters, 528.

CORNWELL C F, 2012. Sequence stratigraphy and chemostratigraphy of an incised valley fill within the Cretaceous Blackhawk Formation, Book Cliffs, Utah [D]. Lawrence: University of Kansas.

CREANEY S, PASSEY Q R, 1993. Recurring patterns of total organic carbon and source rock quality within a sequence stratigraphic framework [J]. Am Assoc Petrol Geol Bull, 77: 386-401.

CROSS T A, 1991. High-resolution stratigraphic correlation from the perspectives of base-level cycles and sediment accommodation [A]//DOLSON J. Unconformity related hydrocarbon exploration and accumulation in clastic and carbonate setting Short Course Notes, rocky mountain Association of Geologists: 28-41.

CROSS T A, 1993. Applications of high-resolution sequence stratigraphy in petroleum exploration and production short course notes [C]. Canadian Society of Petroleum Geologists, Calgary, Alberta, August 15: 290.

CROSS T A, et al, 1993. Application of high-resolution sequence stratigraphy to reservoir analysis from: subsurface reservoir characterization from outcrop observations [C]. Proceedings of the 7th E&P Research Conference Paris, Tecchni: 11-33.

CROSS T A, 1994a. Applications of high-resolution sequence stratigraphy to reservoir analysis [C]. The Interstate Oil and Gas Compact Commission 1993 Annual Bulletin: 24-39.

CROSS T A, 1994b. Stratigraphic architecture, correlation concepts, volumetric partioning, facies differentiation, and reservoir compartmentalization from the perspective of high-resolution sequence stratigraphy research report of the genetic stratigraphy research group [J]. DGGE, CSM: 28-41.

CROSS T A, LESSENGER M A, 1998. Sediment volume partitioning: rationale for stratigraphic model evaluation and high-resolution stratigraphic correlation [A]//GRADSTEIN F M, SANDVIK K O, MILTON N J. Sequence stratigraphy: concepts and applications. NPF Special Publication 8: 171-195.

CURRIE B S, 1997. Sequence stratigraphy of nonmarine Jurassic-Cretaceous rocks, central Cordilleran foreland-basin system [J]. GSA Bulletin, 109 (9): 1206-1222.

DARNGAWN J L, PATEL S J, JOSEPH J K, et al, 2019. Genetic sequence stratigraphy on the basis of ichnology for the Middle Jurassic basin margin succession of Chorar Island (eastern Kachchh Basin, western India) [J]. Geologos, 25 (1): 31-41.

DAVIS W M, 1902. Base-level, grade and peneplain [J]. Journal of Geology, 10 (1) : 77 - 111.

DEGTYAREV K E, 2011. Tectonic evolution of Early Paleozoic island-arc systems and continental crust formation in the Caledonides of Kazakhstan and the North Tien Shan [J]. Geotectonics, 45 (2): 23-50.

DROMART G, 1996. Delineation of hybrid and carbonate reservoirs through genetic stratigraphy in the Lower Mesozoic of southeastern France: procedures and benefits [J]. Marine and Petroleum Geology, 13 (6): 653-669.

EMBRY A F, 1993. Transgressive-regressive (T-R) sequence analysis of the Jurassic succession of the Sverdrup Basin, Canadian Arctic Archipelago [J]. Canadian Journal of Earth Sciences, 30: 301-320.

EMBRY AF, JOHANNESSEN E P, 1993. T-R sequence stratigraphy, facies analysis and reservoir distribution in the uppermost Triassic-Lower Jurassic succession, western Sverdrup Basin, Arctic Canada [A]// VORREN T, BERGSAGER E, DAHL-STAMNES O A, et al. Arctic Geology and Petroleum Potential [C]. NPF Special Publication 2: 121-146.

EMERY D, MYERS K J, 1996. Sequence Stratigraphy [M]. Oxford: Blackwell Science.

FAIRBRIDGE R W, 1961. Convergence of evidence on climatic change and ice ages [J]. The New York academy of sciences, 95 (1): 542-579.

FENG Y, JIANG S, HU S, et al, 2016. Sequence stratigraphy and importance of syndepositional structural slope-break for architecture of Paleogene syn-rift lacustrine strata, Bohai Bay Basin, E. China [J]. Marine and Petroleum Geology (69): 183-204.

FISHER R L, 1974. Pacific-Type Continental Margins [J]. Berlin: Springer.

FRAZIER D E, 1974. Depositional episodes: their relationship to the Quaternary stratigraphic framework in the northwestern portion of the Gulf basin [J]. Bureau of Economic Geology Geological Circular, 74 (1): 28.

FRED READ J, LI M, HINNOV L A, et al, 2020. Testing for astronomical forcing of cycles and gamma ray signals in outer shelf/upper slope, mixed siliciclastic-carbonates: Upper Oligocene, New Zealand [J]. Palaeogeography, Palaeoclimatology, Palaeoecology, 555 (C).

GARDNER M H, 1964. Sequence stratigraphy and facies architectural of the Upper Cretaceous Ferron Sandstone Member of the mancous Shale. East-Central Utah, Golden, Colorado [D]. Golden : Colorado School of Mines.

GILBERT G K, 1895. Sedimentary measurement of Cretarceous time [J]. Journal of Geology, 3: 121-127.

GONG C L, WANG Y, STEEL R J, et al, 2015a. Growth styles of shelf-margin clinoforms: Prediction of sand- and sediment-budget partitioning into and across the shelf [J]. Journal of Sedimentary Research, 85 (3): 209-229.

GONG C L, WANG Y M, PYLES D R, et al, 2015b. Shelf-edge trajectories and stratal stacking patterns: Their sequence-stratigraphic significance and relation to styles of deep-water sedimentation and amount of deep-water sandstone [J]. AAPG Bulletin, 99 (7): 1211-1243.

GRABAU A, 1906. Types of sedimentary overlap [J]. GSA Bulletin, 17: 567-636.

HAMILTON D S, 1991. Genetic stratigraphy of the Gunnedah Basin, NSW [J]. Australian Journal of Earth Sciences, 38 (1): 95-113.

HAROLD R WANLESS, FRANCIS P SHEPARD, 1936. Sea level and climatic changes related to late Paleozoic cycles [J]. GSA Bulletin, 47 (8): 1177-1206.

HAYS J D, LOZANO J A, 1976. Reconstruction of the Atlantic and Western Indian Ocean Sectors of the 18, 000 B. P. Antarctic Ocean [J]. Memoir of the Geological Society of America, 145: 337-372.

HELLAND-HANSEN W, 2009. Towards the standardization of sequence stratigraphy - Discussion [J]. Earth - Science Reviews, doi: 101016/jearscirev200812003

HELLER P L, ANGEVINE C L, WINSLOW N S, 1988. Two - phase stratigraphic model of foreland - basin sequences. Geology, 16: 501-504.

HINNOV L A, 2006. Discussion of "Magnetostratigraphic confirmation of a much faster tempo for sea-level change for the Middle Triassic Latemar platform carbonates" [A]//KENT D V, MUTTONI G, BRACK P. Earth and Planetary Science Letters, 243 (3): 841-846.

HINNOV L, RAMAMURTHY K N, SONG H, et al, 2013. Interactive tools for global sustainability and Earth systems: Sea level change and temperature [C]. Frontiers in Education Conference. IEEE.

HUANG C, HINNOVL, 2014. Evolution of an Eocene-Oligocene saline lake depositional system and its controlling factors, Jianghan Basin, China [J]. Journal of Earth Science, 25 (6): 959-976.

HUNT D, TUCKER M, 1992. Stranded parasequences and the forced regressive wedge systems tract: deposition during base-level fall [J]. Sedimentary Geology, 81: 1-9.

HUYBERS P, DENTON G, 2009. Antarctic temperature at orbital timescales controlled by local summer duration [J]. Nature Geoscience, 1 (11): 787-792.

ISABEL BLANCO - MONTENEGRO, FUENSANTA G MONTESINOS, JOSÉ ARNOSO, 2018. Aeromagnetic anomalies reveal the link between magmatism and tectonics during the early formation of the Canary Islands [J]. Scientific Report: 1-15.

JERVEY M T, 1988. Quantitative geological modeling of siliciclastic rock sequences and their seismic expressions [A]//WILGUS C K, et al. Sea-level Changes: an integrated approach. Society of Economic Paleontologists and Mineral-ogists Special Publication 42: 47-69.

JIN Z, 2012. Formation and accumulation of oil and gas in marine carbonate sequences in Chinese sedimentary basins [J]. Science China Earth Sciences, 55 (3): 368-385.

JUAN, PABLO, MILANA, 1998. Sequence stratigraphy in alluvial setting: a flume-based model with applications to outcrops and seismic date [J]. AAPG Bulletin, 82 (9): 1736-1753.

KAUFFMAN STUART, 1992. The Origins of Order: Self-Organization and Selection in Evolution [EB/OL]. emergence. org. 15. 10. 1142/9789814415743_0003.

KERR D, YE L, BAHAR A, et al, 1993. Glenn Pool filed, Oklahoma: a case of improved prediction from a mature reservoir [J]. AAPG Bulletin, 83: 18.

KHAN N, REHMAN K, AHMAD S, et al, 2016. Sequence stratigraphic analysis of Eocene Rock Strata, Offshore Indus, southwest Pakistan [J]. Marine Geophysical Research, 37 (3): 207-228.

KRUMBEIN W, SLOSS L L, 1951. Stratigraphy and sedimentation [J]. San Francisco: Freeman and Co: 495.

LASKER J, ROBUTEL P, JOUTEL F, et al, 2004. A long-term numerical solution for the insolation quantities of the Earth [J]. Astronomy and Astrophysics, 428: 261-285.

LAUGIER F J, PLINK-BJÖRKLUND P, 2016. Defining the shelf edge and the three-dimensional shelf edge to slope facies variability in shelf-edge deltas [J]. Sedimentology, 63 (5): 1280-1320.

LEOPOLD L B, WOLMAN M G, 1957. River channel patterns: braided, meandering and straight [J]. US Geol Surv Prof Pap: 282B.

LIU D, HUANG C, KEMP D B, et al, 2021. Paleoclimate and sea level response to orbital forcing in the Middle Triassic of the eastern Tethys [J]. Global and Planetary Change, 199.

LIU Z, YIN P, XIONG Y, et al, 2003. Quaternary transgressive and regressive depositional sequences in the East China Sea [J]. Chinese Science Bulletin, 48 (1): 81-87.

LOUCKS R G, SARG J F, 1993. Carbonate sequence stratigraphy: recent developments and applications [M]. New York: AAPG Memoir.

LÜ M, CHEN K, XUE L, et al., 2010. High-resolution transgressive-regressive sequence stratigraphy of chang 8 member of yanchang formation in southwestern Ordos Basin, Northern China [J]. Journal of Earth Science, 21 (4): 423-438.

LU MINGSHENG, WANG SHUJUN, FANG YAOWEI, et al, 2010. Cloning, expression, purification, and characterization of cold-adapted α-amylase from Pseudoalteromonas arctica GS230. [J]. The protein journal, 29 (8).

MAGALHÃES A J C, RAJA G P, FRAGOSO D G C, et al, 2020. High-resolution sequence stratigraphy applied to reservoir zonation and characterization, and its impact on production performance - shallow marine, fluvial downstream, and lacustrine carbonate settings [J]. Earth-Science Reviews, 210.

MANCINI E A, JAMAL OBID, MARCELLO BADALI, et al, 2008. Parcell Sequence - stratigraphic analysis of Jurassic and Cretaceous strata and petroleum exploration in the central and eastern Gulf coastal plain, United States [J]. AAPG Bulletin, 92 (12): 1655-1686.

MARTINSEN O J, RYSETH A, HELLAND-HANSEN W, et al, 1999. Stratigraphic base level and fluvial architecture: Ericson Sandstone (Campanian), Rock Springs Uplift, SW Wyoming, USA [J]. Sedimentology, 46: 235-259.

MASGARI A A A, ELSAADANY M, ABDUL L A, et al, 2021. Seismic Sequence Stratigraphic Sub - Division Using Well Logs and Seismic Data of Taranaki Basin, New Zealand [J]. Applied Sciences, 11 (3).

MENG W, HONGHAN C, CHUNJU H, et al., 2019. Astronomical forcing and sedimentary noise modeling of lake-level changes in the Paleogene Dongpu Depression of North China [J]. Earth and Planetary Science Letters, 535.

MEYERS S R, SAGEMAN B B, 2007. Quantification of deep-time orbital forcing by average spectral misfit [J]. American Journal Ofence, 307 (5): 773-792.

MEYERS S R, SINGER B S, SCHMITZ M D, 2015. Exploring Radioisotopic Geochronology and Astrochronology [J]. DOI: 10.1029/2015EO021437.

MEYERS S R, ALBERTO M, 2018. Proterozoic Milankovitch cycles and the history of the solar system [J]. Proceedings of the National Academy of Sciences of the United States of America, 115: 6363.

MIALL A D, 1991. Stratigraphic sequences and their chronostratigraphic correlation [J]. Journal of Sedimentary Petrology, 61 (4): 497-505.

MIALL A D, 2006. The geology of fluvial deposits sedimentary facies, basin analysis, and petroleum geology [M]. Berlin: Springer Geology.

MIALL A D, 2010. The geology of fluvial deposits [M]. Berlin: Springer.

MIALL A D, 2014a. Fluvial depositional systems [M]. Berlin: Springer International Publishing.

MIALL A D, 2014b. Sequence stratigraphy [M]. Berlin: Springer Geology.

MILANA J P, 1998. Sequence stratigraphy in alluvial setting: a flume-based model with applications to outcrops and seismic date [J]. AAPG Bulletin, 82 (9): 1736-1753.

MILANKOVITCH M, 1920. Théorie Mathématique des Phénomènes Thermiques Produits par la Radiation Solaire [J]. Nature, 112: 160-161.

MILANKOVITCH M, 1941. Cannon of insolation and ice-age problems [J].

MINGSONG L, CHUNJU H, HINNOV L, et al, 2018. Astrochronology of the Anisian stage (Middle Triassic) at the Guandao reference section, South China [J]. Earth and Planetary Science Letters: 482.

MITCHUM R M, SANGREE J B, VAIL P R, et al, 1993. Recognizing Sequences and Systems Tracts from Well Logs, Seismic Data, and Biostratigraphy: Examples from the Late Cenozoic of the Gulf of Mexico [A]//PAUL WEIMER, HENRY POSAMENTIER. Siliciclastic Sequence Stratigraphy: Recent Developments and Applications.

MOORE C H, 2001. Carbonate reservoirs: porosity evolution and diagenesis in a sequence stratigraphic framework [J]. New York: Elsevier: 61–340.

MORNER N A, 1992. Sea–level changes and the earth's rate of rotation [J]. J Coast Res, 8 (4): 966–971.

NEAL J, ABREU V, 2009. Sequence stratigraphy hierarchy and the accommodation succession method [J]. Geology, 37 (9): 779–782.

OLSEN H, 1990. Astronomical forcing of meandering river behavior: Milankovitch cycles in the Devonian of East Greenland [J]. Palaeogeography, Palaeoclimatology, Palaeoecology, 89: 99–116.

OLSEN T, 1995. Sequence stratigraphy, alluvial architecture, and potential reservoir heterogeneities of fluvial deposits: evidence from outcrop studies in Price Canyon, Utah (Upper Cretaceous and Lower Tertiary) [J]. Norwegian Petroleum Society Special Publications. 5: 75–88, 92–96.

OLSEN T, STEEL R, HOGSETH K, et al, 1995. Signe – line, Sequential architecture in a fluvial succession: Sequence stratigraphy in the Upper Cretaceous Mesaverde Group, Price Canyon [J]. Journal of Sedimentary Research, B65: 265–280.

OMIDPOUR A, MOUSSAVI – HARAMI R, MAHBOUBIA, et al, 2021. Application of stable isotopes, trace elements and spectral gamma–ray log in resolving high–frequency stratigraphic sequences of a mixed carbonate–siliciclastic reservoirs [J]. Marine and Petroleum Geology, 125.

PAYTON C E, 1977. Seismic stratigraphy–applications to hydrocarbon exploration [J]. AAPG Memoir 26: 516.

PÉREZ–RIVARÉS F J, ARENAS C, PARDO G, et al, 2018. Temporal aspects of genetic stratigraphic units in continental sedimentary basins: Examples from the Ebro basin, Spain [J]. 178: 136–153.

PLADO J, PREEDEN U, JÕELEHT A, et al, 2016. Palaeomagnetism of Middle Ordovician Carbonate Sequence, Vaivara Sinimäed Area, Northeast Estonia, Baltica [J]. Acta Geophys, 64 (5): 1391–1411.

PLINT A G, 1988. Sharp–based shoreface sequences and "offshore bars" in the Cardium Formation of Alberta: their relationship to relative changes in sea level [J]. special publications (1): 357–370.

PLINT A G, 1996. Marine and nonmarine systems tracts in fourth – order sequences in the Early – Middle Cenomainan, Dunvegan Alloformation, northeastern British [A]//HOWELL J A, AITKEN J F. High resolution sequence stratigraphy: Innovations and applications [C]. Geological Society Special Publication, 104: 159–192.

POSAMENTIER H W, JERVEY M T, VAIL P R, 1988a. Eustatic controls on clastic deposition: Conceptual framework//WILGUS C K, HASTING B S, POSAMENTIER H. Sea level changes: An integrated approach [J]. SEPM Special Publication 42: 109–124.

POSAMENTIER H W, VAIL P R, 1988b. Eustatic controls on clastic deposition Ⅱ: Sequence and systems tract models [A]//WILGUS C K, HASTINGS B S, et al. Sea level changes: an integrated approach. SEPM, Special Publication 42: 125–154.

POSAMENTIER H W, GEORGE P ALLEN, et al, 1992. Forced regressions in a sequence stratigraphic framework: concepts, examples, and exploration siginificance [J]. AAPG, 76 (11): 1687–1709.

POSAMENTIER H W, et al, 1993. Variability of the Sequence Stratigraphy Model: Effects of Local Basin Factors [J]. Sedimentary Geology, 86: 91–109.

POSAMENTIER H W, ALLEN G P, 1993a. Siliciclastic sequence – stratigraphic patterns in foreland ramp – type basins [J]. Geology, 21: 455–458.

POSAMENTIER H W, JAMES D P, 1993b. An overview of sequence – stratigraphic concepts: Uses and abuses [A]//POSAMENTIER H W, SUMMERHAYES C P, HAQ B U, et al. Sequence stratigraphy and facies associations [C]. International Association of Sedimentologists Special Publication 18: 3–18.

POSAMENTIER H W, WEIMER P, 1993c. Siliciclastic sequence stratigraphy and petroleum geology: where to from here? [J]. AAPG Bulletin, 77 (5): 731–742.

POSAMENTIER H, KOLLA V, 2003. Seismic geomorphology and stratigraphy of depositional elements in deep–

water settings [J]. J Sediment Res, 73: 367-388

POSAMENTIER H W, 2006. Deep-water turbidites and submarine fans [J]. Facies Models Revisited (1): 399-520.

POWELL J W. Exploration of the Colorado River of the west and its tributaries [M]. Washington, DC: Government Printing Office, 1875: 290-295.

READ J F, 1982. Carbonate platforms of passive (extensional) continental margins: types, characteristics and evolution [J]. Tectonophysics, 81: 195-212.

READ J F, 1985. Carbonate platform facies models [J]. AAPG Bulletin, 69 (1): 1-21.

READ J F, 1989. Modelling of Carbonate Cycles [M]. Carbonate Sedimentology and Petrology 4.

RICE W N, 1897. Sectione: Geology and Geography [J]. Science, 4 (90): 382.

SANGREE J B, VAIL P R, MITCHUM R M, 1990. A Summary of Exploration Applications of Sequence Stratigraphy [A]// ARMENTROUT J M, PERKINS B F, 1991. Sequence Stratigraphy as an Exploration Tool: Concepts and Practices in the Gulf Coast. SEPM Society for Sedimentary Geology, 11.

SARG J F, 1988. Carbonate sequence stratigraphy [A]//WILGUS C K, et al. Sea Level Changes: An Integrated Approach [M]. SEPM Special Publication 42: 155-182.

SCHLAGER W, 1991. Depositional bias and environmental change-important factors in sequence stratigraphy [J]. Sedimentary Geology, 70: 109-130.

SCHUMM S A, KHAN H R, 1972. Experimental study of channel pattern [J]. Geol. Soc. Am. Bull., 83: 1755-1770.

SCHUMM S A, 1973. Geomorphic thresholds and the complex response of drainage systems [A]//MORISAWA M. Sea level changes: an intergrated approach [J]. Soc Ecom Paleonrol Mineral Spec Publ, 42: 125-154.

SCHUMM S A, 1975. Episodic erosion: a modification of the geomorphic cycle [A]//MELHORN W N, FLEMAL R C. Theories of landform development [C]. Publications in Geomorphology, State University of New York, Binghamton: 69-85.

SCHUMM S A, 1981. Evolution and response of the fluvial system, sedimentologic implications// ETHRIDGE F G, FLORES R M. Recent and ancient nonmarine depositional environments [J]. Models for exploration: Society of Economic Paleontologists and Mineralogists Special Publication 31: 19-29.

SCHUMM S A, 1993. River response to baselevel change: implications for sequence stratigraphy [J]. Journal of Geology, 101 (2): 279-294.

SCHWANS P, 1988. Depositional response of the Pigeon Creek Formation, Utah, to initial fold-thrust deformation in a differentially subsiding foreland basin [A]//SCHMIDT C J, PERRY W J. Interaction of the Rocky Mountain foreland and the Cordilleran thrust belt [J]. Geological Society of America Memoir 171: 531-556.

SHACKLETON N J, OPDYKE N D, 1973. Stable oxygen isotope analysis on sediment core V28-238 [J]. PANGAEA.

SHANLEY K W, MCCABE P J, 1991. Predicting facies architecture through sequence stratigraphy: An example from the Kaiparowits Plateau [J]. Geology, 19: 742-745.

SHANLEY K W, MCCABE P J, HETTINGER R D, 1992. Significance of tidal influence in fluvial deposits for interpreting sequence stratigraphy [J]. Sedimentology, 39: 905-930.

SHANLEY K W, MCCABE P J, 1993. Alluvial architecture in a sequence stratigraphic framework: a case history from the Upper Cretaceous of southern Utah, USA [A]//FLINT S, BRYANT I. Quantitative Modeling of Clastic Hydrocarbon Reservoirs and Outcrop Analogues. International Association of Sedimentologists Special Publication 15: 21-55.

SHANLEY K W, MCCABE P J, 1994. Perspectives on the sequence stratigraphy of continental strata [J]. American Association of Petroleum Geologists Bulletin, 78: 544-568.

SHERIF F, KHALED A K, SREEPATJ, et al, 2020. Isotope stratigraphy ($^{87}Sr/^{86}Sr$, ^{13}C) and depositional sequences of the Aruma Formation, Saudi Arabia: Implications to eustatic sea-level changes [J]. Geological Journal, 55 (12).

SLOSS L L, KRUMBEIN W C, DAPPLES E C, 1949. Integrated facies analysis [A]//LONGWELL C R. Sedimentary facies geologic history. Geological Society of America Memoir 39: 91-124.

SLOSS L L, 1962. Stratigraphy models in exploration [J]. AAPG bulletin, 46 (7): 1050-1057.

SLOSS L L, 1963. Sequences in the cratonic interior of North Amercan [J]. Geological Society of American Bulletin, 74 (2): 93-114.

SPALLUTO L, 2012. Facies evolution and sequence chronostratigraphy of a "mid": Cretaceous shallow-water carbonate succession of the Apulia Carbonate Platform from the northern Murge area (Apulia, southern Italy) [J]. Facies, 58 (1): 17-36.

SREENIVASAN S P, BERA M K, SAMANTA A, et al., 2018. Palaeocene-Eocene carbon isotopic excursion from the shallow-marine-carbonate sequence of northeast India: Implications on the CIE magnitude and geometry [J]. Journal of Earth System Science, 127 (105).

STEEL R J, OLSEN T. Clinforms, clinoform trajectories and deepwater sands [M]//ARMENTROUT J. Sequence-stratigraphic models for exploration and production: Evolving methodology, emerging models and application histories. Tulsa: GCSSEPM Proceedings 22nd Annual Conference, 2002: 367-381.

STRIEN W J V, 2012. Fluvial sequence stratigraphy [EB/OL]. http: //www. epgeology. com/articles/fluvial-sequence-stratigraphy. html.

STRONG N, PAOLA C, 2008. Valleys that never were: time surfaces versus stratigraphic surfaces [J]. Journal of Sedimentary Research, 78: 579-593.

SWIFT D, LYALL A K. Origin of the Bay of Fundy, an interpretation from sub-bottom profiles [J]. Marine Geology, 1968, 6 (4): 331-343.

THOMSON D J, 1982. Spectrum estimation and harmonic analysis [J]. Proceedings of the IEEE 70: 1055-1067.

TIPPER J C, 2000. Patterns of stratigraphic cyclicity [J]. Journal of Sedimentary Research, 70 (6): 1262-1279

TORRENCE C, COMPO G P, 1998. A Practical Guide to Wavelet Analysis [J]. Bulletin of the American Meteorological Society, 79 (1).

TREXLER J H, NITCHMAN S P, 1990. Sequence stratigraphy and evolution of the Antler foreland basin, east-central Nevada [J]. Geology, 18: 422-425.

VAIL P R, MITCHUM R M, TODD R G, et al, 1977. Seismic stratigraphy and global changes in sea level [A]// CLAYTON C E. Seismic stratigraphy: Applications to hydrocarbon exploration [J]. American Association of Petroleum Geologists Memoir 26, 49-212.

VAIL P R, HARDENBOL J, TODD R G, 1984. Jurassic unconformities, chronostratigraphy, and sea-level changes from seismic stratigraphy and biostratigraphy [M]. Mem Amer Assoc Petrol Geol.

VAIL P R, AUDEMARD F, BOWMAN S A, et al, 1991. The stratigraphic signatures of tectonics, eustasy and sedimentology: an overview [A]//EINSELE G, RICKEN W, SEILACHER A. Cycle and events in stratigraphy. Berlin: Spring-Verlag: 617-659.

VAN WAGONER J C, MITCHUM R M, CAMPION K M, et al, 1990. Siliciclastic sequence stratigraphy in well loges, cores and outcrops: Concepts for high resolution correlation of time and facies [J]. Am Assoc Pet Geol, Methods in Exploration Series: 7-66.

VAN WAGONER J C, 1995. Overview of sequence stratigraphy of foreland basin deposits: Terminology, summary of papers, and glossary of sequence stratigraphy [J]. AAPG Memoir, 64: 9-21.

VAN WAGONER J C, POSAMENTIER H W, MITCHUM R M, et al., 1998. An overview of the fundamentals of sequence stratigraphy and key definitions [A]//WILGUS C K, HASTINGS B S, POSAMENTIER H, et al.

Sea-level changes: An integrated apporoach [J]. Society of Economic Paleontologists and Mineralogists Special Publication 42: 39-45.

WAGONER J C V, MITCHUM R M, CAMPION K M, et al, 1990. Siliciclastic Sequence Stratigraphy in Well Logs, Cores, and Outcrops: Concepts for High-Resolution Correlation of Time and Facies [M]. AAPG Methods in Exploration Series, 7.

WEI J, LIAO N, YU Y, 1996. Triassic Transgressive-regressive sequences in Guizhou-Guangxi Region, South China [J]. Journal of China University of Geosciences (1): 112-121.

WELLER J M, 1930. Cyclical sedimentation of the Pennsylvanian period and its Significance [J]. Journal of Geology, 38: 97-135.

WELLER J M, 1964. Development of the concept and interpretation of cyclic sedimentation [A]//MERRIAM D F. Symposium on Cyclic Sedimentation [J]. Kansas Geological Survey, Bulletin 169: 607-621.

WHEELER H E, MURRAY H, 1957. Base level control patterns in cyclothemic Sedimentation [J]. AAPG Bulletin, 41: 1985-2011.

WHEELER H E, 1958. Time stratigraphy [J]. AAPG Bulletin, 42: 1208-1218.

WHEELER H E, 1959. Stratigraphic units in time and space [J]. American Journal Science, 257: 692-706.

WHEELER H E, 1964a. Baselevel transit cycle, Symposium on Cyclic Sedimentation [J]. Kansas Geological Survey, Bulletin 169: 623-630.

WHEELER H E, 1964b. Baselevel, lithosphere surface, and time - stratigraphy [J]. Geological Society of America, Bulletin, 75: 599-610.

WINTER A B, CAIRNCROSS M F, CADLE B, 1987. A genetic stratigraphy for the Vryheid Formation in the northern Highveld Coalfield, South Africa [J]. South Africa Journal of Geology, 90 (4): 333-343.

WRIGHT V P, MARRIOTT S B, 1993. The sequence stratigraphy of fluvial depositional systems: the role of floodplain sediment storage [J]. Sedimentary Geology, 86: 203-210.

WRIGHT V P, OLSEN T, 1995. Sequence stratigraphy, alluvial architecture and potential reservoir heterogeneities of fluvial deposits: evidence from outcrop studies in Price Canyon, Utah (Upper Cretaceous and Lower Tertiary) [J]. Norwegian Petroleum Society Special Publications 5: 75-88, 92-96.

WU H, ZHANG S, JIANG G, et al, 2009. The floating astronomical time scale for the terrestrial Late Cretaceous Qingshankou Formation from the Songliao Basin of Northeast China and its stratigraphic and paleoclimate implications [J]. Earth & Planetary Science Letters, 278 (3-4): 308-323.

WU H, ZHANG S, FENG Q, etal, 2012. Milankovitch and sub-Milankovitch cycles of the early Triassic Daye Formation, South China and their geochronological and paleoclimatic implications [J]. Gondwana Research, 22 (2): 748-759.

WU H, ZHANG S, HINNOV L A, et al, 2013. Time-calibrated Milankovitch cycles for the late Permian [J]. Nature Communications, 4.

WU H, FANG Q, WANG X, et al, 2018. An ~ 34 m. y. astronomical time scale for the uppermost Mississippian through Pennsylvanian of the Carboniferous System of the Paleo-Tethyan realm [J]. Geology, 47 (1): 83-86.

ZECCHIN M, 2010. Towards the standardization of sequence stratigraphy: Is the parasequence concept to be redefined or abandoned? [J]. Earth-Science Reviews, 102: 117-119.

ZHANG C, WANG X, YANG G, et al, 2013. Fine aggregate interference on the performance of asphalt mixtures [J]. Journal of the Chinese Advanced Materials Society, 1 (4).

ZHANG C, ZHANG S, WEI W, et al, 2014. Sedimentary filling and sequence structure dominated by T-R cycles of the Nenjiang Formation in the Songliao Basin [J]. Science China Earth Sciences, 57 (2): 279-296.